环境系统分析教程
（第二版）

程声通　主编

化学工业出版社

·北京·

图书在版编目（CIP）数据

环境系统分析教程/程声通主编．—2 版．—北京：
化学工业出版社，2012.6（2023.1 重印）
ISBN 978-7-122-14008-1

Ⅰ．环…　Ⅱ．程…Ⅲ．环境系统-系统分析-高等学
校-教材　Ⅳ．X21

中国版本图书馆 CIP 数据核字（2012）第 071869 号

责任编辑：刘兴春　　　　　　　　装帧设计：杨　北
责任校对：洪雅姝

出版发行：化学工业出版社（北京市东城区青年湖南街 13 号　邮政编码 100011）
印　　装：涿州市般润文化传播有限公司
787mm×1092mm　1/16　印张 21　字数 551 千字　　2023 年 1 月北京第 2 版第 10 次印刷

购书咨询：010-64518888　　　　　　售后服务：010-64518899
网　　址：http://www.cip.com.cn
凡购买本书，如有缺损质量问题，本社销售中心负责调换。

定　　价：48.00 元

第二版前言

环境问题的国际化和全球化日益加剧，环境污染的成因和发展过程日益复杂，解决环境问题的手段和方法日益丰富，系统科学方法在环境领域中的应用日益广泛。这些，就是本书修订再版的背景。

2005 年，《环境系统分析教程》（第一版）出版，该书总结了系统科学在环境保护领域的研究和应用成果，以循序渐进的方式编写成册，为高校环境专业广为采用，也是广大环境科学研究人员的参考书籍。经过若干年的实践，本书的读者和编者都感到有必要对原著进行修订，补充一些必要的内容，纳入一些近年的发展。在化学工业出版社的鼎力支持下，2011年 5 月启动修订工作，经过近 10 个月的努力，完成了修订稿。

在总结系统科学、环境科学发展与教学实践的基础上，修订稿对原书内容做了如下修改和更新。

（1）为适应环境保护形势的发展，新增"城市垃圾处理系统规划"和"经济-能源-环境系统分析"两章。

（2）为提高教学效率，将原书第二章"数学模型概述"和第三章"环境质量基本模型"合并，内容适当调整。

（3）为加深对系统分析的理解，适当扩充一些系统分析辅助方法和技术的内容，如最优化方法、系统动力学方法、层次分析法、情景分析法等。由于这些内容各自都属于专门学问，本书只能做一些粗浅介绍。

（4）根据环境科学的发展和教学一线的信息反馈，对水域和大气质量模型、环境质量评价等章节都补充了一些新的内容。

（5）对本书第一版中的一些错误和疏漏也都做了订正。

系统分析方法的核心可以归纳为"结构化-模型化-最优化"，力求用科学的逻辑和方法研究问题和解决问题。系统分析的理论和方法范围非常广泛，即使经过增订，本书的内容也很有限。即便如此，作为课堂讲授，还需要针对不同的对象做出适当的删减，本书中的某些内容可能更适合作为学生扩展阅读的材料。

本书在 2005 年出版以后，被很多学校选作为"环境系统分析"课程的教材，一些任课教师对环境系统分析的教与学进行了探讨，对本书的修改多有裨益。

本书由下列人员编写：第一章、第三章、第八章、第九章由程声通编写；第二章由程声通、徐明德编写；第四章、第六章由徐明德编写；第五章由苏保林编写；第七章由贾海峰编写；第十章由贾海峰和郭茹编写；第十一章由曾维华和王文懿编写；第十二章由曾维华编写；王建平参与了第二章和第三章部分内容的编写。最后书稿由程声通统稿。

欢迎各位读者对本书提出批评和建议。读者的任何意见都是我们继续修改、提高质量的动力。

编　者

2012 年 2 月

第一版前言

环境系统分析以模型化为手段描述环境系统的特征，模拟和揭示环境系统的发展与变化规律及其与经济系统之间相互依存、相互制约的关系，并通过最优化与科学决策方法对环境系统的结构与运行、对环境-经济的协调发展做出最佳的选择。

环境系统分析的理论基础是系统科学。系统科学认为，世间万物都是由大大小小的系统组成的，系统与系统之间存在着千丝万缕的联系，正是这种联系引导和制约事物的发展、变化。环境系统就是这样一个复杂的大系统。认识环境系统的方法就是按照环境系统自身的规律将其分解成若干个相对比较简单的子系统，研究子系统的特点和规律，研究它们之间的联系，然后对子系统进行综合，找出所有子系统应有的位置和作用，使复杂的原系统具备决策者所期望的功能与目标。这个过程就是系统分析的方法学，也是本书始终努力贯彻的思路。

环境系统分析的最大特征是追求环境系统的最优化，系统最优化是通过对组成系统的各个子系统的协调进行的。每个子系统都有自己的目标，在协调过程中，这些子系统都会本能地力图实现自身的最佳性能和最佳目标。系统论告诉我们，每一个子系统达到最优并不等于总系统的最优，系统分析的最高准则是总目标的最优。对于环境系统分析，人与环境的和谐相处、环境-经济的协调发展是最高的追求目标，也是本书写作的宗旨。

环境系统的复杂性怎么形容都不过分，特别是当环境问题与经济、社会问题发生纠葛时。环境系统分析所涉及的内容非常多，本书汇集了环境系统模型化、最优化和科学决策最基本的内容，共十一章。第一章至第三章属于总论篇，讲述环境系统分析的共同性问题；第四章至第八章是模型篇，主要内容是环境系统的模型化；第九章至第十一章是规划决策篇，讲述环境系统的最优化与科学决策问题。环境系统分析是一门综合性很强的学科，需要多学科的知识支持。环境系统分析的学科基础包括数学、运筹学、环境科学与环境工程学等。

本书内容丰富，通过选用其中的不同章节，可以适用于环境科学与工程专业的本科与研究生教学要求，也可以作为参与环境质量评价、规划、管理等的技术人员的参考书。

本书由下列人员编写：程声通编写第一章至第四章、第九章、第十章；徐明德编写第五章、第七章；苏保林编写第六章；贾海峰编写第八章；曾维华编写第十一章；王建平参与了第二章与第四章部分内容的写作。最后，全书由程声通统稿。

由于本学科涉及知识面广，又处在不断发展之中，内容的选编组织和写作一定会有不妥之处，恳请读者批评指正。

编　者
2005 年 7 月

目　录

第一章　环境系统分析概论

第一节　系统及其特征

一、系统的定义与分类

1. 定义

系统的概念来源于人类长期的社会实践。上古时期的治水策略，由"堵"发展到"疏"，就是系统思想发展的结果；战国时期的"田忌赛马"也是军事上应用系统思想的生动体现。但是由于受到科学技术发展水平的限制，一直没有得到应有的重视，系统思想始终没有发展成一个独立的学科和成熟的技术。直到20世纪50年代，美国才开始把系统思想明确化、具体化，并在工程技术系统的研究和管理中得到广泛应用，70年代以后又进一步被推广到人类社会经济活动的几乎所有领域。

系统的概念最初产生于实际的工程问题和具体事物，例如人们很早就研究了灌溉系统、电力系统、人体呼吸系统、消化系统等。随着社会的发展与科学技术的进步，人们发现这些千差万别的系统之间存在着共性。抽象、概括并研究这些共性，对于研制、运行和管理具体的系统具有重要意义。于是有关系统、系统分析的研究就应运而生了。

系统是由两个或两个以上相互独立又相互制约、执行特定功能的元素组成的有机整体。系统元素又可称为子系统，而每个子系统又包含若干个更小的子系统；同样，每一个系统又是一个比它更大的系统的子系统。

从系统的定义可以归纳出系统的要点：①一个系统包含两个或两个以上的元素；②系统元素之间相互独立又相互制约；③各个元素组成一个整体，执行特定的功能。

组成系统的诸要素的集合具有一定的特性，或表现为一定的行为，这些特性和行为不是它的任何一个子系统都能具有的。一个系统不是由组成它的子系统简单叠加而成，而是按照一定规律的有机综合。

2. 分类

现实世界中的系统各种各样，为了便于研究，可以按照一定的规则将它们分类。

按系统的成因，可以分为自然系统、人工系统和复合系统。存在于自然界、不受人类活动干预的系统称为自然系统；由人工建造、独立于自然界、执行某一特定功能的系统属于人工系统；复合系统是由人工系统和自然系统综合而成的系统。环境保护系统基本上属于复合系统。

按状态的时间过程特征，可以分为动态系统和稳态系统。状态随着时间变化的系统称为动态系统，反之则称为稳态系统。从绝对意义上说，稳态系统是不存在的，人们往往将那些状态随时间的变化缓慢，或者在一个时间周期内的平均状态基本稳定的系统称为稳态系统。环境保护系统基本上属于动态系统。

按系统与周围环境的关系，可以分为开放系统和封闭系统。开放系统与其周围的环境存在物质、能量和信息的交换，而封闭系统则不存在这种交换。实际系统一般都属于开放系统，但是某些系统与外界的联系是可以识别和固化的，这些联系可以被看成系统的输入和输出，系统内部的变化在这时可以看成是相对孤立的。环境保护系统一般都属于开放系统。

同一个系统可以按照不同的方法分类，从而同一个系统可以属于不同的类别。例如环境污染控制系统既是复合系统，也是动态系统和开放系统。

在解决实际问题时，复合系统、动态系统和开放系统都是比较难以处理的复杂系统，环境保护系统就属于这种复杂的系统。在处理复杂系统时，有两种方法可以选择：采用复杂的技术，力图真实地反映系统的复杂性；或者对系统进行某种程度的简化，采用比较简便的方法反映系统的主要特征。

二、系统的特性

不同的元素组合成一个系统，这个系统具有不同于组成它的每一个元素的特征，主要表现为以下几方面。

1. 目的性

人工系统和复合系统都是"自为"系统，系统是为追求一定的目的建立的，复杂系统往往是一个多目的系统。而系统目的可以分解为多层次的目标，构成一个目标体系（图 1-1）。实现全部的系统目标，就等于实现了系统目的。

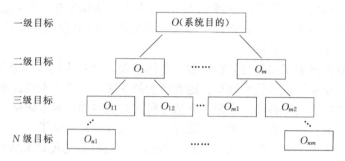

图 1-1　系统的目标体系

如果以 G 表示系统目的，以 g_i 表示系统目标，则：

$$G=\{g_i\,|\,g_i\in G;i=1,2,\cdots,p\} \tag{1-1}$$

2. 集合性

一个系统由多个子系统或系统元素组成，如果以 X 表示系统，以 x_i 表示子系统或系统元素，它们之间的关系可以表示为：

$$X=\{x_i\,|\,x_i\in X;i=1,2,\cdots,n;n\geqslant 2\} \tag{1-2}$$

3. 阶层性

子系统或者系统元素在系统中是按照一定的层次结构排列的，组成一定的递阶结构（图 1-2），每一个子系统或系统元素的位置是按照系统的功能确定的。由于子系统或系统元素在系统中的作用差别，使它们之间形成如下 3 种关系。

领属关系：表示上级子系统或元素对下级的关系。

从属关系：表示下级子系统或元素对上级的关系。

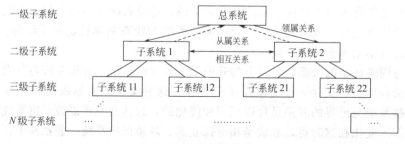

图 1-2　系统的递阶结构

相互关系：表示同级子系统或元素之间的关系。

位于同一层次或不同层次的子系统或元素之间存在着物质、能量和信息的交换。

4. 相关性

系统中的各个子系统或元素之间存在着联系和相互作用，没有联系和相互作用的元素不会存在于一个系统之中，每一个元素的变化都会对其他元素产生影响。这些联系和作用有的相互促进，有的相互制约，有的相互拮抗。子系统的相关性可以表达为：

$$S=\{x|R\} \tag{1-3}$$

式中，S 表示系统的总体关系；R 表示子系统或系统元素之间的关系。系统的总体关系是各个子系统或系统元素之间关系的集合。

5. 整体性

系统的整体性体现了一个系统作为一个有机整体的特征。组成系统的各个元素虽然各自具有不同的特性，但它们都是根据逻辑统一性的要求而构成一个总体的，因此，即使每一个元素都不很完善，但也可能组合出一个具有良好功能的系统。反之，即使每一个元素都具有良好的性能，如果它的整体结合性很差，就不可能构成一个性能优良的总系统。

系统整体性要求系统中的所有子系统或系统元素要服从一定的结合方式，追求系统目标的最优：

$$E^*=\max_{P\to G} P(X,R,C) \tag{1-4}$$

式中，E^* 表示系统结合函数；P 表示整体结合效果函数；X 表示子系统或系统元素集合；R 表示关系集合；C 表示系统阶层集合；G 表示系统的整体性约束。

6. 环境适应性

系统目标的实现不仅取决于系统的整体结构，还取决于它的外部条件。系统只有在满足环境约束的条件下，才能取得满意的效果。不能适应外部环境变化的系统，是没有生命力的系统。

$$E^{**}=\max_{\substack{P\to G \\ P\to O}} P(X,R,C) \tag{1-5}$$

该式表明，系统目标的实现受到系统结构自身和系统所处环境的双重约束，O 表示系统的环境约束。

第二节　系统分析

一、基本概念

系统分析的研究对象是复杂的大系统。大系统的特征是在系统中存在着许多相互矛盾的和不确定的因素，如果没有一套行之有效的辅助决策分析方法，就难以找到设计、运行和管理大系统的方案。人们从长期的工程实践中认识到，要实现系统的优化设计和优化运行，就需要对系统进行全面的、互相关联的和动态的分析，也就是系统分析。

系统分析可以被理解为一个对研究对象进行有目的、有步骤的探索过程，通过分解与综合的反复协调，寻求满足系统目标最佳的方案。

系统分析的最大特点是追求总体目标的最优。为了追求总体目标最优，有时有必要放弃局部目标或子系统目标的最优。一个系统的总体目标最优是通过对系统的反复分解、综合和协调实现的。图 1-3 表示的是系统分析的总体过程。

图 1-3　系统分析的总体过程

与传统的工程学科方法不同，系统分析过程除了需要研究系统中各要素的具体性质和特征，解决各元素的具体问题外，还着重研究和解决各个元素之间的有机联系，使得系统中各个元素的关系融洽、协调，力求实现系统总目标最优。

系统分析的对象主要是大系统。大系统的物质流、能量流和信息流的量都很大，关系很复杂，数学模型的建立和求解工作量也很大，利用计算机辅助系统分析是现代系统分析的主要特征之一。

二、系统分析的发展

系统分析是用于解决复杂问题的理论和方法，是对复杂问题进行全面的、互相联系的和发展的研究，系统分析的目标是追求系统的整体最优。

作为一门学科，系统分析开创于20世纪40～50年代。但是系统分析思想和方法的运用可以追溯到久远的古代，在朴素的系统思想指导下，人类曾经做出巨大的成绩。建于战国时期（公元前250年左右）的都江堰灌溉、防洪系统，就是运用系统分析思想的杰作。都江堰由"鱼嘴"、"飞沙堰"、"宝瓶口"等工程组成。"鱼嘴"司职岷江的分洪，确保灌溉系统的安全；"飞沙堰"用于控制水位，保证灌溉；"宝瓶口"则用于灌溉系统的引水和流量控制。"鱼嘴"、"飞沙堰"、"宝瓶口"和下游的干、支、毛渠这些子系统组成了庞大的都江堰灌溉系统，它们分工协作、巧妙配合，千百年来灌溉了万顷良田，养育了富饶的成都平原，发挥了极高的效益。它的规划、设计和施工，以及一整套管理程序，按照今天系统科学的观点分析，仍然不愧是人类发展史上一项伟大的工程。

20世纪30年代，英国科学家在研究军事战略过程中逐步发展起来的"运筹学"可以说是现代系统分析学科的发端。军力的部署、战略物资的储运，借助运筹学可以达到最佳状态，发挥最佳效益。联军在二次大战期间曾经利用系统分析方法，完成了后勤战略物资和防空系统的最佳配置方案，并在此基础上促进了系统科学的发展。

20世纪40年代初，美国电话电信公司（贝尔）正式启用"系统工程"一词，系统科学在规划、设计、生产和管理领域得到飞速的发展。1947年，奥地利生物学家贝塔朗菲创立了"普通系统论"。贝塔朗菲认为，把孤立的各组成部分的活动方式简单相加，不能说明高一级水平的活动性质和活动方式。如果了解各组成部分之间存在的全部联系，那么高一级水平的活动就能够由各组成部分推导出来。为了认识事物的整体性，不仅要了解它的组成部分，更要了解它们之间的关系。而传统学科只重分解，忽视综合；重视研究孤立事物的特征，轻视各个具体事物之间的联系，影响了对事物整体性的认识。贝塔朗菲指出，普通系统论属于逻辑学和数学领域，它的任务是确立适用于各种系统的一般原则，不能局限在技术范畴，也不能当作一种数学理论看待。普通系统论的研究领域十分广阔，几乎包括一切与系统有关的学科，如管理学、运筹学、信息论、控制论、哲学、行为科学、经济学、工程学等，给各门学科带来新的研究动力和新的方法，沟通了自然科学与社会科学、技术科学与人文科学之间的联系，促进了现代科学技术的发展。

计算机技术的发展又促进了系统科学的扩张。系统科学的应用已经远远超出传统的工程观念，进入到解决各种复杂的社会-技术系统和社会-经济系统的优化规划、优化设计、优化控制和优化管理阶段。

系统分析的主要对象是复杂的大系统。系统科学发展起来的大系统分解协调方法和技术为复杂大系统问题的解决提供了基础。

三、系统分析的特征

系统分析是一个方法学上的概念，其方法体系的基础是运用各种数学方法、计算机技术和控制学理论来实现系统的模型化和最优化。系统分析的基本特点如下。

1. 研究方法上的整体化

整体化的重要表现是将研究对象和研究过程都看作一个整体。实际生活中，任何一个系统都是由若干个子系统组成的，每个子系统都有自己的目标和标准。在系统分析过程中，这些子系统更重要的是被视为一个整体，每一个子系统都需要服从总系统的目标。每一个子系统的技术都要求首先从实现整个系统技术协调的观点来考虑，对研究过程中子系统与子系统之间或子系统与总系统之间的矛盾，都要从总体协调的需求来选择方案。简而言之，"追求总体最优"是系统分析的最高境界。

对于环境保护系统来说，这种整体性显得尤为重要，环境系统是一个开放性的大系统，环境系统的规划、设计和运行与社会系统、经济系统密切相关，环境保护的成败得失只有在一个更大的社会-经济-环境系统中才能进行有效的评价。建设一个经济-环境协调的社会是我们的最高追求，环境目标是建设和谐社会的重要内容。

2. 技术应用上的综合化

系统科学致力于综合运用各种学科和技术领域所获得的成果，它们之间的相互配合可以使系统达到整体优化。一个复杂的大系统都是一个综合的技术体系，各个学科技术的综合运用是必不可少的，这是第一层意思；为了解决大系统的优化问题，必须能够熟练掌握和灵活运用各种技术。这里所指的技术不仅包括系统分析的模型化、最优化和大系统分解协调技术，还包括解决各种工程问题的具体技术。一个系统分析人员必须具备对各种技术驾轻就熟的能力。

时代的发展导致问题的复杂性和综合性程度越来越高，为了解决一个大系统问题，不仅需要具备工程学科的知识，往往还需要经济学和社会学知识。

3. 管理上的科学化

一个复杂的大规模工程往往存在两个并行的过程，一个是工程技术过程，一个是对工程技术的控制过程。后一个过程包括规划、组织、进度控制、方案分析、比较和决策等，统称为管理。只有先进的、科学的管理，才能充分发挥技术的效能。

四、系统分析的步骤

系统分析过程除了要求解决研究对象的具体技术问题之外，着重研究和揭示各个要素之间的有机联系，协调系统中各个要素之间的关系，以达到系统总目标最优的目的。这个过程一般包含下述步骤。

1. 明确问题

主要明确研究对象的范围（包括空间和时间范围）和性质以及它们与周围环境之间的关系。为了明确问题，需要阅读和熟悉有关研究对象的资料，有必要对现场进行考察。根据具体条件，实事求是地反映系统的内部结构及其与外界的联系是特别重要的。

2. 设立目标

一般来说，目标就是决策者希望达到的理想境界。一个研究对象有一个总的目标，这个目标可能是单一的目标，也可能是多个目标。一个目标往往又可以分解成若干个分目标，与系统的结构模型相对应，总目标和分目标一起构成系统的目标体系。

3. 收集资料

包括收集必要的历史资料和现场实际调查资料。有两个方面的资料需要着重准备：一是为了建立系统模型所需要的系统自身的资料；二是对系统的运行产生约束的系统外部环境资料。资料来源一般有两个方面：从历史或当前的文献档案中摘取收集所需要的材料；根据实际需要进行必要的补充调查、监测和试验。

4. 建立模型

利用数学模型对环境状态或决策方案进行模拟，存优舍劣，是系统分析的主要特征。在系统分析过程中，通常要用到两类模型：对环境系统进行模拟的模拟模型，对环境保护系统进行决策分析的决策模型。在第一类模型中，主要有描述水体水质变化过程的各种水质模型，描述空气质量变化的空气质量模型，以及描述环境治理过程的各种模型；在第二类模型中有各种优化模型和决策模型。

5. 制定系统评估标准

评估标准是针对指标体系中的评价指标确定的。某些指标可以建立客观的标准，如环境质量指标等；而另外一些项目则缺少客观的标准，如经济指标和社会发展指标。对已经制定了标准的指标，通常可以直接采用，而对于那些缺乏标准的指标，则往往需要在研究过程中建立评估准则。

6. 综合分析

综合分析的核心是建立解决问题的方案和替代方案，对方案的性能特征以及环境经济效益进行全面分析、比较，确定优选的推荐方案是综合分析的主要任务。系统分析通常围绕系统模型进行。经典的系统分析方法是最优化技术，对于复杂的环境保护问题，多目标规划或多目标决策分析技术最为常用。在综合分析时，下述策略常常被采用：①若所能支付的费用已经确定，则选择在此费用下效益最大的方案；②若效益标准已定，则选择实现既定效益所需费用最低的方案；③若费用和效益都没有既定目标，可以选择效益费用比最大的方案；④对于多目标问题，要通过对各个目标的协调分析决定方案的优劣。

除了上述一些取舍策略以外，对一个多目标问题还有很多具体问题需要考虑，例如系统的可靠性问题、系统的可维护性问题、系统实现的时限问题等等，这些都需要根据具体研究对象进行具体设定和研究。

五、系统模型化

系统模型化就是用数学符号来表达研究对象的各个部分及其联系，表达系统的功能、价值及各个价值之间的关系。在系统分析中对模型有如下要求。

（1）现实性　是指模型能够以一定的精度和准确性反映系统的实际情况。

（2）简洁性　在现实性的基础上，尽量使模型简单明了，以节省模型建立和求解的时间与费用，并且易于推广应用。

（3）适应性　模型对于外部条件的变化应该具有一定的应变能力，可以根据应用环境进行调节。

上面这些要求在很多情况下可能是相互矛盾的。例如为了提高现实性，模型的结构可能很复杂，它的求解就很困难，适应性就差。在选择和建立模型的时候经常需要根据实际条件在各种因素之间进行协调，那些结构上相对比较简单、精度上能够满足需求的模型经常成为首选模型。

六、系统最优化

系统最优化是系统综合最重要的方法和手段之一。系统最优化通常通过最优化模型实现。最优化方法很多，要根据问题的性质和条件选用。对于过于复杂的系统需要简化，例如，一个非线性系统可以通过线性化，利用线性方法来求解。通过突出主要因素、忽略次要因素，或改变模型的形式，使最优化方法的应用成为可能。

线性规划、动态规划、非线性规划、网络与图论等最优化技术在环境规划、污染控制过程仿真等领域得到广泛应用。

七、大系统的分解协调

所谓大系统，是指规模庞大、结构复杂的各种工程或非工程系统。大系统所关心的目标不是单个的指标。由于系统复杂，大系统一般都是多目标问题，而且约束条件繁多，直接求解存在很多困难。

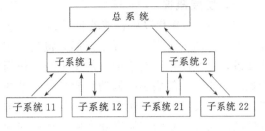

图 1-4　大系统分解

解决大系统问题的"巧妙"方法是将大系统分解成许多子系统，如图 1-4 所示，子系统与上一级父系统之间保持联系。由于分解以后的子系统大大简化，求解低层次的子系统相对较为简单。但是子系统的解是否符合总系统的要求，需要通过不断调整上下级系统之间的联系，使得子系统的求解不仅达到最优，且符合上级父系统的要求；同时子系统与子系统之间的关系通过父系统进行协调，这个过程需要反复多次。这就是大系统分解协调方法，这种方法被广泛应用于大系统的管理和控制。

八、系统分析与系统工程

"系统工程"一词是 20 世纪 50 年代提出来的，它是合理开发、设计和运行一个系统而采用的思想和方法的总称。从方法学范畴，系统分析和系统工程属于相同的概念，它们都是力图全面地、发展地和互相联系地分析研究问题。

如果把一件事物或一项工程从构思到实施完成的整个过程称为系统工程的话，系统分析可以被看作系统工程的一部分（图 1-5）。

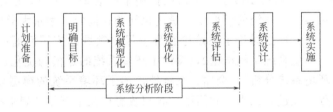

图 1-5　系统工程的程序

一件事物或一项工程项目可以分成计划准备、系统分析、系统设计和系统实施等几个阶段。系统分析是其中的一个主要组成部分。系统分析是针对研究问题的整体，进行全面的、互相联系的和发展的研究，以期找到解决问题的最佳方案或替代方案，并预测这些方案实施后可能产生的后果。

系统设计是在系统分析提出推荐方案的基础上进行的，它运用各种工程方法将系统分析的结果落实在工程措施上，以确保系统分析结果的实现。

系统实施是将系统设计的成果转变成现实的过程。在系统实施阶段，各种系统论方法被广泛应用。

在实际工程中，系统分析、系统设计和系统实施这三个阶段的内容在时间上一般是顺序执行的。只有提出一个好的系统分析方案，才能保证做出好的系统设计，继而保证最终实施的工程质量。但是从认识论的角度，这三个阶段又不是截然可分的。系统分析的成败与前人的工作以及分析者的阅历与经验直接相关，而这些经验中很多要在系统设计和系统实施的过程中取得。同时，在一项工程中，在系统设计或系统实施阶段提出反馈信息，修改或部分修改系统分析成果的事例也屡见不鲜。

第三节　环境系统分析

一、发展概况

20世纪50年代以后，随着世界各国工业化和城市化的加速，一些经济发达国家相继出现了爆炸性的公害事件。开始人们只将它们作为一般的生产事故或安全事故，但是很快人们就发现，这些事件不同于简单的中毒或工伤问题，而是在时间上和空间上都有非常广泛的综合效应，它们的解决必须调动社会各个领域的力量，协同配合才有成效。在这种形势下，美国、日本、英国等先进工业国先后建立了全国性的研究机构和管理机构，展开了全国性和区域性的污染防治规划的研究和实施。环境问题的全局性、复杂性和综合性等特点，为系统分析方法的应用提供了广阔的领域，世界上很多著名的环境污染防治工程研究和实施都应用了系统分析的方法。

1959~1962年，美国在特拉华河口的污染控制规划研究中全面应用了水环境质量模型、决策方案的多目标分析和综合决策方法，可以说是系统分析在环境保护领域应用的开端。1972年，美国人瑞奇首次以《环境系统工程》（英文）为名发表专著，阐述了环境工程过程及其与环境之间的关系；1977年，日本学者高松武一郎发表同名专著（日文），应用化工过程系统工程的研究成果阐述环境系统的规划、治理等问题。这期间出现了很多应用运筹学、决策学解决环境问题的论著和文章，极大地推动了环境系统分析的发展。

系统分析思想在我国很早就得到应用，但是对现代系统科学的理论和方法的研究开始于20世纪80年代以后。1980年，北京市东南郊环境质量评价研究中，首次应用了水质数学模拟技术，其后在全国各地开展了区域环境影响评价研究，广泛应用了数学模型和决策分析技术。1985年，清华大学出版社出版了《水污染控制系统规划》一书，运用系统分析的思想和方法，阐述了水污染控制系统的模型化和最优化问题；同年，南京大学出版社出版了《环境系统工程概论》一书，广泛讨论了系统论在环境保护领域的应用问题；1987年，烃加工出版社出版了专著《环境系统工程概论》，探讨了环境系统的建模与优化；1990年，高等教育出版社出版了《环境系统分析》，全面、系统地论述了环境系统的模型化和最优化以及环境决策的方法与过程。在过去几十年时间里，我国政府在几个五年计划中都安排了一定数量的区域性环境研究项目，它们的实施对环境系统分析在我国的实践与发展起到很大的促进作用。

二、环境系统的分类与组成

在研究人与环境这个矛盾统一体时，把由两个或两个以上的与环境及人类活动相关的要素组成的有机整体称为环境系统。按照不同的分类方法，可以得到不同类型的环境系统（表1-1）。

表1-1　环境系统的分类

分类方法	系统名称
环境系统尺度	全球环境系统、区域环境系统、局域环境系统等
环境系统边界	流域环境系统、城市环境系统与乡村环境系统等
环境系统组成结构	人口-资源-环境系统、环境-经济系统等
环境保护对象	自然保护区系统、生态保护区系统、空气污染控制系统、水污染控制系统、都市生态(环境)系统等
环境管理功能	环境监测系统、环境执法系统、环境规划管理系统、排污申报管理系统、环境统计管理系统与排污收费管理系统等
污染源	工业污染源系统、农业污染源系统、交通污染源系统等
污染物的发生与迁移过程	污染物发生系统、污染物输送系统、污染物处理系统、接受污染物的环境系统等
产业类型	矿山环境系统、冶金环境系统、环保产业系统等

环境系统千差万别，表 1-1 与图 1-6～图 1-8 所示的只是其中一些例子。

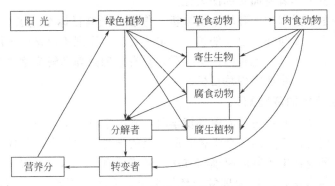

图 1-6　生态系统的组成

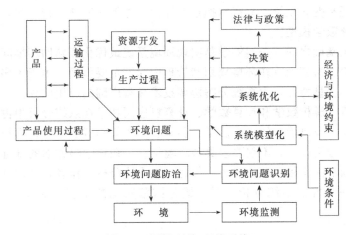

图 1-7　资源-经济-环境系统

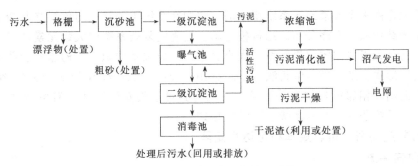

图 1-8　活性污泥法污水处理系统

三、环境系统分析的任务

当前，由于工业化和城市化带来的环境问题日益凸显，空气污染、水体污染、生态破坏威胁着人类社会的持续发展。现在的环境问题绝对不是局部性的、暂时性的，而是全局性的、持久性的。没有全社会的协调和努力，追求环境保护与经济发展的协调是不可能的，建设和谐社会的美好愿望也难以实现。

鉴于当代环境问题的特点，系统分析在解决这些问题时具有明显的优势。研究环境系统内部各组成部分之间的对立统一关系，寻求最佳的环境污染防治体系，建设健康协调的环境生态系统；研究环境保护与经济发展之间的对立统一关系，寻求经济与环境协调发展的途径，是环境系统分析工作者所面临的两大任务。

在解决环境问题的过程中，环境系统分析工作者的最高目标是追求社会的可持续发展，追求经济效益、社会效益与环境效益的统一。最高目标的实现不会是一帆风顺的，在追求这个目标的过程中，必定会与其他目标产生矛盾，只有正确处理和解决这些矛盾，协调各方面的利益关系，才能一步一步地实现总目标。

四、环境系统分析的基础知识

环境系统分析的基础知识主要涵盖环境学科和系统学科两个方面。

环境学科是一门范围广泛的组合学科，所涉及的学科门类很多，与环境系统分析紧密相关的内容主要有：环境污染控制的原理与方法，环境质量评价和预测的理论与方法，环境区划与环境规划原理与方法，环境毒理学与环境标准，生态学原理，工程经济与环境经济学等。此外，环境法学、环境社会学等知识也很重要。上述这些内容有助于理解环境系统内部的功能结构、特征和变化规律，只有掌握这些知识，才能对系统进行概化，作出系统概化模型，进而建立系统数学模型。

系统学的理论基础之一——运筹学是实现环境系统最优化和辅助环境问题决策的重要手段。规划论、图论、博弈论等在环境规划和管理中起着重要作用。由于大多数环境系统的多目标、多层次和多变量特征，大系统分解协调技术具有广阔的应用前景。

作为技术手段，解析数学和计算数学、计算机应用技术在系统分析中占有重要地位。

环境系统分析涉及政治、经济、法学、美学、工程等领域及现代科学技术的几乎所有领域。作为环境系统分析人员，不仅要求具备环境学科、系统学科方面的基础知识，还要求有较多的社会知识和解决实际问题的能力。作为环境系统分析工作者，必须具有较高的政治素养和科学素质。一个好的系统分析人员，既是脚踏实地的工程师又是一位高瞻远瞩的战略家。

第四节　系统的结构化

一个系统是由多个元素或子系统组成的，它们在系统中的排列与位置绝非杂乱无章，而是按照一定的结构秩序有序分布。结构模型解析是确定复杂系统中大量元素之间相互联系的技术，通过各种元素之间的因果关系、大小关系和隶属关系的识别，构建复杂系统的分解和多级递阶结构形式。结构模型解析法（interpretive structural modelling，ISM）得到广泛应用，通过有向图和相邻矩阵的有关运算，可以得到可达性矩阵，然后对可达性矩阵进行分解，得到复杂系统条理分明的多级递阶结构形式。

一、有向连接图、相邻矩阵和可达性矩阵

1. 有向连接图

如果一个系统由若干个子系统（或元素）构成，每个子系统之间的关系由带有箭头的边表示，这个系统的图形就构成了有向连接图（图1-9）。

2. 相邻矩阵

用以表示有向连接图中各个元素之间连接状态的矩阵称为相邻矩阵（A）。相邻矩阵的元素 a_{ij} 可以定义如下：

$$a_{ij} = \begin{cases} 1 & n_i R n_j \quad R \text{ 表示可以从 } n_i \text{ 到达 } n_j \\ 0 & n_i \bar{R} n_j \quad \bar{R} \text{ 表示不能从 } n_i \text{ 到达 } n_j \end{cases} \quad (1\text{-}6)$$

由此，与图1-9对应的相邻矩阵为：

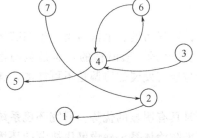

图1-9　有向连接图

$$\mathbf{A}=\begin{array}{c} 1\\2\\3\\4\\5\\6\\7 \end{array}\begin{array}{|ccccccc|} 1&2&3&4&5&6&7\\ \hline 0&0&0&0&0&0&0\\ 1&0&0&0&0&0&0\\ 0&0&0&1&0&0&0\\ 0&0&0&0&1&1&0\\ 0&0&0&0&0&0&0\\ 0&0&0&1&0&0&0\\ 0&1&0&0&0&0&0 \end{array} \qquad (1\text{-}7)$$

3. 可达性矩阵

可达性矩阵（$\mathbf{M}$）是用矩阵形式来反映有向连接图各元素间通过一定路径可以到达的程度。可达性矩阵可以用相邻矩阵加上单位矩阵（$\mathbf{I}$）经过一定运算后获得。令：

$$\mathbf{A}_1=\mathbf{A}+\mathbf{I}=\begin{array}{c} 1\\2\\3\\4\\5\\6\\7 \end{array}\begin{array}{|ccccccc|} 1&2&3&4&5&6&7\\ \hline 1&0&0&0&0&0&0\\ 1&1&0&0&0&0&0\\ 0&0&1&1&0&0&0\\ 0&0&0&1&1&1&0\\ 0&0&0&0&1&0&0\\ 0&0&0&1&0&1&0\\ 0&1&0&0&0&0&1 \end{array} \qquad (1\text{-}8)$$

在式（1-8）中，如果 $a_{ij}=1$，说明从节点 i 到节点 j 存在一条直接到达的路径。但是 $\mathbf{A}_1$ 还不是可达性矩阵，尚未表达出所有可能的路径，需要运用布尔代数法则继续运算。令：

$$(\mathbf{A}_1)^2=(\mathbf{A}+\mathbf{I})^2=\mathbf{A}^2+\mathbf{A}+\mathbf{I}=\begin{array}{c} 1\\2\\3\\4\\5\\6\\7 \end{array}\begin{array}{|ccccccc|} 1&2&3&4&5&6&7\\ \hline 1&0&0&0&0&0&0\\ 1&1&0&0&0&0&0\\ 0&0&1&1&0&0&0\\ 0&0&0&1&1&1&0\\ 0&0&0&0&1&0&0\\ 0&0&0&1&0&1&0\\ 0&1&0&0&0&0&1 \end{array}+\mathbf{A}+\mathbf{I}=\begin{array}{c} 1\\2\\3\\4\\5\\6\\7 \end{array}\begin{array}{|ccccccc|} 1&2&3&4&5&6&7\\ \hline 1&0&0&0&0&0&0\\ 1&1&0&0&0&0&0\\ 0&0&1&1&1&1&0\\ 0&0&0&1&1&1&0\\ 0&0&0&0&1&0&0\\ 0&0&0&1&1&1&0\\ 1&1&0&0&0&0&1 \end{array}=\mathbf{A}_2 \quad (1\text{-}9)$$

矩阵 $\mathbf{A}_2$ 不同于矩阵 $\mathbf{A}_1$，节点之间的路径可以多至两条。可以依次计算 $\mathbf{A}_3,\mathbf{A}_4,\cdots,$ $\mathbf{A}_{r-1},\mathbf{A}_r$，直至 $\mathbf{A}_{r-1}=\mathbf{A}_r$，此时可得可达性矩阵 $\mathbf{A}_{r-1}$。在本算例中，$\mathbf{A}_1\neq\mathbf{A}_2=\mathbf{A}_3$，可知本算例的可达性矩阵 $\mathbf{M}=\mathbf{A}_2=(\mathbf{A}_1+\mathbf{I})^2$。即

$$\mathbf{M}=[m_{ij}]=\mathbf{A}_2=\begin{array}{c} 1\\2\\3\\4\\5\\6\\7 \end{array}\begin{array}{|ccccccc|} 1&2&3&4&5&6&7\\ \hline 1&0&0&0&0&0&0\\ 1&1&0&0&0&0&0\\ 0&0&1&1&1&1&0\\ 0&0&0&1&1&1&0\\ 0&0&0&0&1&0&0\\ 0&0&0&1&1&1&0\\ 1&1&0&0&0&0&1 \end{array} \qquad (1\text{-}10)$$

从可达性矩阵 $\mathbf{M}$ 可以发现，所有节点达到的线路，包括直接到达和间接到达。例如从节点 3 可到达节点 4、5 和 6。与相邻矩阵比较可知，从节点 3 出发，可以直接到达节点 4，间接到达节点 5 和 6。

可达性矩阵反映了系统各元素之间的联系，通过对可达性矩阵的区域分解和级间分解可以求得系统的递阶结构。

二、区域分解

根据元素之间的关系，将元素分解成不同的区域，不同区域之间的元素是没有关系的。在上述可达性矩阵中，将元素分成可达性集合 $R(n_i)$ 和先行集合 $A(n_i)$，其定义为：

$$R(n_i) = \{ n_i \in N \mid_{m_{ij}=1} \} \qquad (1-11)$$

$$A(n_j) = \{ n_j \in N \mid_{m_{ij}=1} \} \qquad (1-12)$$

又定义共同集合 T（见表 1-2）为：

$$T = \{ n_i \in N \mid_{R(n_i) \cap A(n_j)} \} \qquad (1-13)$$

表 1-2　可达性集合、先行集合和共同集合

i	$R(n_i)$	$A(n_j)$	$R(n_i) \cap A(n_j)$	i	$R(n_i)$	$A(n_j)$	$R(n_i) \cap A(n_j)$
1	1	1,2,7	1	5	5	3,4,5,6	5
2	1,2	2,7	2	6	4,5,6	3,4,6	4,6
3	3,4,5,6	3	3	7	1,2,7	7	7
4	4,5,6	3,4,6	4,6				

如果有两个属于共同集合的两个元素 T_u、T_v 存在如下关系：$R(T_u) \cap R(T_v) \neq \Phi$，则元素 T_u、T_v 属于同一区域，否则属于不同区域。

式中，Φ 为空集合，即不存在任何元素的集合。

经过上述运算可以对可达性矩阵进行区域分解。在上述的可达性矩阵中，3、4、5、6 之间存在联系，1、2、7 之间存在联系，这两组元素之间彼此没有联系，可以将它们集中在分块对角化矩阵中，形成对角化的可达性矩阵：

$$
\boldsymbol{M} =
\begin{array}{c}
\\ 3 \\ 4 \\ 5 \\ 6 \\ 1 \\ 2 \\ 7
\end{array}
\left(
\begin{array}{cccc|ccc}
3 & 4 & 5 & 6 & 1 & 2 & 7 \\
1 & 1 & 1 & 1 & & & \\
0 & 1 & 1 & 1 & & 0 & \\
0 & 0 & 1 & 0 & & & \\
0 & 1 & 1 & 1 & & & \\
\hline
 & & & & 1 & 0 & 0 \\
 & 0 & & & 1 & 1 & 0 \\
 & & & & 1 & 1 & 1
\end{array}
\right)
=
\left(
\begin{array}{cc|cc}
5 & 4 & 6 & 3 & 1 & 2 & 7 \\
P_1 & & & 0 \\
\hline
0 & & & P_2
\end{array}
\right)
\begin{array}{c}
3 \\ 4 \\ 5 \\ 6 \\ 1 \\ 2 \\ 7
\end{array}
\qquad (1-14)
$$

上述区域分解的结果可以记作：

$$\prod_1(N) = P_1, P_2, \cdots, P_m \qquad (1-15)$$

式中，m 为分解后的区域数目。上述例中，$m = 2$。

三、级间分解

级间分解是对同一区域内的元素进行分级分解，也就是对各个元素排序。级间分解方法如下。

设 $L_0 = \Phi$，$j = 1$，P 为某区域，按以下两个步骤反复运算：

（1）
$$L_j = \{ n_i \in P - L_0 - L_1 - \cdots - L_{j-1} \mid_{R_{j-1}(n_i) \cap A_{j-1}(n_i)} R_{j(n_i)} \} \qquad (1-16)$$

式中，

$$R_{j-1}(n_i) = \{ n_j \in P - L_0 - L_1 - \cdots - L_{j-1} \mid_{m_{ij}=1} \} \qquad (1-17)$$

$$A_{j-1}(n_i) = \{ n_j \in P - L_0 - L_1 - \cdots - L_{j-1} \mid_{m_{ij}=1} \} \qquad (1-18)$$

（2）当 $\{ P - L_0 - L_1 - \cdots - L_j \} = 0$，则分解完毕；反之，则令 $j = j+1$ 返回步骤（1），最后结果可以写成：

$$(P) = L_1, L_2, \cdots, L_l$$

式中，l 表示级数。

对本例中可达性矩阵 M 第一区域 P_1 进行分级，得如表1-3所列数据。

表1-3　第一级分解

i	$R(n_i)$	$A(n_i)$	$R(n_i)\bigcap A(n_i)$	i	$R(n_i)$	$A(n_i)$	$R(n_i)\bigcap A(n_i)$
3	3,4,5,6	3	3	5	5	3,4,5,6	5
4	4,5,6	3,4,6	4,6	6	4,5,6	3,4,6	4,6

由表1-3可知，

$$L_1=\{n_i\in P_1-L_0\,|\,R(n_i)\bigcap A(n_i)=R(n_i)\}=\{n_5\in(n_3,n_4,n_5,n_6)-0\,|\,R(n_5)\bigcap A(n_5)\}$$
$$=\{R(n_5)\}=\{n_5\}$$
$$\{P_1-L_0-L_1\}=\{(n_3,n_4,n_5,n_6)-0-n_5\}=\{n_3,n_4,n_6\}\neq 0$$

因此需要继续分级分解，得到表1-4、表1-5的结果。

表1-4　第二级分解

i	$R(n_i)$	$A(n_i)$	$R(n_i)\bigcap A(n_i)$
3	3,4,6	3	3
4	4,6	3,4,6	4,6
6	4,6	3,4,6	4,6

表1-5　第三级分解

i	$R(n_i)$	$A(n_i)$	$R(n_i)\bigcap A(n_i)$
3	3	3	3

从表1-3可知，第一区域 P_1 的第一级为 n_5；从表1-4可知，第一区域 P_1 的第二级为 n_4 和 n_6；从表1-5可知，第一区域 P_1 的第三级为 n_3。

同样对第二区域分级处理后可得第一级为 n_1，第二级为 n_2，第三级为 n_7。用公式表示为：

$$\prod(P_1)=L_1^1,L_2^1,L_3^1=\{n_5\},\{n_4,n_6\},\{n_3\}$$
$$\prod(P_2)=L_1^2,L_2^2,L_3^2=\{n_1\},\{n_2\},\{n_7\}$$

通过级间分解，可达性矩阵可以按照级别重新排列，得：

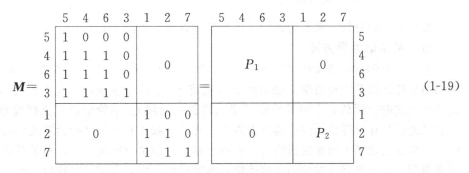

$$(1-19)$$

从式（1-19）可以看出，$\{n_4\}$ 和 $\{n_6\}$ 的相应行与列的元素完全一样，可以将两者当作一个元素看待，可以从中削减一个元素（例如 n_6）的相应行和列，得到新的可达性矩阵 M'，称为缩减矩阵：

$$\boldsymbol{M}' = \begin{array}{c|ccc|ccc|} & 5 & 4 & 3 & 1 & 2 & 7 \\ \hline 5 & 1 & 0 & 0 & & & \\ 4 & 1 & 1 & 0 & & 0 & \\ 3 & 1 & 1 & 1 & & & \\ \hline 1 & & & & 1 & 0 & 0 \\ 2 & & 0 & & 1 & 1 & 0 \\ 7 & & & & 1 & 1 & 1 \\ \end{array} \tag{1-20}$$

四、系统结构模型

所谓求解结构模型，就是建立系统的多级递阶结构矩阵 $\boldsymbol{A}'$，根据结构矩阵可以绘制系统多级递阶结构图。求解结构矩阵的步骤如下。

（1）从缩减矩阵 $\boldsymbol{M}'$ 中减去单位矩阵 $\boldsymbol{I}$ 得到新的矩阵 $\boldsymbol{M}''$：

$$\boldsymbol{M}'' = \boldsymbol{M}' - \boldsymbol{I} = \begin{array}{c|ccc|ccc|} & 5 & 4 & 3 & 1 & 2 & 7 \\ \hline 5 & 0 & 0 & 0 & & & \\ 4 & 1 & 0 & 1 & & 0 & \\ 3 & 1 & 1 & 0 & & & \\ \hline 1 & & & & 0 & 0 & 0 \\ 2 & & 0 & & 1 & 0 & 0 \\ 7 & & & & 1 & 1 & 0 \\ \end{array} \tag{1-21}$$

（2）在 $\boldsymbol{M}''$ 中寻找系统元素第一级和第二级之间的关系，例如，$m''_{45}=1$，说明存在 $n_4 \rightarrow n_5$ 的关系；然后再找出第二级与第三级元素之间的关系，例如 $m''_{34}=1$，说明存在 $n_3 \rightarrow n_4$ 的关系。同样，在区域 P_2 中，有 $m''_{21}=1$ 和 $m''_{72}=1$。于是可以将矩阵元素 $m''_{45}=1$、$m''_{34}=1$、$m''_{21}=1$、$m''_{72}=1$ 作为矩阵元素得到结构矩阵：

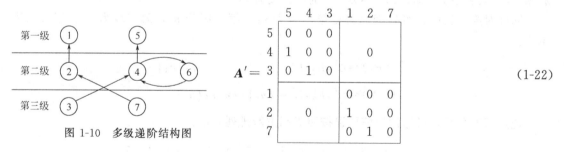

图 1-10　多级递阶结构图

$$\boldsymbol{A}' = \begin{array}{c|ccc|ccc|} & 5 & 4 & 3 & 1 & 2 & 7 \\ \hline 5 & 0 & 0 & 0 & & & \\ 4 & 1 & 0 & 0 & & 0 & \\ 3 & 0 & 1 & 0 & & & \\ \hline 1 & & & & 0 & 0 & 0 \\ 2 & & 0 & & 1 & 0 & 0 \\ 7 & & & & 0 & 1 & 0 \\ \end{array} \tag{1-22}$$

根据前面的分析，系统的递阶结构模型可以表示为图 1-10。

五、系统动力学方法

系统动力学由福瑞斯特（Forrester，J. W.）创立于 20 世纪 30 年代。20 世纪 60 年代，罗马俱乐部运用系统动力学方法研究世界经济-环境-社会发展的"世界模型"，对传统的经济增长模式进行评估，发表其研究成果《增长的极限》。尽管学界对其研究存在很多争议，但其结论还是在世界范围内引起巨大震动，直接导致了其后的可持续发展观的提出；同时系统动力学方法被越来越多的研究人员在越来越多的领域内所采用。常用的系统动力学模型有世界模型，用于研究全球性的发展战略；国家模型，用以研究国家政治、经济、军事、对外关系等；城市模型，用以研究城市发展战略；区域模型，用以研究特定地理区域的发展战略；工业模型，用以研究工业企业发展战略等。此外，还有生长型模型，包括研究疾病发生、发展及防治策略的医疗动力学模型；研究作物、园艺、家禽饲养、虫害防治和生态保护的系统动力学模型。

　　系统动力学把世界上一切系统的运动假想成流体的运动，使用因果关系图（causal loop diagram）或系统流图（stock and flow diagram）来表示系统的结构。系统流图由表达各个子系统（或要素）所处状态的状态变量和状态之间的联系组成。系统动力学认为，系统中的要素以复杂的物质流和信息流保持联系。因此，要搞清楚系统的运动、变化规律，就需要搞清楚系统要素之间的联系。图 1-11 所示是经济环境系统中几个要素的系统流图。图中实线方框内的内容表示需要模拟或预测的状态变量，虚线方框图中的内容表示计算过程中的参数或系统外输入变量，箭头线表示物质流或信息流的方向。箭头线边上的符号表示物质流或信息流的增量，（＋）表示正的增量，即输出单元对输入单元产生正的影响，（－）表示负的增量，即输出单元对输入单元产生负的影响。

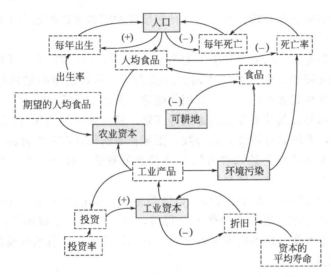

图 1-11　人口、资本、服务和资源的反馈回路

（引自：Meadows D H，Meadows D L，J Behrens III，The Limits to Growth：
A report for the Club of Rome's Project on the Predicament of Mankind［M］，New York，1972）

　　因果关系图以反馈回路为其组成要素，反馈回路为一系列原因和结果的闭合路径。反馈回路的多少是系统复杂程度的标志。两个系统变量从因果关系看可以是正关系、负关系、无关系或复杂关系。当这种关系从某一变量出发经过一个闭合回路的传递，最后导致该变量本身的增加，这样的回路称为正反馈回路，反之则称为负反馈回路。

　　系统动力学用以表达上述系统流图的是一组微分方程式，系统中所有状态的集合组成状态变量，系统流图中每一个箭头图就是一个微分方程。

$$\frac{d}{dx}x(t)=f(\vec{x},p) \tag{1-23}$$

　　式中，$\vec{x}$ 表示系统中所有的状态变量构成的向量；p 表示系统中的参数或系统外变量；f 表示描述变量 x 的微分方程。目前，有使用方便的软件，高效的专业化语言，如 DYNAMO，DYNASTAT 等，使得方程组的求解较为容易。

　　系统动力学解决问题的步骤大体可分为以下五步。

1. 问题识别

　　其主要任务在于调查收集系统的情况与统计数据、了解用户提出的要求、目的，分析系统的基本问题与主要问题、基本矛盾与主要矛盾、基本变量与主要变量；初步确定系统的边界，并确定系统参数和外生变量。

2. 系统的结构分析

这一步主要任务在于处理系统信息，分析系统的反馈机制，包括系统总体与局部的反馈机制、划分系统的层次与子系统、定义系统变量及变量间的关系。

3. 绘制系统流图

根据各子系统之间的关系绘制系统流程图，确定系统回路及回路间的反馈耦合关系。

4. 系统模拟

在系统流程图的基础上建立微分方程组，确定系统参数和输入、输出变量，给定初始条件和边界条件，在系统语言的支持下运行系统模型。

5. 结果分析

对系统模拟的结果进行分析，对于各种比较敏感的因素可以给定多个初始值，以考察它们对系统模拟结果的影响。

系统结构和参数是系统动力学建模中的两个关键问题。一般而言，系统动力学更强调系统结构的合理性和准确性。反馈系统建模的经验表明，倘若模型的结构是错误的或不完整的，参数估计的技术再完善也不会产生有用的结论；其次，系统动力学模型一般关心社会经济系统的总的行为趋势及其政策变化的影响等问题，精度要求不是很高。因为系统动力学模型是基于系统结构，系统运行需要大量参数，很多参数的估计存在实际的困难，参数的精确度受到限制。目前大多通过下述六种方法估计参数的数值：调查历史、调查现状、专家咨询、统计资料、依据经验、合理猜测等。

【**例 1-1**】 湖泊生态系统动力学模型　以藻类生长为核心的湖泊生态模型是一个典型的系统动力学模型，通过建立流程图和微分方程组，描述系统各组成部分之间的正负反馈关系，模拟系统的动态平衡（详细内容见本书第三章湖泊水库的生态系统模型部分）。

六、最优化技术

1. 最优化技术的一般形式

$$Opt f(\vec{x})$$
$$G(\vec{x}) \geqslant 0 \tag{1-24}$$

式中，$G(\vec{x}) \geqslant 0$ 称为约束条件，是对优化过程中的各种限制性因素的表达，它们是变量 $\vec{x}$ 的多元函数；$Opt f(\vec{x})$ 称为目标函数，若目标为取最大值则可写为 $Max f(\vec{x})$，若取最小值则为 $Min f(\vec{x})$；$\vec{x} = (x_1, x_2, \cdots, x_n)^T$，为 n 维变量，包括状态变量和决策变量。状态变量是指那些用以描述事物性质和所处环境条件的指标，如污水处理中的流量、污染物浓度等；决策变量是指那些在决策过程中可以由决策者控制的变量，如污水处理程度等，通过调整决策变量实现目标优化。

如果目标函数和约束条件全部是线性函数，则该最优化问题称之为线性规划，否则称之为非线性规划。

2. 线性规划（LP）和整数规划（DP）

线性规划的一般表达式为：

$$Max(Min) f = c_1 x_1 + c_2 x_2 + \cdots + c_n x_n \tag{1-25}$$

$$\begin{cases} a_1 x_1 + a_2 x_2 + \cdots + a_n x_n \leqslant b_1 \\ a_2 x_2 + a_2 x_2 + \cdots + a_n x_n \leqslant b_2 \\ \cdots \\ a_1 x_1 + a_2 x_2 + \cdots + a_n x_n \leqslant b_m \end{cases} \tag{1-26}$$

式（1-25）表示由 n 个变量构成的目标函数；式（1-26）表示由 n 个变量和 m 个约束方程组成的约束条件，目标函数和约束条件都是线性方程。

单纯型方法是求解线性规划问题的基本方法，对于简单的线性规划问题可以用图解法求解。一般情况下，线性规划可以得到全域最优解。

【例 1-2】 某地可投入的发展资源是资金 90000 万元，劳动力 5000 个，准备用于发展电力和旅游业。已知每建设 100 万瓦发电厂需投入资金 30 万元和劳动力 1 人；如果发展旅游业，每接待一个游客需投入资金 20 万元和劳动力 2 人。同时已知每 100 万瓦电力的年收入是 8000 元，每接待 1 个游客的旅游收入是 6000 元。如何安排发展资源使得地区的年收益最大？

假定 x_1 为最佳的发电量（100 万瓦），x_2 为最佳的游客人数（人），可以建立线性规划模型如下：

目标函数：
$$\mathrm{Max}Z = 0.8x_1 + 0.6x_2$$

约束条件：
$$\begin{cases} 30.0x_1 + 20.0x_2 \leqslant 90000.0 \\ 1.0x_1 + 2.0x_2 \leqslant 5000 \end{cases}$$

这是一个简单的线性规划问题，通过图解法可以得到 $x_1 = 2000$；$x_2 = 1500$。就是说，线性规划的最优解是建设发电厂 2000×100 万瓦，发展旅游业接待游客 1500 人，其最大年总收益为 $Z = 0.8 \times 2000 + 0.6 \times 1500 = 2500$ 万元。

整数规划是线性规划的特例，当目标函数和约束条件中的变量全部为整数时，称为整数规划。分枝定界法、割平面法、枚举法是求解整数规划较为常用的方法。

3. 非线性规划

非线性规划的一般表达式为：
$$\begin{cases} \mathrm{Max(Min)} f(\vec{x}) \\ g_i(\vec{x}) \geqslant 0, i = 1, 2, \cdots, m \end{cases} \tag{1-27}$$

在非线性规划中，无论目标函数还是约束条件至少有一个为非线性函数。求解非线性规划的基础是函数的极值理论，最速下降法、牛顿法等应用较多。对于较复杂的非线性规划问题，由于存在多个极值，一般得到的解多为局域最优解。

4. 动态规划

动态规划是解决多阶段最优化问题的数学方法。在现实生活中，一个问题可以按照其活动过程划分为若干个相互联系的阶段，对其每一个阶段都需要做出决策，而每一阶段的决策结果都会影响到下一阶段的决策，从而影响到全过程的决策。所有阶段的决策的总和组成了全过程决策序列，通常称为一个决策策略。由于每一个阶段可供选择的决策往往不止一个，这就形成了总体决策过程的多个策略。动态规划解决这种多阶段决策的原理为：作为多阶段决策问题，这个过程应具有这样的性质，即无论过去的状态和决策如何，对前面的决策和状态而言，余下的诸决策必须构成最优策略。上述动态规划原理可以用下述数学形式表达：

$$\begin{cases} f_k(x_k) = Opt\{d_k(x_k, U_k) + f_{k-1}(U_k)\}, k = 1, 2, \cdots, n \\ f_1(x_1) = d_1(x, G) \end{cases} \tag{1-28}$$

式中，k 表示阶段编号；x 表示某阶段的状态；U 表示采取的决策措施。动态规划的求解过程是从最后阶段依次向前递推。下面通过一个河流污染控制的例子具体说明整数规划的过程和原理。

【例 1-3】 一河段上分布 4 个排放口，拟建 4 座污水处理厂，其目标是 4 个河段的污水处理费用之和最低，约束条件是个河段执行的水质标准。根据河流与排放口状况（见附图），形成如下的数学规划问题，试用动态规划方法求解最优的污水处理组合 η_i ($i=1,2,3,4$)：

$$Minf(\vec{\eta}) = (115+575\eta_1^2)+(76.5+382\eta_2^2)+(96+480\eta_3^2)+(115+575\eta_4^2)$$
$$=402.5+575\eta_1^2+382\eta_2^2+480\eta_3^2+575\eta_4^2$$

满足：
$$\begin{cases} 1.5296\eta_1 \geq 1 \\ 0.7417\eta_1+0.6655\eta_2 \geq 1 \\ 0.3742\eta_1+0.3359\eta_2+0.6045\eta_3 \geq 1 \\ 0.1898\eta_1+0.1703\eta_2+0.3064\eta_3+0.5743\eta_4 \geq 1 \end{cases}$$

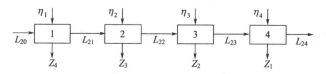

附图　4 个河段示意

图中，L_{2i} 表示上一河段输出的 BOD_5 浓度；η_i 表示相应河段污水处理程度，为决策变量；Z_i 表示各河段的污水处理费用（万元）。

动态规划的算法是从最后一个阶段开始向前递推。计算过程如下：

第一步　第四阶段优化：
$$Z_1=Minf(\eta_4)=Min(\eta_4^2)$$

由第四阶段的约束条件可以得到：

$$\eta_4 \geq \frac{1}{0.5743}(1-0.1898\eta_1-0.1703\eta_2-0.3064\eta_3)$$

即 $\eta_4 \geq 1.7413-0.3305\eta_1-0.2966\eta_2-0.5355\eta_3$。显然，此时的最优决策是（取等号时费用最低）：

$$\eta_4^* = 1.7413-0.3305\eta_1-0.2966\eta_2-0.5355\eta_3$$

第四阶段的污水处理最低费用为：

$$Z_1=575(1.7413-0.3305\eta_1-0.2966\eta_2-0.5335\eta_3)^2$$

通过上述运算，第四阶段的最优决策（η_4^*）和最低污水处理费用（Z_1）可以表示为第一、二、三阶段的决策变量的函数，也就是说，第四阶段的决策决定于前三个阶段的决策。

第二步　第三阶段优化：类似于第四阶段的计算过程，得到第三阶段的最优决策。

$$\eta_3^* = 1.6543-0.6191\eta_1-0.5556\eta_2$$
$$Z_2=480(1.6543-0.6191\eta_1-0.5556\eta_2)^2+575(0.8587-0.00021\eta_1-0.00018\eta_2)^2$$

第三步　第二阶段优化：

$$\eta_2^* = 1.5026-1.1145\eta_1$$
$$Z_3=382(1.5026-1.1145\eta_1)^2+480(0.8194-0.0001162\eta_1)^2+575(0.8584-0.0001\eta_1)^2$$

第四步　第一阶段优化：第一阶段的目标函数可以表示为：

$$Z_4=Minf(\eta_1)=Min(575\eta_1^2+Z_3)$$
$$=Min\left\{\begin{array}{l} 575\eta_1^2+382(1.5026-1.1145\eta_1)^2 \\ +480(0.8194-0.0001162\eta_1)^2+575(0.8584-0.0001\eta_1)^2 \end{array}\right\}$$

至此，目标函数中只存在一个决策变量 η_1，可以用单元函数求极值的方法求解：

令 $\dfrac{df(\eta_1)}{d\eta_1}=0$，可以得到：

$\eta_1^* = 0.6095$，将其代入各阶段的决策方程，可以得到最优化的污水处理程度组合：

$$\begin{cases} \eta_1^* = 0.6095 \\ \eta_2^* = 1.5026 - 1.1145\eta_1 = 0.7739 \\ \eta_3^* = 1.6543 - 0.6191\eta_1 - 0.5556\eta_2 = 0.8196 \\ \eta_4^* = 1.6013 - 0.3305\eta_1 - 0.2966\eta_2 - 0.5335\eta_3 = 0.8534 \end{cases}$$

相应的污水处理费用为：

$$Z^* = 402.5 + 574(0.6538)^2 + 382(0.7739)^2 + 480(0.8196)^2 575(0.8584)^2$$
$$= 1624.2 (万元)$$

七、多目标优化与决策

1. 层次分析方法

层次分析是一种定性与定量相结合的多目标分析方法。在分析过程中，决策者根据自己的经验对各决策要素进行量化，并对其进行权重分析，根据权重的大小推荐优选方案。在决策目标结构复杂并缺乏足够数据支持的情况下，层次分析是一种较为实用的方法。

层次分析一般按以下步骤进行：建立指标体系（层次结构模型）、建立判断矩阵、计算各层次的相对权重、一致性检验、推荐优选方案。

层次结构模型类似于决策目标体系，一般可以分为目标层、准则层和方案措施层。对于更为复杂的问题可以分为目标层、子目标层、准则层和方案措施层或更多层次（图1-12）。

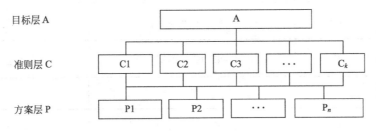

图 1-12 层次结构模型

判断矩阵是一个无量纲矩阵，矩阵中的数字表示下一级别的元素对上一级别中某一元素的相对重要性（或称相对权重），因为相对重要性的数值需要由决策者和决策分析者根据主客观推荐进行判断，所以该矩阵称之为判断矩阵。

目标层只包含一个元素，假设准则层包含 k 个准则，方案层包含 n 个方案，由决策者进行各层各因素之间的两两比较得到判断矩阵。图1-13表示准则层对目标层的判断矩阵，简称 $A-C$ 矩阵；图1-14表示方案层相当于准则层的判断矩阵，简称为 $C-P$ 矩阵，$C-P$ 的数目与准则层的准则数目一致。

A	C_1	C_2	$\cdots$	C_k
C_1	a_{11}	a_{12}	$\cdots$	a_{1k}
C_2	a_{21}	a_{22}	$\cdots$	a_{2k}
$\vdots$	$\vdots$	$\vdots$	$\ddots$	$\vdots$
C_k	a_{k1}	a_{k2}		a_{kk}

图 1-13 A-C 判断矩阵

C_i	P_1	P_2	$\cdots$	P_n
P_1	a_{11}	a_{12}	$\cdots$	a_{1n}
P_2	a_{21}	a_{22}	$\cdots$	a_{2n}
$\vdots$	$\vdots$	$\vdots$	$\ddots$	$\vdots$
P_n	a_{n1}	a_{n2}	$\cdots$	a_{nn}

图 1-14 C_i-P 判断矩阵

判断矩阵中的元素由决策者赋值，根据每一个元素相对于上一级父元素的相对重要性给

出 $1\sim9$ 的标度（表1-6），这个过程可以通过两两比较的方法进行。

表 1-6　层次分析法的标度

标度 a_{ij}	定　义
1	因素 i 与因素 j 具有相同的重要性
3	因素 i 比因素 j 略重要
5	因素 i 比因素 j 较重要
7	因素 i 比因素 j 非常重要
9	因素 i 比因素 j 绝对重要
2，4，6，8	上述各种判断的中间状态的标度
倒数	若因素 j 与因素 i 比较得到判断值为 a_{ji}，则 $a_{ji}=1/a_{ij}$，且 $a_{ii}=1$

设目标层 A、准则层 C 和方案层 P 构成层次模型的结构，准则层 C 的各个元素对目标层 A 的相对权重为：$\overline{w}_i^{(1)}=(w_1^{(1)}\ w_2^{(1)}\ \cdots\ w_k^{(1)})^T$；方案层 P 的各个方案对准则层 C 各个准则的相对权重为 $\overline{w}_l^{(2)}=(w_{1l}^{(2)}\ w_{2l}^{(2)}\ \cdots\ w_{nl}^{(2)})^T$，$l=1,2,\cdots,k$；各个方案对目标的相对权重 $(v_i^{(2)})$ 可以通过 $\overline{w}^{(1)}$ 和 $\overline{w}_l^{(2)}$ $(l=1,2,\cdots,k)$ 的组合得到，计算过程可以按照表1-7进行。

表 1-7　方案的组合权重计算

项目		因数及权重	组合权重 $v^{(2)}$
		$c_1,c_2,\cdots,c_k;w_1^{(1)},w_2^{(1)},\cdots w_n^{(1)}$	
方案层 P	P_1	$w_{11}^{(2)}\ w_{12}^{(2)}\cdots w_{1k}^{(2)}$	$v_1^{(2)}=\sum\limits_{j=1}^{k}w_j^{(1)}w_{1j}^{(2)}$
	P_2	$w_{21}^{(2)}\ w_{22}^{(2)}\cdots w_{2k}^{(2)}$	$v_2^{(2)}=\sum\limits_{j=1}^{k}w_j^{(1)}w_{2j}^{(2)}$
	$\vdots$	$\vdots$	$\vdots$
	P_n	$w_{n1}^{(2)}\ w_{n2}^{(2)}\cdots w_{nk}^{(2)}$	$v_n^{(2)}=\sum\limits_{j=1}^{k}w_j^{(1)}w_{nj}^{(2)}$

方案对目标的相对权重 $(v_i^{(2)})$ 是方案排序和优选的依据，方案的 $v^{(2)}$ 值越高，优势越大。

一致性检验的目的在于检查决策者在赋值时对"相对重要性"的认识是否一致。一致性检验的指标为：

$$C.I=\frac{\lambda_{\max}-n}{n-1}=\frac{-\sum\limits_{i\neq\max}\lambda_i}{n-1} \tag{1-29}$$

式中，$\lambda_{\max}$ 是判断矩阵的最大特征值，当 $\lambda_{\max}=n$，$C.I=0$，为完全一致；$C.I$ 值越大，判断矩阵的一致性越差。一般认为，$C.I\leqslant0.1$ 可以接受，否则需要对矩阵元素重新进行两两比较。判断矩阵的最大特征值 $\lambda_{\max}$ 可以近似计算如下。

计算判断矩阵每行所有元素的平均值：

$$\overline{w}_i=\sqrt[n]{\sum\limits_{i=1}^{n}a_{ij}},i=1,2,\cdots,n,\quad 得到\ \overline{W}=(\overline{w}_1,\overline{w}_2,\cdots,\overline{w}_n)^T \tag{1-30}$$

对 $\overline{w}_i$ 进行归一化处理：

$$令\ w_i = \frac{w_i}{\sum\limits_{i=1}^{n} a_{ij}},\ i = 1,2,\cdots,n, \quad 得到\ W = (w_1,w_2,\cdots,w_n)^T \tag{1-31}$$

矩阵的最大特征值：

$$\lambda_{\max} = \sum_{i=1}^{n} \frac{(A\overline{w})_i}{n\overline{w}_i} \tag{1-32}$$

式中，$(A\overline{w})_i$ 为向量 Aw 的第 i 个元素。

2. 多准则决策分析

（1）基本概念　多准则决策分析法（SMAT）由层次分析发展而来。SMAT 认为目标的价值通常包含绝对价值和相对价值两方面内容。绝对价值是对一个目标大小的绝对值的度量，例如，工程的投资额是多少亿元、占地面积多少公顷等；相对价值是对一个目标在决策过程中所起作用大小的度量，是相对于其他目标的作用大小而言的，比如说，"工程投资在方案决策中能够起多大作用"，"工程占地问题在决策中重要吗"等，人们在对一个目标的价值做出判断的时候总是同时在考虑绝对价值和相对价值，并力图将其综合考虑。

在 SMAT 中，目标的相对价值被称为权重（值），绝对价值被称为属性（值）。目标、权重和属性是决策分析的三要素。绝对价值（属性）和相对价值（权重）都大的目标，在决策分析中所起的作用也大，两者皆小的目标则作用也小。

（2）目标的识别　目标是决策过程所追求的目的。一个多层次、多变量的方案决策问题，包含多个目标，根据目标的层次性构成一个树状结构的目标体系。目标体系通常可以用经验方法建立，例如环境目标可以分解成水环境目标和空气环境目标等，水环境目标又可以进一步分解为各种水质目标等；对于一些比较复杂的问题，系统工程学的系统识别方法（如结构化模型方法，ISM）可以提供支持。目标在决策过程中的作用，是通过目标的权重值和目标的属性值体现的，它们是目标的两个量化特征。

（3）权重　权重反映一个目标在整个目标体系中的相对重要程度，这种重要性在很大程度上取决于决策者对事物的认识水平和人们所追求的目的。

权重值可采用"背靠背"的书面调查和"面对面"的会议调查相结合的方法，多次反复协商确定。决策者或分析者可以通过"两两比较"和"全量比较"两种形式给出每一个指标对于父指标的相对重要性（权重）。权重的大小可以用'1、3、5、7、9'这样一些数字表示，数字越大表示权重越大。

（4）属性　属性是决策目标的固有特性，反映了目标绝对价值的大小。例如，污水排放对水体水质的影响，水体中的污染物质的浓度增量等。属性分析是一项"纵向"的研究工作，一般说来，由各个领域的专家担任属性分析的任务。

属性值的计算有如下几种方法。

① 直接计算法。大多数的环境指标和经济目标都可以直接计算。环境质量预测模型是计算环境目标的主要工具；经济目标可以采用工程经济方法计算。

② 间接计算法。某些目标虽然难以直接计算，但可以通过间接方法计算，例如，某些环境损益目标的值可以用机会成本法、替代市场法、旅行费用法等进行估算。

③ 相对赋值法。对于某些既不能直接计算又不能间接计算的目标，如大多数社会影响目标和工程目标，可以采用相对赋值的方法。在分析的基础上，根据同一个父目标下的各个子目标的相对轻重大小，给以'很小、小、中等、大、很大'的描述。

对于一个复杂问题，指标的属性值存在不同的量纲，为了计算方案的总价值，有必要对所有的属性值进行规范化。规范化的结果是将所有的属性值都转化成可以统一度量的无量纲标量。例如，对理想方案赋予最高分（如 100 分），对刚好满足准则的可行方案赋予及格分（如 0 分），其他方案的同一目标的规范化属性值通过线性插值计算。

（5）方案的价值计算　　方案的总价值可以用下述方法计算：

$$V_i = \sum_{j=1}^{m} w_j S_{ij} \tag{1-33}$$

式中，V_i 是第 i 个方案的总价值；j 是目标体系中底层目标的顺序编号；m 是目标体系中底层目标的数目；w_j 是目标体系中底层目标的权重；S_{ij} 是对应于方案 i 的底层目标的属性值。

（6）灵敏度分析　　在权重-属性分析过程中，决策者和分析者的主观判断起了很大作用，包含一定的不确定性，这种不确定性可以通过灵敏度分析进行识别。

方案总价值和方案排序对权重的灵敏度：

$$S_W^V = \left[\frac{\Delta V}{V} \Big/ \frac{\Delta W}{W} \right] \tag{1-34}$$

$$\Delta V = S_W^V (V) \left(\frac{\Delta W}{W} \right) \tag{1-35}$$

$$V^1 = V + \Delta V \tag{1-36}$$

式中，S_W^V 为某一方案的总价值 V 对某一目标的权重 W 的灵敏度；$\Delta V/V$ 为方案总价值的变化幅度；$\Delta W/W$ 为某目标权重的变化幅度；V^1 为权重受到扰动后的方案的总价值。

为了考察某目标的权重对方案排序的影响，需要依次计算各方案的总价值对该目标权重的灵敏度、该权重的相对变化引起各方案总价值的增量和权重的相对变化引起的各方案总价值的绝对量，按照扰动后各方案的总价值对备选方案重新排序。

方案总价值对属性值的灵敏度：

$$S_S^V = \left[\frac{\Delta V}{V} \Big/ \frac{\Delta S}{S} \right] \tag{1-37}$$

式中，S_S^V 为某一方案的总价值 V 对某一方案的属性值 S 的灵敏度；ΔS 和 S 分别代表某个目标的属性值增量和属性值。

通过灵敏度分析，可以发现对方案排序影响显著的目标及其权重与属性，对于这些权重和属性要加强考察，必要时要根据调整后的权重和属性值调整方案的排序。

【例 1-4】　城市污水处理与海洋处置工程的方案选择

（1）背景　　某地计划建设大型污水海洋处置工程，将城市中心区 $200 \times 10^4 \, \text{m}^3/\text{d}$ 的污水经处理后进行海洋处置。给定的约束条件如下：污水处理厂候选位置 A 和 B；污水处理方法为化学混凝沉淀（CEPT）加紫外线（UV）消毒，生物部分脱氨（BN）加紫外线消毒，或生物脱氮（BNR）处理加紫外线消毒；污水海洋处置候选地点为甲、乙、丙和丁 4 处。对上述约束条件进行组合，形成 198 个初始方案，经技术经济分析、逻辑分析和水质模拟，提出 7 个候选方案，这些方案都是可行方案和非劣方案。

（2）决策目标　　该项研究的总目标是从 7 个候选方案中寻求满意的方案。根据项目任务书的指引和项目的主客观条件，准则层包括环境、经济、工程技术和社会 4 个目标，从这 4 个上层目标逐步分解，得到一个树状的目标体系。这个目标体系由分布在 5 个层次上的 79 个分目标和子目标组成，其中以环境目标的分支最多，含有 4 个层次，37 个分目标和子目标（见附图）。

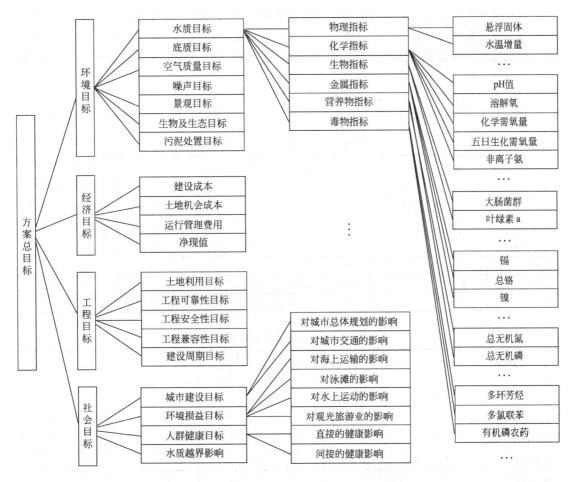

附图　方案决策目标体系（图中仅列出部分目标）

（3）权重调查　权重调查采用书面形式，调查表的设计基于"全量比较"方法，即将同一个父目标下的子目标列在同一栏内，由被调查者给出他们各自相对于父目标的重要性，用"1、3、5、7、9"作为相对重要性的标度。被调查对象是该项研究的管理小组成员，共11人，他们是参与群体决策的决策者。调查结果的最大认同率见附表1。

附表1　权重调查的最大认同率 MIR

级别	本级目标总数	MIR≥50%	
		目标数	占总数比例/%
第2级	4	3	75
第3级	12	7	58
第4级	18	9	50
第5级	17	11	65
总和	51	30	59

第一次调查结果的最大权重认同率（MIR）超过50%的目标就达到60%。特别是对于环境目标，所有被调查者的认识完全一致，都给出了"9"的最高分。经过第二次调查，被调查者对各指标的权重已经达到高度一致。

（4）属性分析　属性分析的任务有二：一是分析并确定目标的绝对价值；二是对目标的绝对价值进行规范化处理。

目标体系中的大多数环境指标和经济指标都可以直接计算，水质模型、空气质量模型、噪声预测模型和工程经济方法是计算的工具。水质变化对海洋生物和生态的影响，水质的改善与变化的经济损益等通过间接的算法或替代算法实现。有一些属性通过相对赋值法获得，几乎所有的工程目标和社会目标都属于这一类。

属性值的规范化采用百分制、分级线性插值的形式实现。

（5）方案总价值与排序　7个备选方案的总价值计算和排序结果列于附表2和附表3。

附表2　7个备选方案的总价值

方案价值	权重	方案编号							最高价值与最低价值之差
		I	II	III	IV	V	VI	VII	
方案总价值		76.8	80.7	79.5	71.4	78.6	72.6	78.1	9.3
环境	0.3361	66.4	70.7	78.8	81.0	74.9	81.2	65.7	15.5
海洋环境	0.1794	41.1	49.4	64.6	75.6	57.3	78.1	40.2	37.98
近岸环境	0.1567	95.0	95.0	95.0	87.1	95.0	84.8	95.0	10.2
经济	0.2297	79.4	79.6	77.7	52.2	75.0	49.9	80.4	30.4
工程	0.2341	94.6	96.0	88.7	76.2	91.3	75.5	95.2	20.5
社会	0.2002	70.6	80.9	72.1	71.8	74.2	80.6	76.2	10.4

附表3　7个备选方案的排序

排序依据	方案排序						
	I	II	III	IV	V	VI	VII
按方案总价值	5	1	2	7	3	6	4
按环境价值	6	5	3	2	4	1	7
按海洋环境价值	6	5	3	2	4	1	7
按近岸环境价值	1	1	1	6	1	7	1
按经济价值	3	2	4	6	5	7	1
按工程价值	3	1	5	6	4	7	2
按社会价值	7	1	5	6	4	2	3

（6）灵敏度分析　以方案排序对权重的灵敏度为例，当对主要目标的权重扰动±20%时，得到的方案排序如附表4所列。由灵敏度分析可以看出，方案II表现出较大的优势，始终占据首位。根据上述分析，决定将方案II列为推荐方案供决策者参考。

附表4　主要目标权重扰动±20%时的方案排序

项目	主要目标的权重				方案编号						
	环境	经济	工程	社会	I	II	III	IV	V	VI	VII
原始权重	0.3361	0.2297	0.2341	0.2002	5	1	2	7	3	6	4
环境+20%	0.4033	0.2064	0.2104	0.1799	5	1	2	7	3	6	4
环境-20%	0.2689	0.2529	0.2578	0.2204	5	1	2	7	4	6	3
经济+20%	0.3160	0.2756	0.2202	0.1882	5	1	2	7	3	6	4
经济-20%	0.3561	0.1837	0.2481	0.2121	5	1	2	7	3	6	4
工程+20%	0.3155	0.2156	0.2810	0.1879	5	1	2	7	3	6	4
工程-20%	0.3566	0.2437	0.1873	0.2124	5	1	2	7	3	6	4
社会+20%	0.3193	0.2182	0.2224	0.2402	5	1	2	7	3	6	4
社会-20%	0.3529	0.2411	0.2458	0.1601	5	1	2	7	3	6	4

八、情景分析方法

"情景"（Scenario）一词最早出现于1967年出版的《2000年》一书中，作者Herman

Kahn 和 Wiener 认为：未来的发展存在多种可能，通向这种或那种未来结果的途径也并不是唯一的，对可能出现的一种未来以及通向这种未来的途径的描述就构成一个情景。基于此，"情景"可以定义为对未来情形以及能使事态由初始状态向未来状态发展的一系列事实的描述。

基于"情景"的"情景分析"（Scenario Analysis）是在对经济、社会的重大演变提出各种假设的基础上，通过详细、严密的推理构想各种可能的方案以及方案实施后可能产生的后果。通过对各种方案可能产生的后果的分析和评估，最终选定实施方案的方法称之为"情景分析法"。情景分析法的最大优势是使管理者能发现未来变化的某些趋势和避免两个最常见的决策错误，即过高或过低估计未来的变化及其影响。

情景分析法在西方已有几十年的发展和应用历史。20 世纪 40 年代末，美国兰德公司的国防分析员对核武器可能被敌对国家利用的各种情形加以描述，这是情景分析法的开始。到 20 世纪 70 年代，兰德公司在为美国国防部就导弹防御计划做咨询时进一步发展了该方法。今天，许多世界著名的跨国公司，如美国的壳牌石油公司、德国的 BASF 公司、戴母勒-奔驰公司、美国的波音公司等在制定战略规划时都使用情景分析方法。一些国家政府也采用了该方法，如南非白人政府的种族隔离制度的和平变革，就是利用该方法推导了各种可能的结果之后做出的选择。

传统的工程设计中采用的"方案比较"，从方法学上也可以归入"情景分析"的范畴，只不过用于方案比较的目标只有工程目标，较为单一。

1. 情景分析的步骤

情景分析法的价值在于它能在事先为事件的发展做好准备，并采取积极的行动将负面因素最小化，正面因素最大化。迄今对情景分析并没有形成固定的程序和步骤，大多数国际组织和公司常用的是斯坦福研究院（Stanford Research Institute，SRI）拟定的 6 项步骤：① 明确决策焦点；②识别关键因素；③分析外在驱动力；④选择不确定的轴向；⑤发展情景逻辑；⑥分析情景的内容。

需强调的是，情景分析流程常常需要重复多次才能完成。有经验的研究人员都知道，情景分析中最主要的工作是提出正确的问题，只有通过对设想的情景反复探讨而加深对影响系统的了解才能发现恰当的问题，而影响系统太复杂，需要多次反复才能有比较深刻的理解。

与以往的预测或决策方法不同的是，情景分析方法没有统一的理论框架，其结果在很大程度上取决于分析者的水平和投入。与其说情景分析是一门技术，不如说是一门艺术。

2. 情景分析的局限性

采用情景分析方法比较容易出现的错误主要来自两个方面：分析者的失误和方法自身的局限性。

情景分析对于分析者有较高的要求，分析者在知识或逻辑能力的不足常常导致对问题的判断失误，以至于抓不住事物的本质与核心；限于分析者的阅历和经验，所设定的备选方案有可能不属于最优或较优之列；限于分析者的修养，在分析过程中容易受先入为主的观念的影响，不愿意倾听不同的意见和声音，因此失去改进和完善方案的机会。

分析者的错误属于主观错误，采用任何分析方法都可能出现，需要通过不断提高分析者的认知水平和责任心来解决。

情景分析自身的局限性源自于方法本身的复杂性和缺乏统一程序化的解决模式，操作和控制比较困难。能否解决问题或问题解决的好坏，在很大程度上依赖于分析者的直觉。情景分析的工作量较大，往往需要高层领导者投入较多的时间，这在某种程度上影响了决策者参与情景分析的兴趣。情景分析要想获得成功，需要决策者超越传统的思维模式，承认发展过程中既有连续式的发展阶段，也有跳跃式的发展阶段。

对于情景分析自身的局限性，需要依靠分析者和决策者的主观努力加以克服。

【例 1-5】 水污染防治规划的情景分析

一个典型的水污染防治情景分析过程应该包含以下内容：识别主要环境问题、生成水污染防治的初始方案、通过剔除不可行方案和劣方案生成备选方案（组），对备选方案组进行全面的影响分析、通过决策分析推荐优选方案（见图 1-15）。整个情景分析过程是一个互动和不断反馈的过程，虚线框内所示为情景分析的核心内容。

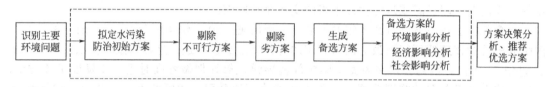

图 1-15　水污染防治规划情景分析的技术框架

水污染防治的初始方案是通过组合水污染防治各个子系统的各种决策变量生成的，在研究对象规模较大时决策变量的数目也可能很大，所生成的备选方案数量很多。为了避免生成过多的、没有实际意义的初始方案，在组合决策变量时，要注意排除那些明显不合理或不可能的因素，例如当地的环境条件、政策许可、技术约束等。

如何从众多的初始方案中优选出推荐方案是情景分析的主要目的。两种方法被用来挑选方案：排除法和评比法。从初始方案生成备选方案组，采用排除法，即通过排除非可行方案，保留可行方案；通过排除劣方案，保留非劣方案。从备选方案组中优选推荐方案则采用评比法，即对所有的备选方案的环境影响、经济影响和社会影响进行全面的分析，通过一定的方法评比其优劣，找出推荐方案。

在初始方案的生成过程中，已经充分考虑了每一个情景的工程可行性，例如城市污水处理厂的处理程度选择，污水处理厂的位置选择，污水输送的路线选择等，都考虑了法规限制的当地条件，一般不会成为方案实施的障碍。在初始方案生成阶段，一般不能确切知道一个方案对水质的影响。因此，通过对初始方案进行水质模拟，可以确定其水环境目标的可行性：所有不能满足水环境功能区质量要求的方案都属于不可行方案。将所有不可行方案淘汰，剩余的方案属于可行方案。除了水质目标，不能满足其他必要条件的备选方案也属于不可行方案，例如，建设费用过高、现阶段无力负担的方案，技术条件不具备、不适宜在当地建设的方案等。

剔除不可行方案以后剩余的方案都属于可行方案。在可行方案中，通过两两比较，又可以筛选出"劣方案"和"非劣方案"。在比较甲、乙两个方案时，可以发现：甲方案的所有指标都优于乙方案，那么乙方案就被称为"劣方案"，甲方案就被称为"非劣方案"；如果两个方案之间难以从指标值上分出优劣，则甲、乙两个方案同属"非劣方案"。显然，"劣方案"将被淘汰，所有被保留的非劣方案组成备选方案组。

对备选方案组中的方案进行全面评比，产生满意的推荐方案。一般说来，对方案进行全面评比的内容应包括方案的环境影响、社会影响和经济影响，这是一件烦琐、复杂的工作，不仅工作量大、技术要求高，而且需要参与分析的人员具备较强的逻辑思维能力、较丰富的工作经验和较高超的组织能力。保留进入全面评比阶段的方案数目不宜太多，一般不超过5～7 个，经验证明，决策者在决策时所能应对的方案数目是有限的。

上述整个过程可以看作情景分析的典型流程。

习题与思考题

1. 用生活或工作中的具体事例说明系统分析方法解决问题的思路与步骤。
2. 在一个多目标的系统中，如何理解系统最优化的概念？
3. 求系统的结构矩阵 A'。已知各子系统之间的联系如下图：

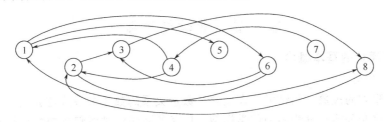

第二章 环境质量基本模型

第一节 数学模型概述

一、数学模型的基本概念

1. 定义与特征

根据所观察到的现象，归结成一套反映其数量关系的数学关系式与算法，用以描述对象的运动规律，这套公式和算法称为数学模型。广义的数学模型既包含由数学符号组成的数学公式，也包括用框图或文字表达的计算方法和计算过程。

一旦建立起数学模型，尽管这个模型所模拟的是一个现实实体或一个实际事件的过程，但数学本身的规律和特征就反映了实际系统的规律与特征，一个形象思维问题就可以转化为抽象思维问题。

抽象性是数学模型的最重要特征。数学模型用数学符号和一整套运算规则来表述事物的实际结构和运动规律，在建立数学模型的过程中，对研究对象的本质进行了高度的抽象，应用数学规律研究实际问题，可以突破实际系统或物理模型的约束，可以反映事物更为本质的内容。运用数学模型研究复杂的实际问题，具有以下优点。

（1）由于数学模型的抽象性，可以进行多变量的模拟，例如现代的水环境数学模型和大气环境质量模型一般都包括几个至几十个变量。这在实际系统或物理模型中是难以做到的，通常，在一个精心设计的物理模型中同时模拟 3 个变量就已经很难了，至于对化学反应过程和生态变化的模拟几乎不可能。数学模型可以突破变量数目的约束，可以同时模拟数十个，甚至更多的变量。

（2）在进行模拟和试验时，在数学模型上可以任意改变模型参数的数值，甚至改变模型的结构，以便进行各种控制条件下的研究，更有利于发现事物的本质特征，以及对客观系统进行控制的优化条件。

（3）与实物模型或物理模型相比，采用数学模型可以不需要太多的试验设备和空间。数学模拟的主要工具是计算机，在信息技术空前发达的今天，计算机的速度和存储量不再是数学模拟的障碍，各种类型的通用计算机为研究工作提供了快捷、经济的研究手段。由于不需要建设专用的试验设备，数学模拟的速度较快，费用较低。

（4）除了描述目标系统的状态以外，数学模拟还可以提供更多的分析功能，例如模型中各个变量和参数的灵敏度，以及模型的不确定性分析。

数学模型是人类认识自然、改造自然的有力工具，在人类社会发展过程中起着极为重要的作用。但是，与任何一种工具一样，数学模型也有它的局限性。数学模型的抽象性来源于人们对实际系统的抽象，因为任何抽象过程都不可能一成不变地演绎出模拟对象，特别是像环境系统这样一个极其复杂的系统。为了对实际事物进行抽象，需要对研究对象作出一系列的简化和假定，这些简化和假定可能会偏离事物原来的特征，或者只反映了事物的某些特征，这时，模拟结果与实际系统就会产生偏离和失真。

模型与实际系统的偏离与失真主要来源于三个方面。

（1）环境系统是一个开放性的复杂系统，系统结构和参数都存在一定的不确定性，这种不确定性可能会造成严重失真。

（2）模型的结构与实际系统的差异。例如模型中的主要变量是否反映了实际系统中的状态，如果状态抽象不正确，模型的模拟结果势必差之甚远；再如，模型中变量的变化规律与实际系统中变量的变化规律是否一致，所模拟的变量之间的关系能否反映真实系统中变量之间的关系等等。任何一次抽象过程都会产生偏差，如果抽象的内容并非事物的本质，数学模型就不能付诸应用。

（3）存在于模型中的参数是否能够反映实际系统运动过程量的特征。如果说模型反映的是一类事物的普遍规律，放之四海皆准，那么参数反映的则是模型在某种条件下的具体规律，是模型活的灵魂。模型的参数不准确，即使一个好的模型，也不会得到好的模拟结果。

在建立和应用数学模型的过程中，要充分认识数学模型的特点，趋利避害。需要特别注意的是：①对模拟对象要有深入的认识，包括占有实际系统在各种条件下的数据资料，对现场进行实地考察，了解历史变迁等；②在有条件的情况下，利用实际系统进行观察和试验，通过精心设计的试验，掌握更多的数据；③对掌握的数据进行深入分析，通过分析发现和掌握研究对象的变化发展规律。上述这些过程在模型建立和应用过程中需要认真、细致的操作。

模拟对象的实际状态是建立数学模型的依据，尽管客观世界有时候显得不可捉摸，变化无常，与数学模型所提供的结果很不一致。这时千万不要忘记：一个最好的数学模型也不会比实际系统更真实，尊重实际是一个模型工作者的基本素质。

2. 模型的分类

实际世界中应用的模型可以分为具体模型和抽象模型两大类（图 2-1），在此基础上还可以进一步细分。

按照变量与时间的关系，可以分为动态模型和稳态模型。模型变量随着时间变化的模型称为动态模型，反之则称为稳态模型。

按照变量之间的关系，可以分为线性模型和非线性模型。前者各个变量之间呈线性关系，后者则为非线性关系。

模型 { 具体模型 { 模拟模型：电模拟、模拟计算机模拟
实物模型：建筑模型、风洞模型等
抽象模型 { 数学模型：方程式、函数、逻辑关系式等
图像模型：流程图、方向图、框图等
计算机程序模型：计算程序、模拟程序等

图 2-1 模型分类

按照变量的变化规律可以分为确定性模型和随机模型。变量的变化服从某种确定规律的模型称为确定性模型，变量随机变化的模型称为随机模型。

按照模型的用途可以分为模拟模型和管理模型。模拟模型用于描述研究对象的运动规律，管理模型则用于辅助方案的选择和决策。

按照模型参数的性质，可以分为集中参数模型和分布参数模型。在数学模型中存在模型变量、运算符号和各种参数。参数随着时间、空间变化的模型称为分布参数模型，否则称为集中参数模型。

从不同的角度还可以有其他的分类方法。各种分类方法之间相互交叉，同一个模型按照不同的分类方法，可以归入不同的类别。由于环境系统自身的复杂性，通常的环境系统模型既是一个动态模型，又是一个非线性模型，还属于随机模型和分布参数模型。实际上，同时具有上述特点的模型几乎是不可求解的，无论采用解析方法还是数值方法。在针对一个实际系统进行模拟时，要根据对象的特点，抓住反映事物本质的主要因素和主要规律，进行适当的简化，对于简化过程中造成的偏差，可以通过灵敏度分析和不确定分析进行估计和校正。

二、数学模型的建立

1. 对模型的基本要求

建立数学模型所需要的信息通常来自两个方面，一是对客观系统的结构和运动规律的认识和理解，二是对系统的输入输出数据的观察。利用前一类信息建立模型的方法称为演绎法，通过演绎建立的模型称为机理模型，亦称白箱模型；利用后一类信息建立模型的方法称

为归纳法，通过归纳法建立的模型称为经验模型或统计模型，也称为黑箱模型。

在实际环境系统中，经验模型被广泛应用。由于经验模型的依据只是具体的输入输出数据，其应用范围比较局限。完全的白箱模型实际上是不存在的，因为人们对于实际系统，特别是复杂的环境系统的认识受到条件的限制，不可能通过演绎建立一个既符合基本规律，又能够应用于任意条件下的机理模型。

目前应用比较广泛的模型属于"灰箱模型"，即介于机理模型和经验模型之间的模型。通过逻辑推理方法建立起模型结构，然后利用输入输出数据确定模型中的参数，这样的模型就是灰箱模型。

一个能够付诸应用的模型，不管它是用什么方法建立的，都必须满足下述基本要求：

（1）依据充分。模型是客观实体的映射，只有充分占有研究对象的资料和数据，才可建立起能够反映对象的模型。要有比较充分的数据用以表达建模的自变量和因变量之间的相关关系，同时，模型应用的时空条件与其各种约束需要有明确的表达。

（2）足够的精确度。精确度是指模型的计算结果与实际测量数据吻合的程度，是衡量模型质量的重要指标，也是决定一个模型是否能够应用的重要指标。影响模型精度的最重要因素是模型结构的合理性与模型参数取值的合理性。没有合理的模型结构，模型的计算结果有可能出现原则性错误，谈不上精确度；参数的数值是影响精确度的重要因素，参数估计是建模过程中的重要环节。对精度的要求取决于研究对象，一般来说，研究对象复杂、问题宏观，精度要求不可能很高，特别是对于环境保护这样的开放性系统。模型的精度通常用计算数据与实测的差值表示。

（3）可操作、实用。可操作性和实用性是检验模型的重要指标。模型的复杂程度与其实用性呈负相关，但复杂模型往往又是表达一个复杂系统所必需的。因此，在建模过程中，需要花费一定的精力，权衡模型的精度和实用性。应该说，在相同精确度的条件下，结构较简单、参数较少的模型是首选目标。

对于一个管理模型，存在可控变量是衡量模型可操作性的重要指标，以便人们按照既定的目标，通过对控制变量的调整，使研究对象向着有利于系统目标的方向变化。模型的可控变量也称决策变量。

2. 建模过程

一个模型要能真实地反映客观实体，必须经过实践—抽象—再实践的多次反复，需要经过数据收集与分析、模型结构选择与确定、模型参数估值、模型验证等过程。只有经过验证的模型才可以付诸应用。

（1）数据的收集与分析　在建立模型之前，需要尽可能多地收集反映研究对象特征的各种数据，这些数据可以是为了建模进行观察或现场试验所取得的数据，也可以是关于研究对象的历史数据，在某种意义上，历史数据具有更重要的价值。

对数据进行分析，找出数据中各种变量之间的关系是确立模型结构的重要环节。这些关系主要有：

变量与变量，特别是因变量与自变量之间的关系。通过绘制变量之间的关系曲线，发现变量之间的函数关系，作为描述模型中变量关系的依据（图2-2）。

变量与时间的关系。通过绘制变量的时间过程线，发现变量随时间的变化规律。时间过程线是确定模型属于动态模型或稳态模型的基础，也是确定模型动态参数的基础。

变量与空间的关系。通过描述变量的空间变化特征，反映模型中变量的空间边界及其随空间的变化规律。

（2）模型结构的选择与确定　模型的结构大致可以分为白箱模型、黑箱模型和灰箱模型三类。

白箱模型又称机理模型，它是以研究对象的变化规律为基础建立起来的，可以在广泛的范围适用。如牛顿力学定律在低速运动范围内是普遍适用的。根据质量平衡和动力学过程建立各种形式的微分方程和偏微分方程是最常用的建立白箱模型的方法。建立模型所需要的物质流方向与通量、物质反应的方式和速度、各种反应物之间的量化关系，都要通过实际观察获取。

黑箱模型又称输入-输出模型、统计模型或经验模型。黑箱模型是在研究对象的输入、输出数据的基础上建立的，而不管系统内部的变化过程与机理。黑箱模型通常是针对一个具体系统的具体状态建立的，因此它的应用是有条件的。建立黑箱模型的首要条件是需要占有大量的输入、输出数据。这些数据可以是在日常观测中积累的，也可以是专门针对建模测定的。

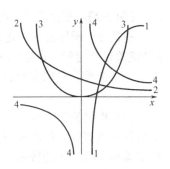

图 2-2　变量之间的关系举例

$1—y=\ln x$；$2—y=ae^{-x}$；
$3—y=ax^b$；$4—y=ax^{-b}$

在现实世界中，完全的白箱模型，即机理模型是很少的，黑箱模型的应用范围又受到限制，介于白箱模型和黑箱模型之间的灰箱模型就应运而生。

灰箱模型又称半机理模型。由于人们对客观世界认识的局限性，往往只知道事物内部各因素之间质的（即定性）关系，但并不确切了解其量的关系，还需要用一个或多个经验系数来加以量化。例如，摩擦力计算公式 $f=aF$ 中，摩擦力 f 与正压力成正比例关系，但它们之间量的关系还需要借助一个摩擦系数 a 确定。a 的数值取决于材料表面的粗糙度等因素，一般不易由推理获得，只能由试验确定。因此，灰箱模型中既包含机理部分，又包含经验部分，是一个半经验、半机理模型。灰箱模型建模时，首先根据研究对象内各个变量之间的物理的、化学的或生物学过程建立起原则关系，然后根据输入、输出数据确定待定参数的数值。环境系统中用到的模型大多属于灰箱模型。

自 20 世纪 60 年代以来，各种类型的环境数学模型都得到研究和开发，可以借鉴。

【例 2-1】　十二胺是一种萃取剂，在水中的降解过程可以用下述实验数据表达：

时间/h	0	1	3	5	7	9	23	27	31
浓度/(mg/L)	2.3	2.22	1.92	1.60	1.52	1.07	0.73	0.50	0.45

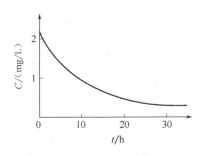

图 2-3　十二胺的降解过程

将十二胺的浓度随时间的变化关系作成曲线（图 2-3），寻找变量与时间的关系。由图 2-3 可以发现，十二胺的降解符合负指数规律，可以用下式表达：

$$C=C_0 e^{-kt}$$

式中，k 是表述十二胺降解速度的参数。

（3）模型参数估值　一个灰箱模型至少存在一个待定参数，这些参数的数值需要根据试验数据确定。一个结构上合理的模型，只有在获得合理的参数数值后才具有生命力。

估计参数的过程在整个建模过程中需要较多的时间，参数估值的技术繁多，且处在快速发展中。对于具有确定估计范围的参数，经验公式法、最小二乘法、最优化方法等得到广泛应用；近年来，对于非线性目标的全局搜索技术得到广泛的重视与发展。具体的参数估值方法将在本节"参数估计方法"部分叙述。

【例 2-2】 根据例 2-1 的模型结构，估计参数 k。

在例 2-1 所导出的表达式中，C 是十二胺在不同时间的浓度，C_0 是十二胺的初始浓度，t 是试验延续时间，k 是反映十二胺降解速度的模型参数，在环境条件相对稳定时，k 可以被认为是常数。根据实验数据，通过线性回归可以求得参数：$k=0.0519\text{h}^{-1}=1.25\text{d}^{-1}$，相关系数 $r=0.99$。

（4）模型验证与修正　经过模型结构选择和参数估值，数学模型已经基本建立，但是一个能够付诸实际应用的模型还需要进行模型验证，以确认数学模型的性能稳定性。模型验证需要采用实际监测的数据，用于模型验证的数据与用于参数估计的数据应该相互独立。

（5）模型的应用和反馈　一个实际模型的建立，还需要在实际中不断校正和提高，利用实际数据提高模型精度是最好的途径。模型的使用过程也就是模型的不断完善和改进的过程。图 2-4 表示了数学模型建模的全过程。

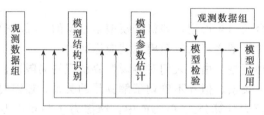

图 2-4　模型的建立过程

三、参数估计方法

1. 基于回归拟合的方法

（1）图解法　图解法适用于估计线性模型或可以转化成线性模型的参数估计。如果给定一个线性模型：

$$y=b+mx \tag{2-1}$$

根据一组测定的表达 y、x 关系的数据，就可以 x 为横坐标，y 为纵坐标作图，直线的截距为 b，斜率则为 m。如图 2-5 所示。

作图法的误差取决于点位的精度和绘制直线的精度。对于精心绘制的图形，其总体误差在 0.5% 左右。

【例 2-3】 下面是 x 与 y 的一组对应值，试用图解法求线性方程 $y=b+mx$ 中的 b 和 m。

x	1	3	8	10	13	15	17	20
y	3.0	4.0	6.0	7.0	8.0	9.0	10.0	11.0

解：根据所给数据，在直角坐标纸上作图（图 2-6），由图上坐标可得：

$$b=2.73$$

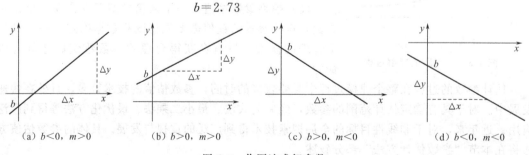

(a) $b<0$，$m>0$　　(b) $b>0$，$m>0$　　(c) $b>0$，$m<0$　　(d) $b<0$，$m<0$

图 2-5　作图法求解参数

$$m = \frac{\Delta y}{\Delta x} = \frac{11.09 - 2.73}{20.0 - 0.0} = 0.418$$

于是得到线性方程：

$$y = 2.73 + 0.418x$$

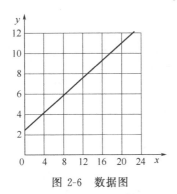

图 2-6　数据图

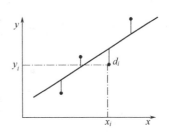

图 2-7　一元线性回归

（2）一元线性回归　一元线性回归同样适用于线性或可以转化为线性的模型。一元线性回归方法有如下假设：①自变量没有误差，因变量则存在测量误差；②与各测量点拟合最好的直线，为使各点至直线的竖向偏差（因变量偏差）之平方和最小的直线。如图 2-7 所示，测量点的偏差为：

$$d_i = y_i - y_i' = y_i - (b + mx_i) \tag{2-2}$$

令：

$$Z = \sum_{i=1}^{n} d_i^2 = \sum_{i=1}^{n} [y_i - (b + mx_i)]^2 \tag{2-3}$$

为了使偏差的平方和最小，必须满足：

$$\frac{\partial Z}{\partial b} = 0, \ \frac{\partial Z}{\partial m} = 0 \tag{2-4}$$

求解上述式子，可以得到：

$$b = \frac{\sum_{i=1}^{n} x_i y_i \sum_{i=1}^{n} x_i - \sum_{i=1}^{n} y_i \sum_{i=1}^{n} x_i^2}{\left(\sum_{i=1}^{n} x_i\right)^2 - n \sum_{i=1}^{n} x_i^2} \tag{2-5}$$

$$m = \frac{\sum_{i=1}^{n} x_i \sum_{i=1}^{n} y_i - n \sum_{i=1}^{n} x_i y_i}{\left(\sum_{i=1}^{n} x_i\right)^2 - n \sum_{i=1}^{n} x_i^2} \tag{2-6}$$

【例 2-4】　数据同【例 2-3】，试用一元线性回归求解线性方程 $y = b + mx$ 中的参数 b 和 m。

解：首先计算求解参数的中间值：$\sum_{i=1}^{8} x_i = 87$，$\sum_{i=1}^{n} y_i = 58.0$，$\sum_{i=1}^{n} x_i^2 = 1257$，$\sum_{i=1}^{n} x_i y_i = 762.0$；然后计算截距和斜率：$b = 2.66$，$m = 0.42$，最后得到：

$$y = 2.66 + 0.42x$$

（3）多元线性回归　多元线性回归适用于自变量的数目≥2 的线性模型。下式为二元线性模型，x_1 和 x_2 为自变量，a、b_1 和 b_2 是模型参数：

$$y = a + b_1 x_1 + b_2 x_2 \tag{2-7}$$

与一元线性回归相同，根据一组观察数据，可以求得模型参数：

$$a = \bar{y} - b_1 \bar{x}_1 - b_2 \bar{x}_2 \tag{2-8}$$

$$b_1 = \frac{\alpha_1 \beta_2 - \alpha_2 \gamma}{\beta_1 \beta_2 - \gamma^2} \tag{2-9}$$

$$b_2 = \frac{\alpha_2 \beta_1 - \alpha_1 \gamma}{\beta_1 \beta_2 - \gamma^2} \tag{2-10}$$

式中，

$$\alpha_1 = \sum_{i=1}^{n} (y_i - \bar{y}_i)(x_{1i} - \bar{x}_1) \tag{2-11}$$

$$\alpha_2 = \sum_{i=1}^{n} (y_i - \bar{y}_i)(x_{2i} - \bar{x}_2) \tag{2-12}$$

$$\beta_1 = \sum_{i=1}^{n} (x_{1i} - \bar{x}_1)^2 \tag{2-13}$$

$$\beta_2 = \sum_{i=1}^{n} (x_{2i} - \bar{x}_2)^2 \tag{2-14}$$

$$\gamma = \sum_{i=1}^{n} (x_{1i} - \bar{x}_1)(x_{2i} - \bar{x}_2) \tag{2-15}$$

【例 2-5】 已知一组数据适合方程 $y = a + b_1 x_1 + b_2 x_2$，试估计参数 a、b_1 和 b_2。

x_1	1.0	1.2	1.4	1.6	1.8	2.0	2.2	2.4
x_2	2.5	3.6	1.8	0.9	1.3	3.4	5.2	2.1
y	0.06	-0.34	0.25	0.56	0.48	-0.12	-0.62	0.36

解：首先计算各中间参数：

$\bar{y} = 0.078$，$\bar{x}_1 = 1.70$，$\bar{x}_2 = 2.60$，$\alpha_1 = 0.049$，$\alpha_2 = -4.01$，$\beta_1 = 1.68$，$\beta_2 = 13.88$，$\gamma = 1.04$

然后计算模型参数：

$$b_1 = \frac{\alpha_1 \beta_2 - \alpha_2 \gamma}{\beta_1 \beta_2 - \gamma^2} = 0.16, \quad b_2 = \frac{\alpha_2 \beta_1 - \alpha_1 \gamma}{\beta_1 \beta_2 - \gamma^2} = -0.30, \quad a = \bar{y} - b_1 \bar{x}_1 - b_2 \bar{x}_2 = 0.61$$

由此得到估值后的多元线性模型：

$$y = 0.61 + 0.16 x_1 - 0.3 x_2$$

2. 基于试验或经验的方法

物理意义明确的参数可通过试验测定的方式辅助确定，比如耗氧速率、复氧系数等，测定方法参见后面章节或环境监测相关书籍。需要指出的是，对于复杂环境系统的模拟模型，模型参数意义并不完全等同于概化过程中参数的物理意义，而是各种过程的集成反映。因此，一般不宜也很难通过试验测定来确定模型参数，通常采用率定的方式进行参数识别。

在环境数学模型中有很多参数使用频率很高，如河流中的复氧速度常数、空气质量模型中的均方差等，人们经过长期研究提出了很多经验公式。这些公式通常都适用于一定的条件，将在以后的章节中具体介绍。

3. 基于搜索的方法

根据搜索方式的不同，基于搜索的方法可分为网格法（枚举法）、最优化方法和随机采样方法等。基于搜索的方法适用于较复杂模型的参数估计以及计算机辅助下的参数自动识别（auto calibration）。

（1）网格法　网格法可以说是各种参数估计方法中最简单的一种。在预先给定待估计参数区间的情况下，可以将参数区间分成若干等份，计算所有区间顶点处的目标函数值，比较各目标值的大小，对应于目标函数值最小的参数数值，即被视为最佳的参数数值。

假定有 n 个待定参数，其中 $\theta_i(i=0,1,\cdots,n)$ 的搜索区间为 $[a_i,b_i]$，如果将区间分成 m_i 等分，等分点的参数数值为 $\theta_i^k(k=0,1,\cdots,m_i)$，其中，$\theta_i^0=a_i$，$\theta_i^m=b_i$。于是，参数空间 $\boldsymbol{\theta}=(\theta_1,\theta_2,\cdots,\theta_n)$ 被分割成一个多维的空间网格系统，计算网格定点上的目标函数值，并通过比较其大小，即可确定最佳的参数组合。

（2）最优化方法　最优化方法估计参数的原理与线性回归方法类似，即假设存在这样一组参数，使得模型的计算值与实测值之差的平方和最小，这样一组参数则被称为最优化的参数。最优化方法适合于具有单峰极值的非线性模型的参数估计。

如果给定模型：

$$y=f(\boldsymbol{x},\boldsymbol{\theta})$$

式中，$\boldsymbol{x}$ 为一组自变量；$\boldsymbol{\theta}$ 为一组模型参数。参数估值的条件是已知一组实际的因变量 $y_j(j=1,2,\cdots,m)$ 和自变量 $\boldsymbol{x}$ 的值，据此推算最好的一组参数 $\boldsymbol{\theta}$ 的值。求解最优参数值的目标函数可以定义为：

$$\min Z=\sum_{j=1}^{m}[y_j-f_j(\boldsymbol{x},\boldsymbol{\theta})]^2 \tag{2-16}$$

式中，y_j 为一组实测值；f_j 为一组计算值；$\boldsymbol{x}$ 为一组自变量；$\boldsymbol{\theta}$ 为需要估计的参数。在参数估计时，$\boldsymbol{x}$、y_j 和 f_j 为已知条件。

鉴于一般的模型难以解析求解，通常采用迭代技术求解，步骤如下。

① 设定参数初值 $\theta_i^0(i=1,2,\cdots,n)$ 和允许迭代误差 ε　参数初值一般根据经验给定。一般情况下，由于非线性目标函数的多极值，参数估值的结果受参数初值的影响很大，给定参数初值要十分谨慎。允许迭代误差在某种程度上决定了模型的精度，同时，给定的迭代误差越小，所需的迭代次数越多，迭代时间越长。为了计算上的方便，开始时可以给定较高的允许迭代误差，然后逐步缩小，以取得精度与迭代时间的平衡。

② 计算目标函数的初值　在给定参数的数值 θ_i^0 以后，就可以根据自变量 x_j 的数值计算因变量 f_j 的值，与相应的实测值相比较，计算目标函数的初始值。

$$Z^0=\sum_{j=1}^{m}[y_j-f_j(x_j,\theta_1^0,\theta_2^0,\cdots,\theta_n^0)]^2 \tag{2-17}$$

③ 计算目标函数对参数的梯度　在目标函数的形式比较简单时，可以通过解析方法求解导数的数值，一般情况下，解析导数计算比较困难，可以采用数值导数方法。

$$\frac{\partial Z}{\partial\theta_i}=\frac{Z(x,\theta_i^0+\Delta\theta_i^0,\theta_k^0)-Z^0}{\Delta\theta_i^0}\quad(i=1,2,\cdots,n;k\neq i) \tag{2-18}$$

④ 计算参数的修正步长　参数的初值是人为给定的，需要不断修正，以使目标函数值达到最低，每一次修正的量可以通过参数修正的步长计算。

$$\lambda=\frac{\nabla Z(\boldsymbol{\theta^0})^T\nabla Z(\boldsymbol{\theta^0})}{\nabla Z(\boldsymbol{\theta^0})^T H(\boldsymbol{\theta^0})\nabla(\theta^0)} \tag{2-19}$$

式中，$\nabla Z(\boldsymbol{\theta^0})$ 是目标函数对目标向量的梯度向量；$H(\boldsymbol{\theta^0})$ 是目标函数对参数向量的二阶梯度矩阵，亦称海森矩阵。

$$H(\boldsymbol{\theta}^0) = \begin{bmatrix} \dfrac{\partial^2 Z}{\partial(\theta_1^0)^2} & \cdots & \dfrac{\partial^2 Z}{\partial(\theta_1^0)\partial(\theta_n^0)} \\ \vdots & \ddots & \vdots \\ \dfrac{\partial^2 Z}{\partial(\theta_n^0)\partial(\theta_1^0)} & \cdots & \dfrac{\partial^2 Z}{\partial(\theta_n^0)^2} \end{bmatrix} \tag{2-20}$$

对处于海森矩阵主对角线上的元素，可以按下式计算：

$$\frac{\partial^2 Z}{\partial \theta_i^2} = \frac{1}{(\Delta\theta_i)^2}[Z(\theta_i + \Delta\theta_i, \theta_k) - 2Z(\theta_i, \theta_k) + Z(\theta_i - \Delta\theta_i, \theta_k)] \tag{2-21}$$

对处于非主对角线上的元素，可以按下式计算：

$$\frac{\partial^2 Z}{\partial\theta_i\partial\theta_k} = \frac{1}{\Delta\theta_i\Delta\theta_k}[Z(\theta_i + \Delta\theta_i, \theta_k + \Delta\theta_k) - Z(\theta_i + \Delta\theta_i, \theta_k) - Z(\theta_i, \theta_k + \Delta\theta_k) + Z(\theta_i, \theta_k)] \tag{2-22}$$

⑤ 计算参数的修正值　对于假定的参数数值进行修正，以改进目标函数的数值，按照下式进行参数的修正：

$$\theta_i^1 = \theta_i^0 - \lambda\frac{\partial Z}{\partial\theta_i} \quad (i = 1, 2, \cdots, n) \tag{2-23}$$

⑥ 计算新的目标函数值　根据修正以后的参数数值计算新的目标函数数值：

$$Z^1 = \sum_{j=1}^{m}[y_j - f_j(x_j, \theta_1^1, \theta_2^1, \cdots, \theta_n^1)]^2 \tag{2-24}$$

⑦ 比较新旧目标函数值 Z^1 和 Z^0

若

$$\frac{|Z^1 - Z^0|}{Z^1} \leqslant \varepsilon \tag{2-25}$$

则迭代结束，输出参数 θ_i^1；否则，令 $\theta_i^1 = \theta_i^0$，返回步骤③重新开始迭代，直至迭代误差小于预定的数值。上述用最优化方法估计参数的过程可以用图 2-8 表达。

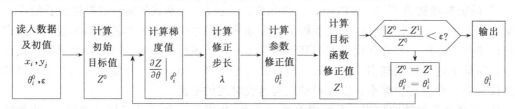

图 2-8　用最优化方法估计参数的过程

【例 2-6】　河流沿程溶解氧测定数据如下：起点生化需氧量（BOD）浓度（L_0）为 20mg/L，饱和溶解氧（C_s）浓度为 10mg/L，河流平均流速 $u_x = 4$km/h。试求 BOD 降解系数 k_d 和溶解氧（DO）复氧系数 k_a：

x/km	0	8	28	36	56
DO/(mg/L)	10.0	8.5	7.0	6.1	7.2

沿程溶解氧变化的数学模型为：

$$C = C_s - (C_s - C_0)e^{-\frac{k_a x}{u_x}} + \frac{k_d L_0}{k_a - k_d}(e^{-\frac{k_d x}{u_x}} - e^{-\frac{k_a x}{u_x}})$$

解：根据例题提供的数据，可以建立目标函数：

$$Z(k_d, k_a) = \left[10 + \frac{20k_d}{k_a - k_d}(e^{-k_d(8/4)} - e^{-k_a(8/4)}) - 8.5\right]^2$$

$$+ \left[10 + \frac{20k_d}{k_a - k_d}(e^{-k_d(28/4)} - e^{-k_a(28/4)}) - 7.0\right]^2$$

$$+\left[10+\frac{20k_d}{k_a-k_d}(e^{-k_d(36/4)}-e^{-k_a(36/4)})-6.1\right]^2$$

$$+\left[10+\frac{20k_d}{k_a-k_d}(e^{-k_d(56/4)}-e^{-k_a(56/4)})-7.2\right]^2$$

设定参数初值 $k_d^0=1.0d^{-1}$，$k_a^0=2.0d^{-1}$，$\varepsilon=10^{-6}$，按照上述的步骤求解，得到：$k_d=0.053/h=1.27/d$；$k_a=0.19/h=4.67/d$，此时的目标函数值 $Z=0.4681$。

以上所述的基于梯度的最优化方法属局部搜索算法，能较好地利用梯度信息来搜索参数，具有搜索快、计算量相对较小的优点。但是，环境模型参数优化问题通常存在大量局部极小、参数响应曲面存在很多凹谷和平坦区域，所以最优化方法搜索结果往往是局部最优解，具有很强的初值依赖性。此外，参数反演问题经常是"病态"的，梯度法很难收敛。

（3）随机采样法　针对以上的问题，研究人员做了以下几方面的可行尝试。①摒弃烦琐的梯度求解过程，采用一些直接搜索和启发性搜索机制。随机采样方法、智能搜索法，如遗传算法及其混合算法均采用了这一思想。②针对梯度法局部收敛和"病态"的缺陷，开发高效的全局收敛算法，如智能搜索法。有关智能搜索法的实现可参阅智能优化相关书籍。③放弃传统的参数最优识别思想，采用基于贝叶斯理论的参数不确定性分析方法，不再"强求"一组单一的最优参数，而是获取模型参数的后验分布。

为了克服和解决传统的参数最优识别思想中的参数不可识别问题，基于贝叶斯理论的不确定性参数识别思路应运而生。Tiwari 最早将贝叶斯理论用于生态模型的参数识别。随后 Hornberger 与 Spear 提出了区域灵敏度分析方法（regionalized sensitivity analysis，RSA），Beven 提出了 GLUE（generalized likelihood uncertainty estimation）法。基于贝叶斯理论的参数识别方法，如 RSA 法和 GLUE 法等，可充分利用先验信息，获得参数后验分布，不再是一组单一的最优参数，一定程度上避免了由于"最优"参数失真而带来的决策风险。

贝叶斯方法是一种古老的概率统计方法。在统计推断中使用先验分布的方法就是贝叶斯方法，即是否使用先验分布是区分贝叶斯统计和非贝叶斯统计的标志。非贝叶斯理论在做统计推断时只依据两类信息，即模型结构信息和数据信息，而贝叶斯统计除了依据以上两类信息，还要利用另一类信息，即未知参数的分布信息。由于这类信息是在获得实际观测数据以前就有的，因此一般称为先验信息（a prior information）。贝叶斯统计要求这类信息能以未知参数的统计分布来表示，这个概率分布就称为先验分布。根据贝叶斯理论，参数的先验分布、样本信息和后验分布具有如下的关系：

$$p(\theta|y)=\frac{p(y/\theta)p(\theta)}{p(y)} \tag{2-26}$$

式中，$p(\theta|y)$ 是参数的后验分布密度；$p(\theta)$ 是参数的先验分布密度；$p(y|\theta)$ 体现了在现有的数据条件下参数的似然度信息；$p(y)$ 为比例常数。

贝叶斯方法结构简单，概率形式优美。然而，它的数值解法并非总是容易的、直接的。实际应用中均需进行随机变量的离散化，如 RSA 法和 GLUE 法。以下简要介绍一下这两种方法。

① RSA 方法。20 世纪 80 年代初，Hornberger 和 Spear 认识到模型参数识别的困难，将过于强硬的优化条件弱化，转化为一些可以用定量或定性语言描述的条件来决定参数的取舍，在一定程度上克服了采用优化方法进行参数识别带来的不确定性问题，这就是 RSA 方法。RSA 方法是基于行为和非行为的二元划分进行参数识别的，即给定一组参数，如果系统的模拟行为满足事先设定的条件，这组参数就是可接受的，否则是不可接受的。RSA 方

法是贝叶斯方法最为简单直观的应用形式。当参数满足行为条件时，其似然度为1，参数以同等概率接受；否则似然度为0，参数被拒绝，这正是RSA方法的基本思想。

具体步骤如下：a. 确定参数的取值范围和先验分布；b. 在参数空间随机产生符合先验分布的样本点；c. 将参数代入模型，获取模型预测值；d. 根据行为准则决定参数的取舍；e. 重复步骤b~d，直到取得足够的样本点为止。

② GLUE法。GLUE法1992年由Beven提出，它吸收了RSA方法和模糊数学方法的优点。GLUE法认为与实测值最接近的模拟值所对应的参数应具有最高的可信度，离实测值越远，可信度越低，似然度越小。当模拟值与实测值的距离大于规定的指标时，就认为这些参数的似然度为0。可见，GLUE方法不同于RSA方法对参数集"是"和"否"的二元划分，而是采用似然度对不同的参数进行区分。

具体步骤如下：a. 确定参数的取值范围和先验分布，如果对参数的先验信息不是很了解，可设为均匀分布；b. 选取似然度函数；c. 在参数空间随机产生符合先验分布的样本点；d. 根据参数的模型预测值与观测值对比求出该参数的似然度；e. 利用式（2-26）求出该参数的后验概率；f. 重复步骤c.～e.，直到取得足够的样本点为止。

四、模型的检验与误差分析

1. 图形表示法

这是一种最简便的模型检验方法，在模型计算误差较大的情况下广为使用。以观察值为横坐标，相应的计算值为纵坐标，如果测量值与计算值的交点位于45°线附近一定范围内（例如±22.5°），则可以认为模型模拟的结果是合格的（图2-9）。如果定义误差检验范围为距中心线±22.5°夹角，那么，图形检验的最大允许误差为：

$$\varepsilon_{允许} \leqslant \frac{|观察值-计算值|}{观察值} = \frac{|观察值-(观察值\times\tan 22.5°)|}{观察值} = 1-\tan 22.5° = 58.6\% \quad (2\text{-}27)$$

或：

$$\varepsilon_{允许} \leqslant \frac{|观察值-计算值|}{观察值} = \frac{|观察值-(观察值\times\tan 67.5°)|}{观察值} = |1-\tan 67.5°| = 141.4\% \quad (2\text{-}28)$$

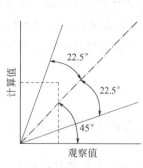

图 2-9 模型的图形检验

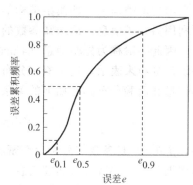

图 2-10 误差累积频率曲线

用图形表示模型检验的结果非常直观，但由于不能用数字表示，其结果不便于相互比较。

2. 相关系数法

相关系数是统计学上用以衡量曲线拟合程度的量，这里用来度量计算值和观察值的吻合程度。如果以 y_i 和 $y_i'(i=1,2,\cdots,n)$ 分别表示一组观察值和一组计算值，相关系数可以按式（2-29）计算：

$$r = \frac{\sum\limits_{i=1}^{n} (y_i - \bar{y})(y_i' - \bar{y}')}{\sqrt{\sum\limits_{i=1}^{n} (y_i' - \bar{y}')^2 \sum\limits_{i=1}^{n} (y_i - \bar{y})^2}} \tag{2-29}$$

式中，y_i，$\bar{y}$ 分别表示实测值和实测值的平均值；y_i'，$\bar{y}'$ 分别表示计算值和计算值的平均值。$0 \leqslant r \leqslant 1$，$r$ 值越大，计算结果越好。

相关系数法适用于线性程度较高的模型。

3. 相对误差法

相对误差可以表示为：

$$e_i = \frac{|y_i - y_i'|}{y_i} \tag{2-30}$$

式中，y_i 为测量值；y_i' 为对应的计算值；e_i 为相应的相对误差。

如果存在 n 个观察值与相应条件下的计算值，可以根据式（2-30）计算得到 n 个相对误差。将 n 个误差从小至大排列，可以求得小于某一误差值的误差的出现频率。根据所有测量点的误差，作出误差分布曲线——累计频率曲线（图 2-10）。由于在累积误差曲线的两端误差存在很大的不确定性，可以选择中值误差（即累计分布频率为 50% 的误差）作为衡量模型的依据，如中值误差 $\leqslant 10\%$，则认为模型的精度可以满足需要。

在统计学上，中值误差就是概率误差，概率误差可以通过下式计算：

$$e_{0.5} = 0.6745 \sqrt{\frac{\sum\limits_{i=1}^{n} \left(\dfrac{y_i - y_i'}{y_i}\right)^2}{n-1}} \tag{2-31}$$

式中，$e_{0.5}$ 为中值误差（概率误差）；n 为测量数据的数目。

中值误差也可以用绝对误差表示：

$$e_{0.5}' = 0.6745 \sqrt{\frac{\sum\limits_{i=1}^{n} (y_i - y_i')^2}{n-1}} \tag{2-32}$$

R. V. Thomann 对美国 19 个有代表性的溶解氧模型作过仔细的分析，提出中值误差 10% 作为溶解氧模型的检验目标。

五、模型灵敏度分析

1. 灵敏度分析的意义

环境保护系统是一个开放性系统，受到包括来自自然条件和人为因素的干扰。环境保护系统所受到的干扰非常复杂，难以精确量化；在利用数学模型对环境保护系统进行模拟时，模型结构、模型参数都会存在偏差。

通过对模型灵敏度的分析，可以估算模型计算结果的偏差；同时灵敏度分析还有利于根据需要探讨建立高灵敏度或低灵敏度的模型；灵敏度分析还广泛地被应用于确定合理的设计裕量。

假定研究模型的形式如下：

目标函数为 $\qquad\qquad \min Z = f(\boldsymbol{x}, \boldsymbol{u}, \boldsymbol{\theta}) \tag{2-33}$

约束条件为 $\qquad\qquad G(\boldsymbol{x}, \boldsymbol{u}, \boldsymbol{\theta}) = 0 \tag{2-34}$

式中，$\boldsymbol{x}$ 为状态变量组成的向量，如空气中的 SO_2 浓度、水体中的 BOD_5 浓度等；$\boldsymbol{u}$ 为决策变量组成的向量，例如排放污水中的 SS、BOD_5 等；$\boldsymbol{\theta}$ 为模型参数组成的向量，如水体的大气复氧速度常数 k_a，大气湍流扩散系数 D_y、D_z 等。

在环境保护系统中，主要研究两种灵敏度：①状态与目标对参数的灵敏度，即研究参数的变化对状态变量和目标值产生的影响；②目标对状态的灵敏度，即研究由于状态变量的变化对目标值的影响。

2. 状态与目标对参数的灵敏度

定义：在 $\theta=\theta_0$ 附近，状态变量 x（或目标 Z）相对于原值 x^*（或 Z^*）的变化率和参数 θ 相对于 θ_0 的变化率的比值称为状态变量（或目标）对参数的灵敏度。

（1）单个变量时的灵敏度 为了便于讨论，首先研究单个变量时的灵敏度。假定模型中状态变量和参数的数目均为 1，同时假定决策变量保持不变，则状态变量 x 和目标 Z 都可以表示为参数 θ 的函数。

$$x^* = f(\theta_0) \tag{2-35}$$

$$Z^* = F(\theta_0) \tag{2-36}$$

根据灵敏度的定义，状态对参数的灵敏度可以表示如下：

$$S_\theta^x = \frac{\Delta x}{x^*} \bigg/ \frac{\Delta \theta}{\theta_0} = \left(\frac{\Delta x}{\Delta \theta}\right)\frac{\theta_0}{x^*} \tag{2-37}$$

目标对参数的灵敏度可以表示如下：

$$S_\theta^Z = \frac{\Delta Z}{Z^*} \bigg/ \frac{\Delta \theta}{\theta_0} = \left(\frac{\Delta Z}{\Delta \theta}\right)\frac{\theta_0}{Z^*} \tag{2-38}$$

当 $\Delta\theta \rightarrow 0$ 时，可以忽略高阶微分项，得：

$$S_\theta^x = \left(\frac{\mathrm{d}x}{\mathrm{d}\theta}\right)_{\theta=\theta_0}\frac{\theta_0}{x^*} \tag{2-39}$$

$$S_\theta^Z = \left(\frac{\mathrm{d}Z}{\mathrm{d}\theta}\right)_{\theta=\theta_0}\frac{\theta_0}{Z^*} \tag{2-40}$$

式中，$\left(\dfrac{\mathrm{d}x}{\mathrm{d}\theta}\right)_{\theta=\theta_0}$ 和 $\left(\dfrac{\mathrm{d}Z}{\mathrm{d}\theta}\right)_{\theta=\theta_0}$ 分别称为状态变量和目标函数的参数的一阶灵敏度系数。它们反映了系统的灵敏度特征。

（2）多变量时的灵敏度 设最优化模型为：

$$\min Z = f(\pmb{x},\pmb{u},\pmb{\theta}) \tag{2-41}$$

$$G(\pmb{x},\pmb{u},\pmb{\theta}) = 0 \tag{2-42}$$

如果设定 G 是 n 维向量函数，$\pmb{x}$ 是 n 维状态变量，$\pmb{u}$ 是 m 维决策变量，$\pmb{\theta}$ 是 p 维参数向量，则状态变量对参数的一阶灵敏度系数是一个 $n\times p$ 维的矩阵：

$$\frac{\partial \pmb{x}}{\partial \pmb{\theta}} = \begin{bmatrix} \dfrac{\partial x_1}{\partial \theta_1} & \cdots & \dfrac{\partial x_1}{\partial \theta_p} \\ \vdots & \ddots & \vdots \\ \dfrac{\partial x_n}{\partial \theta_1} & \cdots & \dfrac{\partial x_n}{\partial \theta_p} \end{bmatrix} \tag{2-43}$$

而目标对参数的灵敏度系数则是一个 p 维向量：

$$\frac{\partial Z}{\partial \pmb{\theta}} = \left(\frac{\partial Z}{\partial \theta_1},\cdots,\frac{\partial Z}{\partial \theta_p}\right)^{\mathrm{T}} \tag{2-44}$$

由于参数不仅对目标产生直接影响，还通过对状态的影响对目标产生影响：

$$\frac{\partial Z}{\partial \pmb{\theta}} = \frac{\partial f}{\partial \pmb{\theta}} + \left(\frac{\partial f}{\partial \pmb{x}}\right)\left(\frac{\partial \pmb{x}}{\partial \pmb{\theta}}\right) \tag{2-45}$$

参数对状态的影响可以由约束条件推导：

$$\left(\frac{\partial G}{\partial \pmb{x}}\right)\left(\frac{\partial \pmb{x}}{\partial \pmb{\theta}}\right) + \left(\frac{\partial G}{\partial \pmb{\theta}}\right) = 0 \tag{2-46}$$

如果 $\dfrac{\partial G}{\partial x}$ 的逆存在，则：$\dfrac{\partial \boldsymbol{x}}{\partial \boldsymbol{\theta}} = -\left(\dfrac{\partial G}{\partial \boldsymbol{x}}\right)^{-1}\left(\dfrac{\partial G}{\partial \boldsymbol{\theta}}\right)$，目标对参数的一阶灵敏度系数可以表达为：

$$\frac{\partial Z}{\partial \boldsymbol{\theta}} = \frac{\partial f}{\partial \boldsymbol{\theta}} - \left(\frac{\partial f}{\partial \boldsymbol{x}}\right)\left(\frac{\partial G}{\partial \boldsymbol{x}}\right)^{-1}\left(\frac{\partial G}{\partial \boldsymbol{\theta}}\right) \tag{2-47}$$

【例 2-7】 BOD 降解规律为：$L = L_0 e^{-k_d t}$，若已知起点 BOD$_5$ 浓度 $L_0 = 15\text{mg/L}$，BOD 衰减速度常数 $k_d = 0.1\text{d}^{-1}$，k_d 的变化幅度在 $\pm 10\%$，试求 $t = 2\text{d}$ 处的 BOD$_5$ 值及其变化幅度。

解：$t = 2\text{d}$ 处的 BOD$_5$ 为：

$$L^* = L_0 e^{-k_{d0} t} = 15 e^{-0.1 \times 2} = 12.28 \ (\text{mg/L})$$

BOD 对 k_d 的一阶灵敏度系数为：

$$\left(\frac{\mathrm{d}L}{\mathrm{d}k_d}\right)_{k_d = 0.1} = -L_0 t e^{-k_{d0} t} = -15(2)e^{-0.2} = -24.56$$

BOD 对 k_d 的灵敏度为：

$$S_{k_d}^L = \left(\frac{\mathrm{d}L}{\mathrm{d}k_d}\right)_{k_d = -0.1}\left(\frac{k_{d0}}{L^*}\right) = -24.56 \times \frac{0.1}{12.28} = -0.20$$

BOD 的变化幅度：

$$\frac{\Delta L}{L^*} = S_{k_d}^L\left(\frac{\Delta k_d}{k_{d0}}\right) = (-0.2) \times (\pm 10\%) = \mp 2\%$$

由 k_d 的不确定性引起的 BOD 变化值：

$$\Delta L = L^*(\mp 2\%) = \mp 0.25 \ (\text{mg/L})$$

由参数变化引起状态变化的速度低于参数变化的速度，本例的 BOD 模型属于低灵敏度模型。

3. 目标对约束的灵敏度

如果给定下述模型：

目标函数为 $\qquad\qquad\qquad \min Z = f(\boldsymbol{v}, \boldsymbol{u}, \boldsymbol{\theta}) \tag{2-48}$

约束条件为 $\qquad\qquad\qquad G(\boldsymbol{v}, \boldsymbol{u}, \boldsymbol{\theta}) = 0 \tag{2-49}$

式中，$\boldsymbol{v}$ 是 m 维决策变量；$\boldsymbol{u}$ 是 n 维状态变量；$\boldsymbol{\theta}$ 是参数向量。根据定义，目标对约束的灵敏度可以表达为：

$$S_G^f = \left[\frac{\mathrm{d}f(\boldsymbol{x})}{f^*(\boldsymbol{x})}\right] \Big/ \left[\frac{\mathrm{d}G(\boldsymbol{x})}{g(\boldsymbol{x})}\right]_{\boldsymbol{x} = \boldsymbol{x}^0} = \left[\frac{\mathrm{d}f(\boldsymbol{x})}{\mathrm{d}G(\boldsymbol{x})}\right]\left[\frac{g(\boldsymbol{x})}{f^*(\boldsymbol{x})}\right] \tag{2-50}$$

同时，约束条件的变化取决于状态变量和决策变量的变化：

$$\mathrm{d}G(\boldsymbol{x}) = \frac{\partial G(\boldsymbol{x})}{\partial \boldsymbol{u}}\mathrm{d}\boldsymbol{u} + \frac{\partial G(\boldsymbol{x})}{\partial \boldsymbol{v}}\mathrm{d}\boldsymbol{v} = \boldsymbol{A}\mathrm{d}\boldsymbol{u} + \boldsymbol{B}\mathrm{d}\boldsymbol{v} \tag{2-51}$$

此外，目标函数的变化也取决于状态变量和决策变量的变化：

$$\mathrm{d}f(\boldsymbol{x}) = \frac{\partial f(\boldsymbol{x})}{\partial \boldsymbol{u}}\mathrm{d}\boldsymbol{u} - \frac{\partial f(\boldsymbol{x})}{\partial \boldsymbol{v}}\mathrm{d}\boldsymbol{v} = \boldsymbol{C}\mathrm{d}\boldsymbol{u} + \boldsymbol{D}\mathrm{d}\boldsymbol{v} \tag{2-52}$$

式中，

$$\boldsymbol{A} = \begin{bmatrix} \dfrac{\partial g_1}{\partial u_1} & \cdots & \dfrac{\partial g_1}{\partial u_n} \\ \vdots & \ddots & \vdots \\ \dfrac{\partial g_n}{\partial u_1} & \cdots & \dfrac{\partial g_n}{\partial u_n} \end{bmatrix}, \ \boldsymbol{B} = \begin{bmatrix} \dfrac{\partial g_1}{\partial v_1} & \cdots & \dfrac{\partial g_1}{\partial v_m} \\ \vdots & \ddots & \vdots \\ \dfrac{\partial g_n}{\partial v_1} & \cdots & \dfrac{\partial g_n}{\partial v_m} \end{bmatrix} \tag{2-53}$$

$$C=\left[\frac{\partial f(\boldsymbol{x})}{\partial u_1}\cdots\frac{\partial f(\boldsymbol{x})}{\partial u_n}\right], \ D=\left[\frac{\partial f(\boldsymbol{x})}{\partial v_1}\cdots\frac{\partial f(\boldsymbol{x})}{\partial v}\right] \tag{2-54}$$

如果 $\boldsymbol{A}$ 存在逆矩阵，由约束条件的变换式可以得出：

$$\mathrm{d}\boldsymbol{u}=\boldsymbol{A}^{-1}\mathrm{d}G(\boldsymbol{x})-\boldsymbol{A}^{-1}\boldsymbol{B}\mathrm{d}\boldsymbol{v} \tag{2-55}$$

将其代入目标函数的变化表达式，得到：

$$\begin{aligned}\mathrm{d}f(\boldsymbol{x})&=\boldsymbol{C}[\boldsymbol{A}^{-1}\mathrm{d}G(\boldsymbol{x})-\boldsymbol{A}^{-1}\boldsymbol{B}\mathrm{d}\boldsymbol{v}]+\boldsymbol{D}\mathrm{d}\boldsymbol{v}\\&=\boldsymbol{C}\boldsymbol{A}^{-1}\mathrm{d}G(\boldsymbol{x})+(\boldsymbol{D}-\boldsymbol{C}\boldsymbol{A}^{-1}\boldsymbol{B})\mathrm{d}\boldsymbol{v}\end{aligned} \tag{2-56}$$

根据库恩-塔克定律，在最优点处：

$$(\boldsymbol{D}-\boldsymbol{C}\boldsymbol{A}^{-1}\boldsymbol{B})\mathrm{d}\boldsymbol{v}=0 \tag{2-57}$$

所以：
$$\mathrm{d}f(\boldsymbol{x})\big|_{\boldsymbol{x}=\boldsymbol{x}^0}=\boldsymbol{C}\boldsymbol{A}^{-1}\mathrm{d}G(\boldsymbol{x}) \tag{2-58}$$

由此可以得到目标对约束的灵敏度系数：

$$\frac{\mathrm{d}f(\boldsymbol{x})}{\mathrm{d}G(\boldsymbol{x})}\bigg|_{\boldsymbol{x}=\boldsymbol{x}^0}=\boldsymbol{C}\boldsymbol{A}^{-1} \tag{2-59}$$

【例 2-8】 给定最优化模型如下。

$$\min f(\boldsymbol{x})=-10x_1-4x_2+x_1^2+x_2^2-x_1x_2$$
$$g_1(\boldsymbol{x})=6-x_1\geqslant 0$$
$$g_2(\boldsymbol{x})=4-x_2\geqslant 0$$

已知上述最优化模型的解为：

$$x_1^*=6, \ x_2^*=4, \ f^*(\boldsymbol{x})=-48$$

计算目标对决策变量的约束系数向量：

$$\boldsymbol{C}=\left[\frac{\partial f(\boldsymbol{x})}{\partial x_1},\frac{\partial f(\boldsymbol{x})}{\partial x_2}\right]=(-2,-2)$$

计算约束对决策变量的灵敏度系数矩阵：

$$\boldsymbol{A}=\begin{bmatrix}\dfrac{\partial g_1(\boldsymbol{x})}{\partial x_1} & \dfrac{\partial g_1(\boldsymbol{x})}{\partial x_2}\\[2mm]\dfrac{\partial g_2(\boldsymbol{x})}{\partial x_1} & \dfrac{\partial g_2(\boldsymbol{x})}{\partial x_2}\end{bmatrix}=\begin{bmatrix}1 & 0\\0 & 1\end{bmatrix}$$

计算 $\boldsymbol{A}$ 的逆矩阵：

$$\boldsymbol{A}^{-1}=\boldsymbol{A}=\begin{bmatrix}1 & 0\\0 & 1\end{bmatrix}$$

计算目标对约束的一阶灵敏度系数：

$$\frac{\mathrm{d}f(\boldsymbol{x})}{\mathrm{d}G(\boldsymbol{x})}\bigg|_{\boldsymbol{x}=\boldsymbol{x}^0}=\boldsymbol{C}\boldsymbol{A}^{-1}=(-2 \quad -2)\begin{bmatrix}1 & 0\\0 & 1\end{bmatrix}=(-2 \quad -2)$$

若约束变量变化分别为 $+10\%$ 和 -5% 时，即

$$\Delta G(\boldsymbol{x})=(0.6 \quad -0.2)^T$$

于是得到目标的增值为：

$$\Delta f(\boldsymbol{x})=(-2 \quad -2)\begin{pmatrix}0.6\\-0.2\end{pmatrix}=-0.8$$

则目标的变化幅度为：

$$\frac{-0.8}{-48}=+1.67\%$$

六、模型的不确定性分析

1. 不确定性的概念

由于环境系统的复杂性和不可预见性、观测数据的不足和系统表观描述的局限性等原因，环境系统建模存在很大的不确定性。在模型研究中，不确定性更多地体现了人类对复杂环境系统认识能力的不足。不确定性分析通俗地讲就是误差分析，分析由于系统外部输入的不确定性和环境机理认识的不确定性导致的模型结构不确定性、参数识别不确定性和预测未来的不确定性。

事实上，不确定性更多地体现了人类对复杂环境系统认识能力的不足。1973 年，O'Neill 等首次在生态系统研究中提出了不确定性和误差分析的概念。此后，不确定性分析逐渐受到重视。20 世纪 80 年代初，Spear 和 Hornberger 等将 Monte Carlo 模拟与灵敏度分析结合起来，提出了区域性灵敏度分析方法（regionalized sensitivity analysis，RSA）。RSA 方法应用方便，不需要太多的假设条件，不需要对模型进行修改，在模型不确定性分析中得到了广泛的使用。与此同时，其他的不确定性分析方法也被引入了水环境分析中，例如最大似然方法（maximum likelihood，ML）、广义的卡尔曼滤波方法（extended Kalman filter，EKF）等。1987 年，Beck 发表了关于不确定性分析的专著——《水质模拟：不确定性分析》。该文对数学模型不确定性产生的原因、不确定性的传播、参数识别以及如何进行试验设计以减少不确定性进行了系统的分析和阐述。1992 年，Beven 吸收了 RSA 方法和模糊数学方法的优点，提出了 GLUE（generalized likelihood uncertainty estimation）法，GLUE 法将似然度分析引入不确定性分析领域，认为与实测值最接近的模拟值所对应的参数应具有最高的可信度，离实测值越远，可信度越低，似然度越小。如今，不确定性分析已经成为模型应用不可缺少的一部分。模型不确定分析的基本框架如图 2-11 所示。

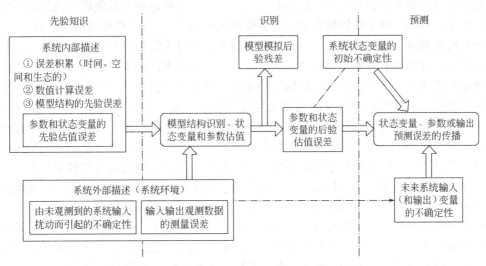

图 2-11　模型不确定分析的基本框架

2. 不确定性分类

数学模型的不确定性可以分为 3 类：①环境系统的随机性和不可预见性；②数据不确定性，包括数据缺失和失真；③模型不确定性，包括模型结构和参数两个方面。对参数识别过程而言，主要的不确定性有数据不确定性、模型结构不确定性和参数估值方法带来的不确定性。

不确定性的表达方式反映了人们认识不确定性的方法。目前广泛使用的方法有随机采样方法，如 RSA 法、GLUE 法、灵敏度分析、一阶和二阶误差分析、卡尔曼滤波法等。结构不确定性是模型不确定性的根本所在，并直接导致了模型参数的不确定性，由于直接研究模型结构不确定性非常困难，实际研究通常从参数不确定性开始。

3. 不确定性的分析方法

参数不确定性分析方法可分为 3 类，即参数不确定性分析发展的 3 个阶段：①传统的一阶估算法；②贝叶斯推理法；③马尔科夫链蒙特卡罗法（Markov chain Monte Carlo，MCMC）。

假设模型系统为 f，模型输入为 ξ，输出为 y。给定模型参数 θ 和输入 ξ，模型输出可表示为：

$$y = f(\xi, \theta) + \varepsilon \tag{2-60}$$

式中，ε 是均值为 0、方差为 σ^2 的独立误差。

假设残差 ε 相互独立，并符合高斯分布且方差恒定，在 t 时刻状态变量观测值为 $\hat{y}(t)$、模拟值为 $y(t)$ 的情况下，参数 θ 的似然度计算公式如下：

$$L(\theta | y) = (2\pi\sigma)^{-n/2} \prod_t \exp\left\{ -\frac{[\hat{y}(t) - y(t)]^2}{2\sigma^2} \right\} \tag{2-61}$$

式中，n 为观测样本数；σ 为样本方差。

（1）一阶估算法　传统的参数后验分布一阶估算法是利用公式（2-62）在全局最优解 θ_{opt} 处的一阶台劳展开来计算的，展开后的参数后验分布可表示为：

$$p(\theta | y) \text{正比于} \exp\left[-\frac{1}{2\sigma^2}(\theta - \theta_{opt})^T \boldsymbol{X}^T \boldsymbol{X}(\theta - \theta_{opt}) \right] \tag{2-62}$$

式中，$\boldsymbol{X}$ 为 θ_{opt} 的雅可比矩阵（Jacobian），或称灵敏矩阵。

显然，当模型为线性或接近于线性时，方程估算的参数后验分布能较好地反映参数的真实不确定性，然而，对于非线性模型（大多数环境模型），这一方法的适用性很差。

（2）贝叶斯法　贝叶斯法可充分利用先验信息，获得参数后验分布，不再是一组单一的最优参数，一定程度上避免了由于"最优"参数失真而带来的决策风险。贝叶斯方法模式简单，概率形式优美。然而，它的数值解法并非总是容易的、直接的，实际应用中均需进行随机变量的离散化。贝叶斯方法应用的主要障碍出在计算上，即使采用高性能计算机进行模拟，也面临着计算复杂性的问题。有关贝叶斯理论和离散方法参见本节上述相关内容介绍。

（3）MCMC 法　自 1907 年俄国数学家 Markov 提出马尔科夫链（Markov chain）的概念以来，经过世界各国几代数学家的相继努力，目前马尔科夫链已成为内容十分丰富、理论上相当完整的数学分支。马尔科夫链有严格的数学定义，其直观意义可理解为：随机系统中下一个将要达到的状态，仅依赖于目前所处的状态，与以往所经历过的状态无关。

用马尔科夫链的样本对不变分布、Gibbs 分布、Gibbs 场、高维分布或样本空间非常大的离散分布等作采样，并用以随机模拟的方法，统称为 Markov Chain Monte Carlo（MCMC）方法，这是动态的 Monte Carlo 方法。由于这种方法的问世，使随机模拟在很多领域的计算中显示巨大的优越性，相比 Monte Carlo 法，MCMC 法可大大降低计算量。

MCMC 法用于模型参数不确定性分析的研究是近年来才发展起来的一种方法，一般过程如下：

① 随机产生初始参数集 $\theta = \theta^0$，迭代变量 $i = 0$；

② 利用参数推荐分布（proposal distribution，也有文献称为 candidate generation densities，候选点产生分布；transition kernel，状态转移核）$q(\theta^* | \theta^i)$ 产生新个体 θ^*，新个体仅与 θ^i 相关；

③ 计算接受概率（acceptance probability）α，α 依赖于模型结构、推荐分布、参数先验分布、θ^* 和 θ^i，计算公式如下：

$$\alpha = \min\left\{1, \frac{p(y|\theta^*)\,p(\theta^*)\,q(\theta^i|\theta^*)}{p(y|\theta^i)\,p(\theta^i)\,q(\theta^*|\theta^i)}\right\} \tag{2-63}$$

参数物理意义同前；

④ 产生随机数 $u \sim U[0,1]$；

⑤ 若 $u < \alpha$，接受 $\theta^{i+1} = \theta^*$，否则 $\theta^{i+1} = \theta^i$；

⑥ 重复②～⑤直到产生足够的样本为止。

MCMC 法采集的序列 $\{\theta^1, \theta^2, \cdots, \theta^n\}$ 最终收敛到一个不变分布，即参数的后验分布。

第二节　污染物在环境介质中的运动特征

环境介质是指在环境中能够传递物质和能量的物质，典型的环境介质是空气和水，它们都是流体。污染物在空气和水体中的运动具有相似的特征。

污染物进入环境以后，作着复杂的运动，主要包括：污染物随着介质流动的推流迁移运动，污染物在环境介质中的分散运动以及污染物的衰减转化运动。

一、推流迁移

推流迁移是指污染物在气流或水流作用下产生的转移作用。污染物由于推流作用，在单位时间内通过单位面积的推流迁移通量可以计算如下：

$$f_x = u_x C, \quad f_y = u_y C, \quad f_z = u_z C \tag{2-64}$$

式中，f_x、f_y、f_z 分别表示 x、y、z 三个方向上的污染物推流迁移通量；u_x、u_y、u_z 分别表示环境介质在 x、y、z 方向上的流速分量；C 表示污染物在环境介质中的浓度。

推流迁移只能改变污染物的位置，并不能改变污染物的存在形态和浓度。

二、分散作用

在讨论污染物的分散作用时，假定污染物质点的动力学特性与介质质点完全一致。这一假设对于多数溶解污染物或中性的颗粒物质是可以满足的。污染物在环境介质中的分散作用包括分子扩散、湍流扩散和弥散。

1. 分子扩散

分子扩散是由分子的随机运动引起的质点分散现象。分子扩散过程服从斐克（Fick）第一定律，即分子扩散的质量通量与扩散物质的浓度梯度成正比：

$$I_x^1 = -E_m \frac{\partial C}{\partial x}, \quad I_y^1 = -E_m \frac{\partial C}{\partial y}, \quad I_z^1 = -E_m \frac{\partial C}{\partial z} \tag{2-65}$$

式中，I_x^1、I_y^1、I_z^1 分别表示 x、y、z 三个方向上的污染物扩散通量；E_m 表示分子扩散系数，分子扩散系数在各个方向上相同，表示分子扩散是各向同性的；等式右边的负号表示污染物质点的运动指向浓度梯度的负方向。

2. 湍流扩散

湍流扩散是湍流流场中质点的各种状态（流速、压力、浓度等）的瞬时值相对于其时间平均值的随机脉动而导致的分散现象。湍流扩散项可以看成是对取状态的时间平均值后所形成的误差的一种补偿。可以借助分子扩散的形式表达湍流扩散：

$$I_x^2 = -E_x \frac{\partial \overline{C}}{\partial x}, \quad I_y^2 = -E_y \frac{\partial \overline{C}}{\partial y}, \quad I_z^2 = -E_z \frac{\partial \overline{C}}{\partial z} \tag{2-66}$$

式中，I_x^2、I_y^2、I_z^2 分别表示 x、y、z 三个方向上由湍流扩散所导致的污染物质量通量；

$\overline{C}$ 表示环境介质中污染物的时间平均浓度；E_x、E_y、E_z 分别表示 x、y、z 三个方向上的湍流扩散系数；等式右边的负号表示湍流扩散的方向是污染物浓度梯度的负方向。与分子扩散不同，湍流扩散是各向异性的。

3. 弥散

弥散作用是由于横断面上实际的状态（如流速）分布不均匀与实际计算中采用断面平均状态（如流速）之间的差别引起的，为了弥补由于采用状态的空间平均值所形成的计算误差，必须考虑一个附加的量——弥散通量。同样借助 Fick 定律来描述弥散作用：

$$I_x^3 = -D_x \frac{\partial \overline{\overline{C}}}{\partial x}, I_y^3 = -D_y \frac{\partial \overline{\overline{C}}}{\partial y}, I_z^3 = -D_z \frac{\partial \overline{\overline{C}}}{\partial z} \tag{2-67}$$

式中，I_x^3、I_y^3、I_z^3 分别表示 x、y、z 三个方向上由弥散所导致的污染物质量通量；$\overline{\overline{C}}$ 表示环境介质中污染物的时间平均浓度的空间平均值；D_x、D_y、D_z 分别表示 x、y、z 三个方向上的弥散系数；等式右边的负号表示弥散方向是污染物浓度梯度的负方向。弥散也是各向异性的。

在实际计算中，都采用时间平均值的空间平均值（图 2-12）。为了修正这一简化所造成的误差，引进了湍流扩散项和弥散扩散项，而分子扩散项在任何时候都是存在的，但就数量级来说，弥散项的影响最大，而分子扩散则往往可以忽略。分子扩散系数在大气中的量级在 $1.6 \times 10^{-5}\,\mathrm{m^2/s}$，在河流中大致为 $10^{-5} \sim 10^{-4}\,\mathrm{m^2/s}$ 左右；而湍流扩散系数的量级要大得多，在大气中约为 $2 \times 10^{-1} \sim 10^{-2}\,\mathrm{m^2/s}$（垂直方向）和 $10 \sim 10^5\,\mathrm{m^2/s}$（水平方向），在海洋中的量级为 $10^{-5} \sim 10^{-2}\,\mathrm{m^2/s}$（垂直方向）和 $10^2 \sim 10^4\,\mathrm{m^2/s}$（水平方向），河流中的扩散系数量级为 $10^{-2} \sim 10^0\,\mathrm{m^2/s}$。

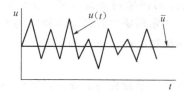
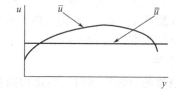

（a）湍流流速 $u(t)$ 与时间平均流速 $\overline{u}$ （b）湍流时间平均流速 $\overline{u}$ 与其空间平均流速 $\overline{\overline{u}}$

图 2-12　流速分布与分散作用

弥散作用只有在取湍流时间平均值的空间平均值时才发生。弥散作用大多发生在河流或地下水的水质计算中。通常所说的弥散作用实际上包含了弥散、湍流扩散和分子扩散三者的共同作用。

为了便于书写，符号 $\overline{\overline{C}}$ 通常写作 C。

三、污染物的衰减和转化

进入环境中的污染物可以分为守恒物质和非守恒物质两大类。

守恒物质可以长时间在环境中存在，它们随着介质的运动和分散作用而不断改变位置和初始浓度，但是不会减少在环境中的总量，可以在环境中积累。重金属、很多高分子有机化合物都属于守恒物质。对于那些对生态环境有害，或者暂时无害但可以在环境中积累，从长远来看可能有害的守恒物质，要严格控制排放，因为环境系统对它们没有净化能力。

非守恒污染物在环境中能够降解，它们进入环境以后，除了随环境介质的流动不断改变位置、不断分散降低浓度外，还会因为自身的衰减而加速浓度的下降。非守恒污染物的降解有两种方式，一种是由污染物自身的运动变化规律决定的，例如放射性物质的衰减，另一种是在环境因素的作用下，由于化学或生物反应而不断衰减，例如有机物的生物化学氧化过程。环境中非守恒物质的降解多遵循一级反应动力学规律：

$$\frac{\mathrm{d}C}{\mathrm{d}t} = -kC \tag{2-68}$$

式中，k 为降解速度常数。

污染物在环境中的推流迁移、分散和衰减作用可以用图 2-13 说明。

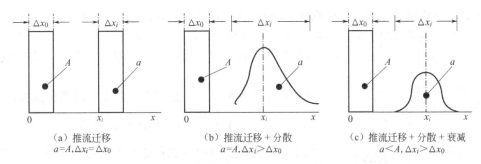

（a）推流迁移
$a=A, \triangle x_i = \triangle x_0$

（b）推流迁移＋分散
$a=A, \triangle x_i > \triangle x_0$

（c）推流迁移＋分散＋衰减
$a<A, \triangle x_i > \triangle x_0$

图 2-13　污染物在环境介质中的迁移、分散和衰减作用

假定在 $x=x_0$ 处，向环境中排放物质总量为 A，其分布为直方状，全部物质通过 x_0 的时间为 $\triangle t$。经过一段时间，该污染物的重心迁移至 x_i，污染物的总量为 a。如只存在推流迁移 [图 2-13（a）]，则 $a=A$，且污染物在两处的分布形状相同；如果存在推流迁移和分散的双重作用 [图 2-13（b）]，则仍然有 $a=A$，但污染物在 x_i 处的分布形状与初始形状不同，呈钟形曲线状分布，延长了污染物的通过时间；如果同时存在推流迁移、分散和衰减的三重作用 [图 2-13（c）]，则不仅污染物的分布形状发生变化，且污染物的总量也发生变化，此时 $a<A$。

推流迁移只改变污染物的位置，而不改变其分布；分散作用不仅改变污染物的位置，还改变其分布，但不改变其总量；衰减作用则能够改变污染物的总量。

污染物进入环境以后，同时发生着上述各种过程，用以描述这些过程的模型是一组复杂的数学方程式。

第三节　环境质量基本模型的推导

一、环境质量模型的基本概念

1. 基本模型的定义

反映污染物质在环境介质中运动基本规律的数学模型称为环境质量基本模型。基本模型反映了污染物在环境介质中运动的基本特征，即污染物的输移扩散规律。

2. 基本假定

基本假定：进入环境的污染物能够与环境介质相互融合，污染物质点与介质质点具有相同的流体力学特征。污染物在进入环境以后能够均匀地分散开，不产生凝聚、沉淀和挥发，可以将污染物质点当作介质质点进行研究。

3. 模型基本原理

为了建立环境系统的模型一般需要取得两方面的信息：一是输移污染物的介质（如大气、水）的流动特性，二是污染物被输移过程中发生的质与量的变化。利用这两方面的信息，根据物质与能量平衡原理，即对污染物在流体介质中的浓度、流体质量、动量或热量进行衡算来建立环境质量基本模型。

4. 基本模型解的形式

环境质量基本模型从空间上将依据研究问题的维数，有不同维数模型的解；从时间上将依据与时间的关系，有稳态和非稳态解；按照排放方式将依据瞬时排放和连续排放，有瞬时解与稳态定解，排放方式与时间关系对应解的形式是相关的。按照求解的方法也可分为解析解与数值解。

二、零维基本模型

所谓零维模型，是描述在研究的空间范围内不产生环境质量差异的模型。这个空间范围类似于一个完全混合反应器。零维模型是最简单的一类模型。图 2-14 所示为一个连续流完全混合反应器，进入反应器的污染物能够在瞬间分布到反应器的各个部位。

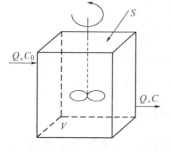

根据质量守恒原理，可以写出反应器中的平衡方程：

$$V\frac{\mathrm{d}C}{\mathrm{d}t}=QC_0-QC+S+rV \tag{2-69}$$

式中，V 为反应器的容积；Q 为流入与流出反应器的物质流量；C_0 为输入反应器的污染物浓度；C 为输出反应器的污染物浓度，即反应器中的污染物浓度；r 为污染物的反应速度；S 为污染物的源与汇。

若 $S=0$，则：

图 2-14 零维模型示意图

$$V\frac{\mathrm{d}C}{\mathrm{d}t}=Q(C_0-C)+rV \tag{2-70}$$

如果污染物在反应器中的反应符合一级反应动力学降解规律，即 $r=-kC$，则上式可以写作：

$$V\frac{\mathrm{d}C}{\mathrm{d}t}=Q(C_0-C)-kCV \tag{2-71}$$

式中，k 为污染物的降解速度常数。

式（2-71）就是零维环境质量模型的基本形式。零维模型广泛应用于箱式空气质量模型和湖泊、水库水质模型中。

三、一维基本模型

通过一个微小体积单元的质量平衡推导一维基本模型。一维基本模型是指描述在一个空间方向（如 x 方向）上存在环境质量变化，即存在污染物浓度梯度的模型。通过对一个微小体积单元的质量平衡过程的推导，可以得到一维基本模型（图 2-15）。

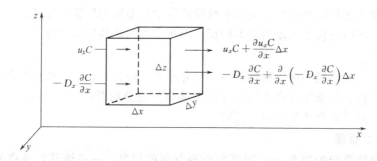

图 2-15 微小体积单元的质量平衡

图 2-15 表示一个微小体积元在 x 方向的污染物输入、输出关系。Δx、Δy、Δz 分别代表体积元三个方向的长度。由图 2-15 可以写出以下关系。

单位时间内由推流和弥散输入该体积单元的污染物量为：

$$\left[u_x C + \left(-D_x \frac{\partial C}{\partial x}\right)\right]\Delta y \Delta z$$

单位时间内由推流和弥散输出的污染物量为：

$$\left[u_x C + \frac{\partial u_x C}{\partial x}\Delta x + \left(-D_x \frac{\partial C}{\partial x}\right) + \frac{\partial}{\partial x}\left(-D_x \frac{\partial C}{\partial x}\right)\Delta x\right]\Delta y \Delta z$$

单位时间内在微小体积单元中由于衰减输出的污染物量为：

$$kC\Delta x \Delta y \Delta z$$

那么，单位时间内输入输出该微小体积单元的污染物总量为：

$$\frac{\partial C}{\partial t}\Delta x \Delta y \Delta z = \left[u_x C + \left(-D_x \frac{\partial C}{\partial x}\right)\right]\Delta y \Delta z$$

$$-\left[u_x C + \frac{\partial u_x C}{\partial x}\Delta x + \left(-D_x \frac{\partial C}{\partial x}\right) + \frac{\partial}{\partial x}\left(-D_x \frac{\partial C}{\partial x}\right)\Delta x\right]\Delta y \Delta z - kC\Delta x \Delta y \Delta z \quad (2\text{-}72)$$

将上式简化，并令 $\Delta x \rightarrow 0$，得：

$$\frac{\partial C}{\partial t} = -\frac{\partial u_x C}{\partial x} - \frac{\partial}{\partial x}\left(-D_x \frac{\partial C}{\partial t}\right) - kC \quad (2\text{-}73)$$

在均匀流场中，u_x 和 D_x 都可以作为常数，则上式可以写作：

$$\frac{\partial C}{\partial t} = D_x \frac{\partial^2 C}{\partial x^2} - u_x \frac{\partial C}{\partial x} - kC \quad (2\text{-}74)$$

式中，C 为污染物的浓度，它是时间 t 和空间位置 x 的函数；D_x 为纵向弥散系数；u_x 为断面平均流速；k 为污染物的衰减速度常数。

式（2-74）就是均匀流场中的一维基本环境质量模型。一维模型较多地应用于比较长而狭窄的河流水质模拟。

四、二维和三维基本模型

与推导一维模型相似，当在 x 方向和 y 方向存在浓度梯度时，可以建立起 x、y 方向的二维环境质量基本模型：

$$\frac{\partial C}{\partial t} = D_x \frac{\partial^2 C}{\partial x^2} + D_y \frac{\partial^2 C}{\partial y^2} - u_x \frac{\partial C}{\partial x} - u_y \frac{\partial C}{\partial y} - kC \quad (2\text{-}75)$$

二维模型较多应用于宽的河流、河口，较浅的湖泊、水库，也用于空气线源污染模拟。

如果在 x、y、z 三个方向上都存在污染物浓度梯度，则可以写出三维空间的环境质量基本模型：

$$\frac{\partial C}{\partial t} = E_x \frac{\partial^2 C}{\partial x^2} + E_y \frac{\partial^2 C}{\partial y^2} + E_z \frac{\partial^2 C}{\partial z^2} - u_x \frac{\partial C}{\partial x} - u_y \frac{\partial C}{\partial y} - u_z \frac{\partial C}{\partial z} - kC \quad (2\text{-}76)$$

在三维模型中，由于不采用状态的空间平均值，不存在弥散修正。空气点源扩散模拟、海洋水质模拟大多使用三维模型。

第四节 非稳定源排放的解析解

实际的环境质量模型大多属于复杂模型，不易求得模型的解析解。但是由于解析解的应用简便，人们还是努力探询解析解的方法。对于大多数环境质量模型，只有在某些特定条件下，有可能求得解析解。在求解环境质量模型时，假定介质的流动状态稳定、均匀，即空气或水体的流动状态在研究时段内不随时间变化，这时污染物的分布只随污染源变化。

一、一维流场中的瞬时点源排放

（1）忽略弥散，即 $D_x = 0$，由式（2-74）得：

$$\frac{\partial C}{\partial t} + u_x \frac{\partial C}{\partial x} + kC = 0 \tag{2-77}$$

该方程可以用特征线方法求解,将其写成两个方程:

$$\frac{\mathrm{d}x}{\mathrm{d}t} = u_x \quad \text{和} \quad \frac{\mathrm{d}C}{\mathrm{d}t} = -kC$$

前一个方程称为特征线方程,表示污染物进入环境以后的位置 $x(t)$,后一个方程则表示污染物在某一位置的浓度。上式的解是:

$$C(x,t) = C_0 \exp(-kt) = C_0 \left(-\frac{kx}{u_x} \right) \tag{2-78}$$

由于不考虑弥散作用,污染物在环境中某一位置的出现时间都是一瞬间。

(2) 考虑弥散,即 $D_x \neq 0$,根据式 (2-77) 则有:

$$\frac{\partial C}{\partial t} - D_x \frac{\partial^2 C}{\partial x^2} + u_x \frac{\partial C}{\partial x} + kC = 0 \tag{2-79}$$

式 (2-79) 可以通过拉普拉斯变换及其逆变换求解。首先用拉普拉斯变量 L 取代原变量 C,同时令:

$$L = L(s,y) = \mathcal{L}[C(x,t)] = \int_0^\infty C(x,t) \mathrm{e}^{-st} \, \mathrm{d}t$$

通过拉普拉斯变换,得: $\mathcal{L}\left(\frac{\partial C}{\partial t}\right) = sL$,则原式可以写作:

$$sL - D_x \frac{\mathrm{d}^2 L}{\mathrm{d}x^2} + u_x \frac{\mathrm{d}L}{\mathrm{d}x} + kL = 0$$

或

$$\frac{\mathrm{d}^2 L}{\mathrm{d}x^2} - \frac{u_x}{D_x} \times \frac{\mathrm{d}L}{\mathrm{d}x} - \frac{1}{D_x}(k+s) = 0$$

其特征多项式为:

$$\lambda^2 - \frac{u_x}{D_x}\lambda - \frac{k+s}{D_x} = 0$$

其特征值为:

$$\lambda_{1,2} = \frac{u_x}{2D_x}\left(1 \pm \frac{2\sqrt{D_x}}{u_x} \sqrt{\frac{u_x^2}{4D_x} + k + s} \right)$$

则拉普拉斯方程的解为:

$$L = A\mathrm{e}^{\lambda_1 x} + B\mathrm{e}^{\lambda_2 x}$$

代入初始条件 $L(0,s) = C_0$ 和 $L(\infty,s) = 0$,得 $A = 0$ 和 $B = C_0$,则:

$$L = C_0 \exp\left[\frac{u_x x}{2D_x}\left(1 - \frac{2\sqrt{D_x}}{u_x}\sqrt{\frac{u_x^2}{4D_x} + k + s} \right) \right]$$

根据拉普拉斯逆变换公式:

$$L^{-1}\left[\exp\left(-y\sqrt{s+Z} \right) \right] = \frac{y\exp(-Zt)}{2\sqrt{\pi}t^{1.5}} \exp\left(-\frac{y^2}{4t} \right)$$

同时令: $y = \frac{x}{\sqrt{D_x}}$, $Z = \frac{u_x^2}{4D_x} + k$,代入上式,得:

$$C(x,t) = \frac{u_x C_0}{\sqrt{4\pi D_x t}} \exp\left[-\frac{(x-u_x t)^2}{4D_x t} \right] \exp(-kt) \tag{2-80}$$

式中,C_0 为起点浓度,在污染物瞬时投放时,$C_0 = \frac{M}{Q}$,又 $Q = Au_x$,所以

$$C(x,t) = \frac{M}{A\sqrt{4\pi D_x t}} \exp\left[-\frac{(x-u_x t)^2}{4D_x t} \right] \exp(-kt) \tag{2-81}$$

式中,M 为污染物瞬时投放量;A 为河流断面面积;其余符号意义同前。

【例 2-9】 瞬时向河流投放示踪剂溶液,含若丹明染料 5kg,在起始断面处充分混合。

假定河流平均宽度 10m，平均水深 0.5m，平均流速 0.5m/s，纵向弥散系数 $D_x = 0.5\text{m}^2/\text{s}$。试求距投放点下游 500m 处的若丹明浓度分布的时间过程线。

解：设若丹明在试验时间内不降解，即 $k=0$。利用式（2-81）列表计算投放点下游 500m 处投放后 10～22min 的若丹明浓度。

t/min	10	12	14	16	18	20	22
$C/(\text{mg/L})$	5×10^{-14}	1.8×10^{-5}	0.305	10.456	5.788	0.178	6.7×10^{-4}

根据计算数据绘制若丹明时间过程线图（见附图）。从附图可以看出，在测量点，若丹明浓度由零逐渐增大，16min 以后达到最高值，然后又逐渐下降至无穷小。整个曲线的形状类似"钟"形。这样的分布曲线称为钟形曲线。

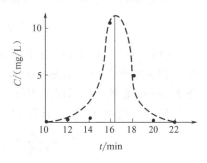

附图　若丹明的时间过程线

如果污染物不是瞬时投放，假设投放的延续时间是 Δt，即在 $0 \leqslant t \leqslant \Delta t$ 的时段内，投入质量为 M 的污染物。这时，任意地点在任意时间的污染物浓度可以用下式计算：

$$C(x,t) = \int_0^{\Delta t} \frac{C_0 u_x}{\sqrt{4\pi D_x(t-t')}} \exp\left\{\frac{[x-u_x(t-t')]^2}{4D_x(t-t')}\right\} \exp[-k(t-t')]dt' \tag{2-82}$$

式中，C_0 表示在 $0 \leqslant t \leqslant \Delta t$ 时，投放点的环境中污染物的浓度，C_0 值可以计算如下：

$$C_0 = \frac{M}{Q(\Delta t)} = \frac{M}{u_x A(\Delta t)} \tag{2-83}$$

式中，M 表示在 Δt 时段内投放的污染物总量；Q 表示河流的流量；A 表示河流的断面面积。将式（2-83）代入式（2-82），可以得：

$$C(x,t) = \int_0^{\Delta t} \frac{M}{A\Delta t\sqrt{4\pi D_x(t-t')}} \exp\left\{-\frac{[x-u_x(t-t')]^2}{4D_x t}\right\} \exp[-k(t-t')]dt' \tag{2-84}$$

式（2-84）的解是一组复杂的表达式：

$$C(x,t) = \frac{C_0}{2}\left[\exp(A_1)\text{erfc}(A_2) + \exp(A_3)\text{erfc}(A_4)\right]\exp\left(\frac{u_x x}{2D_x}\right)$$
$$- \frac{C_0}{2}\left[\exp(A_1)\text{erfc}(A_5) + \exp(A_3)\text{erfc}(A_6)\right]\exp\left(\frac{u_x x}{2D_x}\right)\theta(t-\Delta t) \tag{2-85}$$

式中，$\theta(t-\Delta t) = \begin{cases} 0, & \text{当 } t \leqslant \Delta t \\ 1, & \text{当 } t > \Delta t \end{cases}$

$$A_1 = \frac{x}{\sqrt{D_x}}\sqrt{\frac{u_x^2}{4D_x}+k} \tag{2-86}$$

$$A_2 = \frac{x}{2\sqrt{D_x t}} + \sqrt{\frac{u_x^2 t}{4D_x}+kt} \tag{2-87}$$

$$A_3 = -A_1 \tag{2-88}$$

$$A_4 = \frac{x}{2\sqrt{D_x t}} - \sqrt{\frac{u_x^2 t}{4D_x}+kt} \tag{2-89}$$

$$A_5 = \frac{x}{2\sqrt{D_x(t-\Delta t)}} + \sqrt{\frac{u_x^2(t-\Delta t)}{4D_x}+k(t-\Delta t)} \tag{2-90}$$

$$A_6 = \frac{x}{2\sqrt{D_x(t-\Delta t)}} - \sqrt{\frac{u_x^2(t-\Delta t)}{4D_x} + k(t-\Delta t)} \tag{2-91}$$

式中，erfc(x) 称为余误差函数，与误差函数 erf(x) 有如下关系：

$$\text{erfc}(x) = 1 - \text{erf}(x) \tag{2-92}$$

$$\text{erf}(x) = \frac{2}{\sqrt{\pi}} \int_0^x e^{-u} du \tag{2-93}$$

误差函数的数值可以由误差函数表查出，它是通过级数展开计算的：

$$\text{erf}(x) = x - \frac{x^3}{(1!)3} + \frac{x^5}{(2!)5} - \frac{x^7}{(2!)7} + \cdots \tag{2-94}$$

【例 2-10】 在 10min 的时间里向河流投加若丹明染料，总量 20kg，在起始点充分搅拌。已知河流宽度 20m，水深 0.8m，平均流速 0.5m/s，纵向弥散系数 500m²/s。试求距投放点下游 500m 处的浓度时间过程线。

解：根据式（2-83）计算 C_0：

$$C_0 = \frac{M}{Q\Delta t} = \frac{20 \times 1000}{20 \times 0.8 \times 0.5 \times 10 \times 60} = 4.17 \text{ (mg/L)}$$

$$\exp\left(\frac{u_x x}{2D_x}\right) = 1.28$$

列表计算排放点下游 500m 处若丹明投加后 4～20min 的浓度过程线。

t/min	4	6	8	10	12	14	16	18	20
A_1	0.25	0.25	0.25	0.25	0.25	0.25	0.25	0.25	0.25
A_2	0.89	0.79	0.75	0.73	0.71	0.70	0.70	0.70	0.70
A_3	−0.25	−0.25	−0.25	−0.25	−0.25	−0.25	−0.25	−0.25	−0.25
A_4	0.55	0.38	0.27	0.19	0.12	0.067	0.02	0	0
A_5					1.14	0.89	0.79	0.75	0.73
A_6					0.90	0.55	0.38	0.27	0.19
$\exp(A_1)$	1.28	1.28	1.28	1.28	1.28	1.28	1.28	1.28	1.28
$\exp(A_3)$	0.78	0.78	0.78	0.78	0.78	0.78	0.78	0.78	0.78
$\text{erfc}(A_2)$	0.21	0.26	0.29	0.30	0.32	0.32	0.32	0.32	0.32
$\text{erfc}(A_4)$	0.44	0.59	0.70	0.79	0.87	0.93	0.98	1.0	1.0
$\text{erfc}(A_5)$					0.11	0.21	0.26	0.29	0.30
$\text{erfc}(A_6)$					0.20	0.44	0.59	0.70	0.79
C/(mg/L)	1.63	2.11	2.45	2.67	2.11	1.40	1.01	0.73	0.51

由计算结果和附图可以发现，若丹明在投放后 4min 以前就已经到达下游 500m 处，最大浓度值出现在示踪剂开始投放后 10min 左右。

二、瞬时点源排放的二维模型

假定所研究的二维平面是 x、y 平面，瞬时点源二维模型的解析解为：

$$C(x,y,t) = \frac{M}{4\pi ht\sqrt{D_x D_y}} \exp\left[-\frac{(x-u_x t)^2}{4D_x t} - \frac{(y-u_y t)^2}{4D_y t}\right] \exp(-kt) \tag{2-95}$$

式中，u_y 表示 y 方向的速度分量；D_y 表示 y 方向的弥散系数；h 表示平均扩散深度；其余符号意义同前。

式（2-95）是在无边界约束条件下（即环境空间无限大）的解。其边界条件是：当 $y \to \infty$ 时，$\frac{\partial C}{\partial y} = 0$。

如果污染物的扩散受到边界的影响，需要考虑边界的反射作用。边界的反射作用可以通

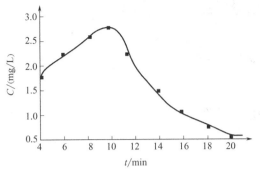

附图 若丹明的时间过程线

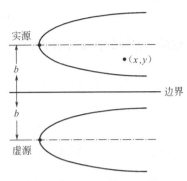

图 2-16 边界的反射

过一个假定的虚源实现（图 2-16）。把边界作为一个反射镜面，以边界为轴，在实源的对称位置设立一个与实源具有相等源强的虚源。虚源的作用可以代表边界对实源的反射。在有边界的条件下，式（2-95）的解为：

$$C(x,y,t)=\frac{M\exp(-kt)}{4\pi ht\sqrt{D_xD_y}}\left\{\exp\left[-\frac{(x-u_xt)^2}{4D_xt}-\frac{(y-u_yt)^2}{4D_yt}\right]+\exp\left[-\frac{(x-u_xt)^2}{4D_xt}-\frac{(2b+y-u_yt)^2}{4D_yt}\right]\right\}$$

(2-96)

式中，b 表示实源或虚源到边界的距离。式（2-96）中大括号中的第一项模拟实源的排放，第二项则是模拟虚源的排放。若点源的位置逐步向边界移动，至 $b=0$，即污染物在边界上排放时，虚源与实源合二为一，这时的浓度计算如下：

$$C(x,y,t)=\frac{M\exp(-kt)}{2\pi ht\sqrt{D_xD_y}}\left\{\exp\left[-\frac{(x-u_xt)^2}{4D_xt}-\frac{(y-u_yt)^2}{4D_yt}\right]\right\}$$

(2-97)

三、瞬时点源排放的三维模型

瞬时点源排放在均匀稳定的三维流场中的解析解为：

$$C(x,y,z,t)=\frac{M\exp(-kt)}{8\sqrt{(\pi t)^3E_xE_yE_z}}\exp\left\{\frac{1}{4t}\left[\frac{(x-u_xt)^2}{E_x}+\frac{(y-u_yt)^2}{E_y}+\frac{(z-u_zt)^2}{E_z}\right]\right\}$$

(2-98)

式中，E_x、E_y、E_z 分别表示 x、y、z 方向上的湍流扩散系数。

第五节 稳定源排放的基本模型解析解

在环境介质处于均匀稳定的条件下，如果污染物稳定排放，那么污染物在环境中的分布也将是稳定的，这时污染物在某一空间位置的浓度将不会随时间而变化，这种不随时间变化的状态称为稳态（或称动稳态）。

由于稳态问题的处理比较简便，人们经常通过各种措施，将一个实际问题处理成一个稳态问题。例如，如果所研究对象的时间尺度很大，在这样一个时间尺度内污染物的浓度围绕一个平均值变化，这时可以通过取时间平均值，将这样一个问题作为稳态问题处理。

一、零维模型的稳态解

依据零维基本模型式（2-71），在稳态条件下，即在 $\frac{\mathrm{d}C}{\mathrm{d}t}=0$ 时，

$$C=\frac{C_0}{(Q+kV)/Q}=\frac{C_0}{1+k\frac{V}{Q}}$$

(2-99)

式中，V/Q 称为理论停留时间。

二、一维模型的稳态解

典型一维模型是一个二阶线性偏微分方程：

$$D_x \frac{\partial^2 C}{\partial x^2} - u_x \frac{\partial C}{\partial x} - kC = 0 \qquad (2\text{-}100)$$

该微分方程的特征方程为：

$$D_x \lambda^2 - u_x \lambda - k = 0$$

特征方程的特征根为：

$$\lambda_{1,2} = \frac{u_x}{2D_x}(1 \pm m)$$

式中，$m = \sqrt{1 + \frac{4kD_x}{u_x^2}}$

一维稳态模型式（2-37）的通解是：

$$C = A e^{\lambda_1 x} + B e^{\lambda_2 x}$$

对于保守或衰减物质，λ 不应取正值；同时若给定初始条件为 $x = 0$ 时，$C = C_0$，则一维稳态模型式（2-100）的解为：

$$C = C_0 \exp\left[\frac{u_x t}{2D_x} \left(1 - \sqrt{1 + \frac{4kD_x}{u_x^2}} \right) \right] \qquad (2\text{-}101)$$

在推流存在的情况下，弥散作用在稳态条件下往往可以忽略，此时：

$$C = C_0 \exp\left(-\frac{kx}{u_x} \right) \qquad (2\text{-}102)$$

式中，C_0 表示起点处的污染物浓度。对于一维模型：

$$C_0 = \frac{QC_1 + qC_2}{Q + q} \qquad (2\text{-}103)$$

式中，Q 表示河流的流量；q 表示污水流量；C_1 表示河流中的污染物本底浓度；C_2 表示污水中的污染物浓度。

【例 2-11】 河流中稳定排放污水，污水量 $q = 0.15\mathrm{m^3/s}$，污水中 $BOD_5 = 30\mathrm{mg/L}$，河流径流量 $Q = 5.5\mathrm{m^3/s}$，平均流速 $u_x = 0.3\mathrm{m/s}$，河水 BOD_5 的本底浓度为 $0.5\mathrm{mg/L}$。已知 BOD_5 的衰减速度常数 $k = 0.2\mathrm{d^{-1}}$，弥散系数 $D_x = 10\mathrm{m^2/s}$，试求排放点下游 $10\mathrm{km}$ 处的 BOD_5 浓度。

解：计算起始点完全混合后的 BOD_5 初始浓度：

$$C_0 = \frac{0.15 \times 30 + 5.5 \times 0.5}{0.15 + 5.5} = 1.28 \ (\mathrm{mg/L})$$

根据式（2-101）计算河流推流与弥散共同作用下的下游 $500\mathrm{m}$ 处的 BOD_5 浓度：

$$C = 1.2832 \exp\left[\frac{0.3 \times 10000}{2 \times 10} \left(1 - \sqrt{1 + \frac{4 \times (0.2/86400) \times 10}{(0.3)^2}} \right) \right] = 1.18793 \ (\mathrm{mg/L})$$

若忽略弥散作用，其浓度值为：

$$C = 1.2832 \exp\left(-\frac{0.2 \times 10000}{0.3 \times 86400} \right) = 1.18791 \ (\mathrm{mg/L})$$

从本例可以看出，在稳态条件下，两者的计算结果十分接近，说明存在一定推流作用的时候，纵向弥散系数对污染物分布的影响很小。

三、二维模型的稳态解

假定三维空间中，在 z 方向不存在浓度梯度，即 $\frac{\partial C}{\partial z} = 0$，就构成了 x、y 平面上的二维问题。稳态条件下的二维环境质量模型的基本形式是：

$$D_x \frac{\partial^2 C}{\partial x^2} + D_y \frac{\partial^2 C}{\partial y^2} - u_x \frac{\partial C}{\partial x} - u_y \frac{\partial C}{\partial y} - kC = 0 \qquad (2\text{-}104)$$

在均匀流场中，式（2-104）的解析解为：

$$C(x,y)=\frac{Q}{4\pi h(x/u_x)\sqrt{D_xD_y}}\exp\left[-\frac{(y-u_yx/u_x)^2}{4D_yx/u_x}\right]\exp\left(-\frac{kx}{u_x}\right) \tag{2-105}$$

式中，Q 表示源强，即单位时间内排放的污染物量；其余符号意义同前。

在均匀、稳定流场中，D_x 和 u_y 往往可以忽略，则式（2-104）的解为：

$$C(x,y)=\frac{Q}{u_xh\sqrt{4\pi D_yx/u_x}}\exp\left[-\frac{u_xy^2}{4D_yx}\right]\exp\left(-\frac{kx}{u_x}\right) \tag{2-106}$$

式（2-105）和式（2-106）适合于无边界排放的情况［图 2-17（a）］。如果存在边界，则需要考虑边界的反射作用。此时可以通过假设的虚源来模拟边界的反射作用。

如果存在有限边界，即有两个边界，污染源处在两个边界之间［图 2-17（b）］，这时的反射就是连锁式的。这时式（2-104）的解就是：

$$C(x,y)=\frac{Q\exp(-kx/u_x)}{u_xh\sqrt{4\pi D_yx/u_x}}$$

$$\left\{\exp\left[-\frac{u_xy^2}{4D_yx}\right]+\sum_{n=1}^{\infty}\exp\left[-\frac{u_x(nB-y)^2}{4D_yx}\right]+\sum_{n=1}^{\infty}\exp\left[-\frac{u_x(nB+y)^2}{4D_yx}\right]\right\} \tag{2-107}$$

式中，B 表示扩散环境的宽度。式（2-107）大括号中的第一项代表实源的贡献，第二项代表虚源 1 的贡献，第三项代表虚源 2 的贡献。由于边界的关系，这种贡献将无穷次地进行下去。

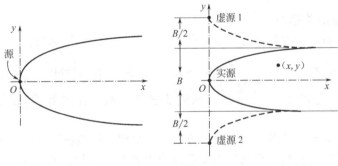

（a）宽度无限的点源排放　　　　（b）宽度有限的中心点源排放

图 2-17　二维稳态点源的中心排放

如果污染源处在环境边界上，对于宽度无限大的环境［图 2-17（a）］，则有：

$$C(x,y)=\frac{2Q}{u_xh\sqrt{4\pi D_yx/u_x}}\exp\left[-\frac{u_xy^2}{4D_yx}\right]\exp\left(-\frac{kx}{u_x}\right) \tag{2-108}$$

对于环境宽度为 B 的边界上排放，同样可以通过假设虚源来模拟边界的反射作用，此时：

$$C(x,y)=\frac{2Q\exp(-kx/u_x)}{u_xh\sqrt{4\pi D_yx/u_x}}$$

$$\left\{\exp\left[-\frac{u_xy^2}{4D_yx}\right]+\sum_{n=1}^{\infty}\exp\left[-\frac{u_x(2nB-y)^2}{4D_yx}\right]+\sum_{n=1}^{\infty}\exp\left[-\frac{u_x(2nB+y)^2}{4D_yx}\right]\right\} \tag{2-109}$$

虚源的贡献随着反射次数的增加衰减很快，实际计算中，取 $n=2\sim3$ 已经可以满足精度要求。

【例 2-12】　连续点源排放，源强为 50g/s，河流水深 $h=1.5\text{m}$，流速 $u_x=0.3\text{m/s}$，横向弥散系数 $D_y=5\text{m}^2/\text{s}$，污染物衰减速度常数 $k=0$。试求：

（1）在无边界的情况下，$(x,y)=(2000\text{m},10\text{m})$ 处的污染物浓度；

（2）在边界上排放，环境宽度无限大情况下，$(x,y)=(2000\text{m},10\text{m})$ 处的污染物浓度；

（3）在边界上排放，环境宽度 $B=100\text{m}$ 时，$(x,y)=(2000\text{m},10\text{m})$ 处的污染物浓度。

解：

（1）无边界条件下的连续点源排放，按照式（2-106）计算：

$$C_{(1)}(2000,10)=\frac{50}{0.3\times1.5\sqrt{4\pi\times5\times(2000/0.3)}}\exp\left(-\frac{0.3\times10^2}{4\times5\times2000}\right)=0.17\ (\text{mg/L})$$

（2）在边界上排放，环境宽度无限大时，按照式（2-105）计算：

$$C_{(2)}(2000,10)=2C_{(1)}(2000,10)=0.34\ (\text{mg/L})$$

（2）在边界上排放，环境宽度 $B=100\text{m}$ 时，按照式（2-107）计算：

$$C_{(2)}(2000,10)=\frac{2\times50}{0.3\times1.5\sqrt{4\pi\times5\times(2000/0.3)}}$$

$$\left\{\exp\left[-\frac{0.3\times10^2}{4\times5\times2000}\right]+\sum_{n=1}^{4}\exp\left[-\frac{0.3\times(2n\times100-10)^2}{4\times5\times2000}\right]\right.$$

$$\left.+\sum_{n=1}^{4}\exp\left[-\frac{0.3\times(2n\times100+10)^2}{4\times5\times2000}\right]\right\}$$

$$=0.7678[0.9993+(0.7628+0.3196+0.0735+0.0093)$$

$$+(0.3308+0.2834+0.0614+0.0073)]$$

$$=2.19\ (\text{mg/L})$$

四、三维模型的稳态解

一个连续稳定排放的点源，在三维均匀、稳定流场中的解析解为：

$$C(x,y,z)=\frac{Q}{4\pi x\sqrt{E_yE_z}}\exp\left[-\frac{u_x}{4x}\left(\frac{y^2}{E_y}+\frac{z^2}{E_z}\right)\right]\exp\left(-\frac{kx}{u_x}\right) \tag{2-110}$$

式中，E_y、E_z 分别表示 y、z 方向的湍流扩散系数。在求解式（2-110）时，忽略了 E_x、u_y 和 u_z。

解析模型的形式比较简单，应用比较方便。一维解析模型被广泛应用于各种中小型河流的水质模拟，三维解析模型在空气环境质量预测中被普遍采用。在流场均匀稳定的条件下，二维解析模型也可以用于模拟河流的水质。

在采用解析模型时，一定要注意解析模型的定解条件。

第六节 污染物在均匀流场中的分布特征

一、浓度场的正态分布

1. 一维流场（瞬时点源）浓度分布

对于一维流场中的瞬时点源排放，排放点下游某处任意时间的污染物浓度可以按式（2-81）计算：

$$C(x,t)=\frac{M\exp(-kt)}{\sqrt{4\pi D_xt}}\exp\left[-\frac{(x-u_xt)^2}{4D_xt}\right]$$

如果令 $\sigma_x=\sqrt{2D_xt}$，或 $\sigma_t=\sigma_x/u_x$，上式可以写成：

$$C(x,t)=\frac{M\exp(-kt)}{A\sigma_x\sqrt{2\pi}}\exp\left[-\frac{(x-u_xt)^2}{4D_xt}\right] \tag{2-111}$$

如果在污染物排放点下游的 x 断面处观察污染物浓度随时间的变化过程，就可以得到如图 2-18 所示的浓度时间过程线。该曲线反映了浓度随时间变化的正态特征，它与式

（2-111）所反映的规律是一致的。从式（2-111）可以发现如下规律。

断面 x 处出现最大浓度的时间是：

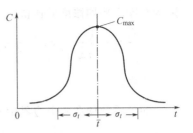

图 2-18　浓度分布的时间过程线

$$\bar{t} = \frac{x}{u_x} \qquad (2\text{-}112)$$

相应的最大浓度值为：

$$C(x,t)_{\max} = \frac{M\exp(-kt)}{A\sigma_x\sqrt{2\pi}} \qquad (2\text{-}113)$$

式（2-111）中的 σ_x 表示正态分布曲线的离散程度。在同一断面处，如果测得的 σ_x 越大，曲线的离散程度就越好。

根据正态分布规律，在最大浓度发生点附近 $\pm 2\sigma_x$ 的范围内，曲线下的面积占曲线下总面积的 95%，如果曲线代表污染物的浓度过程线，则在最大浓度发生点附近 $\pm 2\sigma_x$ 的范围内包含了大约 95% 的污染物总量。

2. 二维流场中的分布（稳定源）

如果令 $\sigma_y = \sqrt{2D_y x / u_x}$，模拟二维流场中稳定点源排放的式（2-106）可以写成：

$$C(x,y) = \left[\frac{Q\exp(-kx/u_x)}{u_x h}\right]\frac{1}{\sigma_y\sqrt{2\pi}}\exp\left[-\frac{u_x y^2}{2\sigma_y^2}\right] \qquad (2\text{-}114)$$

式（2-114）表明，在污染物排放点下游 x 处，污染物在横断面 y 方向上呈正态分布（图 2-19）。断面最大浓度发生在 x 轴上（$y=0$），最大浓度的值为：

$$C(x,y) = \left[\frac{Q\exp(-kx/u_x)}{u_x h}\right]\frac{1}{\sigma_y\sqrt{2\pi}} \qquad (2\text{-}115)$$

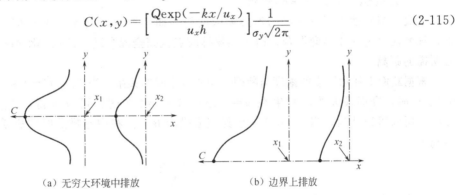

（a）无穷大环境中排放　　　　　（b）边界上排放

图 2-19　二维流场中污染物的横向分布

如果定义污染物扩散羽的宽度为包含断面上污染物总量 95% 的宽度，那么这个宽度就是 $\pm 2\sigma_y$（无穷大环境中排放或中心排放）或 $2\sigma_y$（边界上排放）。

在横向弥散系数 D_y 增大时，σ_y 随之增大，断面的最大值下降，钟形曲线变得扁平。随着流场的推流迁移，钟形曲线逐渐扁平，最后接近直线，即在横断面上接近均匀分布。

二、污染物到达边界所需的距离

定义：在有限边界二维环境中，污染物中心排放的条件下，当边界处的污染物浓度达到断面平均浓度的 5%，则称污染物到达边界。由污染物排放点到污染物到达断面的边界的最小距离称为污染物到达边界所需的距离。

任意一个断面的污染物平均浓度可以表达如下：

$$\bar{C} = \frac{Q}{hu_x B}\exp\left(-\frac{kx}{u_x}\right) \qquad (2\text{-}116)$$

式中，B 表示环境的宽度。根据式（2-109）和式（2-116）可以得到断面上任意一点的浓度与断面平均浓度的比值：

$$\frac{C}{\overline{C}}=\frac{1}{\sqrt{4\pi x'}}\left\{\exp\left(-\frac{y^2}{4x'B^2}\right)+\exp\left[-\frac{(B-y)^2}{4x'B^2}\right]+\exp\left[-\frac{(B+y)^2}{4x'B^2}\right]+\cdots\right\} \qquad (2\text{-}117)$$

式中，

$$x'=\frac{D_y x}{u_x B^2} \qquad (2\text{-}118)$$

如果污染物在两个边界中心排放，断面最小浓度发生在 $y=B/2$ 处，代入上式，得：

$$\frac{C_{\max}}{\overline{C}}=\frac{1}{\sqrt{4\pi x'}}\left[2\exp\left(-\frac{1}{16x'}\right)+2\exp\left(-\frac{9}{16x'}\right)+\cdots\right] \qquad (2\text{-}119)$$

根据定义，当边界浓度达到断面平均浓度的 5% 时，被认为污染物到达边界，即 $\dfrac{C_{\min}}{\overline{C}}=0.05$，可以求出：$x'=0.0137$。根据式（2-118）可以求得中心排放时，污染物到达边界所需距离：

$$x=\frac{0.0137 u_x B^2}{D_y} \qquad (2\text{-}120)$$

若污染物在边界上排放，即 $y=B$，那么污染物到达彼岸所需距离为：

$$x=\frac{0.055 u_x B^2}{D_y} \qquad (2\text{-}121)$$

从式（2-120）和式（2-121）可以看出，污染物到达边界的距离与介质的速度成正比，与横向弥散系数成反比，而与边界之间距离的平方成正比，宽度是影响污染物到达边界所需距离的最主要影响因素。

三、完成横向混合所需的距离

定义：当断面上任意一点的污染物浓度与断面平均浓度之比介于 0.95～1.05 之间时，则称该断面已经完成横向混合。由污染物排放点至完全混合断面的最小距离称为完成横向混合所需的距离。

根据断面上任意一点的浓度与断面平均浓度之间的关系，当 $C_{\min}/\overline{C}=0.95$ 时，求得 $x'=0.1$。同时，断面最大浓度发生在 $y=0$ 处，当 $x'=0.1$ 时，可以求得：$C_{\max}/\overline{C}=1.038\leqslant 1.05$。所以可以认为，当 $x=0.1$ 时已经完成横向混合。在中心排放时完成横向混合所需的距离为：

$$x=\frac{0.1 u_x B^2}{D_y} \qquad (2\text{-}122)$$

在边界上排放时，则有：

$$x=\frac{0.4 u_x B^2}{D_y} \qquad (2\text{-}123)$$

【例 2-13】 河流宽度 50m，平均深度 2m，平均流量 25m³/s，横向弥散系数 $D_y=2\text{m}^2/\text{s}$，污染物边界上排放，试计算：

（1）污染物到达彼岸所需距离；

（2）完成横向混合所需距离。

解：计算断面平均流速：$u_x=25/(50\times 2)=0.25$（m/s）

（1）根据式（2-121）计算污染物到达对岸所需距离：

$$x=\frac{0.055 u_x B^2}{D_y}=\frac{0.055\times 0.25\times 50^2}{2}=17.18 \text{（m）}$$

（2）根据式（2-123）计算完成横向混合所需距离：

$$x=\frac{0.4 u_x B^2}{D_y}=\frac{0.4\times 0.25\times 50^2}{2}=125 \text{（m）}$$

【例 2-14】　在流场均匀的河段中，河宽 $B=500\text{m}$，平均水深 $h=3\text{m}$，流速 $u_x=0.5\text{m/}$ s，横向弥散系数 $D_y=1\text{m}^2/\text{s}$。岸边连续排放污染物，排放量 $Q=1000\text{kg/h}$。试求下游 2km 处的污染物最大浓度、污染物的横向分布、扩散羽的宽度，以及完成横向混合所需的时间。

解：已知污染物的源强 $Q=1000\text{kg/h}=277.78\text{g/s}$。首先计算下游 2km 处的污染物分布方差：

$$\sigma_y=\sqrt{2D_yx/u_x}=89.44\ (\text{m})$$

污染物的最大浓度发生在 $y=0$ 处，可以由下式计算：

$$C(x,y)=\frac{2Q}{u_xh\sqrt{4\pi D_yx/u_x}}\left[1+2\exp\left(-\frac{u_xB^2}{D_yx}\right)+2\exp\left(-\frac{4u_xB^2}{D_yx}\right)+2\exp\left(-\frac{9u_xB^2}{D_yx}\right)+\cdots\right]$$

$$=\frac{2\times277.78}{0.5\times3\sqrt{4\pi\times1\times2000/0.3}}\left[1+\exp\left(-\frac{0.5\times(500)^2}{1\times2000}\right)+\cdots\right]=1.65\ (\text{mg/L})$$

污染物的横向分布可以通过计算不同的 y 值处的浓度值，然后作图表示（见附图）。

y/m	0	25	50	100	150	200	250	300	400	500
C/(mg/L)	1.652	1.528	1.208	0.478	0.092	0.011	6.6×10^{-4}	2.1×10^{-5}	3.4×10^{-9}	4.4×10^{-14}

扩散羽的宽度由下式确定：

$$b=2\sigma_y=178.88\ (\text{m})$$

完成横向混合所需的距离为：

$$x=\frac{0.4u_xB^2}{D_y}\approx50\ (\text{km})$$

完成横向混合所需的时间为：

$$t=\frac{x}{u_x}=27.78\ (\text{h})$$

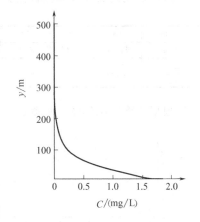

附图　污染物的横向分布

四、估计弥散系数

1. 作图法求 D_x、D_y

一维流场的污染物瞬时投放，在投放点下游某处测得一组时间 t_i 和浓度 C_i 过程数据，符合式 (2-81)：

$$C(x,t)=\frac{M}{A\sqrt{4\pi D_xt}}\exp\left[-\frac{(x-u_xt)^2}{4D_xt}\right]\exp(-kt)$$

此时可以改写作：

$$C_i(x,t)\sqrt{t_i}=\frac{M}{A\sqrt{4D_x\pi}}\exp\left[-\frac{(x-u_xt^i)^2}{4D_xt}\right] \tag{2-124}$$

对式 (2-124) 的等号两边取对数，得：

$$\ln\left[C_i(x,t_i)\sqrt{t_i}\right]=\ln\frac{M}{A\sqrt{4D_x\pi}}-\frac{1}{D_x}\left[\frac{(x-u_xt_i)^2}{4t_i}\right] \tag{2-125}$$

在直角坐标系上对 $\ln\left[C_i(x,t_i)\sqrt{t_i}\right]$ 和 $\frac{(x-u_xt_i)^2}{4t_i}$ 作图，得到的直线斜率即为 $\left(-\frac{1}{D_x}\right)$。

可以用类似的方法求横向弥散系数 D_y。假设污染物的排放点位于河流中心线上，污染物在试验期间稳定排放。在下游某断面测得示踪剂的横向浓度分布可以用式 (2-106) 表达。

$$C(x,y)=\frac{Q}{u_xh\sqrt{4\pi D_yx/u_x}}\exp\left(-\frac{u_xy^2}{4D_yx}\right)\exp\left(-\frac{kx}{u_x}\right) \tag{2-126}$$

对式 (2-106) 等号两边取对数并加以改写，得：

$$\ln C_i(x,y) = A - \frac{1}{D_y}\left(\frac{u_x y_i^2}{4x}\right)$$

式中，$A = \ln\left[\dfrac{Q}{u_x h\sqrt{4\pi D_y(x/u_x)}}\right] - \dfrac{kx}{u_x}$

对上式中的 $\ln C_i(x,y_i)$ 和 $\dfrac{u_x y_i^2}{4x}$ 作图，所得直线的斜率即为 $-\dfrac{1}{D_y}$。

当然，基于上述处理方式，可以应用第二章线性回归的方法进行弥散系数的估算。

【例 2-15】 在一河流岸边排放口下游 1.5km 处测量半江的 COD 横向浓度分布，得到如下数据：

y_i/m	10	20	30	40	50	70	100	150	200	300
$C_i/(\text{mg/L})$	35.0	31.2	28.3	20.5	14.5	7.6	1.05	0.02	约 0	约 0

已知河流平均流速 $u_x = 1.0\text{m/s}$，流场在观察时间内是稳定的，COD 的降解可以忽略。试用图解法求解河段的横向弥散系数。

解：首先列表计算纵坐标的数值 $\ln[C_i(x,y_i)]$ 与横坐标的数值 $\dfrac{u_x y_i^2}{4x}$：

y_i/m	10	20	30	40	50	70	100	150	200	300
$\ln C_i$	3.56	3.44	3.34	3.02	2.67	2.03	0.048	-3.91	$-\infty$	$-\infty$
$\dfrac{u_x y_i^2}{4x}$	0.017	0.067	0.15	0.27	0.42	0.82	1.67	3.75	6.67	15.0

根据计算结果作图（见附图），由图可以计算直线的斜率：

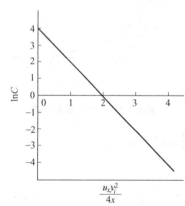

$$m = \frac{3.6 - (-3.90)}{0 - 3.75} = -2.0$$

计算横向弥散系数：

$$D_y = -\frac{1}{m} = 0.5 \ (\text{m}^2/\text{s})$$

附图 图解法求解横向弥散系数

2. 矩法求解 D_x、D_y

对于正态分布函数 $y = f(x)$，可以绘出如图 2-18 的钟形曲线，基于 $f(x)$ 与坐标原点的关系可以计算它的零阶矩、一阶矩、二阶矩、三阶矩等。根据统计学原理可知，零阶矩表示钟形曲线下面的总面积，如果曲线代表污染物的浓度过程线，则零阶矩代表整个过程的污染物总量，一阶矩则代表了图形重心出现的位置（距坐标原点），二阶矩则代表了曲线偏差的平方和，三阶矩则代表了曲线的偏倚程度。在求解弥散系数时，主要的依据是函数的二阶矩。函数的各阶矩计算如下。

零阶矩（表示污染物的排放总量）：$M_0 = \displaystyle\int_{-\infty}^{+\infty} f(x)\,\mathrm{d}x$ (2-127)

一阶矩（表示污染物重心的位置）：$M_1 = \displaystyle\int_{-\infty}^{+\infty} x f(x)\,\mathrm{d}x / M_0$ (2-128)

二阶矩（表示污染物分布的方差）：$M_2 = \displaystyle\int_{-\infty}^{+\infty} (x - M_1)^2 f(x)\,\mathrm{d}x / M_0$ (2-129)

三阶矩（表示分布曲线的对称程度）：$M_3 = \displaystyle\int_{-\infty}^{+\infty} (x - M_1)^3 f(x)\,\mathrm{d}x / M_0$ (2-130)

二阶矩 M_2 表示分布的方差，对于一维流场的瞬时点源排放，$\sigma_t^2 = M_2$，同时由于 $\sigma_x = \sigma_t u_x$ 和 $\sigma_x = \sqrt{2D_x \bar{t}}$，可以得到：

$$D_x = \frac{\sigma_x^2}{2\bar{t}} = \frac{\sigma_t^2 u_x^2}{2\bar{t}^2} = \frac{M_2^2 x^2}{2\bar{t}^2} \tag{2-131}$$

对于二维稳态流场稳定点源的排放，可以得到：

$$D_y = \frac{\sigma_y^2}{2\bar{t}} = \frac{M_2^2 u_x}{2x} \tag{2-132}$$

在实际问题中，求解曲线的积分往往很困难，在计算各阶矩时，可以采用离散求和的方法。

【例 2-16】　在一维河流中瞬时投放若丹明染料若干，在下游 8km 处测得若丹明的浓度过程线如下所示。试用矩法求河流的纵向弥散系数 D_x。

t_i/h	4.0	4.1	4.2	4.3	4.4	4.5	4.6	4.7	4.8	4.9	5.0
C_i/(μg/L)	0.29	29.0	810	6690	18000	17000	6100	870	53	1.4	0.018

解：首先计算染料云分布的零阶矩、一阶矩和二阶矩：

$$m_0 = \sum_{i=1}^{n} C_i \Delta t_i = 4955.37 \ (\mu g \cdot h/L)$$

$$m_1 = \bar{t} = \sum_{i=1}^{n} t_i C_i \Delta t_i / m_0 = 4.4476 \ (h)$$

$$m_2 = \sigma_t^2 = \sum_{i=1}^{n} (t_i - \bar{t})^2 C_i \Delta t_i / m_0 = 0.01255 \ (h^2)$$

然后计算染料云的方差：

$$\sigma_x^2 = \sigma_t^2 u_x^2 = \sigma_t^2 x^2 / \bar{t}^2 = 0.04037 \ (km^2)$$

最后计算纵向弥散系数：

$$D_x = \frac{\sigma_x^2}{2\bar{t}} = \frac{0.04037}{2} \times 4.447 = 0.004539 \ (km^2/h) = 1.26 \ (m^2/s)$$

第七节　环境质量基本模型的数值解

基本模型的解析解所要求的条件非常严格，复杂的环境条件通常很难满足这些要求。因此数值解就成为环境模拟中常用的方法。有限差分和有限单元是常用的两种方法。

一、有限差分法

将一个空间和时间连续的系统变成一个离散系统，形成空间和时间的网格体系，然后计算各个网格节点处的系统状态值，用以代表节点附近的值，这就是有限差分法。

有限差分法的核心是用一个差分方程近似代表相应的微分方程。由偏导数的概念可知：

状态对 x 的一阶导数　$\dfrac{\partial u}{\partial x} \approx \dfrac{u(x+h,y) - u(x,y)}{h}$ \hfill (2-133)

状态对 x 的二阶导数　$\dfrac{\partial^2 u}{\partial x^2} \approx \dfrac{u(x+h,y) - 2u(x,y) + u(x-h,y)}{h^2}$ \hfill (2-134)

状态对 y 的一阶导数　$\dfrac{\partial u}{\partial y} \approx \dfrac{u(x,y+h) - u(x,y)}{h}$ \hfill (2-135)

状态对 y 的二阶导数　$\dfrac{\partial^2 u}{\partial y^2} \approx \dfrac{u(x,y+y) - 2u(x,y) + u(x,y-h)}{h^2}$ \hfill (2-136)

式中，h 表示 x 或 y 的微小增量。

下面介绍几种常用的差分解法。

1. 一维动态水质模型的显式差分解法

一维动态水质模型的基本形式为：

$$\frac{\partial C}{\partial t} + u_x \frac{\partial C}{\partial x} = D_x \frac{\partial^2 C}{\partial x^2} - kC$$

用向后差分表示，则有：

$$\frac{C_i^{j+1} - C_i^j}{\Delta t} + u_x \frac{C_i^j - C_{i-1}^j}{\Delta x} = D_x \frac{C_i^j - 2C_{i-1}^j + C_{i-2}^j}{\Delta x^2} - kC_{i-1}^j \qquad (2\text{-}137)$$

由式（2-137）可以得到：

$$C_i^{j+1} = C_{i-2}^j \left(\frac{D_x \Delta t}{\Delta x^2} \right) + C_{i-1}^j \left(\frac{u_x \Delta t}{\Delta x} - \frac{2D_x \Delta t}{\Delta x^2} - k\Delta t \right) + C_i^j \left(1 - \frac{u_x \Delta t}{\Delta x} + \frac{D_x \Delta t}{\Delta x^2} \right) \qquad (2\text{-}138)$$

式中，i 表示空间网格节点的编号；j 表示时间网格节点的编号。该式表明，为了计算第 i 个节点处第 $j+1$ 个时间节点的水质浓度值，必须知道本空间节点（i）和前 2 个空间节点（$i-1$ 和 $i-2$）处的前一个时间节点（j）处的水质浓度值 C_i^j、C_{i-1}^j 和 C_{i-2}^j。因此，采用向后差分时，根据前两个时间层浓度的空间分布，就可以计算当前时间层的浓度分布。对第 $j+1$ 个时间层：

对 $i=1$，$C_1^{j+1} = C_0^j \beta + C_i^j \gamma$

对 $i=2$，$C_2^{j+1} = C_0^j \alpha + C_1^j \beta + C_2^j \gamma$

$$\vdots$$

对 $i=i$，$C_i^{j+1} = C_{i-2}^j + C_{i-1}^j \beta + C_i^j \gamma$

$$(i=1,2,\cdots,n)$$

在 D_x、k、u_x、Δx 和 Δt 均为常数时，α、β 和 γ 亦为常数，即

$$\alpha = \frac{D_x \Delta t}{\Delta x}, \quad \beta = \frac{u_x \Delta t}{\Delta x} - \frac{2D_x \Delta t}{\Delta x^2} - k\Delta t, \quad \gamma = 1 - \frac{u_x \Delta t}{\Delta x} + \frac{D_x \Delta t}{\Delta x^2}$$

式中，Δx、Δt 分别为空间网格的步长和时间网格的步长。

显式差分是有条件稳定的，Δx 和 Δt 的选择应该满足下述稳定性条件：

$$\frac{u_x \Delta t}{\Delta x} \leqslant 1, \quad \frac{D_x \Delta t}{\Delta x^2} \leqslant \frac{1}{2}$$

根据差分格式的逐步求解过程，可以写出：

$$\mathbf{C}^{j+1} = \mathbf{A} \mathbf{C}^j \qquad (2\text{-}139)$$

式中，$\mathbf{C}^{j+1} = (C_1^{j+1} C_2^{j+1} \cdots C_n^{j+1})^T$，$\mathbf{C}^j = (C_1^j C_2^j \cdots C_n^j)^T$

$$A = \begin{bmatrix} \beta & \gamma & 0 & \cdots & 0 \\ \alpha & \ddots & \ddots & \ddots & \vdots \\ 0 & \ddots & \ddots & \ddots & 0 \\ \vdots & \ddots & \ddots & \ddots & \gamma \\ 0 & \cdots & 0 & \alpha & \beta \end{bmatrix}$$

求解式（2-139）的初始条件是 $C(x_i, 0) = C_i^0$，边界条件是 $C(0, t_j) = C_0^j$。

2. 一维动态模型的隐式差分解法

显式差分是有条件稳定的，在某些情况下，为了保证稳定性，必须取很小的时间步长，从而大大增加了计算时间。

隐式差分是无条件稳定的。隐式差分可以采用向前差分格式。

对 $i=1$，$\dfrac{C_1^{j+1} - C_1^j}{\Delta t} + u_x \dfrac{C_1^j - C_0^j}{\Delta x} = D_x \dfrac{C_2^{j+1} - 2C_1^{j+1} + C_0^{j+1}}{\Delta x^2} - k \dfrac{C_1^{j+1} + C_0^j}{2}$

对 $i=2$，$\dfrac{C_2^{j+1}-C_2^j}{\Delta t}+u_x\dfrac{C_2^j-C_1^j}{\Delta x}=D_x\dfrac{C_3^{j+1}-2C_2^{j+1}+C_1^{j+1}}{\Delta x^2}-k\dfrac{C_2^{j+1}+C_1^j}{2}$

$$\vdots$$

对 $i=i$，$\dfrac{C_i^{j+1}-C_i^j}{\Delta t}+u_x\dfrac{C_i^j-C_{i-1}^j}{\Delta x}=D_x\dfrac{C_{i+1}^{j+1}-2C_i^{j+1}+C_{i-1}^{j+1}}{\Delta x^2}-k\dfrac{C_i^{j+1}+C_{i-1}^j}{2}$$

$$(i=1,2,\cdots,n)$$

如果令：

$$\alpha=-\frac{D_x}{\Delta x^2} \tag{2-140}$$

$$\beta=\frac{1}{\Delta t}+\frac{2D_x}{\Delta x^2}+\frac{k}{2} \tag{2-141}$$

$$\gamma=-\frac{D_x}{\Delta x^2} \tag{2-142}$$

$$\delta_i=\left(\frac{1}{\Delta t}-\frac{u_x}{\Delta x}\right)C_i^j+\left(\frac{u_x}{\Delta x}-\frac{k}{2}\right)C_{i-1}^j \tag{2-143}$$

可以写出隐式差分求解的一般格式：

$$\alpha C_{i-1}^{j+1}+\beta C_i^{j+1}-\gamma C_{i+1}^{j+1}=\delta_i \tag{2-144}$$

对于第一个（$i=1$）和第 n 个（$i=n$）方程，C_0^{j+1} 和 C_{n+1}^{j+1} 是上下边界的值。若令：

$C_{n+1}^{j+1}=C_n^{j=1}+(C_n^{j+1}-C_{n-1}^{j=1})=2C_n^{j+1}-C_{n-1}^{j+1}$，则有：

$$\beta C_1^{j+1}-\gamma C_2^{j+1}=\delta'_1$$

$$\vdots$$

$$\alpha C_{i-1}^{j+1}+\beta C_i^{j+1}-\gamma C_{i+1}^{j+1}=\delta_i$$

$$\vdots$$

$$\alpha'_n C_{n-1}^{j+1}+\beta'_n C_n^{j+1}=\delta_n$$

由此可以写出矩阵方程：

$$BC^{j+1}=\delta \tag{2-145}$$

式中，$\boldsymbol{\delta}=(\delta'_1,\delta_2,\cdots,\delta_n)^t$。

$$B=\begin{bmatrix} \beta & \gamma & 0 & \cdots & 0 \\ \alpha & \ddots & \ddots & \ddots & \vdots \\ 0 & \ddots & \ddots & \ddots & 0 \\ \vdots & \ddots & \ddots & \ddots & \gamma \\ 0 & \cdots & 0 & \alpha'_n & \beta'_n \end{bmatrix}$$

式中，$\delta'_1=\delta_1-\alpha C_0^{j+1}$，$\alpha'_n=\alpha-\gamma$，$\beta'_n=\beta+2\gamma$

对于第 $j+1$ 个时间层的浓度空间分布，可以由下式解出：

$$C^{j+1}=B^{-1}\delta \tag{2-146}$$

采用隐式有限差分格式时，计算 C_i^{j+1} 的表达式中，出现了 C_{i+1}^{j+1} 的值，因此方程组不可能递推求解，而必须联立求解。

隐式差分虽然是无条件稳定的，但为了防止数值弥散，应该满足 $\dfrac{u_x\Delta t}{\Delta x}\leqslant1$ 的条件。

3. 二维动态模型的差分解法

二维动态模型的一般形式为：

$$\frac{\partial C}{\partial t}=D_x\frac{\partial^2 C}{\partial x^2}+D_y\frac{\partial^2 C}{\partial y^2}-u_x\frac{\partial C}{\partial x}-u_y\frac{\partial C}{\partial y}-kC$$

该模型的求解可以借助 P-R(Peaceman-Rachfold) 的交替方向法。P-R 方法的差分格式如下：

$$\frac{C_{i,k}^{2j+1} - C_{i,k}^{2j}}{\Delta t} = D_x \frac{C_{i+1,k}^{2j+1} - 2C_{i,k}^{2j+1} + C_{i-1,k}^{2j+1}}{\Delta x^2} + D_y \frac{C_{i,k+1}^{2j} - 2C_{i,k}^{2j} + C_{i,k-1}^{2j}}{\Delta y^2}$$

$$- u_x \frac{C_{i+1,k}^{2j+1} - C_{i,k}^{2j+1}}{\Delta x} - u_y \frac{C_{i,k+1}^{2j} - C_{i,k}^{2j}}{\Delta y} - \frac{k}{4}(C_{i,k}^{2j+1} + C_{i+1,k}^{2j+1}) \quad (2\text{-}147)$$

$$\frac{C_{i,k}^{2j+2} - C_{i,k}^{2j+1}}{\Delta t} = D_x \frac{C_{i+1,k}^{2j+1} - 2C_{i,k}^{2j+1} + C_{i-1,k}^{2j+1}}{\Delta x^2} + D_y \frac{C_{i,k+1}^{2j+2} - 2C_{i,k}^{2j+2} + C_{i,k-1}^{2j+2}}{\Delta y^2}$$

$$- u_x \frac{C_{i+1,k}^{2j+1} - C_{i,k}^{2j+1}}{\Delta x} - u_y \frac{C_{i,k+1}^{2j+2} - C_{i,k}^{2j+2}}{\Delta y} - \frac{k}{4}(C_{i,k}^{2j+2} + C_{i,k+1}^{2j+2}) \quad (2\text{-}148)$$

在相邻两个时间层（$2j+1$ 和 $2j+2$）中交替使用上面两个差分方程，前者是在 x 方向上求解，后者是在 y 方向上求解。

二、有限单元法

有限单元法又称有限容积法，在一维流场问题中也称为有限段法。

有限单元法的基本思路是将一个连续的环境空间离散为若干个单元（段），每一个单元（段）都可以视为一个完全混合的子系统，通过对每一个单元建立质量平衡方程，从而建立起系统模型。

根据质量平衡原理，对任何一个单元都可以写出：

$$V_j \frac{dC_j}{dt} = \sum_i (G_{ji} + H_{ji}) + S_j \quad (2\text{-}149)$$

式中，V_j 表示第 j 个有限单元的体积；S_j 表示第 j 个有限单元的污染物来源（源）与消减（汇）；G_{ji} 表示第 j 单元和第 i 单元之间由推流作用引起的污染物质量交换；H_{ji} 表示第 j 单元和第 i 单元之间由弥散（或扩散）作用引起的污染物质量交换。

推流作用引起的质量交换项可以表达如下：

$$G_{ji} = Q_{ji}[\delta_{ji}C_j + (1 - \delta_{ji})C_i] \quad (2\text{-}150)$$

式中，Q_{ji} 表示单元 j 和单元 i 之间的介质流量；δ_{ji} 表示推流交换系数，它反映了单元 j 和单元 i 之间的权重关系，在单元格的空间尺度大体一致的条件下，通常可以取 $\delta_{ji} = 1$。

由弥散作用导致的交换量可以计算如下：

$$H_{ji} = D'_{ji}(C_j - C_i) \quad (2\text{-}151)$$

$$D'_{ji} = D_{ji}A_{ji}/L_{ji} \quad (2\text{-}152)$$

式中，D_{ji} 表示单元 j 和 i 之间的弥散系数；A_{ji} 表示单元 j 和 i 之间的界面面积；L_{ji} 表示特征长度，可以取为单元 j 和单元 i 的重心距。

综合以上各式，得：

$$V_j \frac{dC_j}{dt} = \sum_i \{Q_{ji}[\delta_{ji}C_j + (1 - \delta_{ji})C_i] + D'_{ji}(C_j - C_i)\} + S_j \quad (2\text{-}153)$$

对于稳态问题，上式可以写作：

$$\left\{\sum_i [D'_{ji} - (1 - \delta_{ji})Q_{ji}]\right\}C_i - \sum_i [(\delta_{ji}Q_{ji} + D'_{ji})C_j] = S_j \quad (2\text{-}154)$$

上面两个方程是表达第 j 个单元的污染物平衡方程。方程左边第二项表示第 j 个单元的污染物浓度 C_j 及其相关的系数；左边第一项为与第 j 个单元存在污染物交换的所有单元的污染物浓度 C_i 及其相关的系数；方程右边表示系统外部与第 j 个单元的污染物交换量。如果这个系统被划分为 n 个单元，则可以写出 n 个与上式相似的方程，由这 n 个方程可以写出系统的矩阵方程：

$$AC = S \tag{2-155}$$

式中，C 表示由系统各单元的污染物浓度组成的 n 维向量；S 表示由各单元与系统外交换的污染物量组成的 n 维向量；A 表示污染物浓度系数矩阵（n 阶），根据单元特征、弥散系数等计算。

系统各单元的污染物浓度可以由下式求出：

$$C = A^{-1}S \tag{2-156}$$

习题与思考题

1. 已知一组数据，试用：（1）$y = a_1(b_1^x)$ 和（2）$y = a_2(x^{b_2})$ 分别估计 a_1，b_1，a_2 和 b_2，并做出模型检验，说明哪一种模型结构更适合上述数据。

x	1	2	4	7	10	15	20	25	30	40
y	1.36	3.69	2.7×10^1	5.5×10^2	1.1×10^4	1.6×10^6	2.4×10^8	3.6×10^{10}	5.3×10^{12}	1.2×10^{14}

2. 已知一组数据适合线性方程 $y = b + mx$。试用图解法和线性回归估计 b 和 m，并计算其中值误差。

x	1	2	3	5	7	9	10	12	18
y	2.9	5.0	7.1	11.5	15.7	18.9	21.9	25.7	38.65

3. 已知给水管道的价格 Z 与管径 D 呈如下关系：$Z = a + bD^c$，以及一组数据：

D/mm	0.1	0.2	0.3	0.5	0.8	1.00	1.2	1.5
$Z/(\text{元}/\text{m})$	36.82	54.77	79.66	144.96	282.53	423.87	570.99	800.58

（1）绘制用最优化方法求解的计算机框图，并编程运算；

（2）若给定 a、b、c 的初值范围是 $30.0 \leqslant a \leqslant 40.0$，$300 \leqslant b \leqslant 350$，$2 \leqslant c \leqslant 3$；以及估值步长 $\Delta a = \Delta b = 1.0$，$\Delta c = 0.1$。试用网格法估计 a、b、c，并编程运行。

4. 某工程需要采购下述给水管道：

管径 D/m	1.5	1.2	1.0	0.8	0.5
长度 L/m	3000	4500	5500	6400	7000

（1）根据第 3 题的结果，计算采购的总费用；

（2）若第 3 题的参数 a、b、c 估计结果的误差分别为 15%、15% 和 5%，计算总采购经费的估计误差；计算总费用对各参数的灵敏度。

5. 一维稳态河流，初始断面污染物浓度 $C_0 = 50\text{mg/L}$，纵向弥散系数 $D_x = 2.5\text{m}^2/\text{s}$，衰减系数 $k = 0.2\text{d}^{-1}$，断面平均流速 $u_x = 0.5\text{m/s}$。试求下游 500m 处在下述各种条件下的污染物浓度，并讨论各种方法的计算结果的异同：①一般解析解；②忽略弥散作用时的解；③忽略推流作用时的解；④忽略衰减作用时的解。

6. 均匀稳定河流，岸边排放。河宽 50m，河床纵向坡度 $s = 0.0002$，平均水深 $h = 2\text{m}$，平均流速 $u_x = 0.8\text{m/s}$，横向扩散系数 $D_y = 0.4hu^*$，u^* 是河流剪切速度。试计算：①污染物扩散到对岸所需的纵向距离；②污染物在断面上达到均匀分布所需的距离；③排放口下游 1000m 处的扩散羽宽度。

7. 在稳态河流中的排放口下游测定 COD 的横向分布，得到如下数据：

y/m	10	20	30	40	50	70	100	150	200
$C/(\text{mg/L})$	35.0	31.2	28.3	20.5	14.5	7.6	1.05	0.02	约 0

已知排放口设在岸边，测量断面距排放口 1.5km，河流平均流速 1m/s，在观测时段内污染物稳定排放，COD 的降解可以忽略，使用作图法和矩法计算横向弥散系数 D_y。

第三章　内陆水体水质模型

第一节　基本水质问题

一、污染物与河水的混合

污水进入河流以后，从污水排放口到污水在河流断面上达到均匀分布，通常需要经过竖向混合、横向混合两个阶段，然后在纵向继续混合。

由于河流的深度通常要比宽度小得多，污染物进入河流以后，在比较短的距离内就达到了竖向的均匀分布，即完成了竖向混合过程。完成竖向混合所需的距离大约是水深的数倍至数十倍。在竖向混合阶段，河流中发生的物理作用十分复杂，它涉及污水与河水之间的质量交换、热量交换与动量交换等问题。在发生竖向混合的同时也发生横向混合作用。

从污染物完成竖向均匀分布到污染物在整个断面上达到均匀分布的过程称为横向混合阶段。横向混合的主要动力是横向弥散作用。在弯道中，由于水流形成的横向环流，大大加速了横向混合的进程。完成横向混合所需的距离要比竖向混合大得多。

在横向混合完成之后，污染物在整个断面上达到均匀分布。如果没有新的污染物输入，守恒污染物将一直保持恒定的浓度；非守恒污染物则由于生物化学等作用导致浓度变化，但在断面上的分布则始终是均匀的。

在河流系统中，分子扩散系数的数量级在 $10^{-8} \sim 10^{-9}\,\mathrm{m^2/s}$ 之间，湍流扩散系数在 $10^{-2} \sim 10^{0}\,\mathrm{m^2/s}$ 之间，而弥散系数的数量级在 $10 \sim 10^4\,\mathrm{m^2/s}$ 之间。一般情况下，分子扩散、湍流扩散、弥散作用是同时发生的，难以区分三种分散作用的贡献，在实际应用中通常就以弥散作用代表三种作用的总和。不同方向上的弥散系数可以表达为：

竖向弥散系数 $\hspace{3cm} D_z = c_z h u^* \hspace{3cm}$ (3-1)

横向弥散系数 $\hspace{3cm} D_y = c_y h u^* \hspace{3cm}$ (3-2)

纵向弥散系数 $\hspace{3cm} D_x = c_x h u^* \hspace{3cm}$ (3-3)

Elder 和 Fisher 通过对直线河道的研究，建议：$c_z = 0.067$；$c_y = 0.15$；$c_x = 5.93$。

式中，h 为平均水深，m；u^* 为河床剪切速度，m/s，可以按式（3-4）计算：

$$u^* = \sqrt{ghs} \tag{3-4}$$

式中，g 为重力加速度，$\mathrm{m/s^2}$；s 为河流纵向坡度。

二、生物化学分解

1. 含碳 BOD（CBOD）的降解

河流中有机物的降解一般符合一级反应动力学规律：

$$L_c = L_{c0}\,e^{-k_c t} \tag{3-5}$$

式中，k_c 表示含碳有机物降解速度常数，在其他条件不变的情况下，它是温度的函数：

$$k_{c,T} = k_{c,T_1}\,\theta^{T-T_1} \tag{3-6}$$

θ 是水温的函数，在 $5 \sim 35\,℃$ 时，通常取 $\theta = 1.047$。若取参照温度 $T_1 = 20\,℃$，则：

$$k_{c,T} = k_{c,20}\,\theta^{T-20} \tag{3-7}$$

在实际河流中，BOD 的降解会受到河流流态的影响，这种影响可以通过一个与河床坡度有关的活度系数 η 修正：

$$k_d = k_c + \eta \frac{u_x}{h} \tag{3-8}$$

根据 Bosko 的研究，河床活度系数 η 可以参考表 3-1 取值。

表 3-1　活度系数与河床坡度

河床坡度/‰	活度系数 η	河床坡度/‰	活度系数 η
0.47	0.10	1.89	0.25
0.95	0.15	4.73	0.40

k_d 是一个随河流流态变化幅度很大的参数。美国人 Wright 和 Mc. Donnell 根据 23 个河系 36 个河段资料的分析，提出了 k_d 与河流流量 Q，以及 k_d 与河流湿周 χ 之间的经验关系：

$$k_d = 59.1Q^{-0.49} \tag{3-9}$$

$$k_d = 70.0\chi^{-0.48} \tag{3-10}$$

式中，k_d 表示河流耗氧速度常数，1/d；Q 表示河流流量，m^3/s；χ 表示河流湿周，m。

如果利用实际河流的测量数据，可以用下式估计 k_d：

$$k_d = \frac{1}{t} \ln\left(\frac{L_A}{L_B}\right) \tag{3-11}$$

式中，L_A、L_B 分别为上、下游的 BOD 测量值；t 为断面 A 和 B 之间的流行时间。

除生物降解外，引起河流中 BOD 浓度变化的另一个重要原因是沉淀和再悬浮。在水流的作用下，悬浮状或胶体状的污染物在低流速时沉淀到底部，在流速增大时又会再悬浮进入水流，这种作用可以通过引入沉淀和再悬浮参数 k_s 表示：

$$k_r = k_d + k_s = \left(k_c + \eta \frac{u_x}{h}\right) + k_s \tag{3-12}$$

从沉淀与再悬浮的含义可以看出，参数 k_s 的数值与河流流态密切相关，在沉淀时 $k_s > 0$；在再悬浮时，$k_s < 0$。图们江的一项研究建议 k_s 的计算式为：

$$k_s = 3.86e^{-0.13Q} - 0.285 \tag{3-13}$$

式中，Q 表示河流的流量，m^3/s；k_s 的单位是 d^{-1}。

因此，含碳 BOD 在河流中的降解可以表示为：

$$L_c = L_{c0}\left[\exp\left(-k_r \frac{x}{u_x}\right)\right] \tag{3-14}$$

2. 含氮 BOD（NBOD）的降解

$$L_n = L_{n0}\left[\exp\left(-k_n \frac{x}{u_x}\right)\right] \tag{3-15}$$

式中，k_n 表示含氮有机物降解速度常数，硝化速度常数。

氮的降解动力学：蛋白质→水解→氨→氧化→亚硝酸盐→硝酸盐。这个过程可以用下述系列微分方程表达：

$$\frac{dN_1}{dt} = -k_{11}N_1 \tag{3-16}$$

$$\frac{dN_2}{dt} = -k_{22}N_2 + k_{12}N_1 \tag{3-17}$$

$$\frac{dN_3}{dt} = -k_{33}N_3 + k_{23}N_2 \tag{3-18}$$

$$\frac{dN_4}{dt} = -k_{44}N_4 + k_{34}N_3 \tag{3-19}$$

式中，N_1、N_2、N_3、N_4 分别表示有机氮、氨氮、亚硝酸盐氮和硝酸盐氮的浓度；k_{11}、k_{22}、k_{33}、k_{44} 分别表示有机氮、氨氮、亚硝酸盐氮、硝酸盐氮降解的反应速度常数；k_{12}、k_{23}、k_{34} 表示相应的向前反应速度常数。上述各式的解为：

$$N_1 = N_{10} A_{11} \tag{3-20}$$

$$N_2 = N_{20} A_{22} + \frac{k_{12} N_{10}}{k_{22} - k_{11}} (A_{11} - A_{22}) \tag{3-21}$$

$$N_3 = N_{30} A_{33} + \frac{k_{23} N_{20}}{k_{33} - k_{22}} (A_{22} - A_{33}) + \frac{k_{12} k_{23} k_{10}}{k_{22} - k_{11}} \left(\frac{A_{11} - A_{33}}{k_{33} - k_{11}} - \frac{A_{22} - A_{33}}{k_{33} - k_{22}} \right) \tag{3-22}$$

$$N_4 = N_{40} A_{44} + \frac{k_{12} k_{22} k_{33} k_{10}}{(k_{22} - k_{11})(k_{33} - k_{11})(k_{44} - k_{11})} (A_{11} - A_{44})$$

$$+ \frac{k_{23} k_{34}}{(k_{33} - k_{22})(k_{44} - k_{22})} \left(N_{20} - \frac{k_{12} N_{10}}{k_{22} - k_{11}} \right) (A_{22} - A_{44})$$

$$+ \frac{k_{34}(A_{33} - A_{44})}{k_{44} - k_{33}} \left[N_{30} - \frac{k_{13} k_{23} k_{10}}{(k_{22} - k_{11})(k_{33} - k_{11})} + \frac{k_{23}}{k_{33} - k_{22}} \left(N_{20} - \frac{k_{12} N_{10}}{k_{22} - k_{11}} \right) \right] \tag{3-23}$$

式中，N_{10}、N_{20}、N_{30}、N_{40} 分别为有机氮、氨氮、亚硝酸盐氮和硝酸盐氮的初始浓度，且 $A_{11} = e^{-k_{11} x / u_x}$，$A_{22} = e^{-k_{22} x / u_x}$，$A_{33} = e^{-k_{33} x / u_x}$，$A_{44} = e^{-k_{44} x / u_x}$。

各参数的参考值见表 3-2。

表 3-2　氮的降解速度常数

k_{11}	k_{22}	k_{33}	k_{44}	k_{12}	k_{23}	k_{34}
0.30	0.65	2.50	0.001	0.30	0.32	2.50

三、大气复氧

大气中的氧进入水中的速度（以浓度的变化速度表示）取决于水气界面的面积、水的体积以及水中溶解氧实际浓度与饱和溶解氧浓度之差：

$$\frac{dC}{dt} = \frac{k_L A}{V} (C_s - C) \tag{3-24}$$

式中，C 表示水中溶解氧浓度；C_s 表示河流中饱和溶解氧浓度；k_L 表示质量传递系数；A 表示气体扩散表面积；V 表示水的体积。

对于河流，$A/V = 1/h$，h 是平均水深；$D = C_s - C$，表示水中的溶解氧不足量，称为氧亏，氧亏的含义是水中溶解氧的饱和浓度与实际浓度之差。则：

$$\frac{dD}{dt} = -\frac{k_L}{h} D = -k_a D \tag{3-25}$$

式中，k_a 是温度的函数，在常温（5～35℃）下通常取 $k_a = 1.025$。如果选取 20℃为参照温度，那么：

$$k_{a,r} = k_{a,20} \theta_r^{T-20} \tag{3-26}$$

k_a 也是河流流态的函数：

$$k_a = C \frac{u_x^n}{h^m} \tag{3-27}$$

上式采用的单位是：k_a，1/d；u_x，m/s；h，m。许多作者研究了式中的参数（表 3-3）。

表 3-3　计算 k_a 经验公式的参数取值

数　据　来　源	C	n	m
O'Conner & Dobbins(1958)	3.933	0.500	1.500
Churchill(1962)	5.018	0.968	1.673
Owens(1964)	5.336	0.670	1.850
Langbein & Durum(1967)	5.138	1.000	1.330
Isaacs & Gaudy(1968)	3.104	1.000	1.500
Isaacs & Maag(1969)	4.740	1.000	1.500
Negulacu & Rojanski(1969)	10.922	0.850	0.850
Padden & Gloyna(1971)	5.523	0.703	1.055
Benett & Rathbun(1972)	5.369	0.674	1.865

常压下淡水的饱和溶解氧浓度是温度的函数：

$$C_s = \frac{468}{31.6 + T} \tag{3-28}$$

饱和溶解氧浓度还受盐度的影响，式（3-29）表示饱和溶解氧是温度和盐度的函数：

$$C_s = 14.6244 - 0.367134T + 0.0044972T^2 - 0.0966S + 0.00205ST + 0.0002739S^2 \tag{3-29}$$

式中所用单位是：溶解氧 C_s，mg/L；温度 T，℃；盐度 S，$\mu g/L$。

河流中的大气复氧和生物化学耗氧是河流耗氧与复氧的两个主要因素，反映了河流中的有机物消耗与溶解氧的变化过程，$f = \dfrac{k_a}{k_r}$ 被定义为河流的自净系数。表 3-4 给出了不同水体 f 的参考值。

表 3-4　不同水体 f 的参考值

水体特征	池塘	缓慢的河流与湖泊	低流速的大河	普通流速的大河	陡急的河流	险流或瀑布
f 值	0.5~1.0	1.0~2.0	1.5~2.0	2.0~3.0	3.0~5.0	>5.0

四、光合作用

光合作用是溶解氧的主要来源。假定光合作用的速率与光照强度相关，而光照强度又可以表示为时间的函数，可以用正弦函数表示 [见图 3-1、式（3-30）和式（3-31）]。

$$\frac{\mathrm{d}O}{\mathrm{d}t} = P_t = P_m \sin\left(\frac{t}{T}\pi\right), \quad 0 \leqslant t \leqslant T \tag{3-30}$$

$$\frac{\mathrm{d}O}{\mathrm{d}t} = 0, \quad t < 0 \text{ 或 } t > T \tag{3-31}$$

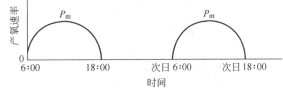

图 3-1　藻类的光合作用产氧过程

式中，T 表示白天发生光合作用的持续时间，如 12h；t 表示光合作用开始以后的时间；P_m 表示一天中光合作用产氧的最大速率。

如果只考虑时间平均值，则光合作用复氧速率可以表达为常数：

$$\left(\frac{\mathrm{d}O}{\mathrm{d}t}\right)_p = p \tag{3-32}$$

五、藻类的呼吸

藻类的呼吸要消耗溶解氧，通常呼吸耗氧速度被看作常数：

$$\left(\frac{\mathrm{d}O}{\mathrm{d}t}\right)_r = -R \tag{3-33}$$

光合作用与呼吸作用的耗氧速度可以用黑白瓶实验求得。黑瓶模拟的是呼吸作用，白瓶模拟的则是呼吸作用与光合作用之和。根据黑白瓶中溶解氧的变化，可以写出各自的平衡式：

对白瓶
$$\frac{24(C_1-C_0)}{\Delta t}=P-R-k_c L_0 \tag{3-34}$$

对黑瓶
$$\frac{24(C_2-C_0)}{\Delta t}=-R-k_c L_0 \tag{3-35}$$

式中，C_0 表示实验开始时水样的溶解氧浓度，mg/L；C_1、C_2 分别表示实验终了时白瓶和黑瓶中水样的溶解氧浓度，mg/L；k_c 表示在实验的环境温度下 BOD 的降解速度常数，1/d；Δt 表示实验延续时间，h；L_0 表示实验开始时的河水（水样）BOD 浓度，mg/L。

在通过现场实验，根据式（3-34）和式（3-35）估计 P、R 时，需要在试验前测定水样的 BOD（L_0）值和 BOD 的降解速度常数值（k_c）。

六、底栖动物和沉淀物耗氧

底泥和底栖动物耗氧可以表示为：
$$\left(\frac{\mathrm{d}O}{\mathrm{d}t}\right)_\mathrm{d}=-\frac{\mathrm{d}L_\mathrm{d}}{\mathrm{d}t}=-\frac{k_\mathrm{b}}{(1+r_c)^{-1}}L_\mathrm{d} \tag{3-36}$$

式中，L_d 表示河床的 BOD 面积负荷；k_b 表示河床的 BOD 耗氧速度常数；r_c 表示底泥耗氧阻尼系数。

第二节 湖泊水库水质模型

一、湖泊水库的水质特征

由于水力停留时间较长，流速相对缓慢，湖泊和水库具有相似的水质特征。

（1）流速小，与河流相比，湖泊与水库中的水流流速较低，因此，水流交换周期比较长，从若干月到若干年，属于静水环境。

（2）水质的分层分布，存在斜温层（如图 3-2 和图 3-3 所示）。湖泊水库的表层水在大气紊流的作用下充分混合，水温的竖向分布比较均匀；底层水体由于热交换缓慢，水温偏低；在表层以下会形成一层水温由高至低的突变区，由于温度竖向分布斜率在这里变化显著，这一区域被称为斜温层。

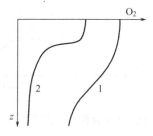

图 3-2 湖库中氧的竖向分布
1—冬季；2—夏季

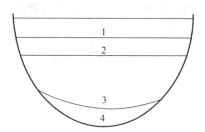

图 3-3 湖库中的热分层
1—表层；2—斜温层；3—下层；4—底层

（3）湖泊水库的污染源除点源以外，非点源的作用尤为突出。由于湖泊水库的水力停留时间较长，不同季节进入的污染物产生累积效应。通过径流进入湖泊水库的非点源污染物（特别是营养物）与点源污染物一起促进水质的变化。

（4）水生生态系统相对比较封闭，不受人类活动干扰的湖泊水库的生态系统结构与特征一般取决于湖泊与水库所在的地理位置、周围的土壤性质、植被类型等。

（5）主要水质问题是富营养化。由于湖泊与水库属于静水环境，污染物进入湖泊与水库以后容易积累，特别是营养物质的积累将会导致富营养化。天然的湖泊都有一个从贫营养向富营养的发展过程，从贫营养过渡到富营养，进而发展到沼泽，直至死亡，是自然湖泊发展的规律，这是一个漫长的历史进程，但是人类活动会大大加速这个进程。

藻类的繁殖需要多种元素和营养。表 3-5 表明淡水藻类中各种元素和营养物的相对含量，其中氮磷营养的比为 0.7∶0.08≈9∶1。

表 3-5　湿重下淡水中各种元素的含量/%

元素名称	含　量	元素名称	含　量	元素名称	含　量
氧	80.5	磷	0.08	锰	0.0007
氢	9.7	镁	0.07	锌	0.0003
碳	6.5	硫	0.06	铜	0.0001
硅	1.3	氯	0.06	钼	0.00005
氮	0.7	钠	0.04	钴	0.000002
钙	0.4	铁	0.02		
钾	0.3	硼	0.001		

藻类生长所需要的物质的相对含量称为丰度。雷比格（Liebig）的最小值定理指出：任何一种有机物的产率都由该种有机物所必需的、在环境中丰度最低的物质所决定。

自然界提供的养分中，磷的丰度一般偏低，成为通常的控制性营养因子。但是工业化和城市化程度的不断提高，使得情况正在发生变化。对于藻类的正常生长，磷与氮的比例大约是 1∶9，而在一般的城市污水中，磷与氮的比例可以达到 3∶9。

莫诺得模型描述了生物生长速率与营养物质含量的关系：

$$\mu = \mu_{\max} \frac{S}{KS + S} \tag{3-37}$$

式中，μ 表示某种生物的生长速率；$\mu_{\max}$ 表示某种生物最大生长速率；S 表示营养物质的实际浓度；KS 表示营养物质的半饱和常数。

在一个实际系统中，生物的生长很可能受到不止一种因素的制约，在一种营养物消耗殆尽之前，藻类并不以最大速率增长，直至一种营养物枯竭，而是以一个较低的速率消耗着各种成分。假定碳、氮和磷都是藻类生长的主要成分，藻类的生长速率可以表示为：

$$\mu = \mu_{\max} \frac{PS}{KP + PS} \times \frac{NS}{KN + NS} \times \frac{CS}{KC + CS} \tag{3-38}$$

式中，PS、NS、CS 分别为可以用于光合作用的溶解态的磷、氮和碳；KP、KN、KC 分别为相应的半饱和常数。如果假定 PS＝0.5KP，NS＝KN，CS＝2KC，此时藻类的生长速率为：

$$\mu = \mu_{\max} \frac{PS}{2PS + PS} \times \frac{NS}{NS + NS} \times \frac{CS}{0.5CS + CS} = \frac{1}{9} \mu_{\max} \tag{3-39}$$

二、完全混合模型

1. 沃伦威德尔模型

沃伦威德尔模型适用于处于稳定状态的湖泊与水库，这时的湖泊与水库可以被看作为一个均匀混合的水体。水体中某种物质的浓度变化率是该种物质输入、输出和在水体中沉积速率的函数，可以表示为：

$$V \frac{dC}{dt} = I_c - sCV - QC \tag{3-40}$$

式中，V 表示湖泊或水库的容积，m^3；C 表示某种营养物质的浓度，g/m^3；I_c 表示某种营养物质的输入总负荷，g/a；s 表示该营养物质在湖泊或水库中的沉降速度常数，$1/a$；Q 表示湖泊的出流流量，m^3/a。

如果令 $r=Q/V$，称为冲刷速度常数，则上式可以写为：

$$\frac{dC}{dt}=\frac{I_c}{V}-sC-rC \tag{3-41}$$

在给定初始条件 $t=0$、$C=C_0$ 时，上式的解析解为：

$$C=\frac{I_c}{V(s+r)}+\frac{V(s+r)C_0-I_c}{V(s+r)}\exp[-(s+r)t] \tag{3-42}$$

在水体的入流、出流及营养物质的输入稳定的条件下，当 $t\to\infty$，可以达到水中营养物的平衡浓度：

$$C_p=\frac{I_c}{(r+s)V} \tag{3-43}$$

如果进一步令 $t_w=\frac{1}{r}=\frac{V}{Q}$ 和 $V=A_sh$，水库、湖泊中的营养物质平衡浓度可以写成：

$$C_p=\frac{L_c}{sh+h/t_w} \tag{3-44}$$

$$L_c=\frac{I_c}{A_s}$$

式中，t_w 表示湖泊水库的水力停留时间，a；A_s 表示湖泊水库的水面面积，m^2；h 表示湖泊水库的平均水深，m；L_c 表示湖泊水库的单位面积营养负荷，$g/(m^2 \cdot a)$。

【例 3-1】 已知湖泊的容积 $V=1.0\times10^7 m^3$，支流输入水量 $Q_{in}=0.5\times10^8 m^3/a$，河流中的 BOD 浓度 3mg/L；湖泊的 BOD 本底浓度 $C_0=1.5mg/L$，BOD 在湖泊中的沉积速度常数 $s=0.08/a$。试求湖泊的 BOD 平衡浓度，及达到平衡浓度的 99% 所需的时间。

根据式（3-42）和式（3-43）可以写出：

$$\frac{C}{C_p}=1+\left[\frac{V(s+r)C_0}{I_c}-1\right]\exp[-(s+r)t]$$

对于任意的 C/C_0，所需的时间 t 可以从上式导出：

$$t=-\frac{1}{s+r}\ln\left[\frac{\frac{C}{C_p}-1}{\frac{V(s+r)C_0}{I_c}-1}\right]=-\frac{1}{s+r}\ln\left[\frac{\left(\frac{C}{C_p}-1\right)I_c}{V(s+r)C}\right]$$

代入给定各项已知数据，当 $C/C_p=0.99$ 时：

$$t=\frac{1}{0.08+5}\ln\frac{(0.99-1)\times1.5\times10^8}{1.0\times10^7(0.08+5)\times1.5-1.5\times10^8}=-\frac{1}{5.08}\ln0.02033=0.77 \text{（a）}$$

此外，当 $t\to\infty$ 时，BOD 达到平衡浓度：

$$C_p=\frac{1.5\times10^8}{(0.08+5)\times10^7}=2.95 \text{（mg/L）}$$

2. 吉柯奈尔-狄龙模型

吉柯奈尔-狄龙模型引入滞留系数 R_c 的概念。滞留系数的定义是进入湖泊水库中的营养物在其中的滞留分数。吉柯奈尔-狄龙模型写作：

$$\frac{dC}{dt}=\frac{I_c(1-R_c)}{V}-rC \tag{3-45}$$

式中，R_c 表示某种营养物在湖泊水库中的滞留分数；其余符号意义同前。给定初始条件 $t=0$、$C=C_0$，可以得到上式的解析解：

$$C=\frac{I_c(1-R_c)}{rV}+\left[C_0-\frac{I_c(1-R_c)}{rV}\right]e^{-rt} \tag{3-46}$$

若湖泊水库的入流、出流、污染物的输入都比较稳定，当 $t \rightarrow \infty$ 时，可以得到上式的平衡浓度：

$$C_p = \frac{I_c(1-R_c)}{rV} = \frac{L_c(1-R_c)}{rh} \tag{3-47}$$

可以根据湖泊水库的入流、出流近似计算出滞留系数：

$$R_c = 1 - \frac{\sum_{j=1}^{n} q_{0j} C_{0j}}{\sum_{k=1}^{m} q_{ik} C_{ik}} \tag{3-48}$$

式中，q_{0j} 表示第 j 条支流的出流量，m^3/a；C_{0j} 表示第 j 条支流出流中的营养物浓度，mg/L；q_{ik} 表示第 k 条支流入流水库的流量，m^3/a；C_{ik} 表示第 k 条支流中的营养物浓度，mg/L；m 表示入流的支流数目；n 表示出流的支流数目。

三、湖泊水库的营养水平判别

当水体中藻类大量繁殖，水中严重缺氧，导致生物死亡时，意味着水体富营养化的发生。导致富营养化的因素非常复杂，难以预测，目前也没有公认的指标和标准。通常认为，水体的水质达到表 3-6 的状态，则有可能引起富营养化。

表 3-6　富营养化的水质条件

总氮	>0.2~0.3mg/L
总磷	>0.01~0.02mg/L
BOD$_5$	>10mg/L
pH 值	7~9
细菌总数	>100000 个/mL
叶绿素 a	>0.01mg/L

狄龙-瑞格勒研究了夏季湖泊、水库中叶绿素 a 的浓度与氮、磷浓度之间的关系，当氮磷比例小于 4 时，氮是叶绿素 a 的制约因素，即叶绿素 a 的浓度是氮浓度的函数：

$$\lg[\text{chl.a}] = 1.4(1000C_N) - 1.9 \tag{3-49}$$

当氮磷比大于 12 时，磷是叶绿素 a 的制约因素，即叶绿素 a 的浓度是磷的函数：

$$\lg[\text{chl.a}] = 1.45\lg(1000C_P) - 1.14 \tag{3-50}$$

式中，$[\text{chl.a}]$ 为叶绿素 a 的浓度，$\mu g/L$；C_N、C_P 分别为氮和磷的浓度，mg/L。在氮、磷比介于 4~12 之间时，采用式（3-49）和式（3-50）中计算出的小者。

沃伦威德尔根据大量实际数据，建立了湖泊、水库的营养负荷与富营养化之间的关系，它们是水深的函数。对于可接受的磷负荷（即保证贫营养水质的上限）L_{PA}：

$$\lg L_{PA} = 0.6\lg h + 1.40 \tag{3-51}$$

对于富营养化危险界限的磷负荷 L_{PD}：

$$\lg L_{PD} = 0.6\lg h + 1.70 \tag{3-52}$$

对于可接受的氮负荷 L_{NA}：

$$\lg L_{NA} = 0.6\lg h + 2.57 \tag{3-53}$$

对于氮的危险临界负荷 L_{ND}：

$$\lg L_{ND} = 0.6\lg h + 2.87 \tag{3-54}$$

式中，营养负荷 L_{PA}、L_{PD}、L_{NA}、L_{ND} 的单位是 $mg/(m^2 \cdot a)$；h 的单位是 m。

沃伦威德尔和狄龙还绘制了湖泊水库的营养状况判别图（图 3-4）。该图以水深 h 为横

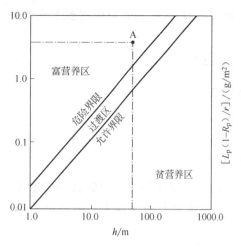

图 3-4 湖泊营养状态的判别

坐标，$L_P(1-R_P)/r$ 为纵坐标。根据参数计算纵坐标、横坐标的值，从图中的 3 个分区确定营养状况。

【例 3-2】 已知湖泊容积 $V=2.0\times10^9\,m^3$，水面面积 $A_s=3.6\times10^7\,m^2$，河流入流量 $q_{in}=3.1\times10^9\,m^3/a$，河水中磷的平均浓度 $C_{Pin}=0.52\,mg/L$，出流的流量 $q_{out}=5.8\times10^8\,m^3/a$，出流中磷的平均浓度 $C_{Pout}=0.15\,mg/L$，试判断该湖泊的营养状况。

解法（1）： 图形比较法

计算湖泊的平均水深：

$$h=\frac{V}{A_s}=\frac{2.0\times10^9}{3.6\times10^7}=55.56\;(m)$$

计算冲刷速度常数：$r=\dfrac{Q}{V}=\dfrac{5.8\times10^8}{2.0\times10^9}=0.29\;(a)$

计算湖泊的滞留系数：$R=1-\dfrac{q_{out}C_{Pout}}{q_{in}C_{Pin}}=1-\dfrac{5.8\times10^8\times0.15}{3.1\times10^9\times0.52}=0.95$

计算单位面积磷负荷：$L_P=\dfrac{q_{in}C_{Pin}}{A_s}=\dfrac{3.1\times10^9\times0.52}{3.6\times10^7}=44.78\;[g/(m^2\cdot a)]$

计算图 3-4 的纵坐标值：$\dfrac{L_P(1-R)}{r}=\dfrac{44.78(1-0.95)}{0.29}=7.72\;(g/m^2)$

以 55.56m 为横坐标、7.72g/m² 为纵坐标，交汇得到湖泊的营养状况点 A，A 点处在富营养区域（图 3-4），说明长期的磷排放会导致湖泊的富营养化。

解法（2）： 浓度比较法

根据式（3-51）预测湖泊磷的平衡浓度：

$$C_P=\frac{I_c(1-R_c)}{rV}=\frac{L_c(1-R_c)}{rh}=\frac{44.78(1-0.95)}{0.29\times55.56}=0.14\;(mg/L)$$

根据式（3-52）计算磷的危险界限：

$$\lg L_{PD}=0.61gh+1.70=0.6\times\lg55.56+1.7=0.6\times1.74+1.7=2.75$$

$$L_{PD}=10^{2.75}\,mg/(m^2\cdot a)=558\,mg/(m^2\cdot a)=0.558\,g/(m^2\cdot a)$$

根据上面的计算，该湖泊实际的磷负荷已经达到 44.78g/(m²·a)，大大超过了磷负荷的危险界限，长期排放会导致湖泊的富营养化。

四、分层箱式模型

沃伦威德尔模型将湖泊水库看成一个整体，相当于一个均匀混合的反应器，在考虑湖库的长期水质变化时是实用的。但是沃伦威德尔模型忽略了湖库内部的水质变化，特别是在夏季，由于水温造成密度差，致使水质强烈分层。由于大气湍流的影响，表层形成一个一定深度的等温层，底部的温度从上至下呈缓慢的递减过程，在上层与底层之间存在一个很大的温度梯度的斜温层。由于斜温层的存在，为了描述这种分层现象，斯诺得格拉斯（Snodgrass）提出一个分层箱式模型，用以近似描述水质的分层状况。分层水质模型将上层和下层分别视为两个完全混合模型（图 3-5），该模型模拟正磷酸盐（P_o）和偏磷酸盐（P_p）两个水质组分的变化规律。

对于夏季分层模型，可以写出 4 个独立的微分方程。

（1）对表层正磷酸盐 P_{oe}：

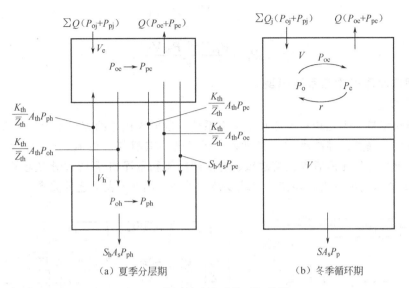

图 3-5　分层箱式水质模型概化图

$$V_e \frac{\mathrm{d}P_{oe}}{\mathrm{d}t} = \sum Q_j P_{oj} - Q P_{oe} - P_e V_e P_{oe} + \frac{k_{th}}{Z_{th}} A_{th}(P_{oh} - P_{oe}) \tag{3-55}$$

（2）对表层偏磷酸盐 P_{pe}：

$$V_e \frac{\mathrm{d}P_{pe}}{\mathrm{d}t} = \sum Q_j P_{pj} - Q P_{pe} - s_e A_{th} P_{pe} + P_e V_e P_{oe} + \frac{k_{th}}{Z_{th}} A_{th}(P_{ph} - P_{pe}) \tag{3-56}$$

（3）对下层正磷酸盐 P_{oh}：

$$V_h \frac{\mathrm{d}P_{oh}}{\mathrm{d}t} = r_h V_h P_{ph} + \frac{K_{th}}{Z_{th}} A_{th}(P_{oe} - P_{oh}) \tag{3-57}$$

（4）对下层偏磷酸盐 P_{ph}：

$$V_h \frac{\mathrm{d}P_{ph}}{\mathrm{d}t} = s_e A_{th} P_{pe} - s_h A_s P_{ph} - r_h V_h P_{ph} - \frac{k_{th}}{Z_{th}} A_{th}(P_{pe} - P_{ph}) \tag{3-58}$$

式中，下标 e 和 h 分别表示上层和下层；下标 th 和 s 分别表示斜温区和底层沉淀区的界面；p 和 r 分别表示净产生和衰减的速度常数；k 表示竖向扩散系数，包括湍流扩散、分子扩散，也包括内波、表层风波以及其他过程对热传递或物质穿越斜温层的影响；$\overline{Z}$ 表示平均水深；V 表示箱的体积；A 表示界面面积；Q_j 表示由河流流入湖泊的流量；Q 表示流出湖泊的流量；s_e、s_h 表示磷的沉淀速度常数。

在冬季，由于上部水温下降，密度增加，促使上下层之间的水量循环，由上层和下层的磷平衡可以得到两个微分方程。

对全湖的正磷酸盐 P_o：

$$V \frac{\mathrm{d}P_o}{\mathrm{d}t} = Q_j P_{oj} - Q P_o - P_{eu} V_{eu} P_o + r V P_p \tag{3-59}$$

对全湖的偏磷酸盐 P_p：

$$V \frac{\mathrm{d}P_p}{\mathrm{d}t} = Q_j P_{pj} - Q P_p + P_{eu} V_{eu} P_o - r V P_p - S A_s P_p \tag{3-60}$$

式中，脚标 eu 表示上层（富营养区）；其余符号意义同前。

夏季的分层模型和冬季的循环模型可以用秋季或春季"翻池"过程形成的完全混合状态作为初始条件，此时：

$$P_o = \frac{P_{oe}V_e + P_{oh}V_h}{V} \qquad (3\text{-}61)$$

$$P_p = \frac{P_{pe}V_e + P_{ph}V_h}{V} \qquad (3\text{-}62)$$

五、湖泊水库的生态系统模型

1. 概念模型

湖泊和水库是一个比较封闭的水生生态系统，以磷为核心的湖泊水库生态系统模型包括下述水质项目：藻类、浮游动物、有机磷、无机磷、有机氮、氨氮、亚硝酸盐氮、硝酸盐氮、含碳有机物的生化需氧量、溶解氧、总溶解固体和悬浮物等 12 个水质项目。

上述 12 个水质项目之间存在着错综复杂的关系，图 3-6 表示这种关系。

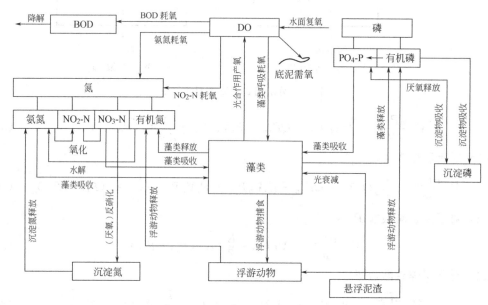

图 3-6　水库生态系统概念模型

2. 一般数学表达

上述 12 个水质项目都可以用下述偏微分方程表示：

$$\frac{\partial C}{\partial t} + (V - V_s)\frac{\partial C}{\partial z} = \frac{1}{A} \times \frac{1}{z}\frac{\partial}{\partial z}\left(AD_z\frac{\partial C}{\partial z}\right) + \frac{S_{int}}{A} + \frac{1}{A}(q_{in}C_{in} - q_{out}C_{out}) \qquad (3\text{-}63)$$

式中，S_{int} 表示发生在湖泊水库内部的各种过程。每个水质项目（C）的变化都可以看成是对时间的全微分，即

$$\frac{S_{int}}{A} = \frac{dC}{dt} \qquad (3\text{-}64)$$

3. 系统模拟

（1）藻类（浮游植物）生物量 C_A　　以含碳量表示藻类的生物量，C_A 的单位是 mg 碳/L。C_A 的变化可以用下式表示：

$$\frac{dC_A}{dt} = \mu C_A - (\rho + C_g Z)C_A \qquad (3\text{-}65)$$

式中，μ 表示藻类的比增长速度；ρ 表示藻类的比死亡速度；C_g 表示浮游动物食藻率；Z 表示浮游动物的浓度。

（2）浮游动物 Z　　浮游动物 Z 的浓度用单位水体中的物质量（用含碳量表示）代表，Z

的单位是 mg 碳/L。浮游动物在水体中的变化速度为：

$$\frac{\mathrm{d}Z}{\mathrm{d}t} = \mu_z Z - (\rho_z + C_z)Z \tag{3-66}$$

式中，μ_z 表示浮游动物的比生长速率：

$$\mu_z = \mu_{z\max} \frac{C_A}{k_z + C_A} \tag{3-67}$$

式中，k_z 表示 Micheadlis-Menten 常数；$\mu_{z\max}$ 表示浮游动物最大的比增长速率；ρ_z 表示浮游动物的比死亡速率（包括氧化与分解）；C_z 表示较高级的浮游生物对浮游动物的吞食速率。

（3）磷　在生态模型中，考虑 3 种磷的形态：溶解态的无机磷 P_1、游离态的有机磷 P_2 以及沉淀态的磷 P_3。

对于溶解态无机磷 P_1：

$$\frac{\mathrm{d}P_1}{\mathrm{d}t} = -\mu C_A(A_{\mathrm{pp}}) + (I_3 P_3 - I_1 P_1) + I_2 P_2 \tag{3-68}$$

式中，A_{pp} 表示藻类中磷的含量，mg 磷/mg 碳；I_1 表示底泥对无机磷的吸收速率；I_2 表示有机磷的降解速率；I_3 表示底泥中有机磷的释放速率。

对于 P_2：

$$\frac{\mathrm{d}P_2}{\mathrm{d}t} = \rho C_A A_{\mathrm{pp}} + \rho_z Z A_{\mathrm{pz}} - (I_4 P_2 + I_2 P_2) \tag{3-69}$$

式中，A_{pz} 表示浮游动物中磷的含量，mg 磷/mg 碳；I_4 表示有机磷在底泥中的富集速率。

对于 P_3：

$$\frac{\mathrm{d}P_3}{\mathrm{d}t} = I_4 P_2 - I_3 P_3 \tag{3-70}$$

（4）氮　氮的存在形态比较复杂，在湖泊水库生态模型中，将考虑 5 种形态的氮。

有机氮 N_1：

$$\frac{\mathrm{d}N_1}{\mathrm{d}t} = -J_4 N_1 + \rho_A C_A A_{\mathrm{NP}} + \rho Z A_{\mathrm{NE}} + \rho_z Z A_{\mathrm{NE}} - J_6 N_1 \tag{3-71}$$

式中，J_4 表示有机氮的降解速率；ρ_A 表示藻类的比死亡速率；A_{NP} 表示藻类中氮的含量，mg 氮/mg 碳；J_6 表示底泥对有机氮的吸收速率；A_{NE} 表示浮游动物中氮的含量，mg 氮/mg 碳。

氨氮 N_2：

$$\frac{\mathrm{d}N_2}{\mathrm{d}t} = -J_1 N_2 - \mu C_A A_{\mathrm{NP}} \frac{N_2}{N_2 + N_4} + J_4 N_1 + J_5 N_5 \tag{3-72}$$

式中，J_1 表示氨氮的硝化速率；J_5 表示底部有机氮的分解速率。

亚硝酸盐氮 N_3：

$$\frac{\mathrm{d}N_3}{\mathrm{d}t} = J_1 N_2 - J_2 N_3 \tag{3-73}$$

式中，J_2 表示亚硝酸盐氮的硝化速率。

硝酸盐氮 N_4

$$\frac{\mathrm{d}N_4}{\mathrm{d}t} = J_2 N_3 - \mu C_A A_{\mathrm{NP}} \frac{N_4}{N_2 + N_4} - J_3 N_4 \tag{3-74}$$

式中，等号右边最后一项只发生在厌氧条件下；J_3 表示硝酸盐氮的反硝化速率。

沉淀态氮 N_5

$$\frac{dN_5}{dt} = -J_4 N_5 + J_6 N_1 \tag{3-75}$$

式中，J_4 表示沉淀态氮的释放速率。

（5）含碳有机物的生化需氧量 L

$$\frac{dL}{dt} = -k_d L \tag{3-76}$$

式中，k_d 表示 BOD 的降解速率。

（6）溶解氧 C

$$\frac{dC}{dt} = -k_d L - \alpha_1 J_1 N_2 - \alpha_2 J_2 N - \frac{L_b}{\Delta Z} + k_a (C_s - C) + \alpha_3 C_A (\mu - \rho) \tag{3-77}$$

式中，α_1 表示氨氮的耗氧常数，mg 氧/mg 氨氮，$\alpha_1 = 3.43$；α_2 表示亚硝酸盐氮的耗氧常数，$\alpha_2 = 1.14$；α_3 表示藻类的耗氧常数，mg 氧/mg 碳，$\alpha_3 \approx 1.6$；k_a 表示大气复氧速率，1/d；L_b 表示底泥耗氧速率，g 氧/(m^2·d)；ΔZ 表示底泥层的厚度，m；C_s 表示饱和溶解氧浓度，mg/L。

上式中第 4 项 $\frac{L_b}{\Delta Z}$ 只发生在湖泊与水库的底层，而第 5 项 $k_a (C_s - C)$ 只发生在表层。

（7）总溶解固体 S_d

湖泊水库中的总溶解固体用来描述盐度，若将盐类视为守恒物质，则：

$$\frac{dS_d}{dt} = 0 \tag{3-78}$$

第三节 一维河流水质模型

在笛卡儿坐标系统中，如果只在一个方向（例如 x 方向）存在水质梯度，描述一个方向上水质变化的模型就是一维水质模型。一维水质模型较多应用于小型河流系统，在小型河流中，深度和宽度方向上的水质梯度一般可以忽略。在一些较大型的河流中，如果研究问题的纵向尺度与其宽度、深度相比很大，也可以处理成一维河流。

一、河流的概化

1. 河段划分

对于一条实际河流，沿程的边界条件不断变化，导致河段的水质参数不断变化。在水质模拟计算中需要保持参数的相对稳定性，因此需要对河流进行分段计算。河流分段的主要原则就是保持所分割的河段中水文条件和水质参数不变。河段的划分是通过在适当的位置设置计算断面实现的。断面设置的方法是：①在河流断面形状变化处，例如由宽变窄处或由窄变宽处，由深变浅处或由浅变深处，这些河段的变化会引起流速及水质参数的变化；②支流或污水汇入处，由于流量的输入汇导致流速的变化，也会导致污染物浓度的变化；③取水口处，由于水量的变化导致水流速度的变化；④其他，例如在现有的或历史的水文、水质监测断面处，在这些地方设置断面，可以共享有关的水文、水质资料；在码头、桥涵附近设立断面可以便于采样作业等。

图 3-7 是一维河流概化示意。

2. 河流计算流量

河流的径流量对于河流的稀释扩散作用和自净能力有着重要影响。相对于河流的径流量，污水量在一年中的变化要平稳得多。一般情况下，污染程度加剧多发生在径流量低的时候。在进行水质评价和水污染控制规划时，需要选择相对较为不利的径流量。我国幅员辽阔、地形气候条件复杂，采用统一的径流量标准较为困难。各地根据当地的条件分别采用 70% 和 90% 保证率的流量，也有采用近 10 年最低月平均流量作为计算流量的。

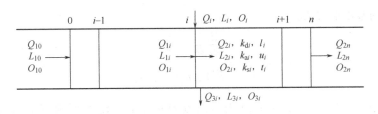

图 3-7　一维河流概化图

$i, i+1, \cdots$——河流断面编号；Q_i——在断面 i 处注入河流的污水流量；

Q_{1i}——由上一个河段流入断面 i 的河水流量；

Q_{2i}——由断面 i 向下游河段流出的河水流量；Q_{3i}——在断面 i 处引出的河水流量；

L_i、O_i——在断面 i 处注入河流的污水的污染物（例如 BOD）浓度与溶解氧浓度；

L_{1i}、O_{1i}——由上游河段流到断面 i 的河水的污染物（例如 BOD）浓度与溶解氧浓度；

L_{2i}、O_{2i}——由断面 i 流向下游河段的河水的污染物浓度和溶解氧浓度；

k_{di}、k_{ai}、k_{si}——断面 i 下游河段的水质参数（分别为 BOD 降解速度常数、大气复氧速度常数、

BOD 沉淀与再悬浮速度常数）；l_i、u_i 和 t_i——由断面 i 至断面 $i+1$ 的河段长度、平均流速和流行时间

3. 水文参数

假定明渠的形状为矩形，其水深为 h，河床宽度为 b。那么，水流的平均流速、平均水深与流量 Q 之间的关系为：

$$u = \frac{Q}{hb} \qquad (3\text{-}79)$$

$$h = \frac{Q}{ub} \qquad (3\text{-}80)$$

根据明渠水力学中的 Manning 公式 $u = \frac{1}{n} R^{\frac{2}{3}} i^{\frac{1}{2}}$，可以得到：

$$u = \frac{Q}{hb} = \frac{1}{n} R^{\frac{2}{3}} i^{\frac{1}{2}} \qquad (3\text{-}81)$$

式中，R 表示水力半径；i 表示河流纵向坡度；n 表示 Manning 粗糙系数。其中，

$$R = \frac{hb}{b + 2h} \qquad (3\text{-}82)$$

当 $b \gg h$ 时，$R \approx h$，代入上式，可以得到：

$$\frac{Q}{hb} = \frac{1}{n} h^{\frac{2}{3}} i^{\frac{1}{2}} \Rightarrow Q = f(h^{\frac{5}{3}}) \Rightarrow h = f(Q^{\frac{3}{5}}) = f(Q^{0.6}) \qquad (3\text{-}83)$$

$$u = \frac{Q}{hb} \Rightarrow u = f(Q^{0.4}) \qquad (3\text{-}84)$$

将水深 h、流速 u 与流量 Q 之间的关系用一般形式表示，得：

$$h = \lambda Q^u \qquad u = \alpha Q^\beta \qquad (3\text{-}85)$$

二、单一河段水质模型

如果研究河段内的流场保持均匀，且只有一个污水排放口或取水口，且都位于河段的起始断面或终了断面时，该河段被称为单一河段。单一河段水质模型是研究复杂河段水质模型的基础。

1. S-P 模型

Street-Phelps 模型（简称 S-P 模型）是最早出现的河流水质模型，由美国工程师 Street 和 Phelps 在 1925 年研究 Ohio 河水质污染与自净时提出。S-P 模型的核心内容是建立河流中主要的耗氧过程（BOD 耗氧）与复氧过程（大气复氧）之间的耦合关系。S-P 模型的主要假设为：①河流中的耗氧过程源于水中 BOD，且 BOD 的衰减符合一级反应动力学；②河流中溶解氧的来源是大气复氧；③耗氧与复氧的反应速度定常。

S-P 模型的基本形式为：

$$\frac{\mathrm{d}L}{\mathrm{d}t} = -k_{\mathrm{d}}L \tag{3-86}$$

$$\frac{\mathrm{d}D}{\mathrm{d}t} = k_{\mathrm{d}}L - k_{\mathrm{a}}D \tag{3-87}$$

式中，L 表示河流的 BOD 值；D 表示河流的氧亏值；k_{d} 表示河流的 BOD 衰减速度常数；k_{a} 表示河流的复氧速度常数；t 表示河流的流行时间。

上式的解析解为：

$$L = L_0 \mathrm{e}^{-k_{\mathrm{d}}t} \tag{3-88}$$

$$D = \frac{k_{\mathrm{d}}L_0}{k_{\mathrm{a}} - k_{\mathrm{d}}}\left[\mathrm{e}^{-k_{\mathrm{d}}t} - \mathrm{e}^{-k_{\mathrm{a}}t}\right] + D_0 \mathrm{e}^{-k_{\mathrm{a}}t} \tag{3-89}$$

式中，L_0 和 D_0 分别为河流起点的 BOD 和 OD（氧亏）值。

如果将氧亏表达式改写为溶解氧表达式，则有：

$$O = O_{\mathrm{s}} - D = O_{\mathrm{s}} - \frac{k_{\mathrm{d}}L_0}{k_{\mathrm{a}} - k_{\mathrm{d}}}\left[\mathrm{e}^{-k_{\mathrm{d}}t} - \mathrm{e}^{-k_{\mathrm{a}}t}\right] - D_0 \mathrm{e}^{-k_{\mathrm{a}}t} \tag{3-90}$$

2. 氧垂曲线

根据 S-P 模型绘制的溶解氧沿程变化曲线称为氧垂曲线（图 3-8），氧垂曲线是根据 S-P 模型绘制的。令：

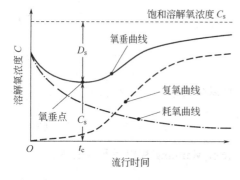

图 3-8　氧垂曲线

$$\frac{\mathrm{d}D}{\mathrm{d}t} = k_{\mathrm{d}}L - k_{\mathrm{a}}D_{\mathrm{c}} = 0 \tag{3-91}$$

可以得到临界点的氧亏值和临界点距污水排放点的时间（距离）：

$$D_{\mathrm{c}} = \frac{k_{\mathrm{d}}}{k_{\mathrm{a}}}L_0 \mathrm{e}^{-k_{\mathrm{d}}t_{\mathrm{c}}} \tag{3-92}$$

$$t_{\mathrm{c}} = \frac{1}{k_{\mathrm{a}} - k_{\mathrm{d}}}\ln\frac{k_{\mathrm{a}}}{k_{\mathrm{d}}}\left[1 - \frac{D_0(k_{\mathrm{a}} - k_{\mathrm{d}})}{L_0 k_{\mathrm{d}}}\right] \tag{3-93}$$

3. S-P 模型的修正模型

1925 年，Street-Phelps 提出 BOD-DO 耦合模型以后，水质模型的研究在很长一段时间里进展缓慢。到了 20 世纪 60 年代，由于环境污染的加剧，水质问题引起人们的关注，水质模型的研究也获得快速发展。20 世纪 60～80 年代是水质模型的快速发展时期。

（1）托马斯模型　在 S-P 模型的基础上，引进沉淀作用对 BOD 去除的影响：

$$\frac{\mathrm{d}L}{\mathrm{d}t} = -(k_{\mathrm{d}} + k_{\mathrm{s}})L \tag{3-94}$$

$$\frac{\mathrm{d}D}{\mathrm{d}t} = k_{\mathrm{d}}L - k_{\mathrm{a}}D \tag{3-95}$$

式中，k_{s} 表示沉淀与再悬浮速度常数。

托马斯修正式的解是：

$$L = L_0 \mathrm{e}^{-(k_{\mathrm{d}} + k_{\mathrm{s}})t} \tag{3-96}$$

$$D = \frac{k_{\mathrm{d}}L_0}{k_{\mathrm{a}} - (k_{\mathrm{d}} + k_{\mathrm{s}})}\left[\mathrm{e}^{-(k_{\mathrm{d}} + k_{\mathrm{s}})t} - \mathrm{e}^{-k_{\mathrm{a}}t}\right] + D_0 \mathrm{e}^{-k_{\mathrm{a}}t} \tag{3-97}$$

（2）康布模型　在托马斯模型的基础上，考虑了底泥分解和光合作用的影响：

$$\frac{\mathrm{d}L}{\mathrm{d}t} = -(k_{\mathrm{d}} + k_{\mathrm{s}})L + B \tag{3-98}$$

$$\frac{\mathrm{d}D}{\mathrm{d}t} = k_{\mathrm{d}}L - k_{\mathrm{d}}D - P \tag{3-99}$$

式中，B 表示底泥分解对水中 BOD 的贡献速度；P 表示藻类光合作用的产氧速度。

康布模型的解析解为：

$$L = \left(L_0 - \frac{B}{k_{\mathrm{d}} + k_{\mathrm{s}}}\right) e^{-(k_{\mathrm{d}} + k_{\mathrm{s}})t} + \frac{B}{k_{\mathrm{d}} + k_{\mathrm{s}}} \tag{3-100}$$

$$D = \frac{k_{\mathrm{d}}}{k_{\mathrm{a}} - (k_{\mathrm{d}} + k_{\mathrm{s}})}\left(L_0 - \frac{B}{k_{\mathrm{d}} + k_{\mathrm{s}}}\right)\left[e^{-(k_{\mathrm{d}} + k_{\mathrm{s}})t} - e^{-k_{\mathrm{a}}t}\right]$$

$$+ \frac{k_{\mathrm{d}}}{k_{\mathrm{a}}}\left(\frac{B}{k_{\mathrm{d}} + k_{\mathrm{a}}} - \frac{P}{k_{\mathrm{d}}}\right)(1 - e^{-k_{\mathrm{a}}t}) + D_0 e^{-k_{\mathrm{a}}t} \tag{3-101}$$

（3）欧康奈尔模型　在托马斯模型的基础上，引进含氮有机物对水质的影响：

$$u_x \frac{\mathrm{d}L_{\mathrm{c}}}{\mathrm{d}x} = -(k_{\mathrm{d}} + k_{\mathrm{s}})L_{\mathrm{c}} \tag{3-102}$$

$$u_x \frac{\mathrm{d}L_{\mathrm{n}}}{\mathrm{d}x} = -k_{\mathrm{n}}L_{\mathrm{n}} \tag{3-103}$$

$$u_x \frac{\mathrm{d}D}{\mathrm{d}x} = k_{\mathrm{d}}L_{\mathrm{c}} + k_{\mathrm{n}}L_{\mathrm{n}} - k_{\mathrm{d}}D \tag{3-104}$$

式中，L_{c} 表示含碳有机物的 BOD 值；L_{n} 表示含氮有机物的 BOD 值；k_{n} 表示含氮有机物的衰减速度常数。

欧康奈尔模型的解析解为：

$$L_{\mathrm{c}} = L_{\mathrm{c}0} e^{-(k_{\mathrm{d}} + k_{\mathrm{s}})x/u_x} \tag{3-105}$$

$$L_{\mathrm{n}} = L_{\mathrm{n}0} e^{-k_{\mathrm{n}}x/u_x} \tag{3-106}$$

$$D = \frac{k_{\mathrm{d}}L_0}{k_{\mathrm{a}} - (k_{\mathrm{d}} + k_{\mathrm{s}})}\left[e^{-(k_{\mathrm{d}} + k_{\mathrm{s}})x/u_x} - e^{-k_{\mathrm{a}}x/u_x}\right] + \frac{k_{\mathrm{n}}L_{\mathrm{n}0}}{k_{\mathrm{a}} - k_{\mathrm{n}}}\left[e^{-k_{\mathrm{n}}x/u_x} - e^{-k_{\mathrm{a}}x/u_x}\right] + D_0 e^{-k_{\mathrm{a}}x/u_x} \tag{3-107}$$

上式中的 L_{n} 可以用氨氮的需氧量表示，根据氨的氧化反应方程：

$$2NH_3 + 4O_2 \Longrightarrow 2HNO_3 + 2H_2O \tag{3-108}$$

可知，在 NH_3 被完全氧化时，氨氮与氧之比为 14：64，即 1 个单位氨氮的需氧量为 4.57 单位的氧。

三、串联反应器模型

如果将一个连续的一维空间划分成若干个子空间，每一个子空间都作为一个完全混合的反应器，而上一个反应器的输出就是下一个反应器的输入（图 3-9）。

如果以 C_1，C_2，…，C_i 代表相应河段的污染物浓度，对每一个河段可以写出：

$$C_1 = \frac{C_{10}}{1 + k_{\mathrm{d}}V_1/Q_1}$$

$$C_2 = \frac{C_{20}}{1 + k_{\mathrm{d}}V_2/Q_2} \tag{3-109}$$

$$\vdots$$

$$C_i = \frac{C_{i0}}{1 + k_{\mathrm{d}}V_i/Q_i}$$

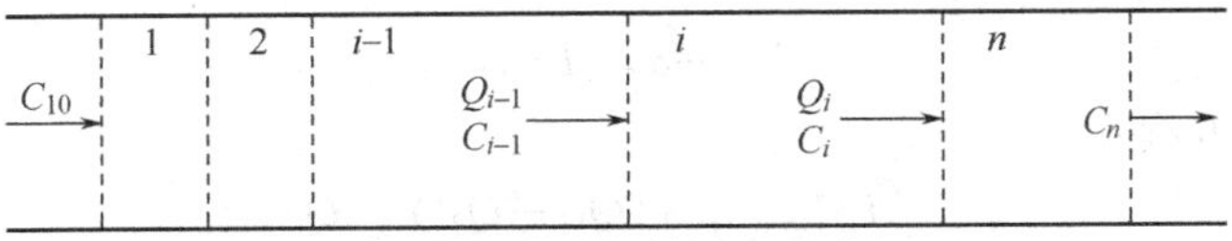

图 3-9　串联反应器模型概念图

式中，C_i 表示第 i 个河段的污染物浓度；V_i 表示第 i 个河段的容积；Q_i 表示第 i 个河段的流量；C_{i0} 表示第 i 个河段的初始浓度。

若沿程没有污染物输入，即 $q_i=0$ 时，且令每一个河段的容积相等，则：

$$C_i = \frac{C_{10}}{(1+k_d\Delta t)^i} \tag{3-110}$$

式中，$\Delta t = \dfrac{V}{Q}$，为每一个河段的水力停留时间；C_{10} 为起始河段的污染物浓度。

【例 3-3】 河流长 50km，流量 20m³/s，平均流速 0.4m/s，初始断面污染物的本底浓度为 5mg/L，在河流起点处有一污染源，污水量为 $q_1=0.5$m³/s，排放的污染物浓度为 100mg/L，污染物的降解速度常数 $k=0.15$/d。试计算将河流等分成 1、5、10 和 20 个河段时的河流末端输出的污染物浓度。

解：(1) 计算初始断面的初始浓度：$C_{10}=\dfrac{5\times20+100\times0.5}{20+0.5}=7.32$（mg/L）

(2) 若 $n=1$，则 $\Delta t=\dfrac{50\times1000}{0.4\times86400}=1.45$ (d)，$C_1=\dfrac{7.32}{(1+0.15\times0.45)^1}=6.012$ (mg/L)

(3) 若 $n=5$，则 $\Delta t=\dfrac{1.45}{5}=0.29$ (d)，$C_5=\dfrac{7.32}{(1+0.15\times0.29)^5}=5.916$ (mg/L)

(4) 若 $n=10$，则 $\Delta t=\dfrac{1.45}{10}=0.145$ (d)，$C_{10}=\dfrac{7.32}{(1+0.15\times0.145)^{10}}=5.902$ (mg/L)

(5) 若 $n=20$，则 $\Delta t=\dfrac{1.45}{20}=0.0725$ (d)，$C_{20}=\dfrac{7.32}{(1+0.15\times0.0725)^{20}}=5.896$ (mg/L)

(6) 根据 S-P 模型计算河流终点的污染物浓度

$$C_{S\text{-}P}=C_{10}e^{-k_d\Delta t}=7.32e^{-0.15\times1.45}=7.32\times0.8045=5.889 \ (\text{mg/L})$$

从上面的计算结果可以看出，随着河段数目的增多，计算结果逐渐接近一个极限值，这个极限值就是根据连续一维河流模型的计算值。

四、多河段水质模型

1. BOD 多河段矩阵模型

河流水质特点之一是上游每一个排放口对下游任何一个断面都会产生影响，而下游对上游则不会有影响。因此，河流段面的水质都可以看成上游每一个断面的污染物与本断面污染物输入输出的影响的总和。

根据 S-P 模型，可以写出河流中 BOD 的变化规律：

$$L=L_0e^{-k_dt} \tag{3-111}$$

根据连续性原理，可以写出每一个断面的流量 Q 和 BOD 的平衡关系：

$$Q_{2i}=Q_{1i}-Q_{3i}+Q_i \tag{3-112}$$

$$Q_{1i}=Q_{2,i-1} \tag{3-113}$$

$$L_{2i}Q_{2i}=L_{1i}(Q_{1i}-Q_{3i})+L_iQ_i \tag{3-114}$$

根据 S-P 模型写出由 $i-1$ 断面至 i 断面之间的 BOD 衰减关系：

$$L_{1i}=L_{2,i-1}e^{-k_{d,i-1}t_{i-1}} \tag{3-115}$$

令 $\alpha_i=e^{-k_{d}t_i}$，则有：

$$L_{1i}=\alpha_{i-1}L_{2,i-1} \tag{3-116}$$

考虑到连续性方程：

$$L_{2i}=\frac{L_{2,i-1}\alpha_{i-1}(Q_{1i}-Q_{3i})}{Q_{2i}}+\frac{Q_i}{Q_{2i}}L_i \tag{3-117}$$

令 $a_{i-1} = \dfrac{\alpha_{i-1}(Q_{1i}-Q_{3i})}{Q_{2i}}$ 和 $b_i = \dfrac{Q_i}{Q_{2i}}$，可以得到：

$$\begin{cases} L_{21} = a_0 L_{20} + b_1 L_1 \\ L_{22} = a_1 L_{21} + b_2 L_2 \\ \qquad \vdots \\ L_{2i} = a_{i-1} L_{2,i-1} + b_i L_i \\ \qquad \vdots \\ L_{2n} = a_{n-1} L_{2,n-1} + b_n L_n \end{cases} \tag{3-118}$$

这一组式子可以用一个矩阵方程表达：

$$\boldsymbol{A}\boldsymbol{L}_2 = \boldsymbol{B}\boldsymbol{L} + \boldsymbol{g} \tag{3-119}$$

$$\boldsymbol{A} = \begin{bmatrix} 1 & 0 & \cdots & \cdots & 0 \\ -a_1 & \ddots & \ddots & \ddots & \vdots \\ 0 & \ddots & \ddots & \ddots & \vdots \\ \vdots & \ddots & \ddots & \ddots & 0 \\ 0 & \cdots & 0 & -a_{n-1} & 1 \end{bmatrix} \tag{3-120}$$

$$\boldsymbol{B} = \begin{bmatrix} b_1 & \cdots & \cdots & \cdots & 0 \\ \vdots & \ddots & \ddots & \ddots & \vdots \\ \vdots & \ddots & \ddots & \ddots & \vdots \\ \vdots & \ddots & \ddots & \ddots & \vdots \\ 0 & \cdots & \cdots & \cdots & b_n \end{bmatrix} \tag{3-121}$$

式中，n 维向量 $\boldsymbol{g} = \begin{bmatrix} g_1 & 0 & \cdots & 0 \end{bmatrix}^{\mathrm{T}}$，$g_1 = a_0 L_{20}$。

2. BOD-DO 耦合矩阵模型

根据 S-P 模型可以写出第 i 断面的溶解氧计算式：

$$O_{1i} = O_{2,i-1}\mathrm{e}^{-k_{\mathrm{a},i-1}t_{i-1}} - \frac{k_{\mathrm{d},i-1}L_{2,i-1}}{k_{\mathrm{a},i-1}-k_{\mathrm{d},i-1}}(\mathrm{e}^{-k_{\mathrm{d},i-1}t_{i-1}} - \mathrm{e}^{-k_{\mathrm{a},i-1}t_{i-1}}) + O_{\mathrm{s}}(1-\mathrm{e}^{-k_{\mathrm{a},i-1}t_{i-1}}) \tag{3-122}$$

同时，根据质量平衡原理，可以写出：

$$O_{2i}Q_{2i} = O_{1i}(Q_{1i}-Q_{3i}) + O_i Q_i \tag{3-123}$$

令 $\gamma_i = \mathrm{e}^{-k_{\mathrm{a}i}t_i}$，$\beta_i = \dfrac{k_{\mathrm{d}i}(\alpha_i-\gamma_i)}{k_{\mathrm{a}i}-k_{\mathrm{d}i}}$，$\delta_i = O_{\mathrm{s}}(1-\gamma_i)$

得：

$$O_{2i} = \frac{Q_{1i}-Q_{3i}}{Q_{2i}}(O_{2,i-1}\gamma_{i-1} - L_{2,i-1}\beta_{i-1} + \delta_{i-1}) + \frac{Q_i}{Q_{2i}}O_i \tag{3-124}$$

令：$c_{i-1} = \dfrac{Q_{1i}-Q_{3i}}{Q_{2i}}\gamma_{i-1}$，$d_{i-1} = \dfrac{Q_{1i}-Q_{3i}}{Q_{2i}}\beta_{i-1}$，$f_{i-1} = \dfrac{Q_{1i}-Q_{3i}}{Q_{2i}}\delta_{i-1}$

可以得到：

$$O_{2i} = c_{i-1}O_{2,i-1} - d_{i-1}L_{2,i-1} + f_{i-1} + b_i O \tag{3-125}$$

这是一个递推方程，可以用矩阵方程表达：

$$\boldsymbol{C}\boldsymbol{O}_2 = -\boldsymbol{D}\boldsymbol{L}_2 + \boldsymbol{B}\boldsymbol{O} + \boldsymbol{f} + \boldsymbol{h} \tag{3-126}$$

式中，$\boldsymbol{C}$ 和 $\boldsymbol{D}$ 是 $n \times n$ 维矩阵，分别为：

$$\boldsymbol{C} = \begin{bmatrix} 1 & 0 & \cdots & \cdots & 0 \\ -c_1 & \ddots & \ddots & \ddots & \vdots \\ 0 & \ddots & \ddots & \ddots & \vdots \\ \vdots & \ddots & \ddots & \ddots & 0 \\ 0 & \cdots & 0 & -c_{n-1} & 1 \end{bmatrix} \tag{3-127}$$

$$D=\begin{bmatrix} 0 & \cdots & \cdots & \cdots & 0 \\ d_1 & \ddots & \ddots & \ddots & \vdots \\ 0 & \ddots & \ddots & \ddots & \vdots \\ \vdots & \ddots & \ddots & \ddots & \vdots \\ 0 & \cdots & 0 & d_{n-1} & 0 \end{bmatrix} \qquad (3\text{-}128)$$

对于每一个断面的溶解氧，可以表达为：

$$O_2 = C^{-1}BO - C^{-1}DL_2 + C^{-1}(f+h) \qquad (3\text{-}129)$$

式中，

$$f = (f_0 \quad f_1 \quad \cdots \quad f_{n-1})^T \qquad (3\text{-}130)$$

$$h = (h_1 \quad 0 \quad \cdots \quad 0)^T \qquad (3\text{-}131)$$

$$h_1 = C_0 O_{20} - d_0 L_{20} \qquad (3\text{-}132)$$

如果将 BOD 的表达式代入，形成耦合方程：

$$O_2 = C^{-1}BO - C^{-1}DA^{-1}BL + C^{-1}(f+h) - C^{-1}DA^{-1}g \qquad (3\text{-}133)$$

若令：

$$U = A^{-1}B$$

$$V = -C^{-1}DA^{-1}B$$

$$m = A^{-1}g$$

$$n = C^{-1}BO + C^{-1}(f+h) - C^{-1}DA^{-1}g$$

则：

$$L_2 = UL + m \qquad (3\text{-}134)$$

$$O_2 = VL + n \qquad (3\text{-}135)$$

这是描述多河段 BOD-DO 耦合关系的矩阵模型。U 和 V 是根据给定数据计算的下三角矩阵。U 是 BOD（对 BOD 的）响应矩阵，V 是溶解氧（对 BOD 的）响应矩阵。

【例 3-4】 已知一维河流的输入、输出数据如图 3-10 所示。设河流的饱和溶解氧值 $O_s = 10\text{mg/L}$。试用多河段模型模拟河流的 BOD 和 DO。

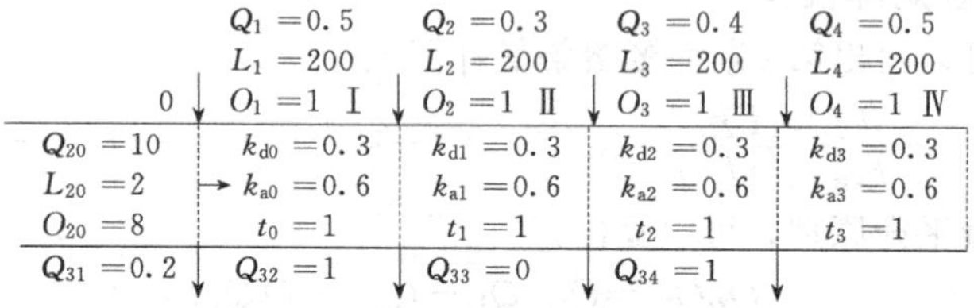

单位：Q，m^3/s；L，mg/L；O，mg/L；k_d，$1/\text{d}$；k_a，$1/\text{d}$；t，d。

图 3-10 计算河段的概化

解：第一步，计算矩阵 A、B、C、D 及向量 f、g、h 的元素数值：

a_0	a_1	a_2	a_3	b_1	b_2	b_3	b_4
0.8189	0.7116	0.7112	0.7018	0.04854	0.03125	0.0400	0.05263

c_0	c_1	c_2	c_3	d_0	d_1	d_2	d_3
0.7048	0.5317	0.5268	0.5199	0.1141	0.1860	0.1843	0.1819

f_0	f_1	f_2	f_3	g_1	h_1
2.4662	4.3710	4.3315	4.2745	1.6378	5.4102

第二步，计算逆矩阵，并将上述计算值代入各矩阵和向量，求出 BOD 和 DO 的响应矩阵及向量：

$$U = \begin{bmatrix} 0.04854 & 0 & 0 & 0 \\ 0.03483 & 0.03125 & 0 & 0 \\ 0.02477 & 0.02223 & 0.04000 & 0 \\ 0.01738 & 0.01560 & 0.02807 & 0.05263 \end{bmatrix}$$

$$\boldsymbol{V}=\begin{bmatrix} 0 & 0 & 0 & 0 \\ -0.00903 & 0 & 0 & 0 \\ -0.01118 & -0.005759 & 0 & 0 \\ -0.01032 & -0.007038 & -0.007276 & 0 \end{bmatrix}$$

$$\boldsymbol{m}=(1.6378\quad 1.1753\quad 0.8359\quad 0.5867)^{\mathrm{T}}$$

$$\boldsymbol{n}=(7.9253\quad 8.3110\quad 8.5335\quad 8.6118)^{\mathrm{T}}$$

第三步，利用 U、V、m 和 n 计算各断面的 BOD 和 DO（mg/L）：

$$\boldsymbol{L}_2=\boldsymbol{U}\boldsymbol{L}+\boldsymbol{m}=(11.35\quad 14.39\quad 18.24\quad 23.32)^{\mathrm{T}}$$

$$\boldsymbol{O}_2=\boldsymbol{V}\boldsymbol{L}+\boldsymbol{n}=(7.93\quad 6.51\quad 5.15\quad 3.69)^{\mathrm{T}}$$

五、含支流的河流矩阵模型

假设主流含 1，2，…，i，…，n 个断面，支流含 $1(i)$，$2(i)$，…，$m(i)$ 个断面，在主流断面 (i) 汇入主流（图 3-11）。

可以对支流写出矩阵方程，计算支流最下游断面 $m(i)$ 的水质。将支流作为污染源计入主流的矩阵方程即可。令：

$$L_i=L'_{2m} \tag{3-136}$$

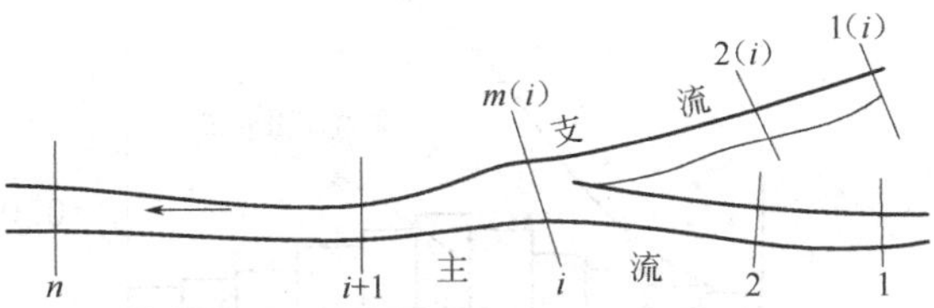

式中，L_i 为主流上第 i 个断面（即支流汇入断面）处的污水浓度；L'_{2m} 为支流最后一个断面处的 BOD 浓度。

图 3-11　含支流的河流模型概化图

第四节　二维河流水质模型

一、解析模型

在流场均匀稳定的情况下，可以采用解析模型模拟污染物的运动过程。由于河岸的反射作用，河流的二维水质解析模型为：

$$C(x,y)=\frac{2Q\exp\left(\dfrac{-kx}{u_x}\right)}{u_x h\sqrt{\dfrac{4\pi D_y x}{u_x}}}\left\{\exp\left(-\frac{u_x y^2}{4D_y x}\right)+\sum_{i=1}^{\infty}\exp\left[-\frac{u_x(2nB-y)^2}{4D_y x}\right]\right.$$
$$\left.+\sum_{i=1}^{\infty}\exp\left[-\frac{u_x(2nB+y)^2}{4D_y x}\right]\right\} \tag{3-137}$$

式中，B 是河流的宽度。边界的反射作用随着 n 的增加衰减很快。一般情况下取 2～3 次反射即能满足计算精度。

二、数值模型

1. 正交曲线坐标系统

在一个给定的河段中，沿水流方向将河段分成 m 个流带，同时在垂直水流方向将河段分成 n 个子河段，组成一个包含 $m\times n$ 个有限单元的平面网格系统（图 3-12）。

流管划分的原则是保持每一个流管流过相同的流量。流管的流量可以通过断面的单宽流量计算（如图 3-13 所示）。单宽流量是局部水深 h 与断面平均水深 H 的函数：

$$q=a\left(\frac{h}{H}\right)^b\times\frac{Q}{B} \tag{3-138}$$

式中，Q 表示通过河流断面的总流量；a 和 b 表示根据断面流量分布估计的参数，休姆（Sium）根据观察数据给出了估值范围。

在平直河道中：

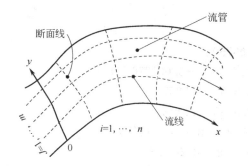

图 3-12 正交曲线坐标系统

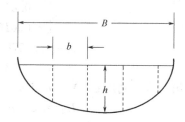

图 3-13 河流断面与流管

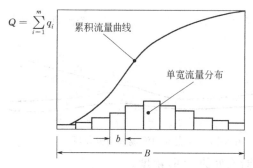

图 3-14 断面单宽流量与累积流量

若 $50 \leqslant \dfrac{B}{H} \leqslant 70$，$a=1.0$，$b=5/3$ （3-139）

若 $70 \leqslant \dfrac{B}{H}$，$a=0.92$，$b=7/4$ （3-140）

在弯曲河道中，当 $50 \leqslant B/H \leqslant 100$ 时，$0.095 \geqslant a \geqslant 0.08$，$2.48 \geqslant b \geqslant 1.78$。

2. 断面累积流量曲线

根据单宽流量的计算结果作出断面累积流量曲线（图 3-14）。如果以纵坐标表示流量，将总流量分成 m 等份，对应的横坐标则表示流管的宽度。

由流线和断面线组成一个正交曲线坐标系统。假设第 (i, j) 个单元的长度是 Δx_{ij}，宽度为 Δy_{ij}，平均水深 h_{ij}。

3. BOD 模型

对任意一个单元 (i, j)，可以写出质量平衡方程。

由推流输入、输出该单元的 BOD 总量为：

$$q_j(L_{i-1,j} - L_{i,j}) \tag{3-141}$$

由纵向弥散作用输入、输出该单元的 BOD 总量为：

$$D'_{(i-1,j),ij}(L_{i-1,j} - L_{ij}) - D'_{ij,(i+1,j)}(L_{ij} - L_{i+1,j}) \tag{3-142}$$

由横向弥散作用输入、输出该单元的 BOD 总量为：

$$D'_{(i,j-1),ij}(L_{i,j-1} - L_{ij}) - D'_{ij,(i,j+1)}(L_{ij} - L_{i,j+1}) \tag{3-143}$$

在 (i, j) 单元内的 BOD 衰减量为：

$$V_{ij}k_{dij}L_{ij} \tag{3-144}$$

由系统外输入的 BOD 总量为：

$$q_j(L_{i-1,j} - L_{ij}) - D'_{(i-1,j),ij}(L_{i-1,j} - L_{ij}) + D'_{ij,(i+1,j)}(L_{ij} - L_{i+1,j})$$
$$- D'_{(i,j-1),ij}(L_{i,j-1} - L_{ij}) + D'_{ij,(i,j+1)}(L_{ij} - L_{i,j+1}) + V_{ij}k_{dij}L_{ij} = W^L_{ij} \tag{3-145}$$

上述各式中：$D'_{(i-1,j),ij} = D_{(i-1,j),ij}\dfrac{A_{(i-1,j),ij}}{\bar{x}_{(i-1,j),ij}}$

$$D'_{ij,(i+1,j)} = D_{ij,(i+1,j)}\dfrac{A_{ij,(i+1,j)}}{\bar{x}_{ij,(i+1,j)}}$$

$$D'_{(i,j-1),ij} = D_{(i,j-1),ij}\dfrac{A_{(i,j-1),ij}}{\bar{y}_{(i,j-1),ij}}$$

$$D'_{ij,(i,j+1)} = D_{ij,(i,j+1)}\dfrac{A_{ij,(i,j+1)}}{\bar{y}_{ij,(i,j+1)}}$$

式中，q_i 表示第 i 个流带中的流量；L_{ij} 表示第 ij 单元的 BOD 浓度；V_{ij} 表示第 ij 单元的容积；k_{dij} 表示第 ij 单元的 BOD 衰减速度常数；$D_{ij,kl}$ 表示单元 ij 和 kl 间的弥散系数；$A_{ij,kl}$ 表示单元 ij 和 kl 间的界面面积；$\bar{x}_{ij,kl}$ 表示上下游相邻单元的距离；$\bar{y}_{ij,kl}$ 表示横向相邻单元间的距离。

可以写出第 ij 单元的 BOD 质量平衡关系：

$$
\begin{aligned}
V_{ij}\frac{\mathrm{d}L_{ij}}{\mathrm{d}t} = &\, q_j(L_{i-1,j}-L_{ij}) \\
&+ D'_{(i-1,j),ij}(L_{i-1,j}-L_{ij}) - D'_{ij,(i+1,j)}(L_{ij}-L_{i+1,j}) \\
&+ D'_{(i,j-1),ij}(L_{i,j-1}-L_{ij}) - D'_{ij,(i,j+1)}(L_{ij}-L_{i,j+1}) - V_{ij}k_{dij}L_{ij} + W^L_{ij}
\end{aligned} \tag{3-146}
$$

如果问题可以简化为稳态，则

$$
\frac{\mathrm{d}L_{ij}}{\mathrm{d}t} = 0 \tag{3-147}
$$

如果将所有单元中的 BOD 值写成 $m\times n$ 维向量：

$$
\boldsymbol{L} = [L_{11} \cdots L_{ij} \cdots L_{nm}]^T \tag{3-148}
$$

将所有系统外输入也写成 $m\times n$ 维向量：

$$
\boldsymbol{W}^L = [W^L_{11} \cdots W^L_{ij} \cdots W^L_{nm}]^T \tag{3-149}
$$

可以对这个河段写出矩阵方程：

$$
\boldsymbol{GL} = \boldsymbol{W}^L \tag{3-150}
$$

$\boldsymbol{G}$ 是一个 $(m\times n)\times(m\times n)$ 维矩阵，称为变换矩阵。$\boldsymbol{G}$ 的各个元素 g_{kl} 计算如下：

对 $l=k$，$g_{kl}=q_j+D'_{(i,j-1),ij}+D'_{ij,(i,j+1)}+D'_{ij,(i+1,j)}+V_{ij}k_{dij}$ （3-151）

对 $l=k+1$，$g_{kl}=D'_{ij,(i,j+1)}$ （3-152）

对 $l=k-1$，$g_{kl}=D_{(i,j-1),ij}$ （3-153）

对 $l=k+m$，$g_{kl}=-D'_{ij,(i+1,j)}$ （3-154）

对 $l=k-m$，$g_{kl}=-q_j-D'_{(i-1,j),ij}$ （3-155）

对其余 l，$g_{kl}=0$ （3-156）

矩阵 $\boldsymbol{G}$ 的元素是流带流量、弥散系数、单元几何尺寸及 BOD 衰减速度的函数，如果已知上述参数，在给定外部输入的 BOD（污染源）时，每个单元的 BOD 值可以计算如下：

$$
\boldsymbol{L} = \boldsymbol{G}^{-1}\boldsymbol{W}^L \tag{3-157}
$$

式中，$\boldsymbol{G}^{-1}$ 是 $(m\times n)\times(m\times n)$ 维矩阵，称为 BOD 响应矩阵。

4. DO 有限单元模型

与 BOD 模型相似，可以写出一个单元的 DO 平衡：

$$
\begin{aligned}
V_{ij}\frac{\mathrm{d}O_{ij}}{\mathrm{d}t} = &\, q_j(O_{i-1,j}-O_{ij}) + D'_{(i-1,j),ij}(O_{i-1,j}-O_{ij}) - D_{ij,(i+1,j)}(O_{ij}-O_{i+1,j}) \\
&+ D_{(i,j-1),ij}(O_{i,j-1}-O_{ij}) - D_{ij,(i,j+1)}(O_{ij}-O_{i,j+1}) \\
&- V_{ij}k_{dij}L_{ij} + V_{ij}k_{aij}(O_s-O_{ij}) + W^o_{ij}
\end{aligned} \tag{3-158}
$$

式中，O_{ij} 为 DO 单元的 DO 浓度；O_s 为饱和溶解氧浓度；k_{aij} 为 DO 单元的复氧系数；其余符号意义同前。

如果将河段各单元的 DO 浓度写成一个 $m\times n$ 维向量：

$$
\boldsymbol{O} = [O_{11} \cdots O_{ij} \cdots O_{nm}]^T \tag{3-159}
$$

将系统外输入的 DO 也写成一个 $m\times n$ 维向量：

$$
\boldsymbol{W}^o = [w^o_{11} \cdots w^o_{ij} \cdots w^o_{nm}]^T \tag{3-160}
$$

对于二维河流的 DO 也可以写出一个矩阵方程：

$$V_{ij}\frac{\mathrm{d}O_{ij}}{\mathrm{d}t}=-HO+BL+W^o \tag{3-161}$$

对于稳态问题：$HO=BL+W^o$

将 BOD 的表达式代入上式，得：

$$HO=BG^{-1}W^L+W^o \tag{3-162}$$

二维河段的 DO 分布是一个与 BOD 耦合的模型：

$$O=H^{-1}BG^{-1}W^L+H^{-1}W^o \tag{3-163}$$

第五节　地下水水质模型基础

一、污染物在地下水中的运动特征

污染物在地下水中运动的基本特征与河流中类似，迁移与扩散是基本的运动方式。由于地下水是在多孔介质中流动，在颗粒表面上的沉积和吸附是水质引起变化的主要特征。

1. 实际流速与孔隙流速

地下水一般是在多孔介质中流动，地下水在承压含水层中的渗透速度可以用式（3-164）计算：

$$u_x=\frac{k(H_1-H_2)}{L}=\frac{q_e}{m} \tag{3-164}$$

式中，L 为水流的流动距离；k 为渗透系数；H_1 和 H_2 分别为起点和终点的水头；q_e 为地下水流的单宽流量；m 为含水层的厚度。实际水流（u_x）的速度一般都要大于渗透速度：

$$u_x^*=\frac{u_x}{n} \tag{3-165}$$

式中，n 为有效孔隙度。

2. 推流迁移

污染物在地下水中的推流迁移与河流中类似，随着水流的流动而流动。推流迁移可以改变污染物的位置，但不改变污染物的分布形状和总量。在 x、y、z 三个方向上，由于推流作用导致的单位距离、单位时间的污染物质量通量（即推流迁移通量）可以用式（3-166）表示：

$$f_x^1=u_xC；\ f_y^1=u_yC；\ f_z^1=u_zC \tag{3-166}$$

3. 扩散-弥散

弥散是由采用状态的空间平均值引起的。与河流的弥散过程模拟相类似，可以表示为式（3-167）：

$$f_x^2=-D\frac{\partial C}{\partial x},\ f_y^2=-D\frac{\partial C}{\partial y},\ f_z^2=-D\frac{\partial C}{\partial z} \tag{3-167}$$

式中，D 为弥散系数。如果弥散系数是各向异性的，弥散系数就是一个张量，弥散通量可以写成：

$$\begin{bmatrix} f_x^2 \\ f_y^2 \\ f_z^2 \end{bmatrix}=\begin{bmatrix} D_{xx} & D_{xy} & D_{xz} \\ D_{yx} & D_{yy} & D_{yz} \\ D_{zx} & D_{zy} & D_{zz} \end{bmatrix}\begin{bmatrix} -\partial C/\partial x \\ -\partial C/\partial y \\ -\partial C/\partial z \end{bmatrix} \tag{3-168}$$

在水流方向与坐标轴一致时，上式可以简化成：

$$\begin{bmatrix} f_x^2 \\ f_y^2 \\ f_z^2 \end{bmatrix}=\begin{bmatrix} D_x & & \\ & D_y & \\ & & D_z \end{bmatrix}\begin{bmatrix} -\partial C/\partial x \\ -\partial C/\partial y \\ -\partial C/\partial z \end{bmatrix} \tag{3-169}$$

在一个实际系统中，污染物的分散作用包括分子扩散分量和机械分散（包括湍流扩散和弥散）分量。在地下水中，分子扩散系数 $\overline{D}$ 可以用式（3-170）表达：

$$\overline{D}=wD^*\qquad(3\text{-}170)$$

式中，D^* 是在标准溶液中测定的分子扩散系数；w 是由经验确定的小于 1 的系数，通常 w 在 0.67~0.707 之间。

机械分散的分散系数可以表示为水流速度（假定流速的方向为 x 方向）的函数：

$$D_x=\alpha_x u_x\qquad(3\text{-}171)$$

$$D_y=\alpha_y u_x\qquad(3\text{-}172)$$

$$D_z=\alpha_z u_x\qquad(3\text{-}173)$$

式中，α_x、α_y、α_z 分别称为 x 方向、y 方向和 z 方向的弥散度，通常，α_z 较 α_y 小一至数个数量级，α_y 又较 α_x 小一至数个数量级。综合上述结果得到弥散系数的计算式为：

x 方向，
$$D_x=\overline{D}+\alpha_x u_x=wD^*+\alpha_x u_x\qquad(3\text{-}174)$$

y 方向，
$$D_y=\overline{D}+\alpha_y u_x=wD^*+\alpha_y u_x\qquad(3\text{-}175)$$

z 方向，
$$D_z=\overline{D}+\alpha_z u_x=wD^*+\alpha_z u_x\qquad(3\text{-}176)$$

4. 吸附

地下水在流动过程中，与周围的多孔介质不断接触，介质表面对地下水中的污染物会产生吸附作用。吸附通量可以表示为：

$$r=-\frac{\rho_b}{n}\times\frac{\partial\overline{C}}{\partial t}\qquad(3\text{-}177)$$

式中，ρ_b 为介质的容积密度；$\overline{C}$ 为吸附在介质表面上的污染物质的浓度；n 为多孔介质的孔隙率。在吸附平衡时，污染物在介质上的浓度 $\overline{C}$ 与在地下水中的浓度 C 具有如下动态平衡关系：

$$\overline{C}=k_d C\qquad(3\text{-}178)$$

式中，k_d 称为分配系数。于是吸附通量可以写成：

$$r=-\frac{\rho_b}{n}\times\frac{\partial\overline{C}}{\partial t}=-\frac{\rho_b k_d}{n}\times\frac{\partial C}{\partial t}\qquad(3\text{-}179)$$

5. 污染物的衰减

可降解污染物在地下水中的衰减过程一般可以表示为：

$$\frac{\partial C}{\partial t}=-k_1 C\qquad(3\text{-}180)$$

式中，k_1 是污染物的降解速度常数，其数值与污染物的性质、水流的状态有关，污染物在地下水中的降解速度通常小于地面水；t 为污染物在地下水中的流行时间。

二、地下水污染的途径

为了处置和输送生产和生活中产生的废水、废物，人们修建了许多污水池、管道、堆料场等构筑物；同时，为了利用污水，人们还修建了养鱼塘、污水灌溉田、氧化塘；此外，人们还广泛地利用土地处理系统处理和净化污水。这些工程都可能对地下水产生影响；利用渗坑、深井处置和排放污水，更是地下水的直接污染源；被污染的河流、渠道、湖泊也是地下水污染的主要来源。地下水的污染大多通过下述途径。

1. 通过包气带渗入

由于地下水疏干，含水层中含有空气的地层称为包气带（图 3-15）。通过包气带渗透是地面污染源污染地下水的最主要途径。

通过包气带的污染分为连续渗透污染和断续渗透污染。地面污水池、废水坑、损坏的污水管等形成的污染一般属于连续污染；地面废物堆、垃圾坑、饲养场等由于雨水淋沥造成的

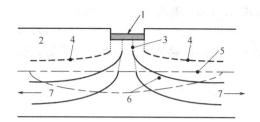

图 3-15　通过包气带进入含水层

1—污水池；2—土壤包气带；3—向下渗透带；

4—地下水位抬高线；5—初始地下水位线；

6—污染带；7—污染物扩散方向

污染一般属于断续渗透污染。

由于地层有过滤、吸附等自净能力，污水流经包气带时浓度会发生变化，特别在包气带的岩层颗粒较细、厚度较大时，可以使污水中的污染物含量大大降低，甚至全部消除。包气带的这种作用给地下水的水质计算带来很大困难。但在连续渗透的条件下，如果污水的浓度保持不变，对地下水的污染物的补充是固定的，初始断面处的浓度可以视为不变，计算过程可以简化。

2. 由井、孔、坑道、岩洞等通道直接注入

利用井、孔、坑道或岩洞等通道将污水直接注入地下岩石空隙中，通过过滤、扩散、离子交换、吸附、沉淀等自净作用可以将污水净化。但是地层净化污水的能力是有一定限度的，超过限度就会造成地下水的污染。采用这种方法净化污水时，需要对地质状况有比较透彻的认识，否则其后果将会是严重的。

3. 地表水体的渗入（图 3-16）

被污染的河流、湖泊、近岸海水都可能对地下水特别是潜水产生污染。

城市的地下水水源地很多都建立在地层透水性良好、水量充足的河流两岸，依靠河流的补给提供充足的水量。被污染的地下水要在含水层中流经一定的距离到达取水井。由于岩层的净化作用，污染中的污染物浓度将会有所下降。

4. 含水层之间的垂直越流（图 3-17）

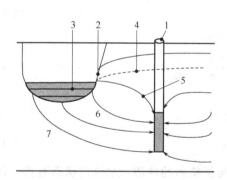

图 3-16　由地表水体渗入

1—抽水井；2—河流冲积层；3—被污染的地面水；

4—原地下水位；5—抽水时的地下水位；

6—诱导补给层；7—含水层

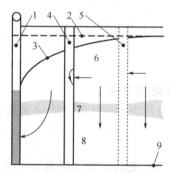

图 3-17　垂直越流

1—承压水抽水井；2—被污染的潜水水位；

3—承压水动水位；4—被腐蚀的钻孔套管；

5—废弃钻孔；6—潜水含水层；7—弱透水层；

8—承压含水层；9—隔水层

开采封闭较好的承压含水层时，顶板之上如果有被污染了的潜水，对承压水来说就是潜在的污染源。在开采承压水时由于水位下降，与潜水形成较大的水头差，潜水有可能通过弱透水的隔水顶板直接越流；可以通过承压含水层顶板的"天窗"流入；也可以通过止水不严的套管（或被腐蚀的套管）的缝隙下渗到承压含水层；还可能从套管未封死的废弃钻孔流入。

开采潜水或浅层承压水时，深层承压含水层中的咸水或被污染的水同样可以通过上述途径向上越流污染潜水或浅层承压水。

三、地下水环境质量基本模型

1. 基本方程

通过考察一个微小单元的质量平衡关系（见图 3-18），可以推导地下水环境质量基本方程。基本方程反映了污染物在地下水中的基本运动特征，包括推流、扩散与弥散、吸附、降解等过程。

以 x 方向为例。流入单元体的污染物通量包括推流输入通量和弥散输入通量；流出单元体的污染物通量包括推流输出增量和弥散输出增量。

在 x 方向上，单位时间内由推流产生的污染物量的变化：

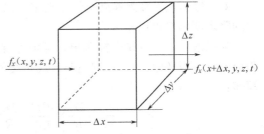

图 3-18　微小单元的质量平衡

$$\Delta f_x^1 = \frac{\partial f_x^1}{\partial x}\Delta x \Delta y \Delta z \Delta t$$

$$= \frac{\partial (u_x C)}{\partial x}\Delta x \Delta y \Delta z \Delta t \qquad (3\text{-}181)$$

在 x 方向上弥散通量的变化为：

$$\Delta f_x^2 = \frac{\partial f_x^2}{\partial x}\Delta x \Delta y \Delta z \Delta t = \frac{\partial}{\partial x}\left(-D_x \frac{\partial C}{\partial x}\right)\Delta x \Delta y \Delta z \Delta t \qquad (3\text{-}182)$$

由于吸附作用，单位时间内产生的污染物量的变化为：

$$\Delta f_x^3 = \frac{\rho_b k_d}{n}C \Delta x \Delta y \Delta z \Delta t \qquad (3\text{-}183)$$

由于降解作用，单位时间内产生的污染物量的变化为：

$$\Delta f_x^4 = -k_1 C \Delta x \Delta y \Delta z \Delta t \qquad (3\text{-}184)$$

与第二章中推导环境质量基本模型相类似，得到一维条件下的地下水污染物弥散模型：

$$\frac{\partial C}{\partial t} = D_x \frac{\partial^2 C}{\partial x^2} - u_x \frac{\partial C}{\partial x} \pm \sum_{k=1}^{m} W_m \qquad (3\text{-}185)$$

式中，$u_x = -\dfrac{k_x}{n}\times\dfrac{\partial h}{\partial x}$，为 x 方向的渗透速度或平均孔隙流速；C 为溶解污染物的浓度；D_x 为 x 方向的弥散系数张量；h 为水头；W_m 为输入或输出系统的源汇项，主要包括污染物的降解和在颗粒物上的吸附等。

考虑到地下水运动过程中多孔介质的吸附作用，上述一维模型可以写作：

$$\frac{\partial C}{\partial t} = D_x \frac{\partial^2 C}{\partial x^2} - u_x \frac{\partial C}{\partial x} - \frac{\rho_b k_d}{n}\times\frac{\partial C}{\partial t} \qquad (3\text{-}186)$$

经整理得到：

$$\left(1+\frac{\rho_b k_d}{n}\right)\frac{\partial C}{\partial t} = D_x \frac{\partial^2 C}{\partial x^2} - u_x \frac{\partial C}{\partial x} \qquad (3\text{-}187)$$

如果令 $R = 1 + \dfrac{\rho_b k_d}{n}$，上式可以写作：

$$R\frac{\partial C}{\partial t} = D_x \frac{\partial^2 C}{\partial x^2} - u_x \frac{\partial C}{\partial x} \qquad (3\text{-}188)$$

或

$$\frac{\partial C}{\partial t} = \frac{D_x}{R}\times\frac{\partial^2 C}{\partial x^2} - \frac{u_x}{R}\times\frac{\partial C}{\partial x} \qquad (3\text{-}189)$$

式中，R 被称为迟滞因子，它所起的作用是减缓污染物的迁移速度。

对于可降解污染物，引进降解项后，地下水中的环境质量模型为：

$$\frac{\partial C}{\partial t} = \frac{D_x}{R} \times \frac{\partial^2 C}{\partial x^2} - \frac{u_x}{R} \times \frac{\partial C}{\partial x} - k_1 C \tag{3-190}$$

将上式推广，可以得到二维和三维地下水环境质量模型：

$$\frac{\partial C}{\partial t} = \frac{D_x}{R} \times \frac{\partial^2 C}{\partial x^2} + \frac{D_y}{R} \times \frac{\partial^2 C}{\partial y^2} - \frac{u_x}{R} \times \frac{\partial C}{\partial x} - \frac{u_y}{R} \times \frac{\partial C}{\partial y} - k_1 C \tag{3-191}$$

$$\frac{\partial C}{\partial t} = \frac{D_x}{R} \times \frac{\partial^2 C}{\partial x^2} + \frac{D_y}{R} \times \frac{\partial^2 C}{\partial y^2} + \frac{D_z}{R} \times \frac{\partial^2 C}{\partial z^2} - \frac{u_x}{R} \times \frac{\partial C}{\partial x} - \frac{u_y}{R} \times \frac{\partial C}{\partial y} - \frac{u_z}{R} \times \frac{\partial C}{\partial z} - k_1 C \tag{3-192}$$

对于守恒或者降解速度很慢以至于可以忽略不计的污染物，上述一维、二维、三维模型中的降解项 $k_1 C$ 可以略去。

如果采用正交曲线坐标系统，且流速保持恒定，可以定义两个坐标方向 S_x 和 S_y，S_x 是沿着流线的坐标，而 S_y 则是与流线正交的坐标，地下水二维正交曲线坐标系统模型可以写作：

$$\frac{\partial C}{\partial t} = \frac{D_x}{R} \times \frac{\partial^2 C}{\partial S_x^2} + \frac{D_y}{R} \times \frac{\partial^2 C}{\partial S_y^2} - \frac{u_x}{R} \times \frac{\partial C}{\partial S_x} - k_1 C \tag{3-193}$$

上述模型一般形式的解析解不易求得。事实上，对一个非均匀系统不可能存在解析解。由于自然界的空隙介质通常都具有不均匀的渗透系数，使得该问题的求解更为复杂。除了某些辐射流问题外，几乎所有的解析解都属于均匀流和稳定流系统。这就是说，系统中流速的大小和方向都不因时间和空间的变化而变化，系统具有均匀的渗透系数。

2. 初始条件和边界条件

求解任何形式的时变偏微分方程，都需要相应的初始条件和边界条件。一般形式的初始条件可以写作：

$$C(x,y,z,t) = f(x,y,z,0), \ t = 0 \tag{3-194}$$

根据物理约束，可以确定三种类型的边界条件。

（1）Dirichlet 边界条件　给定部分边界的浓度：

$$C(x_0, y_0, z_0, t) = C_0(t) \tag{3-195}$$

（2）Neuman 边界条件　给定确定边界的浓度梯度：

$$D_i \frac{\partial C}{\partial x_i} = q(x,y,z,t) \tag{3-196}$$

式中，q 为已知函数，对于不透水边界，$q=0$。

（3）Cauchy 边界条件　给定确定边界的浓度及其浓度梯度：

$$\left(D_{ij} \frac{\partial C}{\partial x_j} - u_i C \right) = g(x,y,z,t) \tag{3-197}$$

式中，g 为已知函数，等号左侧括号中第一项表示弥散通量，第二项表示推流迁移通量。

四、基本模型的解析解

1. 一维问题

首先考虑一个无限长的、渗透速度为 u 的稳定均匀流场的一维模型。在任何时间 t 和距投放点的距离为 x 处的物质浓度可以用下式表述：

$$\frac{\partial C}{\partial t} = \frac{D_x}{R} \times \frac{\partial^2 C}{\partial x^2} - \frac{u_x}{R} \times \frac{\partial C}{\partial x} - k_1 C \tag{3-198}$$

（1）污染物排放时间为 $0 < t \leqslant t_0$，输入污染物的衰减速度常数为 α，输入污染物的浓度可以用下式表示：

$$f(t) = C_0 \exp(-\alpha t), \ 0 < t \leqslant t_0$$
$$f(t) = 0, \ t > t_0 \tag{3-199}$$

根据所给条件可知，当 $t=0$ 时，$C(x,t)=0$，表示系统在初始时不含该种类物质；当 $x\to\infty$ 时，$\dfrac{\partial C(x,t)}{\partial x}=0$，表示在空间的另一端，浓度保持不变。$x=0$ 的边界条件可以用式（3-200）表示：

$$\left(-D_x\frac{\partial C}{\partial x}+u_xC\right)\Big|_{x=0}=u_xf(t) \tag{3-200}$$

式（3-200）表明，在输入边界上，任何时刻的质量通量都等于由推流带走的通量（即没有弥散通量）。

通过 Laplace 变换，上述方程的解为：

$$C(x,t)=A(x,t), \quad 0<t\leqslant t_0$$
$$C(x,t)=A(x,t)-A(x,t-t_0)\exp(at_0), \quad t>t_0 \tag{3-201}$$

式中，
$$A(x,t)=C_0\exp(-at)A_1(x,t), \quad a\neq k_1 \tag{3-202}$$
$$A(x,t)=C_0\exp(-at)A_2(x,t), \quad a=k_1 \tag{3-203}$$

$$\begin{aligned}
A_1(x,t)=&\frac{u_x}{u_x+u}\exp\left[\frac{x(u_x-u)}{2D_x}\right]\mathrm{erfc}\left(\frac{Rx-u_xt}{2\sqrt{D_xRt}}\right)\\
&+\frac{u_x}{u_x-u}\exp\left[\frac{x(u_x+u)}{2D_x}\right]\mathrm{erfc}\left(\frac{Rx+u_xt}{2\sqrt{D_xRt}}\right)\\
&+\frac{u_x^2}{2D_xR(\lambda-a)}\exp\left[\frac{u_xx}{D_x}+(a-\lambda)t\right]\mathrm{erfc}\left(\frac{Rx+u_xt}{2\sqrt{D_xRt}}\right)
\end{aligned} \tag{3-204}$$

式中，$u=\sqrt{u_x^2+4D_xR(\lambda-a)}$

$$\begin{aligned}
A_2(x,t)=&\frac{1}{2}\mathrm{erfc}\left(\frac{Rx-u_xt}{2\sqrt{D_xRt}}\right)+\sqrt{\frac{u_x^2t}{\pi D_xR}}\exp\left[-\frac{(Rx-u_xt)^2}{4D_xRt}\right]\\
&-\frac{1}{2}\left(1+\frac{u_xx}{D_xR}+\frac{u_x^2t}{D_xR}\right)\exp\left(\frac{u_xx}{D_x}\right)\mathrm{exfc}\left(\frac{Rx+u_xt}{2\sqrt{D_xRt}}\right)
\end{aligned} \tag{3-205}$$

上述各式中，$\mathrm{erfc}(x)$ 为余误差函数。

（2）$a=0$。此时，表示系统外输入浓度定常，边界条件是常量，即

$$\left(-D_x\frac{\partial C}{\partial x}+u_xC\right)\Big|_{x=0}=u_xC_0, \quad 对\ 0<t\leqslant t_0 \tag{3-206}$$

$$\left(-D_x\frac{\partial C}{\partial x}+u_xC\right)\Big|_{x=0}=0, \quad 对\ t>t_0 \tag{3-207}$$

令 $a=0$，得到式（3-208）的解为：

$$\begin{aligned}
\frac{C}{C_0}=A_1(x,t)=&\frac{u_x}{u_x+u}\exp\left[\frac{x(u_x-u)}{2D_x}\right]\mathrm{erfc}\left(\frac{Rx-u_xt}{2\sqrt{D_xRt}}\right)\\
&+\frac{u_x}{u_x-u}\exp\left[\frac{x(u_x+u)}{2D_x}\right]\mathrm{erfc}\left(\frac{Rx+u_xt}{2\sqrt{D_xRt}}\right)\\
&+\frac{u_x^2}{2D_xRt}\exp\left(\frac{u_xx}{D_x}-\lambda t\right)\mathrm{erfc}\left(\frac{Rx+u_xt}{2\sqrt{D_xRt}}\right)
\end{aligned} \tag{3-208}$$

（3）$a=\lambda=0$。此时，输入污染物的浓度定常，污染物在地下水中的衰减为零，基本方程可以写作：

$$\frac{\partial C}{\partial t}=\frac{D_x}{R}\times\frac{\partial^2C}{\partial x^2}-\frac{u_x}{R}\times\frac{\partial C}{\partial x} \tag{3-209}$$

此时的解为：

$$\frac{C}{C_0}=A_2(x,t),\ \text{对}\ 0<t\leqslant t_0$$

$$\frac{C}{C_0}=A_2(x,t)-A_2(x,t-t_0),\ \text{对}\ t>t>t_0 \tag{3-210}$$

（4）$\alpha=k_1=0$，$R=1$。此时，污染物的输入浓度定常，地下水中的污染物衰减为零，且不存在吸附。此时的解为：

$$\frac{C}{C_0}=A_3(x,t),\ \text{对}\ 0<t\leqslant t_0$$

$$\frac{C}{C_0}=A_3(x,t)-A_3(x,t-t_0),\ \text{对}\ t>t_0 \tag{3-211}$$

式中，
$$A_3(x,t)=\frac{1}{2}\mathrm{erfc}\left(\frac{x-u_xt}{2\sqrt{D_xRt}}\right)+\frac{u_x^2t}{\pi D_x}\exp\left(-\frac{x-u_xt}{4D_xt}\right)$$

$$-\frac{1}{2}\left(1+\frac{u_xx}{D_x}+\frac{u_x^2t}{D_x}\right)\exp\left(\frac{u_xx}{D_x}\right)\mathrm{erfc}\left(\frac{x+u_xt}{2\sqrt{D_xt}}\right) \tag{3-212}$$

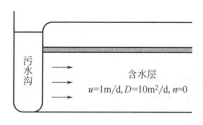

图 3-19　例 3-5 示意

【例 3-5】　如图 3-19 所示，均质含水层，厚度 10m，稳态均匀流，孔隙流速 1m/d，一条相当长的沟渠垂直水流方向通过，沟渠水流中不含化学反应物。沟渠中的水以 0.1m³/d 的流量渗入地下。污水中的非反应物的浓度是 10kg/m³，纵向弥散度为 $\alpha_x=10$m，土壤空隙度为 0.2。要求进行下述计算：①1a、2a 和 10a 以后 C/C_0 随距离的变化；②确定 10a 以后距沟渠多远处的地下水中污染物浓度是 0.1mg/L？

解：计算地下水的体积流率：

$$Q=1\times10\times0.2=2\ [\mathrm{m^3/(d\cdot m)}]$$

由于渗入污水量 $q=0.1\mathrm{m^3/(d\cdot m)}$，仅为地下水流量的 5%，忽略由于污水量引起的地下水流速增量，不致有大的误差。

假定渗入的污水与地下水均匀混合，污染物在地下水中的初始浓度为：

$$C_0=\frac{0.1\times10}{Q+q}\approx500\ (\mathrm{mg/L})$$

根据式（3-176）计算弥散系数：

$$D_x=\alpha_xu=1\times10=10\ (\mathrm{m^2/d})$$

计算条件：时间 $t=10$a；计算距离，距离污水渠 1000～6500m；空间步长 500m；弥散系数 $D_x=10\mathrm{m^2/d}$；孔隙流速 $u_x=1.0$m/d；迟滞因子 $R=1$；且 $\alpha=k_1=0$。表 3-7 为计算结果。

表 3-7　$t=10$a 的无量纲浓度（计算步长：500m）

x/m	C/C_0	x/m	C/C_0
1000	0.1×10^1	4000	0.9898×10^{-1}
1500	0.1×10^1	4500	0.8471×10^{-3}
2000	0.1×10^1	5000	0.3010×10^{-6}
2500	0.1×10^1	5500	0.3913×10^{-11}
3000	0.9922×10^0	6000	约 0.0000×10^{-13}
3500	0.7139×10^0	6500	约 0.0000×10^{-33}

从上述的计算结果可以看出，C/C_0 的最大变化发生在 $3000\sim4500$m 之间。为了得到这个区间更精确的结果，可以将步长缩短到 100m，计算结果如表 3-8 所列。

表 3-8 $t=10$a、$x=3100\sim4300$m 的 C/C_0 分布（计算步长：100m）

x/m	C/C_0	x/m	C/C_0
3100	0.9797×10^{00}	3700	0.4301×10^{00}
3200	0.9532×10^{00}	3800	0.2923×10^{00}
3300	0.9042×10^{00}	3900	0.1796×10^{00}
3400	0.8252×10^{00}	4000	0.4868×10^{-1}
3500	0.7139×10^{00}	4100	0.2127×10^{-1}
3600	0.5771×10^{00}	4200	0.8230×10^{-2}

为了确定浓度为 0.1mg/L 的发生位置，其相应的无量纲浓度为：

$$\frac{C}{C_0}=\frac{0.1}{500}=0.2\times10^{-3}$$

由表 3-7 可以查出：$x=4500$m 和 $x=5000$m 处的 C/C_0 值分别为 0.84×10^{-3} 和 0.3×10^{-6}。由此，$C/C_0=0.2\times10^{-3}$ 值发生在 $x=4500\sim5000$m 之间的某处（如图 3-20 所示）。

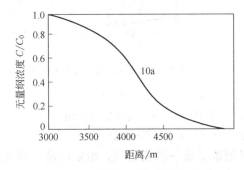

图 3-20 无量纲浓度与距离的关系

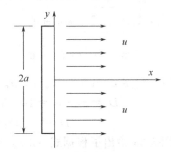

图 3-21 二维平面流问题

2. 二维平面流问题

二维对流弥散方程为：

$$\frac{\partial C}{\partial x}=\frac{D_x}{R}\times\frac{\partial^2 C}{\partial x^2}+\frac{D_y}{R}\times\frac{\partial^2 C}{\partial y^2}-\frac{u_x}{R}\times\frac{\partial C}{\partial x}-\frac{u_y}{R}\times\frac{\partial C}{\partial y}-\lambda C \tag{3-213}$$

如果假定源的长度为 $2a$，且与地下水的流向正交，沿 y 轴渗入地下水（如图 3-21 所示），源的浓度随时间呈指数下降。其边界条件与初始条件如下：

$$C(0,y,t)=C_0 e^{-\alpha t}, \text{对} -a\leqslant y\leqslant a$$

$$C(0,y,t)=0, \text{对其余 } y \text{ 值}$$

$$\lim_{y\to\infty}\frac{\partial C}{\partial y}=0$$

$$\lim_{x\to\infty}\frac{\partial C}{\partial x}=0$$

该模型的解为：

$$C(x,y,t)=\frac{C_0 x}{4\sqrt{\pi D_x t}}\exp\left(\frac{u_x x}{2D_x}-\alpha t\right)$$

$$\int_0^{t/R}\exp\left[-\left(\lambda R-\alpha R+\frac{u_x^2}{4D_x}\right)\tau-\frac{x^2}{4D_x\tau}\right]\tau^{-3/2}$$

$$\times\left[\operatorname{erf}\left(\frac{a-y}{2\sqrt{D_x\tau}}\right)+\operatorname{erf}\left(\frac{a+y}{2\sqrt{D_x\tau}}\right)\right]\mathrm{d}\tau \tag{3-214}$$

式中，τ 为沿 y 方向的流行时间。

【例 3-6】 均质含水层渗透速度为 0.1m/d。工厂废液排入一个长 100m、宽 5m 的污水塘中，假定污水塘的长边垂直于地下水的水流方向，污水从污水塘底部渗漏，到达含水层（图 3-22），并形成污染物浓度 100mg/L。设含水层的横向弥散系数是纵向的 1/10。要求：①污染物到达含水层后 1～5a 的下游浓度变化；②如果给定该种污染物的容许浓度为 10mg/L，识别污水到达含水层后 5a 地下水被污染的面积。假定纵向弥散度 α 为 10m 和 50m 两个值。

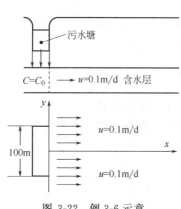

图 3-22 例 3-6 示意

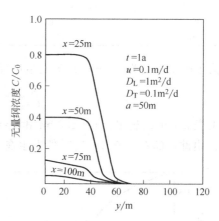

图 3-23 无量纲浓度随 y 值的变化

解：给定 $\alpha=\lambda=0$，同时，$a_x=10$m 或 50m，$D_x/D_y=10/1$，可以得到：

$$D_x = a_x \times u_x = 10 \times 0.1 = 1 \ (\text{m}^2/\text{d})，\text{或} \ D_x = 50 \times 0.1 = 5 \ (\text{m}^2/\text{d})$$

$$D_y = 0.1D_x = 0.1 \ (\text{m}^2/\text{d})，\text{或} \ D_y = 0.5 \ (\text{m}^2/\text{d})$$

图 3-23 给出了根据式（3-214）计算的无量纲浓度随 y 的变化值，给定的纵向弥散系数 $D_x=1$m²/d，$x=25$m、50m、70m 和 100m，$t=1$a。

为了完成本例的第二项任务，由题意给出的边界上的无量纲浓度 $C/C_0 = 10/1000 = 0.01$。由计算可知，相应于 $u=0.1$m/d、$D_x=0.1$m²/d 和 $t=1825$d（5a）的 C/C_0 值正好处在 0.01 附近的点上。

3. 辐射流问题

通过一个完整井排放污染物时，污染物在地下水中的分布问题就是一个辐射流问题。平面辐射流的推流弥散方程可以表达为：

$$\frac{\partial C}{\partial t} = \frac{1}{r} \times \frac{\partial}{\partial r}\left(D_r \frac{\partial C}{\partial r}\right) - u_r \frac{\partial C}{\partial r} \tag{3-215}$$

式中，D_r 为辐射方向的弥散系数，可以用 $\alpha_L u_r$ 近似 D_r，得：

$$\frac{\partial C}{\partial t} = \frac{1}{r} \times \frac{\partial}{\partial r}\left(\alpha_L u_r \frac{\partial C}{\partial r}\right) - u_r \frac{\partial C}{\partial r} \tag{3-216}$$

在 u_r 保持不变时，上式可以写作：

$$\frac{\partial C}{\partial t} = \alpha_L u \frac{\partial^2 C}{\partial r^2} - u_r \frac{\partial C}{\partial r} \tag{3-217}$$

如果一个承压含水层的厚度为 b，一口完整井以定常的速率 Q 排放浓度为 C_0 的某种化学物质，该种物质在含水层中的初始浓度为 0。该问题的数学表达式如下。

首先引入无量纲半径 r_D，无量纲时间 t_D 和无量纲浓度 C_D：

$$r_D = \frac{r}{\alpha_L}, \quad t_D = \frac{Qt}{2\pi b n \alpha_L^2}, \quad C_D = \frac{C}{C_0}$$

式（3-217）可以写成：

$$\frac{1}{r_D} \times \frac{\partial^2 C_D}{\partial r_D^2} - \frac{1}{r_D} \times \frac{\partial C_D}{\partial r_D} = \frac{\partial C_D}{\partial t_D} \tag{3-218}$$

这时的初始条件和边界条件为：

$$C_D(r_D, t_D) = 0, \ t_D = 0$$

$$C_D(r_{DW}, t_D) = 1$$

$$\lim_{r_D \to \infty} C_D(r_D, t_D) = 0$$

式中，r_{DW} 为无量纲直径。

求解式（3-218）是一个非常复杂的过程，需要通过拉普拉斯变换求解。

4. 辐射流问题的近似解

近似解法借助误差函数和表格求解。

如果同时考虑弥散系数与分子扩散系数，辐射流的对流-扩散方程可以写成：

$$\frac{\partial C}{\partial t} = \alpha_x u \frac{\partial^2 C}{\partial r^2} - u \frac{\partial C}{\partial r} + \frac{\overline{D}}{r} \times \frac{\partial}{\partial r}\left(r \frac{\partial C}{\partial r}\right) \tag{3-219}$$

式中，$\overline{D}$ 为分子扩散系数，上式可以变为：

$$\frac{\partial C}{\partial t} = \left(\frac{\alpha_x}{u} + \frac{\overline{D}}{u^2}\right)\frac{\partial^2 C}{\partial r^2} - u \frac{\partial C}{\partial r} \tag{3-220}$$

如果污染物在 $r = 0$ 处以稳定的速率 Q 和不变的浓度注入，可以得到式（3-217）的解：

$$\frac{C}{C_0} = \frac{1}{2}\text{erfc}\left[\left(\frac{r^2}{2} - rut\right)\left(\frac{4}{3}\alpha_x r^3 + \frac{\overline{D}}{u}r^3\right)^{-\frac{1}{2}}\right] \tag{3-221}$$

式中，$\text{erfc}(x) = 1 - \text{erf}(x)$，是余误差函数。式（3-221）的边界条件为：$\frac{\partial C(r,0)}{\partial t} = 0$。

这个解在源排放点处是不正确的，在距离排放点不远处可以得到近似值。

如果假设 $t = 0$ 时，$\frac{\partial C}{\partial t} = 0$，且 $\overline{D} = 0$，得到无量纲浓度表达式如下：

$$\frac{C}{C_0} = \frac{1}{2}\text{erfc}\left[\left(\frac{r_D^2}{2} - t_D\right)\left(\frac{4}{3}r_D^3\right)^{-\frac{1}{2}}\right] \tag{3-222}$$

【例 3-7】　一种废液以 $20\text{m}^3/\text{d}$ 的速率连续通过一完整井排入含水层。含水层厚度 10m，假设在水平方向无限延伸，地下水流速可以忽略。如果废液中的保守污染物浓度为 2000mg/L，在给定纵向弥散度为 0.1m 和 10m、含水层空隙度为 0.2 的条件下，估计 10a 后距排放井 100m、500m 和 1000m 处的污染物浓度。

解：（1）当弥散度 $\alpha_x = 0.1\text{m}$ 时，

$$t_D = \frac{Qt}{2\pi bn\alpha_L^2} = \frac{20 \times 87600}{2\pi \times 10 \times 0.2 \times 0.1^2} = 13941973$$

$$r_D = \frac{r}{\alpha_x}$$

式中，r 是井的辐射半径，分别为 100m、500m 和 1000m。当 $\alpha_x = 0.1\text{m}$ 时，相应的 r_D 为 1000m、5000m 和 10000m。于是：

当 $r_D = 1000$ 时，

$$\frac{C}{C_0} = \frac{1}{2}\text{erfc}\left[\left(\frac{r_D^2}{2} - t_D\right)\left(\frac{4}{3}r_D^3\right)^{-\frac{1}{2}}\right] = \frac{1}{2}\text{erfc}\left[\frac{1000^2/2 - 13941973}{(4 \times 1000^3/3)^{1/2}}\right] = \frac{1}{2}\text{erfc}(-368)$$

$$= \frac{1}{2}[1 + \text{erf}(368)]$$

查表得：erf(368)=1，则$\dfrac{C}{C_0}$=1。就是说，10a 以后，半径 r＝100m 处的浓度等于废液中的浓度。

当 r_D＝500m 时，$\dfrac{C}{C_0}$＝1，即 C＝2000mg/L；

当 r_D＝1000m 时，$\dfrac{C}{C_0}$＝0，即 C＝0mg/L。

（2）当 α_x＝1m 时，在 r＝100m、500m、1000m 处，相应的 C＝2000mg/L、1886mg/L 和 0mg/L。

（3）当 α_x＝10m 时，在 r＝100m、500m、1000m 处，相应的 C＝2000mg/L、1383mg/L 和 0.01mg/L。

第六节　实用水质模型介绍

一、水质模型的进展

自 20 世纪初 S-P 模型诞生以来，水质模型经历了如下发展和变化。①模型机理越来越复杂，模拟状态变量越来越多。水质模型从简单的 S-P 模型发展到氮磷模型、富营养化模型、有毒物质模型和生态系统模型，体现了模型考虑因素和模拟状态变量增多、机理逐渐趋于复杂的过程。②模型的时空尺度不断增加。时间尺度：最早的水质模型都是稳态模型，20 世纪 60 年代以后，开始出现动态水质模型，动态模型既可模拟长期过程，也可模拟瞬时过程。空间尺度：现实世界都是三维的，然而水质模型却经历了从一维、二维到三维逐渐发展的过程。20 世纪 60 年代以前，以一维为主；60 年代以后，随着研究逐渐扩展到河口地区，出现了二维模型；70 年代，由于富营养化研究的需要，三维模型开始出现；90 年代后，随着应用需求的广泛和深入，三维模型的研究得到了越来越多的重视。③模型的集成化在增强。早期的水质模型立足于解决单一的水环境问题。随着科学研究的深入和水环境集成管理的需求，模型的集成化正逐步成为一个新的研究热点。如下水道系统、废水处理厂（WWTP）和受纳水体的集成、非点源污染模型与受纳水体水质模型的集成、经济模型与水质模型的集成等。④模型的技术手段越来越先进，计算机技术、网络技术、地理信息技术和软计算技术的应用极大地推动了水质模型的发展和完善。研究人员不断发展和完善水质模型，除了因为污染物在水环境中的迁移、转化和归宿研究的不断深入外，日益广泛的应用需求也是推动模型向复杂化发展的主要原因。

自 1925 年 S-P 模型问世以来，水质模型的研究在美国得到最充分的发展，水质模型的内容涵盖了各种水体、各种水流和水质状况。表 3-9 简要介绍了美国水质模型研究的现状。

二、WASP 模型

1. 概况

WASP 模型系统（Water Quality Analysis Simulation Program Modeling System）是由美国国家环保局暴露评价模型中心开发的用于地表水水质模拟的模型。有几个不同的版本，WASP6 是最新版本。

WASP 模型系统是为分析湖泊、水库、河流、河口和沿海水域的一系列水质问题而设计的动态多箱式模型，基本程序反映了对流、扩散、降解、点源负荷、非点源负荷以及边界交换等时间变化过程，适用于 BOD、DO、营养物、有毒化学成分和浮游生物等物质的迁移转化过程模拟。WASP 提供了一个灵活的动态模拟系统。水质模块和水动力学模块既可单独运行，又可耦合运行；子程序既可从程序库中挑选，又可由用户提供；模型概化时可将研

表 3-9　美国水质模型特征汇总

类别	名　称	特　征	操作系统	适　用　范　围
纯转移模型	BRANCH	1-D	no	河流、河口、河网
	CH3D-WES	3-D	Yes	河流、湖泊、河口、水库、海域
	DAFLOW	1-D	U	流域、河网
	DH3M	流域	no	流域、河网
	DYNHYD5	1-D	W	流域、河口
	FEQ	1-D	W	流域、河网
	FESWMS	2-D(h)	U/W	河流、湖泊、河口、水库、海域
	FourPt	1-D	no	河流、河网
	HEC-HMS	流域	W	流域、河网
	HEC-RAS	1-D	W	河流、河网
	RMA2	2-D(h)	U/W	河流、湖泊、河口、水库、海域
	TOPMODEL	流域	U/W	流域、河网
	UNET	1-D	W*	河流、河网
纯反应模型	BLTM	1-D	no	河流、河口
	GO-QUAL-ICM	1,2,3-D	U/W*	河流、湖泊、河口、水库、海域
	GE-QUAL-R1	1-D(v)	no	水库、湖泊
	OTEQ	1-D(l)	no	河流
	OTIS	1-D(l)	no	河流
	RMA4	2-D(h)	U/W	河流、湖泊、河口、水库、海域
	SKD-2D	2-D(h)	U/W	河流、湖泊、河口、水库、海域
	WASP6	1,2,3-D	W	河流、湖泊、河口、水库、海域
转移和反应模型	GE-QUAL-RIV1	1-D(l)	no	河流,河网
	GE-QUAL-W2	2-D(v)	U/W*	河流、水库、河口
	EFDC/HEM3D	1,2,3-D	W*	河流、湖泊、河口、水库、海域
	HSPV	流域	W	流域、河网
	MIKE11	1-D(l)	W	河口、河流、河网
	MIKE21	2-D(h)	W	河口、海域
	MIKE3	3-D	U/W	河流、湖泊、河口、水库、海域
	MIKE SHE	流域	W	流域、河网
	PRMS	流域	U	流域、河网
	QUAL2E/QUAL2K	1-D(l)	W	流域、河网
	RAM10	3-D	U/W	河流、湖泊、河口、水库、海域
	SNTEMP	1-D(l)	no	河流、河网
	SSTEMP	1-D(l)	W	河流、河网
综合系统水质模型	BASINS	综合	W	流域、河流、河网
	AQUATOX		W	流域、河流、河网
	WMS		W	流域、河网
	SMS		U/W	河流、湖泊、河口、水库、海域

注：特征栏中，D—维数，(l)—纵向，(v)—垂直，(h)—水平；操作系统栏中，W—Windows 操作系统，U—Unix 操作系统，*—正在进展。

本表选自：李云生、刘伟江、吴悦颖、王东，美国水质模型研究进展综述，水利水电技术，第 37 卷，2006 年第 2 期。

究水体分割成段，按照一维、二维或三维来安排，以满足不同空间尺度的研究需求。由于其独有的灵活性，在国内外 WASP 模型广泛地应用于自然和人为污染水体的水质预测，如波拖马可河口（Potomac Estuary）、密歇根湖（Lake Michigan）、三峡水库和密云水库等。

WASP 模型系统包括两个独立的计算程序：DYNHYD 和 WASP。它们可以联合运行，也可以独立运行。DYNHYD 是水动力学程序，它模拟水的运动，是一维水动力学模型，适合于河流水动力学模拟；WASP 是水质程序，它模拟水中各种污染物的运动与相互作用，

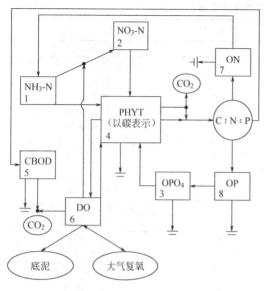

图 3-24　WASP/EUTRO 反应动力学关系图

包括 EUTRO 和 TOXI 两个子模型。EUTRO 用来分析传统的污染，包括溶解氧（DO）、碳生化需氧量（CBOD）、营养物质和浮游植物等因子，这些变量构成 4 个相互作用的系统：浮游植物动态变化、磷循环、氮循环和溶解氧平衡；TOXI 则模拟有毒物质的污染，包括有机化学物、金属和泥沙等。

WASP 模型系统水质模块 EUTRO 模型可以模拟 8 个指标，分别为氨氮（NH_3-N）、硝酸盐氮（NO_3-N）、溶解性磷酸盐（OPO_4）、叶绿素 a（chl-a）、碳生化需氧量（CBOD）、溶解氧（DO）、有机氮（ON）和有机磷（OP）。基本反应动力学关系如图 3-24 所示，主要方程如式（3-223）～式（3-234）所示。

式中，C_1，C_2，…，C_8 分别表示氨氮（NH_3-N）、硝酸盐氮（NO_3-N）、磷酸盐（PO_4-P）、叶绿素（chl-a）、碳生化需氧量（CBOD）、溶解氧（DO）、有机氮（ON）和有机磷（OP），单位为 mg/L，chl-a 为 μg/L。此外，在模型运算过程中，C_4 表示浮游植物碳浓度，利用参数 a_{cchl}（浮游植物碳与叶绿素的比，mg C/mg chl-a）进行两者的转化。

2. 藻类生长动力学方程

$$\frac{\partial C_4}{\partial t} = G_{P1}C_4 - D_{P1}C_4 - \frac{V_{s4}}{D}C_4 \tag{3-223}$$

式中，G_{P1} 表示浮游植物的生长速率，d^{-1}；D_{P1} 表示浮游植物的死亡速率，d^{-1}；V_{s4} 表示浮游植物的沉降速度，m/d；D 表示单元格水深，m。

（1）藻类生长：

$$G_{P1} = k_{1c}\theta_{1c}^{(T-20)}X_{RI}X_{RN} \tag{3-224}$$

式中，k_{1c} 表示 20℃ 条件下浮游植物的饱和生长速率，d^{-1}；θ_{1c} 表示 k_{1c} 的温度调节系数；T 表示水温，℃；X_{RI} 表示光照限制因子。EUTRO 模块集成了两种光照限制因子的计算方法：①Di Toro 公式；②Smith 公式。由于光照限制因子计算公式比较复杂，本书不再赘述，详见相关技术文档。X_{RN} 表示营养限制因子。

$$X_{RN} = \min\left(\frac{C_1 + C_2}{K_{MNG1} + C_1 + C_2}, \frac{C_3}{K_{MPG1} + C_3}\right) \tag{3-225}$$

式中，K_{MNG1} 表示浮游植物生长的氮半饱和常数，mg N/L；K_{MPG1} 表示浮游植物生长的磷半饱和常数，mg P/L。

（2）藻类的死亡与呼吸：

$$D_{P1} = k_{1R}\theta_{1R}^{(T-20)} + k_{1D} + k_{1G}Z(t) \tag{3-226}$$

式中，k_{1R} 表示 20℃ 条件下浮游植物的内源呼吸速率，d^{-1}；θ_{1R} 表示 k_{1R} 的温度条件系数；k_{1D} 表示浮游植物非捕食性死亡速率，d^{-1}；k_{1G} 表示单位浮游动物量对浮游植物的捕食率，L/（mg C·d）；$Z(t)$ 表示食草浮游动物浓度，mg C/L。

3. 氮循环

（1）氨氮（NH_3-N）：

$$\frac{\partial C_1}{\partial t} = D_{P1} a_{nc} (1-f_{on}) C_4 + k_{71} \theta_{71}^{(T-20)} \left(\frac{C_4}{K_{mPc}+C_4} \right) C_7$$

$$- G_{P1} a_{nc} P_{NH_3-N} C_4 - k_{12} \theta_{12}^{(T-20)} \left(\frac{C_6}{K_{NIT}+C_6} \right) C_1 \tag{3-227}$$

式中，a_{nc}表示浮游植物的氮碳比，mg N/mg C；f_{on}表示浮游植物氮死亡和呼吸转为有机氮的比例；k_{71}表示溶解有机氮的矿化速度，d^{-1}；θ_{71}表示k_{71}的温度系数；K_{mPc}表示浮游植物的半饱和常数，mgC/L；P_{NH_3-N}表示氨氮选择系数；k_{12}表示20℃条件下的硝化速度系数，d^{-1}；θ_{12}表示k_{12}的温度系数；K_{NIT}表示硝化的氧限制半饱和系数，mg O_2/L。

(2) 硝酸盐氮（NO_3-N）：

$$\frac{\partial C_2}{\partial t} = k_{12} \theta_{12}^{(T-20)} \left(\frac{C_6}{K_{NIT}+C_6} \right) C - G_{P1} a_{nc} (1-P_{NO_3-N}) C_4 - k_{20} \theta_{20}^{(T-20)} \left(\frac{K_{NO_3-N}}{K_{NO_3-N}+C_6} \right) C_2$$

$$\tag{3-228}$$

氨氮选择系数：

$$P_{NH_3-N} = C_1 \left[\frac{C_2}{(K_{mN}+C_1)(K_{mN}+C_2)} \right] + C_1 \left[\frac{K_{mN}}{(K_{mN}+C_1)(K_{mN}+C_2)} \right] \tag{3-229}$$

式中，k_{20}表示20℃条件下的反硝化速度系数，d^{-1}；θ_{20}表示k_{20}的温度系数；K_{NO_3-N}表示硝化的氧限制半饱和系数，mg O_2/L；K_{mN}表示氨氮选择半饱和系数。

(3) 有机氮（ON）：

$$\frac{\partial C_7}{\partial t} = D_{P1} a_{nc} f_{on} C_4 - k_{71} \theta_{71}^{(T-20)} \left(\frac{C_4}{K_{mPc}+C_4} \right) C_7 - \frac{V_{s3}(1-f_{D7})}{D} C_7 \tag{3-230}$$

式中，V_{s3}表示有机物的沉降速度，m/d；f_{D7}表示溶解有机氮的比例。

4. 磷循环

(1) 无机磷（PO_4-P）：

$$\frac{\partial C_3}{\partial t} = D_{P1} a_{pc} (1-f_{op}) C_4 + k_{83} \theta_{83}^{(T-20)} \left(\frac{C_4}{K_{mPc}+C_4} \right) C_8 - G_{P1} a_{pc} C_4 \tag{3-231}$$

式中，a_{pc}表示浮游植物的磷碳比，mg P/mg C；f_{op}表示浮游植物磷死亡和呼吸转为有机磷的比例；k_{83}表示溶解有机磷的矿化速度，d^{-1}；θ_{83}表示k_{83}的温度系数。

(2) 有机磷（OP）：

$$\frac{\partial C_8}{\partial t} = D_{P1} a_{pc} f_{op} C_4 - k_{83} \theta_{83}^{(T-20)} \left(\frac{C_4}{K_{mPc}+C_4} \right) C_8 - \frac{V_{s3}(1-f_{D8})}{D} C_8 \tag{3-232}$$

式中，f_{D8}表示溶解有机磷的比例。

5. 溶解氧平衡

(1) 碳生化需氧量（CBOD）：

$$\frac{\partial C_5}{\partial t} = a_{oc} k_{1D} C_4 - k_D \theta_D^{(T-20)} \left(\frac{C_6}{K_{BOD}+C_6} \right) C_5$$

$$- \frac{V_{s3}(1-f_{D5})}{D} C_5 - 2.9 k_{20} \theta_{20}^{(T-20)} \left(\frac{K_{NO_3}}{K_{NO_3}+C_6} \right) C_2 \tag{3-233}$$

式中，a_{oc}表示浮游植物的氧碳比，mg O_2/mg C；k_D表示20℃条件下的CBOD降解速率，d^{-1}；θ_D表示水体中CBOD降解的温度系数；K_{BOD}表示CBOD降解的氧限制半饱和常数；f_{D5}表示溶解CBOD的比例。

(2) 溶解氧（DO）：

$$\frac{\partial C_6}{\partial t} = k_2 (C_s - C_6) - k_D \theta_D^{(T-20)} \left(\frac{C_6}{K_{BOD}+C_6} \right) C_5 - \frac{64}{14} k_{12} \theta_{12}^{(T-20)} \left(\frac{C_6}{K_{NIT}+C_6} \right) C_1$$

$$-\frac{\mathrm{SOD}}{D}\theta_{\mathrm{SOD}}^{(T-20)}+G_{\mathrm{P1}}\left[\frac{32}{12}+4(1-P_{\mathrm{NH_3}})\right]C_4-\frac{32}{12}k_{\mathrm{1R}}\theta_{\mathrm{1R}}^{(T-20)}C_4 \qquad (3\text{-}234)$$

式中，k_2 表示 20℃条件下水体的复氧速度常数，d^{-1}；C_s 表示饱和溶解氧浓度；SOD 表示底泥耗氧量，$\mathrm{g/(m^2 \cdot d)}$；θ_{SOD} 表示底泥耗氧量的温度系数。

EUTRO 模型的水质参数有 40 多个，详见表 3-10。

表 3-10　EUTRO 模型的参数定义

ID	符　号	定　义　和　单　位	参数范围
11	K12C	20℃条件下的硝化速率，d^{-1}	0.01~5.7
12	K12T	K12C 的温度系数	1.05~1.1
13	KNIT	硝化的氧限制半饱和系数，$\mathrm{mg\ O_2/L}$	2.0
21	K20C	20℃条件下的反硝化速率，d^{-1}	0~0.2
22	K20T	K20C 的温度系数	1.045
23	KNO$_3$	反硝化的氧限制半饱和系数，$\mathrm{mg\ O_2/L}$	0.1~1.0
41	K1C	20℃条件下浮游植物的饱和生长率，d^{-1}	0.2~8.0
42	K1T	K1C 的温度系数	1.01~1.15
43	LGHTS	光照公式选项：LGHTS=1，利用 Di Toro 公式；LGHTS=2，利用 Dick Smith's (USGS)公式	1 或 2
44	PHIMX	最大光子量常数，仅当 LGHTS=2 时使用，mg C/mole photons，缺省值为 720	—
45	XKC	叶绿素吸光度，仅当 LGHTS=2 时使用，$\mathrm{(mg\ chl\text{-}a/m^3)^{-1}/m}$，缺省值为 0.017	—
46	CCHL	浮游植物碳与叶绿素的比，仅当 LGHTS=1 使用，mg C/mg chl-a，缺省值为 30	10~112
47	IS1	浮游植物的饱和光强，仅当 LGHTS=1 时使用，ly/d，缺省值为 300	200~350
48	KMNG1	浮游植物生长的氮半饱和常数，mg N/L	0.0014~0.4
49	KMPG1	浮游植物生长的磷半饱和常数，mg PO$_4$-P/L	0.0005~0.08
50	K1RC	20℃条件下浮游植物的内源呼吸速率，d^{-1}	0.02~0.8
51	K1RT	浮游植物呼吸的温度系数，缺省值为 1.0	1.06~1.12
52	K1D	非捕食性浮游植物死亡速率，d^{-1}	0.005~0.1
53	K1G	单位浮游动物对浮游植物的捕食率，$\mathrm{L/(mg\ C \cdot d)}$	0.24~1.2
54	NUTLIM	营养物限制选项，缺省值为 0	—
55	KPZDC	20℃条件下浮游植物在底泥中的分解速率，d^{-1}	—
56	KPZDT	KPZDC 的温度系数，缺省值为 1.0	—
57	PCRB	浮游植物的磷碳比，mg P/mg C，缺省值为 0.025	0.01~0.05
58	NCRB	浮游植物的氮碳比，mg N/mg C，缺省值为 0.25	0.05~0.4
59	KMPHY	浮游植物的半饱和常数，mg C/L（当浮游植物浓度增加时，有机氮和有机磷的矿化速率随之增加。KMPHY 小，说明浮游植物对矿化的影响不大，反之需要较高的浮游植物浓度来驱动矿化过程，对于一般的应用，KMPHY 取 0）	0.0~1.0
71	KDC	20℃条件下的 CBOD 降解速率，d^{-1}	0.01~0.21
72	KDT	KDC 的温度系数	1.02~1.15
73	KDSC	20℃条件下底泥中 CBOD 的降解速率，d^{-1}	—
74	KDST	KDSC 的温度系数	—
75	KBOD	CBOD 降解的氧限制半饱和常数，$\mathrm{mg\ O_2/L}$	0.1~0.5
81	OCRB	浮游植物的氧碳比，mg O$_2$/mg C，缺省值为 32/12	2.67
82	K2	20℃条件下水体的大气复氧速率，d^{-1}	0.1~0.2
91	K71C	溶解有机氮的矿化速率，d^{-1}	0.001~0.14
92	K71T	K71C 的温度系数	1.05,1.08
93	KONDC	20℃条件下底泥中有机氮的分解速率，d^{-1}	—
94	KONDT	KONDC 的温度系数	—
95	FON	浮游植物氮死亡和呼吸转为有机氮的比例，缺省值为 1.0	0.5~0.7
100	K83C	溶解有机磷的矿化速率，d^{-1}	0.001~0.8
101	K83T	K83C 的温度系数	1.02~1.14
102	KOPDC	20℃条件下底泥中有机磷的分解速率，d^{-1}	—
103	KOPDT	KOPDC 的温度系数	—
104	FOP	浮游植物磷死亡和呼吸转为有机磷的比例，缺省值为 1.0	0.5~0.6
1	v_{s3}	有机物的沉降速度，m/d	0.0~1.0
2	v_{s5}	无机物的沉降速度，m/d	0.0~1.0
3	v_{s4}	浮游植物沉降速度，m/d	0.0~1.0

三、Modflow 模型

Modflow 是由美国地质调查局（USGS）于 20 世纪 80 年代开发的基于 DOS 操作系统、专门用于三维地下水数值模拟的软件，采用有限差分方法求解，是目前国际上最为普及的地下水数值模拟软件。后来，加拿大 Waterloo 公司对 Modflow 进行再开发，形成可视化的地下水模拟软件——Visual Modflow，于 1994 年 8 月首次在国际上公开发行。

Visual Modflow 具有强大的图形可视界面功能，由 Modflow（水流评价）、Modpath（平面和剖面流线示踪分析）和 MT3D（溶质运移评价）三大部分组成，设计新颖的菜单结构允许用户方便地在计算机上直接圈定模型区域和剖分计算单元，并可方便地为各剖分单元和边界条件直接在机上赋值。如果剖分不太理想需要修改时，用户可选择有关菜单直接加密或删除局部网格直至满意。同时，用户可分别单独或共同运行 Modflow、Modpath 和 MT3D 三部分，各部分均设计了模型识别和校正的菜单。本软件包可方便地以平面和剖面两种方式彩色立体显示计算模型的剖分网格、输入参数和输入结果。这个软件系统的最大特点是实线数值模拟评价过程中各个步骤的无缝连接，从开始建模、输入和修改各类水文地质参数与几何参数、运行模型、反演校正参数，一直到显示输出结果，使整个过程从头至尾系统化、规范化。

1. 软件运行基本环境

Visual Modflow 软件系统的基本硬件运行环境要求并不高，它主要包括：①486DX 或 Pent ium 计算微机；②8 兆字节的 RAM 和大约 400K 字节的自由低位内存；③VGA 图形卡和配套显示器；④使用 5.0 以上版本的 DOS 操作系统。

该软件系统共包括 4 张 3.5″高密盘，可在 Windows3. X（Windows NT3. X）或 Windows 95（Windows NT 4.0）或 DOS 3 种不同状态环境下任意运行。因此，这套软件系统的运行环境并不复杂，其运行条件较为宽松。

2. 主要模块简介

Visual Modflow 界面设计简洁，包括输入（前处理）模块、运行（处理）模块和输出（后处理）模块 3 部分。

（1）输入（前处理）模块　输入模块允许用户直接在计算机上赋值所有必要的输入参数以便自动生成一个新的三维渗流模型。当然，该模块也同时允许用户通过转化方式重新打开已经建立的 Modflow 或 Flowpath 模型。输入菜单把 Modflow、Modpath 和 MT3D 的数据输入作为一个基本建模块，这些菜单以逻辑顺序排列并显示，指导用户逐步完成建模和数据输入工作。软件系统允许用户直接在计算机上定义和剖分模拟区域，用户可随意增减剖分网格和模拟层数，确定边界几何形态和边界性质，定义抽（排）水井的空间位置和出水层位以及非稳定抽排水量。参数菜单允许用户直接圈定各个水文地质参数的分区范围并赋值相应参数，同时上、下层所有参数可相互拷贝。用户在输入模块中还可预先定义水位校正观测孔的具体空间位置和观测层位，并输入其观测数据，以便在后续的模型识别工作中模拟使用。最后软件系统为用户还提供了文字、常用符号的注释功能。

（2）运行（处理）模块　运行模块允许用户修改 Modflow、Modpath 和 MT3D 的各类参数与数值，包括初始估计值、各种计算方法的控制参数、激活疏干和饱水软件包和设计输出控制参数等，这些均已设计了缺省背景值。用户根据自己模拟计算的需要，可分别单独或共同执行水流模型（Modflow）、流线示踪模型（Modpath）和溶质运移模型（MT3D）。

（3）输出（后处理）模块　输出模块允许用户以三种不同方式展示其模拟结果。第一种方式就是在计算机屏幕上直接彩色立体显示所有的模拟结果；第二种方式就是直接在各类打印机上输出各种模拟评价的成果表格和成果图件；最后一种方式就是将所有模拟结果以图形或文本的文件格式输出，输出图形包括可以标记出渗流速度矢量大小的平面、剖面等值线图和平面、剖面示踪流线图以及局部区域水均衡图等一系列图件。

3. 主要数据文件

Visual Modflow 从建模开始一直到模拟结束，以数据文件的形式保存了所有输入、输出信息。所有输入文件和一部分输出文件以 ASCII 格式储存，而另一部分输出文件为二进制格式。

一旦 Visual Modflow 模型被建立，就生成了若干 ASCII 输入文件，所有这些文件必须保存在同一个目录下。主要的 Modflow 输入文件包括 ∗.VMB（说明边界条件和模拟区域文件）、∗.VMG（说明网格坐标和每个方向的网格线数目以及单元标高文件）、∗.VMO（说明水位观测孔的位置和编号文件）、∗.VMP（说明各个含水层水文地质参数文件）和 ∗.VMW（说明抽注水井空间位置和出水段标高以及水量文件）；主要的 Modpath 文件包括 ∗.VMA（说明示踪粒子有关信息的文件）；主要的 MT3D 文件包括 ∗.MAD（说明溶质运移的对流数据文件）、∗.MDS（说明溶质运移的弥散数据文件）、∗.MCH（说明溶质运移化学反应的数据文件）和 ∗.M SS（说明溶质源、汇项的数据文件）。

在 Visuaal Modflow 模型执行之后，生成了若干最终结果文件。它们中的一些文件是非常大的，甚至超过了 100 兆字节，特别值得提到的是 ∗.BGT 文件。Modflow 的主要输出文件包括 ∗.HDS（说明等势线输出结果文件）、∗.HVT（说明各个节点水头与时间关系的结果文件）、∗.DDN（说明各个结点降深结果文件）和 ∗.DVT（说明各个结点降深与时间关系结果文件）；主要的 Modpath 输出文件包括 ∗.BGT（说明水均衡数据文件）、∗.MPB（说明向后示踪信息文件）和 ∗.MPF（说明向前示踪信息文件）；MT3D 的主要文件包括 ∗.UCN（说明浓度输出信息文件）和 ∗.MAS（说明溶质质量平衡的输出文件）。

习题与思考题

1. 某湖泊的容积 $V = 2.0 \times 10^8 \mathrm{m}^3$，表面积 $A_s = 3.6 \times 10^7 \mathrm{m}^2$，支流入流量 $Q = 3.1 \times 10^9 \mathrm{m}^3/\mathrm{a}$，经多年测量得知，磷的输入量为 $1.5 \times 10^8 \mathrm{g/a}$，已知蒸发量等于降水量。试判断该湖泊的营养状况，是否会发生富营养化？

2. 已知某湖泊的水力停留时间 $T = 1.5\mathrm{a}$，沉降速率 $s = 0.001/\mathrm{d}$，污染物进入该湖泊以后达到平衡浓度的 90% 需要多长时间？

3. 已知河流平均流速 $u_x = 0.5\mathrm{m/s}$，水温 $T = 20\mathrm{°C}$，起点 BOD：$L_0 = 10\mathrm{mg/L}$，$DO = 8\mathrm{mg/L}$，$k_d = 0.15/\mathrm{d}$，$k_a = 0.24/\mathrm{d}$。计算：

(1) 临界氧亏点的距离：将 u、T、L_0、DO_0、k_d、k_a 依次单独递增 10%，计算临界氧亏点的距离、临界点的 DO 浓度和 BOD 浓度。

(2) 计算临界氧亏点距离 x、临界氧亏值 D_c 和临界点 BOD 对参数 k_d、k_a 的灵敏度。

4. 已知某河段的沉浮系数 k_s 可以用下式表示：

$$k_s = 3.86\mathrm{e}^{-0.13Q} - 0.285$$

河段平均流速 $u_x = 0.006Q^{1.5}$，$k_d = 0.18/\mathrm{d}$，$k_a = 0.25/\mathrm{d}$。已知污水排放量是 $3000\mathrm{m/d}$，污水 BOD 浓度为 $150\mathrm{mg/L}$。河段的月平均流量 Q 和水温 T 列在下表。上游溶解氧饱和。计算排放点下游 2km 处的月平均溶解氧浓度（单位：Q，m^3/s；u_x，$\mathrm{m/s}$）。

月份	1	2	3	4	5	6	7	8	9	10	11	12
Q/(m³/s)	12	10.5	15	18	24	21	25	19	14	15	17	13
T/℃	5	7	12	18	23	28	32	30	25	19	11	7

5. 河段长 16km，枯水流量 $Q = 60\mathrm{m}^3/\mathrm{s}$，平均流速 $u_x = 0.3\mathrm{m/s}$，$k_d = 0.25/\mathrm{d}$，$k_a = 0.4/\mathrm{d}$，$k_s = 0.1/\mathrm{d}$。

水流稳定，光合作用和呼吸作用不发达。如果在河段中保持 DO≥5mg/L，在河段始端每天排放的 BOD 不应超过多少？（上游溶解氧饱和，水温 25℃）

6. $Q=20m^3/s$，河流流速 $u_x=0.2m/s$，其实断面 BOD 浓度 $L_0=2mg/L$，氧亏率<10％，水温 20℃，$k_d=0.1/d$，$k_a=0.2/d$。为了保证排放口下游 8km 处的溶解氧不低于 4mg/L，试确定必须的污水处理程度。

7. 试根据 S-P 模型证明：当 $k_d=k_a$ 时，

$$D=(k_d t L_0)\exp(-k_d t)$$

$$t_c = \frac{1-\dfrac{D_0}{L_0}}{k_d}$$

式中，D 为计算氧亏；t_c 为临界氧亏发生的时间；D_0、L_0 分别为起点的氧亏浓度和 BOD 浓度；k_d、k_a 分别为 BOD 降解速度常数和复氧速度常数。

8. 河流二维水质模拟的有限单元编号如下图所示。其溶解氧表达式可以写作：

5	10	15	20
4	9	14	19
3	8	13	18
2	7	12	17
1	6	11	16

$$HO=FL+W^0$$

绘出矩阵 H 和 F 的形式（阶数及非零元素的分布）；给出矩阵元素 h_{ij} 和 f_{ij} 的计算式；说明向量 O、L 的阶数及物理意义。

第四章　河口及近岸海域水质模型

第一节　河口及近岸海域水文特征

一、河口水文特征

河口是指入海河流受到潮汐作用的一段水体，即感潮河段。河口与一般河流的最大差别是受到潮汐的影响，流量变化大，水质呈现出明显的时变特征。

潮汐对河口的水质影响具有两面性：一方面，由海潮带来大量的溶解氧，与上游下泄的水流相汇，形成强烈的混合作用，使污染物的分布更均匀；另一方面，由于潮流的顶托作用，水流上溯，扩大了污染的范围，延长了污染物在河口的停留时间，有机物的降解会进一步降低水中的溶解氧，使水质下降；此外，潮汐也使河口的含盐量、泥沙浓度增加。海水盐分入侵是河口的一个重要环境问题，同时泥沙对污染物的吸附与解析也会对河口水质及底质产生较大的影响。

一般污染比较严重的河口都是工业集中的城市或水陆交通枢纽。在无组织排放的条件下，可能有很多排放口伸入河口；通航的河口宽度一般都很大，也比较深，污染物要完成横向混合需要经过很长的距离。与河流相比，河口具有以下几个特点。

1. 非稳定性混合

由于潮汐的影响，河口的水流每天1次（全日潮）或2次（半日潮）来回地流动，时涨时退；河口地区一般都比较开阔，风对流动有较明显的影响，在任意周期的风力变化作用下，水流在半天或一天内周期性变化的同时，还有小周期的随机性变化。流动的非恒定性导致水体的混合具有了明显的时变特征。

2. 潮汐的抽吸和阻滞作用

潮流除引起小尺度的紊动混合外，还产生较大尺度的流动，除引起类似于河流中的剪切作用以外，还引起环流，这类环流对河口中的混合产生抽吸作用和阻滞作用。

多数潮汐流可分解为往复流叠加一个净的恒定环流，常称之为"剩余环流"。在大河口引起剩余环流的原因之一是地球的自转，地球的自转使北半球的流动偏向右面，南半球的流动偏向左面。因此，在北半球涨潮流偏向左岸，落潮流偏向右岸，引起逆时针方向环流。同时潮汐流和复杂地形结构的海床相互作用以及弯道处分流的不同组合都会导致环流。这是一种有别于风力及河流引起的环流，H. B. Fischer（1979）把这种潮汐作用产生的环流称为抽吸环流。抽吸作用是河口段污染物的运动和盐水上溯的一个重要机理，是产生纵向离散的一个重要部分。

3. 密度分层与斜压环流作用

河口中有来自河流的淡水和来自海洋的咸水，在浮力作用下，密度小的淡水和密度大的海水将分别趋向水面和河底，促使发生分层流动。对于高度分层的河口，来自海洋的咸水沿河床上溯，侵入淡水下面，形成明显的盐水楔的两层系统；一些河口则具有模糊分界两层系统；部分河口则存在垂向的密度梯度，少部分河口则属咸淡垂向均匀混合的混合型河口。河口段潮汐的作用是促使水体混合，对分层起破坏作用。河流是河口水体密度变化的浮力源，而潮汐则是密度变化的动能源，因此河口中水体密度变化取决于浮力所提供的分层功率与潮汐所提供的混合功率的比值，即河口理查德森数（Richardson）R 的大小：

$$R = \frac{(\Delta\rho/\rho)gQ_f}{WU_t^3} \tag{4-1}$$

式中，ρ 表示水体的密度；$\Delta\rho$ 表示海水与淡水的密度差；g 为重力加速度；Q_f 为淡水流量；W 为河宽；U_t 为潮汐流速的均方根。

当 R 取值较大时，意味着浮力作用很强，密度效应大，密度差引起的流动占主导地位，河口将强烈分层；当 R 取值较小时，意味着潮汐作用很强，河口混合得好，密度差的影响可以忽略。实际河口观测表明，只有当 R 值小到 0.08 时才可忽略密度差的作用。

对一个局部分层的河口来说，密度等值线呈顶部倾向海洋而底部倾向陆地的倾斜状，这意味着潮周平均流速在表层朝向海洋，而在底层朝向陆地，从而在水流内部产生一个因密度变化引起的环流。为与等密度流动中所发生的"正压环流"相区别，把它叫做"斜压环流"。斜压环流是河口混合中需要分析确定的一个问题，是分层河口中混合的又一个重要部分。

二、河口的冲洗时间

河口的冲洗时间是指由于上游径流作用，从河口的某一个特定位置将保守污染物输送到河口外所需的时间。河口冲洗时间基本反映了污染物进入河口后停留的时间。

河口冲洗时间的计算通常采用的方法有两种，即淡水分数法和修正进潮量法。这里仅介绍淡水分数法。

如果将河口分成 n 段进行冲洗时间的计算，其公式为：

$$T = \sum_{i=1}^{n} \frac{f_i V_i}{R_i} \tag{4-2}$$

式中，T 表示河段总的冲洗时间；f_i 表示第 i 河段的淡水分数，$f_i = \dfrac{R_i}{P_i}$；R_i 表示第 i 河段在一个潮周期上所得的河水水量，m^3；P_i 表示第 i 河段在一个潮周期上的进潮量，m^3；V_i 表示第 i 河段河水的实际体积，m^3。f_i 可以用盐度分布的数据进行计算：

$$f_i = \frac{S_s}{S_i} \tag{4-3}$$

式中，S_s 表示河口外海水的盐度，‰；S_i 表示第 i 河段平均盐度，‰。

三、近岸海域水流特征

海洋沿岸水域水流构成较为复杂，海流有密度分布不均匀而引起的密度流，有风引起的风生流和潮流等，其中经常起主导作用的是潮流。

1. 潮流

（1）潮汐　由于月球、太阳、地球三者之间相对位置的变化，以及地形的影响，潮汐一般分为半日潮（一日两次潮）、日潮（一日一次潮）和混合潮三种类型。日潮周期平均为 24 小时 50 分钟，半日潮周期平均为 12 小时 25 分钟。不同海区除潮汐类型不同外，还有潮汐不等现象，如一天中两次潮的潮高不等、潮时不等的日不等。模拟海区潮汐资料是进行数值模拟必需的和最基本的资料。

（2）潮流　潮流同潮汐一样，具有周期性。沿岸区域的湾口、水道、海峡的狭窄区域，海水因受地形条件的限制，基本上在正反向上作周期性交换变化，形成往复式潮流；在比较宽阔的海域，潮波受地转偏向力影响，潮流流向遍及 360°，潮流具有旋转特性，即在潮周期内，不仅流速大小而且流向也在变化。潮流流速的大小是大洋小而近海、海湾、海峡大。

潮流调和分析结果中除去潮流调和分潮后还可获得余流。余流是非周期性的流，是指经过一个潮汐周期海水微团的净位移，它包含了浅海中多种因素引起的流动，主要有潮余流、风生流、密度流以及从外海进入海域的流等。其中因摩阻、海底地形、边界形状种种原因使得潮流非线性现象所导致的余流称为潮致余流。在海区中，由潮致余流产生的环流称为潮致余环流。潮致余环流随地形的变化也有变异。潮致余流在量值上比不上潮流，但由于它的持续性，对海域物质的扩散和输移起着重要作用，反映了物质输移的方向趋势。潮致余流的大小与潮流的大小有关，流速比潮流小一个量级，大潮时余流速度大，小潮时余流速度小。

2. 风生流

由于风作用引起的海水水平运动称为风生流。风生流对物质的输移扩散起着重要作用。对于水体近表层的物质，向岸风可将其带到岸边，离岸风则将其带离海岸。风还引起局部环流造成物质的迁移，离岸风可将水体底部物质带到岸边并上涌至水面，向岸风则将使其产生离岸迁移。

对于近岸海域，当已知离海面 10m 高处的风速为 V_{10}（m/s）时，可用下式估算海面风生流流速 V_s（m/s）：

$$V_s = kV_{10}$$

式中，k 为经验系数，一般取 $k=0.03$。也有研究中，当风向垂直于海岸时，取 $k=0.04$；当风向平行于海岸时，取 $k=0.07$。

此外还有由于密度分布不均匀而引起的密度流、近岸环流、沿岸流等，均对近岸海域水动力产生影响，进而影响近海海域物质输移扩散。但对物质的输运和扩散起主导作用的是潮汐过程中引起的潮流及潮致余流，其他流及动力过程引起的流则不起正常的、持续的作用。

第二节　污染物在水体中的混合稀释

对于一个典型的排海工程，通过扩散管排放污水，污水在海洋（或河口）中的物理过程可分为三个基本阶段：初始稀释阶段、再稀释和迁移阶段、长期扩散和运移阶段。对于不同的阶段，需要应用不同的数值模型。

一、初始稀释

初始稀释阶段是污水与周围环境水体在排放口近区混合的过程。这个过程主要受控于污水的动量、浮力和海流条件。初始稀释的时间尺度一般为几分钟到几小时，空间尺度为几十米到几百米。

1. 初始稀释度

对于水下浮力排放的情况，污水在出口动量和浮力作用下边上升边发生紊动混合，当被稀释的污水达到最大的浮升高度，停止上升并水平运动时，初始混合即结束，此时达到的平均稀释度称为浮力射流的初始稀释度。

对于水下非浮力排放的情况，初始混合主要由喷口动量产生，当射流最大速度衰减到喷口的动量再也不能产生显著的混合时，如小于 0.05m/s 时，初始混合即已结束，此时达到的平均稀释度称为非浮力射流的初始稀释度。

2. 初始稀释度的确定

目前的污水排海工程均为深海潜没多孔排放，以下给出浮力条件下污水多孔排放方式的羽流轴线初始稀释度计算。

（1）垂直排入均匀而静止的水体时：

$$S = 0.38 g'^{1/3} d q^{-1/3} \tag{4-4}$$

式中，$g' = \Delta \rho d g / \rho_0$，有效重力加速度，$m^2/s^2$；$\Delta \rho = \rho_a - \rho_0$，$\rho_a$ 为环境水体密度，t/m^3；ρ_0 为出流流体密度，t/m^3；g 为重力加速度，m/s^2；d 为扩散管喷口淹没深度，m；q 为扩散管单宽流量，m^3/s。

（2）水平排入均匀的静止水体时：

$$S=0.44g'^{1/3}dq^{-2/3} \tag{4-5}$$

（3）垂直排入线性分层的静止水体时：

$$S=0.31g'^{1/3}y_{\max}q^{-2/3} \tag{4-6}$$

$$y_{\max}=2.84(g'q)^{1/3}\left(\frac{-g}{\rho}\times\frac{\mathrm{d}\rho_{\mathrm{a}}}{\mathrm{d}y}\right)^{-1/2}$$

式中，$y_{\max}$ 为射流上升最大高度，m；$\dfrac{\mathrm{d}\rho_{\mathrm{a}}}{\mathrm{d}y}$ 为环境水体垂向密度梯度。

（4）水平排入线性分层的静止水体时：

$$S=0.36g'^{1/3}y_{\max}q^{-2/3} \tag{4-7}$$

$$y_{\max}=2.5(g'q)^{1/3}\left(\frac{-g}{\rho}\times\frac{\mathrm{d}\rho_{\mathrm{a}}}{\mathrm{d}y}\right)^{-1/2}$$

（5）垂直排入非线性分层的水体时：

$$S=0.31g'^{1/3}y_{\max}q^{-2/3} \tag{4-8}$$

$$y_{\max}=8.06(g'q)^{2/3}\left(\frac{\rho}{g\Delta\rho}\right)$$

式中，$\Delta\rho$ 表示 $y=0$ 和 $y=y_{\max}$ 之间的密度差，y 从扩散器喷口处算起。

（6）水平排入非线性分层的水体时：

$$S=0.36g'^{1/3}y_{\max}q^{-2/3} \tag{4-9}$$

$$y_{\max}=6.25(g'q)^{2/3}\left(\frac{\rho}{g\Delta\rho}\right)$$

采用以上各式时应注意，当污染羽流上升的最大高度超过了实际水深时，取实际水深进行初始稀释度计算；对于存在盐水楔活动的河口，按非线性密度分层的情况计算。

3. 近区稀释的其他模型

近区的稀释扩散还有较多研究成果，如美国环保局为满足联邦机构和各地区污水排海工程规划、设计和管理的需要，曾建立和推荐过分层横流中多孔潜没排放的几种模型：MERGE 模型、RSB 模型、UM 模型、香港大学李行伟教授建立的 JETLAG 模型等。

MERGE 模型是针对横流速度均匀分布的密度线性分布水域中，潜没扩散器垂直于横流且扩散器出流平行于横流条件建立的。控制方程采用了卷吸假定，把受纳水域流体的流入率与射流的当地特性联系起来，通过数值求解控制方程，将所得结果以图表形式列出来，供实际使用时查用。

美国环保局对 MERGE 模型不断改进，于 1992 年提出了 UM 模型和 RSB 模型。UM 模型有两个显著的特色：拉格朗日表述和投影面卷吸（PAE）假定。由于 UM 模型是以环境流体力学为基础编制程序的，同时对各种条件进行了假定，在复杂条件下应用时有时显得误差太大，从实验结果看，用于工程有一定精度，但对浅水，水体表面约束很明显，对上层污水层厚度的估计及阻挡作用将变得十分重要的情况下，其对稀释度的估计过于乐观。

RSB 模型是针对分层流动中多孔扩散器以试验研究为依据而建立的，在 Robeas、Snyder 和 Baumgarmer 大量实验结果的基础上，将实验结果绘成实验曲线，然后适配成经验公式。根据对 RSB 模型的应用，发现对于线性分层情况，模型给出的结果与从曲线图获得的结果完全一致。对于非线性分层情况，RSB 假定在上升高度内是线性分布的，实际上这是偏于保守的假设，稀释度的计算值小于实际值。

Jetlag 3 模型是香港大学李行伟教授研制的，并且在国内外许多污水海洋处置工程中得到成功的应用。Jetlag 3 模型是一个三维的 Lagrangian 模型，采用 Lagrangian 分析方法积分求解羽流单元的体积变化。该模型可以较好地模拟在潮流环境下近区的稀释扩散情况。

以上模型多为结合试验而适配的经验模式，具体模型的数学表达可查阅相关资料。

二、污染羽流再稀释预测

1. 再稀释概念

再稀释和迁移阶段是指污水场（此时常称为污染羽流）在海流作用下的湍流扩散和迁移过程。这一条件主要受控于海流条件及海水湍流强度，并且与污水场初始尺度或扩散管长度有关。其时间尺度一般为几小时至几天，空间尺度为几公里。污染物羽流的迁移过程中，由于海水湍流扩散作用而使污染物的浓度降低。定义稀释度 S_d 为：

$$S_d = \frac{C_1}{C_{sm}} \tag{4-10}$$

式中，C_1 表示初始稀释阶段末污水场中污染物的浓度；C_{sm} 表示污染羽流中污染物的浓度。

2. 污染羽流再稀释预测

污染羽流再稀释预测的目的是确定当污染羽流侵入岸边或敏感区域（通常考虑最不利情况）时，羽流中污染物的最大浓度或浓度分布。

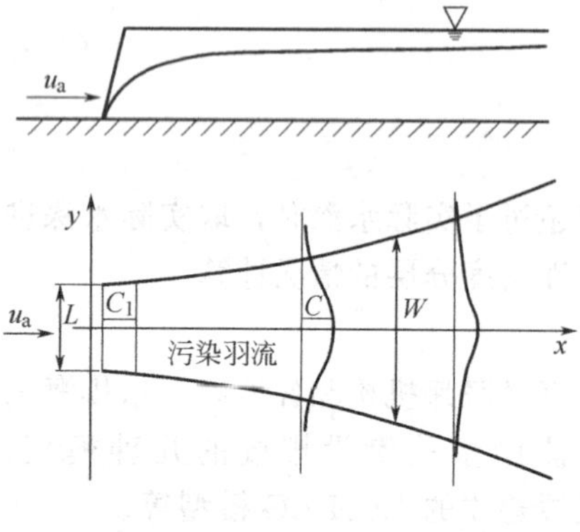

图 4-1　污染羽流迁移扩散示意

用于污染羽流再稀释预测可以采用二维模式，也可采用三维模式。二维模型在垂向平均，忽略了垂向的扩散影响；而三维模型则考虑了垂向的扩散，羽流在垂向上随着水深在厚度上发生变化。但二维模型简单，预测结果也较安全，实际工程中广泛采用，较有代表性的是 Brooks 模式。

假定环境水流是均匀流，即流向和流速都不随时间发生变化，流向与扩散管轴线垂直；与横向扩散和纵向扩散相比，垂向扩散很小，所以可以忽略；污染羽流的厚度近似为常数，常取排污点处水深的 $1/3$；扩散系数是污染羽流宽度的函数。图 4-1 为污染羽流迁移扩散示意。

设污染物为保守物质，其浓度 C 满足稳态二维对流扩散模型：

$$u_a \frac{\partial C}{\partial x} = E_y(x) \frac{\partial^2 C}{\partial y^2} \tag{4-11}$$

$$E_y(x) = E_0 f(x) \tag{4-12}$$

式中，$E_y(x)$ 为横向扩散系数；E_0 为常数，相应于 $x=0$ 处污染羽流宽度的扩散系数。

为求解模型（4-11），进行坐标变换，设

$$dx' = f(x)dx \tag{4-13}$$

代入式（4-11），则

$$u_a \frac{\partial C}{\partial x'} = E_0 \frac{\partial^2 C}{\partial y^2} \tag{4-14}$$

确定边界条件为：

$$C(0,y) = \begin{cases} C_1 & |y| \leqslant L/2 \\ 0 & |y| > L/2 \end{cases} \tag{4-15}$$

在新坐标系 (x', y) 下，式（4-14）、式（4-15）的解为：

$$C(x', y) = \frac{C_1}{2}\left[\operatorname{erf}\left(\frac{L/2+y}{\sqrt{2}\sigma}\right) + \operatorname{erf}\left(\frac{L/2-y}{\sqrt{2}\sigma}\right)\right] \tag{4-16}$$

式中，L 为扩散管长度；σ 为羽流横向扩散的标准差；$\operatorname{erf}(x)$ 为误差函数，其取值：

$$\sigma = \sqrt{\frac{2E_0 x'}{u_0}} \tag{4-17}$$

$$x' = \int_0^{x'} f(x)\,\mathrm{d}x \tag{4-18}$$

$$\operatorname{erf}(x) = \frac{2}{\sqrt{\pi}}\int_0^{x'} \mathrm{e}^{-x^2}\,\mathrm{d}x \tag{4-19}$$

由式（4-16）可知，现在重要的是确定 $f(x)$。

定义羽流的横向尺度为：

$$\left(\frac{W}{L}\right)^2 = 1 + 12\left(\frac{\sigma}{L}\right)^2 \tag{4-20}$$

式中，W 为羽流的宽度，它随 x 而变化。由扩散系数的定义：

$$E_y = \frac{\mathrm{d}\sigma^2}{2\mathrm{d}t} \tag{4-21}$$

和 $t = x/u_a$ 以及式（4-20）可以得到：

$$E_y = \frac{u_a \mathrm{d}\sigma^2}{2\mathrm{d}x} = \frac{u_a \mathrm{d}W^2}{24\mathrm{d}x} \tag{4-22}$$

再将式（4-12）代入式（4-22），得：

$$\frac{\mathrm{d}W^2}{\mathrm{d}x} = \frac{24E_0}{u_a}f(W) \tag{4-23}$$

按照 Brooks 给出 $f(W)$ 三种不同的形式，得到相应的最大浓度和再稀释度的解。

（1）扩散系数为常数，即

$$E_y = E_0$$
$$x' = x$$
$$\frac{W}{L} = \left(1 + 2\beta\frac{x}{L}\right)^{1/2} \tag{4-24}$$
$$\beta = \frac{12E_0}{u_a L}$$

则羽流中心线上最大浓度和再稀释度为：

$$C_{sm}(x) = C_1 \operatorname{erf}\sqrt{\frac{3}{4\beta x/L}} \tag{4-25}$$

$$S_d(x) = \left[\operatorname{erf}\sqrt{\frac{3}{4\beta x/L}}\right]^{-1} \tag{4-26}$$

（2）扩散系数随 W 线性增加，即

$$f(W) = \frac{W}{L}$$
$$\frac{W}{L} = 1 + \beta\frac{x}{L} \tag{4-27}$$
$$\frac{x'}{L} = \frac{1}{2\beta}\left[\left(1 + \beta\frac{x}{L}\right)^2 - 1\right]$$

则羽流中心线上最大浓度和再稀释度为：

$$C_{sm}(x) = C_1 \operatorname{erf} \sqrt{\frac{3/2}{(1+\beta x/L)^2 - 1}} \tag{4-28}$$

$$S_d(x) = \left[\operatorname{erf} \sqrt{\frac{3/2}{(1+\beta x/L)^2 - 1}} \right]^{-1} \tag{4-29}$$

（3）扩散系数随 W 非线性增加，即

$$f(W) = \left(\frac{W}{L}\right)^{4/3}$$

$$\frac{W}{L} = \left(1 + \beta \frac{2x}{3L}\right)^{3/2} \tag{4-30}$$

$$\frac{x'}{L} = \frac{1}{2\beta}\left[\left(1 + \beta \frac{2x}{3L}\right)^3 - 1\right]$$

则羽流中心线上最大浓度和再稀释度为：

$$C_{sm}(x) = C_1 \operatorname{erf} \sqrt{\frac{3/2}{[1 + 2\beta x/(3L)]^2 - 1}} \tag{4-31}$$

$$S_d(x) = \left[\operatorname{erf} \sqrt{\frac{3/2}{[1 + 2\beta x/(3L)]^2 - 1}} \right]^{-1} \tag{4-32}$$

三、长期扩散和输移阶段

长期扩散和输移阶段是指污水中的污染物在海洋中的被动输移和扩散过程。这一过程主要由海洋中各种尺度的湍涡所控制，其时间尺度为十几个潮周以上，空间尺度为离开排放口几公里至整个海湾或水域。在这个阶段，由于对流扩散作用，将形成污染物的平衡浓度场。

四、稀释度

以上从污水与环境水体混合的时间过程划分，或者说从污染物在近区、远区输移扩散特点划分，引入了初始稀释度和污染羽流再稀释的概念，初始稀释度多用以指导扩散管的工程设计。实际中常用稀释度作为排污水体在纳污水域稀释程度的指标，稀释度即稀释后的水体总体积与体积中所包含的污水体积之比。

若以 S 表示稀释度，C 表示空间某个位置的污染物浓度，C_0 表示污水排放的污染物浓度，C_a 表示背景浓度，则空间某个位置的当地稀释度为：

$$S = \frac{C_0 - C_a}{C - C_a} \tag{4-33}$$

一般 C_0 要比 C_a 大得多，故可以简化为

$$S = \frac{C_0}{C - C_a} \tag{4-34}$$

若 C_a 也很小，则可进一步简化为

$$S = \frac{C_0}{C} \tag{4-35}$$

稀释度是稀释程度的指标，还不能作为污染程度的指标，因为污染物浓度 C 为

$$C = \frac{C_0 + (S-1)C_a}{S} \approx \frac{C_0}{S} + C_a \tag{4-36}$$

稀释度 S 大，污染物浓度 C 不一定低，还取决于排污浓度 C_0 和背景浓度 C_a 的高低。

除当地稀释度外，也常用断面平均稀释度或垂线平均稀释度作为指标，若以 Q_0 和 $\overline{C}_0$ 分别表示排放口的流量和污染物的平均浓度，以 Q 和 $\overline{C}$ 分别表示某过流断面上的流量和污染物的平均浓度，则断面平均稀释度 $\overline{S}$ 为：

$$\bar{S} = \frac{\bar{C}_0 - C_a}{\bar{C} - C_a} = \frac{Q}{Q_0} \tag{4-37}$$

实际问题中，常直接采用式（4-37）来确定稀释度或稀释度场，用以宏观反映污染物的输移扩散情况。

第三节 河口水质模型

一、河口水质基本模型

由质量平衡原理可以推导出与河流水质模型相似的河口水质基本模型，即

$$\frac{\partial C}{\partial t} = \frac{\partial}{\partial x}\left(E_x \frac{\partial C}{\partial x}\right) + \frac{\partial}{\partial y}\left(E_y \frac{\partial C}{\partial y}\right) + \frac{\partial}{\partial z}\left(E_z \frac{\partial C}{\partial z}\right)$$

$$- \frac{\partial(u_x C)}{\partial x} - \frac{\partial(u_y C)}{\partial y} - \frac{\partial(u_z C)}{\partial z} - KC + \sum S_i \tag{4-38}$$

式中，u_x、u_y、u_z 分别为 x、y、z 方向的流速分量；E_x、E_y、E_z 分别为 x、y、z 方向的湍流扩散系数；S_i 为源或漏；K 为污染物衰减速度常数。

二、一维解析模型

1. 一维解析模型

假设污染物在竖向、横向的浓度分布是均匀的，可以用一维模型来描述河口水质的变化规律。如对窄、长、浅的河口，可简化为一维水质模型，式（4-38）化为：

$$\frac{\partial AC}{\partial t} = \frac{\partial}{\partial x}\left(AD_x \frac{\partial C}{\partial x}\right) - \frac{\partial(u_x AC)}{\partial x} - KAC + AS \tag{4-39}$$

河口中潮汐作用使得水流在涨潮时向上游运动，尽管在整个周期里净水流是向下游运动的。如果在潮汐的高平潮时（涨憩）在某处投放某种示踪剂，然后在以后的每一个高平潮时测量示踪剂的浓度，就得到如图 4-2 所示的分布。它说明在一维河口中，纵向弥散是主要作用。

因此，如果取污染物浓度的潮周平均值，一维河口水质模型［式（4-39）］又可以写成：

$$D_x \frac{d}{dx}\left(\frac{dC}{dx}\right) - \frac{d}{dx}(u_x C) - KC + s = 0 \tag{4-40}$$

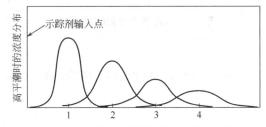

图 4-2 潮汐河流中的示踪剂弥散

式中，s 为系统外输入污染物的速度；D_x 为纵向扩散系数；其余符号意义同前。

欧康奈尔（D. O'Conner）对于一定的断面积和淡水流量，假定 $s = 0$，提出了式（4-40）计算峰值浓度的解。

对排放点上游（$x \leqslant 0$）：$\qquad\qquad C = C_0 \exp(j_1 x) \tag{4-41}$

对排放点下游（$x > 0$）：$\qquad\qquad C = C_0 \exp(j_2 x) \tag{4-42}$

式中，

$$j_1 = \frac{u_x}{2D_x}\left(1 + \sqrt{1 + \frac{4KD_x}{u_x^2}}\right) \tag{4-43}$$

$$j_2 = \frac{u_x}{2D_x}\left(1 - \sqrt{1 + \frac{4KD_x}{u_x^2}}\right) \tag{4-44}$$

C_0 是在 $x = 0$ 处的污染物浓度，可以用下式计算：

$$C_0 = \frac{W}{Q\sqrt{1 + \dfrac{4KD_x}{u_x^2}}} \tag{4-45}$$

式中，W 为单位时间内投放的示踪剂质量；Q 为淡水的平均流量。

2. 纵向扩散系数计算

（1）经验公式法

① 荷-哈-费（Hobbey，Harbemanand，Fisher）法

$$D_x = 63nu_m R^{5/6} \tag{4-46}$$

式中，n 为曼宁粗糙系数；u_m 为最大潮汐速度，m/s；R 为河口的水力半径，m。

② 鲍登（Bowden）法

$$D_x = 0.295uH \tag{4-47}$$

式中，H 为平均水深，m；u 为断面平均流速，m/s。

③ 狄齐逊（Diachishon）法

$$D_x = 1.23u_{max}^2 \tag{4-48}$$

④ 淡水含量百分比法（由 3～5 个断面求平均）

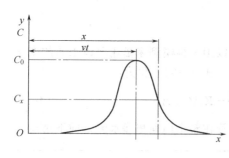

图 4-3　示踪剂浓度的时间分布

$$
\begin{aligned}
D_x &= 0.097\frac{Q_h S_a}{A(\mathrm{d}S_a/\mathrm{d}x)} \\
&= 0.194\frac{Q_h S_{ai}}{A(S_{ai} - S_{ai-1})}
\end{aligned} \tag{4-49}
$$

（2）示踪测定　通过瞬时投放示踪剂的时间分布曲线（图 4-3）可以求得河口的纵向扩散系数 D_x。

在发生海水入侵的地方，可以用海水中的盐作示踪剂。对于盐这样的守恒物质，可以认为 $k=0$ 和 $s=0$。由式（4-40）的解析解：

$$\ln\frac{C}{C_0} = \frac{u_x}{D_x}x \tag{4-50}$$

式中，$x<0$，为由海洋上溯的距离。由式（4-50）可以得到根据盐度的变化求解 D_x 的公式：

$$D_x = \frac{xu_x}{\ln C - \ln C_0} \tag{4-51}$$

D_x 的数值在很大范围内变化，其数量级为 $10 \sim 10^2\,\mathrm{m^2/s}$。

三、BOD-DO 耦合模型

对于一维稳态问题，描述氧亏的基本模式为：

$$D_x\frac{\mathrm{d}^2 D}{\mathrm{d}x^2} - u_x\frac{\mathrm{d}D}{\mathrm{d}x} - K_a D + K_d L = 0 \tag{4-52}$$

若给定边界条件，当 $x=\pm\infty$ 时，$D=0$，上式的解为：

对排放口上游（$x<0$），$D = \dfrac{K_d W}{(K_a - K_d)Q}(A_1 - B_1)$ （4-53）

对排放口下游（$x>0$），$D = \dfrac{K_d W}{(K_a - K_d)Q}(A_2 - B_2)$ （4-54）

式中，

$$A_1 = \frac{1}{j_3}\exp\left[\frac{u_x}{2D_x}(1+j_3)x\right]$$

$$A_2 = \frac{1}{j_4}\exp\left[\frac{u_x}{2D_x}(1+j_4)x\right]$$

$$B_1 = \frac{1}{j_3}\exp\left[\frac{u_x}{2D_x}(1+j_3)x\right]$$

$$B_2 = \frac{1}{j_4}\exp\left[\frac{u_x}{2D_x}(1+j_4)x\right]$$

$$j_3 = \sqrt{1+\frac{4K_d D_x}{u_x^2}}$$

$$j_4 = \sqrt{1+\frac{4K_a D_x}{u_x^2}}$$

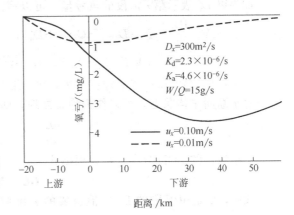

图 4-4　一维潮汐河口的氧亏

式中，D 为氧亏；Q 为河口淡水的净流量；W 为单位时间内排入河口的 BOD 量；其余符号意义同前。

图 4-4 为根据式（4-53）和式（4-54）绘制的排放口上、下游的氧亏量分布。

四、一维有限段模型

有限段模型用若干个有限长度的体积单元代替连续的纵向空间。在每一个有限段内是一个假定的完全混合零维模型，而整个河口则是离散的一维模型，实质上是一个准一维模型。有限段模型以潮周平均值（包括状态和参数）作为计算依据，以河川净流量作为计算流量。

1. BOD 模型

对于任一个河段，它的质量平衡包括推流迁移、弥散迁移和物质衰减三部分内容。

对第 i 个河段的推流迁移量为：

$$Q_{i-1}L_{i-1}-Q_i L_i$$

式中，Q_{i-1}、Q_i 分别为流入河流出第 $i-1$ 和第 i 个河段的净流量；L_{i-1}、L_i 分别为流入河流出第 $i-1$ 和第 i 个河段的 BOD 浓度。

由弥散作用引起的第 i 个河段的质量变化：

$$D_{i-1,i}A_{i-1,i}\frac{L_{i-1}-L_i}{\Delta x_{i-1,i}}-D_{i,i+1}A_{i,i+1}\frac{L_i-L_{i-1}}{\Delta x_{i,i+1}}$$

$$\Delta x_{ij}=\frac{1}{2}(\Delta x_i+\Delta x_j)$$

式中，D_{ij} 为第 i 与第 j 河段间弥散系数；A_{ij} 为第 i 与第 j 河段间的界面面积；Δx_{ij} 为第 i 与第 j 河段的中心距；Δx_i 和 Δx_j 分别为相邻河段 i 和 j 的长度。

河段内的 BOD 衰减量为：

$$V_i K_{di}L_i$$

式中，V_i 为第 i 河段的容积；K_{di} 为 BOD 衰减速度常数。

对每一个河段可以写出质量平衡关系：

$$V_i\frac{dL_i}{dt}=Q_{i-1}L_{i-1}-Q_i L_i+D_{i-1,i}A_{i-1,i}\frac{L_{i-1}-L_i}{\Delta x_{i-1,i}}$$

$$-D_{i,i+1}A_{i,i+1}\frac{L_i-L_{i+1}}{\Delta x_{i,i+1}}-V_i K_{di}L_i+W_i^L \tag{4-55}$$

令 $D'_{ij}=D_{ij}A_{ij}/\Delta x_{ij}$，式（4-55）可以写作

$$V_i\frac{dL_i}{dt}=Q_{i-1}L_{i-1}-Q_i L_i+D'_{i-1,i}(L_i-L_{i+1})$$

$$-D'_{i,i+1}(L_i-L_{i+1})-V_i K_{di}L_i+W_i^L \tag{4-56}$$

式中，W_i^L 是由系统外输入第 i 河段的 BOD 量。

如果以 D_i 表示第 i 河段的氧亏量，可以写出氧亏量的平衡关系：

$$V_i \frac{\mathrm{d}D_i}{\mathrm{d}t} = Q_{i-1}D_{i-1} - Q_iD_i + D'_{i-1,i}(D_i - D_{i+1}) - D'_{i,i+1}(D_i - D_{i+1})$$

$$+ V_iK_{di}L_i - V_iK_{ai}D_i + W_i^D \qquad (4\text{-}57)$$

式中，K_{di} 是河段的复氧速度常数；W_i^D 是由系统外输入河段的氧亏量。

对于潮周平均状态，可以作为稳态处理，即

$$\frac{\mathrm{d}L_i}{\mathrm{d}t} = 0, \quad \frac{\mathrm{d}D_i}{\mathrm{d}t} = 0$$

对于河口的 BOD 分布，可以根据式（4-56）写出矩阵方程：

$$\boldsymbol{GL} = \boldsymbol{W}^L \qquad (4\text{-}58)$$

式中，$\boldsymbol{L}$ 是由河段的 BOD 值组成的 n 维向量；$\boldsymbol{W}^L$ 是由输入河段的 BOD 组成的 n 维向量。

$\boldsymbol{G}$ 是 n 阶矩阵，对于第 i 行、第 j 列的元素 g_{ij}，可以按下式计算：

当 $j=i$，$g_{ij} = Q_i + D'_{i-1,i} + D'_{i,i+1} + V_iK_{di}$

当 $j=i-1$，$g_{ij} = -Q_i - D'_{i-1,i}$

当 $j=i+1$，$g_{ij} = -D'_{i,i+1}$

其余元素，$g_{ij} = 0$

如果知道污染源 $\boldsymbol{W}^L$，河口的 BOD 分布就可以计算：

$$\boldsymbol{L} = \boldsymbol{G}^{-1}\boldsymbol{W}^L \qquad (4\text{-}59)$$

2. DO 模型

对河口的氧亏，也可以写出矩阵方程：

$$\boldsymbol{HD} = \boldsymbol{FL} + \boldsymbol{W}^D \qquad (4\text{-}60)$$

式中，$\boldsymbol{D}$ 是河段氧亏值组成的 n 维向量；$\boldsymbol{W}^D$ 是由输入河段的氧亏值组成的 n 维向量。

$\boldsymbol{H}$ 和 $\boldsymbol{F}$ 都是 n 阶矩阵，根据式（4-57）可以计算它们的元素。

对矩阵 $\boldsymbol{H}$：

当 $j=i$，$h_{ij} = Q_i + D'_{i-1,i} + D'_{i,i+1} + V_iK_{ai}$

当 $j=i-1$，$h_{ij} = -Q_i - D'_{i-1,i_{ai}}$

当 $j=i+1$，$h_{ij} = -D'_{i,i+1}$

对其余元素，$h_{ij} = 0$

对矩阵 $\boldsymbol{F}$：

当 $j=i$，$f_{ij} = V_iK_{di}$

对其余元素，$f_{ij} = 0$

将式（4-59）代入式（4-60），并对 $\boldsymbol{H}$ 求逆，可以计算河口的氧亏分布：

$$\boldsymbol{D} = \boldsymbol{H}^{-1}\boldsymbol{FG}^{-1}\boldsymbol{W}^L + \boldsymbol{H}^{-1}\boldsymbol{W}^D \qquad (4\text{-}61)$$

式（4-59）和式（4-60）比较广泛地应用在河口水质模拟和水质预测中，矩阵 $\boldsymbol{G}^{-1}$ 称为一维河口 BOD 响应矩阵，$\boldsymbol{H}^{-1}\boldsymbol{FG}^{-1}$ 称为河口氧亏对 BOD 的响应矩阵，$\boldsymbol{H}^{-1}$ 称为河口氧亏对输入氧亏的响应矩阵。

河口上、下游的边界条件可以计算如下。

对于上游第一河段，可以写出：

$$Q_1L_1 + D'_{0,1}L_1 + D'_{1,2}L_1 - D'_{1,2}L_2 + V_1K_{d1}L_1 = W_1^L + Q_0L_0 - D'_{0,1}L_0 \qquad (4\text{-}62)$$

$$Q_1D_1 + D'_{0,1}D_1 + D'_{1,2}D_1 - D'_{1,2}D_2 - V_1K_{d1}L_1 + V_1K_{a1}D_1 = W_1^D + Q_0D_0 - D'_{0,1}D_0 \qquad (4\text{-}63)$$

在计算河段上游的流量 Q_0、BOD 值 L_0、氧亏值 D_0 和弥散系数 $D'_{0,1}$ 时，可以将等式右边各项都记入输入源中，即令：

$$W_1^L := W_1^L + Q_0 L_0 - D'_{0,1} L_0 \tag{4-64}$$

$$W_1^D := W_1^D + Q_0 D_0 - D'_{0,1} D_0 \tag{4-65}$$

其余各项计算同前。

对于下游最末一个河段，可以写出：

$$Q_{n-1} L_{n-1} - Q_n L_n + D'_{n-1,n}(L_{n-1} - L_n) - D'_{n,n+1}(L_n - L_{n+1}) - V_n K_{dn} L_n + W_n^L = 0 \tag{4-66}$$

$$Q_{n-1} D_{n-1} - Q_n D_n + D'_{n-1,n}(D_{n-1} - D_n) - D'_{n,n+1}(D_n - D_{n+1})$$
$$+ V_n K_{dn} L_n - V_n K_{an} L_n + W_n^D = 0 \tag{4-67}$$

下游最末河段计算中，存在未知数 L_{n+1} 和 D_{n+1}。有两种处理方法：

第一种处理方法，当河口下游在入海口附近，这里的水质比较稳定，L_{n+1} 和 D_{n+1} 可以作为已知条件处理，即可以将有关 L_{n+1} 和 D_{n+1} 的项计入源 W_n^L 和 W_n^D 中。

第二种处理方法，当河口最后一个河段远离污染源时，可以把下游的浓度梯度视为 0，即令 $L_{n+1} = L_n$ 和 $D_{n+1} = D_n$ 即可。

五、二维模型

实际问题中，从解决问题的需要出发，常常忽略掉一些次要因素，假设污染物在竖向或横向的浓度分布是均匀的，则三维模型［式（4-38）］分别降阶为平面二维或垂向二维。

在直角坐标系下，式（4-38）从水面到河床底垂向积分，可得水深平均的二维模型：

$$\frac{\partial HC}{\partial t} = \frac{\partial}{\partial x}\left(D_x H \frac{\partial C}{\partial x}\right) + \frac{\partial}{\partial y}\left(D_y H \frac{\partial C}{\partial y}\right) - \frac{\partial(u_x HC)}{\partial x} - \frac{\partial(u_y HC)}{\partial y} - KC + HS \tag{4-68}$$

式中，C、u_x、u_y 分别为水深平均的污染物浓度、x 方向和 y 方向的流速分量；D_x、D_y 分别为纵向、横向弥散系数；H 为水深。

同理，可在宽度上积分，得到垂向二维模型：

$$\frac{\partial BC}{\partial t} = \frac{\partial}{\partial x}\left(BD_x \frac{\partial C}{\partial x}\right) + \frac{\partial}{\partial z}\left(BD_z \frac{\partial C}{\partial z}\right) - \frac{\partial(u_x BC)}{\partial x} - \frac{\partial(u_z BC)}{\partial z} - KC + BS \tag{4-69}$$

二维模型解析解很难求得，一般均采用数值方法求解。

河口二维有限单元水质模型的建立方法与相应的河流模型一致。

第四节　近岸海域水质模型基础

一、流体动力学模型

1. 三维控制方程

对于近岸海域、半封闭海湾甚至河口，其水体基本运动是由外来潮波引起的潮汐运动，即谐振潮。因此，我们主要研究潮波及潮余流。而描述潮波运动的参考坐标系，也被置于某一不考虑地球曲率的基面上。常选用一个固着于"基面"上的直角坐标系（$x \cdot y$ 平面），z 轴向上为正。

对于大型水体，在考虑地球自转引起的科氏力的作用、静水压强假定下，三维非恒定流动的基本方程（Navier-Stocks 方程组）为：

连续方程

$$\frac{\partial u}{\partial x} + \frac{\partial v}{\partial y} + \frac{\partial w}{\partial z} = 0 \tag{4-70}$$

x 方向动量方程

$$\frac{\partial u}{\partial t} + \frac{\partial u^2}{\partial x} + \frac{\partial uv}{\partial y} + \frac{\partial uw}{\partial z} - fv = -\frac{1}{\rho} \times \frac{\partial p}{\partial x} + \frac{1}{\rho}\left(\frac{\partial \tau_{xx}}{\partial x} + \frac{\partial \tau_{yx}}{\partial y} + \frac{\partial \tau_{zx}}{\partial z}\right) \tag{4-71}$$

y 方向动量方程

$$\frac{\partial v}{\partial t}+\frac{\partial uv}{\partial x}+\frac{\partial v^2}{\partial y}+\frac{\partial vw}{\partial z}+fu=-\frac{1}{\rho}\times\frac{\partial p}{\partial y}+\frac{1}{\rho}\left(\frac{\partial \tau_{xy}}{\partial x}+\frac{\partial \tau_{yy}}{\partial y}+\frac{\partial \tau_{zy}}{\partial z}\right) \tag{4-72}$$

静压力梯度：

$$\frac{\partial P}{\partial z}=-\rho g \tag{4-73}$$

式中，t 为时间；u、v、w 分别为 Cartersian 坐标系下 x、y、z 方向上的速度分量；P 为静压力；g 为重力加速度；τ_{ij}（i，j 分别表示 x、y、z 三个坐标方向组合）为剪切应力，分别与三个方向上的速度梯度及动力黏滞系数 μ 有关；$\mu=\rho v$，v 为运动黏滞系数，ρ 为水体密度；f 为科氏力系数，$f=2\bar{\omega}\sin\psi$，其中 $\bar{\omega}$ 为地球自转角速度，ψ 为当地纬度。

2. 二维控制方程

对于水平尺度远大于垂直尺度的情况，水深、流速等水力参数沿垂直方向的变化较沿水平方向的变化要小得多，从而将三维流动的控制方程沿水深积分，并取水深平均，可得沿水深平均的二维流动的基本方程。

连续性方程：

$$\frac{\partial \zeta}{\partial t}+\frac{\partial hu}{\partial x}+\frac{\partial hv}{\partial y}=0 \tag{4-74}$$

X 方向动量方程：

$$\frac{\partial u}{\partial t}+\frac{\partial(u^2)}{\partial x}+\frac{\partial(uv)}{\partial y}+g\frac{\partial \zeta}{\partial x}+\frac{gu\sqrt{u^2+v^2}}{C_z^2 h}-\frac{1}{\rho}\left(\frac{\partial \tau_{xx}}{\partial x}+\frac{\partial \tau_{xy}}{\partial y}\right)-fv-\frac{f(V)V_x}{h}+\frac{1}{\rho}\times\frac{\partial P_a}{\partial x}=0 \tag{4-75}$$

Y 方向的动量方程：

$$\frac{\partial v}{\partial t}+\frac{\partial(v^2)}{\partial y}+\frac{\partial uv}{\partial x}+g\frac{\partial \zeta}{\partial y}+\frac{gu\sqrt{u^2+v^2}}{C_z^2 h}-\frac{1}{\rho}\left(\frac{\partial \tau_{xx}}{\partial y}+\frac{\partial \tau_{xy}}{\partial x}\right)+fu-\frac{f(V)V_y}{h}+\frac{1}{\rho}\times\frac{\partial P_a}{\partial y}=0 \tag{4-76}$$

式中，h 为水深，ζ 为水位，$h=H+\zeta$，见图 4-5；C_z 为谢才系数，可按曼宁公式计算：

$$C_z=\frac{1}{n}h^{1/6} \tag{4-77}$$

$f(V)$ 为风阻力系数；V、V_x、V_y 分别为风速及在 x、y 方向上的分速度；P_a 为大气压；τ_{xx}、τ_{xy} 为各有效剪应力组分；其余符号意义同上。

若引入流量通量式（4-74）～式（4-76）则可化为以下形式。

连续性方程：

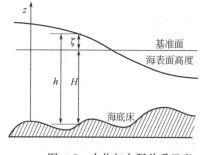

图 4-5　水位与水深关系示意

$$\frac{\partial \zeta}{\partial t}+\frac{\partial p}{\partial x}+\frac{\partial q}{\partial y}=0 \tag{4-78}$$

x 方向动量方程：

$$\frac{\partial p}{\partial t}+\frac{\partial}{\partial x}\frac{p^2}{h}+\frac{\partial}{\partial y}\frac{pq}{h}+gh\frac{\partial \zeta}{\partial x}+\frac{gp\sqrt{p^2+q^2}}{C_z^2 h^2}$$

$$-\frac{1}{\rho}\left[\frac{\partial}{\partial x}(h\tau_{xx})+\frac{\partial}{\partial y}(h\tau_{xy})\right]-fq-f(V)V_x+\frac{h}{\rho}\times\frac{\partial P_a}{\partial x}=0 \tag{4-79}$$

y 方向的动量方程：

$$\frac{\partial q}{\partial t}+\frac{\partial}{\partial y}\frac{q^2}{h}+\frac{\partial}{\partial x}\frac{pq}{h}+gh\frac{\partial \zeta}{\partial y}+\frac{gp\sqrt{p^2+q^2}}{C_z^2 h^2}$$

$$-\frac{1}{\rho}\left[\frac{\partial}{\partial y}(h\tau_{xx})+\frac{\partial}{\partial x}(h\tau_{xy})\right]+fp-f(V)V_y+\frac{h}{\rho}\times\frac{\partial P_a}{\partial y}=0 \quad (4\text{-}80)$$

式中，p 和 q 分别为 x 和 y 方向上的流量通量；其他符号意义同前。

二、对流扩散模型

海域中污染物的输运模型是在潮流流场模型基础上建立的，用以预测新的污染负荷进入情况下海域污染物的浓度分布。三维对流扩散模型同式（4-38）：

$$\frac{\partial C}{\partial t}=\frac{\partial}{\partial x}\left(E_x\frac{\partial C}{\partial x}\right)+\frac{\partial}{\partial y}\left(E_y\frac{\partial C}{\partial y}\right)+\frac{\partial}{\partial z}\left(E_z\frac{\partial C}{\partial z}\right)$$

$$-\frac{\partial(uC)}{\partial x}-\frac{\partial(vC)}{\partial y}-\frac{\partial(wC)}{\partial z}-KC+\sum S_i$$

常用的二维平流-扩散物质输运模型为：

$$\frac{\partial(hC)}{\partial t}+\frac{\partial(huC)}{\partial x}+\frac{\partial(huC)}{\partial y}=\frac{\partial}{\partial x}\left(hD_x\frac{\partial C}{\partial x}\right)+\frac{\partial}{\partial y}\left(hD_x\frac{\partial C}{\partial x}\right)-KhC+S \quad (4\text{-}81)$$

式中，C 为污染物浓度，mg/L；其他符号意义同前；u、v、w 和 h 值由水动力模型提供。

三、模型求解

由于海域实际边界的复杂性，也由于运动方程包含了非线性项，求解十分困难，一般只能采用数值解法。在限定的边界条件和初始条件下，数值求解方程组的方法很多，一般多采用有限差分法和有限单元法。

国内常用 ADI 法，此法是美国兰德公司于 20 世纪 70 年代初提出的一种差分近似解法（又称隐式方向交替法）。ADI 法的特点是稳定性较好，积累误差小，建立模型也只需水深资料和海域潮位资料。

数值求解过程中，无论二维问题还是三维问题，选定了计算方法并正确地对各基本方程进行离散化，并不能保证计算结果的可靠性，还需要对诸多的问题进行处理，基本的问题就是：基面选取及地形概化，边界概化，初始条件确定，参数的合理选取（如底摩系数、涡黏系数、风阻系数、扩散系数等）。

由于涉及较深的理论和相关知识，此处不做介绍，可参阅相关书籍和文献。

四、Lagrange 质点示踪模型

在河口、海湾和近海海域，潮流运动使得物质输运过程变得复杂。为了分析污染物质在潮流中的输运规律，通常借助于流体质点的漂移轨迹来加以描述，此即为流体质点的 Lagrange 轨迹示踪模拟。同时，从质点的漂移轨迹还可以对潮流的余流特性进行分析。本节简要介绍 Lagrange 质点示踪模型。

1. Lagrange 质点示踪模型

由定点实测潮流或数值模拟可以得到 Euler 流场，其意义为某一时刻研究水域不同空间点的流速矢量的组合，且某一空间点的流速为时间的函数，即

$$\boldsymbol{U}_E=\boldsymbol{U}_E(\boldsymbol{r},t) \quad (4\text{-}82)$$

式中，$\boldsymbol{U}_E$ 为 Euler 场流速矢量；$\boldsymbol{r}$ 为空间点位置矢量；t 为某一时刻。

跟踪水质点运动而研究其运动规律的方法即为 Lagrange 法，无数水质点在空间中的运动轨迹便构成了常说的 Lagrange 场。在 Lagrange 场中，某质点的坐标为时间的函数，即

$$r = r(r_0, t) \tag{4-83}$$

式中，r_0 为对应于 t_0 时刻的该质点的起始位置矢量。显然，在 t 时刻，某标识质点的 Lagrange 速度 U_L 应该与该时刻所处的空间点 Euler 速度相等，即

$$U_L(r_0, t) = U_E(r, t) \tag{4-84}$$

Zimmerman 给出质点空间运动轨迹 r 与 Lagrange 速度 U_L 的关系为

$$r(r_0, t) = r_0 + \int_{t_0}^{t} U_L(r_0, t') dt' = r_0 + \int_{t_0}^{t} U_E(r, t') dt' \tag{4-85}$$

这样，在一个潮周内，标识质点的位移便定义为 Lagrange 漂移：

$$X(r_0, T) = r(r_0, T) - r_0 = \int_{t_0}^{t_0+T} U_L(r_0, t') dt' = \int_{t_0}^{t_0+T} U_E(r, t') dt' \tag{4-86}$$

2. Lagrange 轨迹示踪数值方法

对 Lagrange 标识质点的运动进行时间离散，可以进行 Lagrange 轨迹示踪模拟。对于 $t = t_0$ 时刻的标识质点，其起始位置为 r_0，取计算时间步长为 Δt，则在 n 个时间步长后，即 $t = t_0 + n\Delta t$ 时刻，该标识质点处于位置 r_n，则由：

$$r_n = r_0 + \int_{t_0}^{t_0+n\Delta t} U_E(r_0, t') dt' = r_0 + \sum_{i=0}^{n-1} \int_{t_0+i\Delta t}^{t_0+(i+1)\Delta t} U_E(r, t) dt'$$

得到数值计算模型为：

$$\begin{aligned}
X_n(r_0, t) = r_n - r_0 &= \sum_{i=0}^{n-1} \int_{t_0+i\Delta t}^{t_0+(i+1)\Delta t} U_E(r_i, t') dt' \\
&= \sum_{i=0}^{n-1} \{ U_E[r_i, t_0 + (n+1)\Delta t] + U_E[r_0, t_0 + n\Delta t] \\
&\quad + \Delta t \Delta_H U_E[r_0, t_0 + (n+1)] \} \Delta t / 2
\end{aligned} \tag{4-87}$$

式中，$\Delta_H = \dfrac{\partial}{\partial x} + \dfrac{\partial}{\partial y}$。

第五节 实用模型介绍

随着科学技术特别是计算机技术的发展，河口、海洋环境质量的研究越来越倚重于定量模拟预测。近年来河口及海洋环境质量模型研究及应用软件的开发有了极大的进展，其理论研究成果不断地应用于河口及近岸海域的环境评价、预测、管理和规划等实践中。如 CJK3D 模型就是重点针对长江口水环境，由南京水利科学研究院河港研究所开发的应用软件，还有上海水利设计研究院的 SWEDRI 模型，但我国缺少自主研发的在国际上有影响的数值模型。相比之下，国外研究开发的模型较多，如美国普林斯顿大学的 POM（Princeton Ocean Model）和 ECOM（Estuary, Coast and Ocean Model）模型、丹麦水力研究所 DHI（Danmark Hydraulics Institute）开发的 MIKE 系列模型、荷兰 Delft 水力研究所（WL DelftHydraulics）开发的 Delft3D 模型等，均可实现河口和沿海水域水动力及水质问题的模拟，这里简要介绍分别用于远区和近区扩散模拟的 Delft3D、VISJET 模型系统。

一、Delft3D 模型系统

1. 系统概况

Delft3D 是一个世界领先的 2D/3D 建模软件，该模型系统由成立于 1927 年的荷兰 Delft 水力研究所研究开发。Delft 水力研究所具有 70 多年的研究历史，370 多人的研发机构及相应试验模型等，并长期得到欧盟和荷兰政府的大力支持。其开发的 Delft3D 应用软件版本不断更新，国际上应用得十分广泛，如荷兰、俄罗斯、波兰、德国、澳大利亚、美国、西班牙、英国、新西兰、新加坡、马来西亚等，尤其是美国已经有很长的应用历史。中国香港从

20 世纪 70 年代中期就开始使用 Delft3D 系统，该系统已经成为香港环境署的标准产品。Delft3D 从 80 年代中期开始在中国内地有越来越多的应用，如长江口、杭州湾、渤海湾、滇池、辽河、三江平原。此外，Delft3D 已经成为很多国际著名的水环境咨询公司的有力工具，如 DHV、Witteven＋Boss、Royal Haskoning、Halcrow 等公司。

2. 系统功能

Delft3D 是目前为止世界上最为先进的完全用于河流、河口及海岸区域三维水动力-水质模型系统，尤其是独一无二地支持曲面格式。系统能非常精确地进行大尺度的水流（flow）、波浪（waves）、河床形态演变（morphology）、水质（Waq）和生态（Eco）等的计算。Delft3D 采用 Delft 计算格式，快速而稳定，完全保证质量、动量和能量守恒。通过与法国 EDF 合作，Delft3D 已经实现了类似 TeleMac 的有限单元法（finite elements）计算格式，供用户选择；系统自带丰富的水质和生态过程库（processes library），能帮助用户快速建立起需要的模块。此外，在保证守恒的前提下，水质和生态模块采用了网格结合的方式，大幅度降低了运算成本。系统实现了与 GIS 的无缝链接，有强大的前后处理功能，并与 Matlab 环境结合，支持各种格式的图形、图像和动画仿真；基于 Visual Basic 的用户界面非常友好。系统的操作手册、在线帮助和理论说明全面、详细、易用，既适合一般的工程用户，也适合专业研究人员。Delft3D 支持所有主要的操作系统，如 Windows、Unix、Linux、Mac等。整个系统按照目前最新的"即插即用（plug and play）"的标准设计，完全实现开放（open modelling system，OMS），满足用户二次开发和系统集成的需求。

3. 系统模块构成

Delft3D 包含水动力、波浪、形态学、泥沙、水质、生态等 7 个主模块，各模块之间完全可在线动态耦合（online dynamic coupling）。

（1）Delft3D-FLOW 模块 即 Delft3D 水动力模块。该模块是基于曲线网格、贴体边界及竖向 σ 坐标方法，可对非稳定流、潮致应力和气象条件应力作用产生输移进行模拟计算的模型，可用于潮流、风生流、分层和密度流、盐度入侵、湖库的热分层、污水放流、污染物输移扩散及河流和海湾的模拟预测。模型包含了潮汐作用、科氏力、压力梯度、对流扩散、风应力、涡黏作用等，特别具有可选的矩形网格、曲线网格和椭圆网格系统，内嵌的二维底摩应力向三维自动转换开关等。具有与其他模型，如水质、泥沙等模型的耦合能力。

（2）Delft3D-WAVE 模块 即 Delft3D 波浪模块。可基于矩形和曲线网格上，用于模拟计算沿海水域（包括河口、潮汐入口、岛屿、水道等）任意的、风致的波浪传播与转换与发展，适合于深水、浅水不同的水域。该模型也可与其他模型（如 Flow、Sed、Mor 等）进行耦合，可用于沿海的发展与管理、海上与海港建设安装的设计研究。

（3）Delft3D-SED 模块 即 Delft3D 泥沙模块。该模型可用于黏性和非黏性泥沙的输移模拟。该模型忽略了流场条件下底床变化作用，一般用于短期的悬浮物和泥沙的计算，模型包含了沉降作用、沉积作用、泥沙在地质不同分层间的转移以及咸淡水盐度不同产生的作用等。模型也可用于模拟水质模型中所涉及的无机、有机悬浮物和沉积物。

（4）Delft3D-MOR 模块 即 Delft 形态学模块。该模型完全集合了波浪、水流、泥沙输移在河床形态演变中的作用，用于模拟以多日或多年为时间尺度，包含波浪、水流、泥沙输移和地形间复杂的相互作用下，河流、河口及海岸的形态演变，其形态过程可指定为分级的树状结构过程。该模型可与 FLOW 和 WAVE 等模型通过动态形式进行耦合。

（5）Delft3D-WAQ 模块 即 Delft 水质模型。该模型是一个描述宽泛水质变化过程的水质程序，可以包含多组分任意组合而不受限于过程的复杂和数目，自带了丰富的水质和生态过程库，水质变化过程可以用线性或非线性进行描述，只需适当选取状态变量和模型参数即可。可模拟的水质组分包括 BOD、DO、氯离子、有机碳、有机氮、有机磷、无机磷、悬浮物、藻类、重金属、杀虫剂等 140 多种物质。水质过程包括生物降解过程、化学过程、藻类生长和死亡过程、颗粒物沉积和再悬浮过程、蒸发和曝气过程等。该模型可以与 FLOW 模型进行耦合，并可在比 FLOW 模型采用更大的网格和更大的时间步长上进行模拟计算。

（6）Delft3D-PART 模块　即 Delft 基于粒子跟踪的水质模型。该模型是基于 FLOW 模型计算水流结果，应用粒子轨迹方法模拟输移和简单的化学反应，通过分散的粒子轨迹平均得到动态的浓度分布。该模型最适合于中尺度模拟范围（200m～15km）的连续排放的研究，羽流的模拟（如油类泄漏）和盐度、细菌、若丹明染料、油类、BOD 以及其他保守物质，或符合一级动力学规律的可降解的化学物质。

（7）Delft3D-ECO 模块　即 Delft 生态模型。该模型针对富营养现象的认识和研究，模拟与藻类生长和营养动力学相关联的生物化学和生物学过程。与 WAQ 模型相比，该模型自带了更为细致的过程库，包含了两个子模块：模拟浮游植物 BLOOM 模块和模拟沉积物 SWITCH 模块。BLOOM 用以模拟藻类的生物量和种类组成，用线性规划的方法确定浮游植物最大净生产量；SWITCH 模拟影响沉积物中有机物质、无机物质水平的化学和物理过程。

4. Delft3D 支持工具

Delft3D 的主要支持工具包括：可视化工具 Delft3D-GPP，即 Delft3D 的后处理工具，实现软件模拟结果的可视化和数据处理；网格生成器 Delft3D-RGFGRID，应用此模型可以生成 FLOW 所需要的矩形或曲线网格，实现不同区域网格疏或稀处理、避免锯齿状边界的贴边界处理、网格调整处理以及网格光滑和正交的自动处理等；地形生成器 Delft3D-QUICKIN，用以通过测点数据生成计算用地形，采用密集测点的平均方法和稀疏测点的三角插值方法。

二、VISJET 模型系统

1. 系统概况

VISJET 系统是香港大学李行伟教授及其在研究团队在理论分析和对浮射流的特性、污染物扩散机理大量实验与研究的基础上，结合三维可视化技术开发的复杂环境下污水排放设计辅助决策系统。VISJET 系统采用了通用交互式计算机模拟系统，研究单个或一组倾斜浮射流在三维空间的影响，可应用于水利工程水力设计、排放口设计、污染混合区界定、污染扩散系统设计、实时消毒剂量投放控制、污染物或自然环境排放（如深海热水排放）的影响评价和风险分析，也可以用作介绍混合和输移，以及受纳水体的同化能力等概念的教育工具。系统采用了三维可视化技术，对任意倾斜角度的浮射流和密度分层的受纳水体，均可将模型计算得到的在流动水体中浮射流的轨迹和混合结果通过三维图像表达再现实景，并可方便读取各断面、各点的计算结果。

2. VISJET 系统结构与特性

VISJET 系统设计有输入参数的友好用户界面，能够简单、清晰地输入浮射流特性参数、环境条件参数，以及输入排放管及其上升管和扩散器（多喷口扩散器）的几何布置和尺寸。参数值输入后，系统将检验参数值是否在有效范围内，并提供输入这些参数所生成的图像，以帮助用户验证输入参数值。VISJET 系统充分耦合了物质输移 JETLAG 拉格朗日模型，能够计算得出浮射流轨迹。在参数输入后，利用交互式三维计算机图形，能够显示所有浮射流轨迹的空间分布情况，即时为用户提供实时可视化反馈结果。

（1）浮射流轨迹可视化　借助特殊的动画效果，显示浮射流的演变和其他随时间变化的特性（如流速），帮助用户更清晰地理解显示的数据。利用色差反映出浮射流的污水浓度变化，并采用动态纹理图描述浮射流的动态特性。动画演示用来展示浮射流随时间增加而发生的演变。系统还包括其他模式的可视化，如粒子系统等，供用户选择用来显示浮射流轨迹。强大的可视化能力，可清楚了解污水如何排放和演化。

（2）排放口设计与模拟　VISJET 系统为排放口系统的建模和设计提供了一个交互式虚拟环境。实景模拟和对周围环境的渲染，真实地再现海洋排放口研究中的海床和海面，为用户提供 3D 环境下现场感，从而使用户可以更好地了解模拟特性。附加的视觉效果，如环境水流的方向和参照物，也提供了合理的可视化背景。VISJET 系统既可应用于传统的单喷口设计，也可应用于目前广泛应用的上升管加多喷口设计。

（3）浮射流数据读取及混合区计算　由 JETLAG 模块计算出的浮射流轨迹数据随时可从可视化图像上读取。使用指针工具指向感兴趣的点，以交互方式获取所需的流速、浓度等数据值；采用水平切片横切浮射流则能够获得不同高度的浮射流断面，借以理解每个浮射流在逐渐上升至海面的演变过程；也可以得到其他各方向的断面，包括垂直于浮射流轨迹的断面、垂直断面，或者用户自定义的任意断面并读取详细数据；混合区的稀释度等参数对于污染物的扩散分析十分重要，该系统可以分析由多喷口浮射流汇合的区域即混合区，特别是能够确定任一断面的混合区的大小、混合区内任一点多射流合成的稀释度大小。

习题与思考题

1. 河口具有哪些水文特性？与河流相比两者有何异同？

2. 近岸海域具有哪些水流特性？与河口相比两者有何异同？

3. 计算掌握河口的冲洗时间对实际问题有何指导意义？

4. 污染物在河口、近岸海域水体中的混合稀释分为几个阶段？各阶段的联系与区别是什么？

5. 你是如何理解"稀释度或稀释度场，用以宏观反映污染物的输移扩散情况"的？

6. 某沿海城市拟将城市尾水进行深海排放，需预测该工程对排放海域的影响，试确定模拟预测工作内容、步骤、技术路线，确定需要收集的资料、信息和内业工作，确定需进行哪些现场试验等。

7. 试分析河流水质模拟与河口及近岸海域水质模拟的异同。河口及近岸海域水质模拟的复杂性突出的表现在哪些方面？

8. 一维河口有限段模型中 L_C、L_N 和氧亏之间有如下关系：

$$V\frac{dL_C}{dt} = -GL_C + W^L$$

$$V\frac{dL_N}{dt} = -JL_N + W^N$$

$$V\frac{dD}{dt} = -HD + V(K_{dC}L_C + K_{dN}L_N) + W^D$$

式中，V、G、J、H 都是 n 阶矩阵（n 为河段数）。试写出 5 段河口上述各矩阵的形式（在非 0 元素的位置画×，其余位置画 0）。

第五章　流域非点源模型

第一节　非点源污染概述

一、非点源污染定义

非点源污染（non-point source pollution）是指时空上无法定点监测的，与大气、水文、土壤、植被、地质、地貌、地形等环境条件和人类活动密切相关的，可随时随地发生的，直接对大气、土壤、水构成污染的污染物来源。它包括大气环境的非点源、土壤环境的非点源和水环境的非点源。与水环境有关的非点源污染主要包括大气干湿沉降、暴雨径流、底泥二次污染和生物污染等。狭义的非点源污染即暴雨径流，地表水非点源污染是指在降雨-径流的淋溶和冲刷作用下，大气中、地面和地下的污染物进入江河、湖泊和海洋等水体而造成的水体污染。除了没有明确的污染发生地以外，非点源污染物与点源污染物没有什么不同。来源于非点源的污染物进入水体后，和点源排放的污染物一样会造成河流、湖库等水体的污染，如引起水体浑浊、溶解氧减少、有毒有害物质浓度增加、富营养化等一系列问题。

非点源污染的定义是由点源污染（point source pollution）引出来的。点源污染往往来源于某一固定地点，如工业企业排污口、城市下水道出口（包括雨水和污水）、城市集中污水处理厂出口等。而非点源污染则是在流域空间范围上各处发生的，即在流域的任何一块土地上（包括农业用地、城镇用地等）都可能产生非点源污染。

二、非点源污染物的种类和来源

非点源污染物主要包括泥沙、营养物（氮和磷）、可降解有机物（BOD、COD）、有毒有害物质（包括重金属、合成有机化合物）、溶解性固体、固体废弃物等。

1. 泥沙

泥沙是流入河流、湖库等受纳水体中总量（无论体积或质量）最大、最广泛的非点源污染物，其主要来源于地表径流对土壤的侵蚀，如对陆地表面的破坏、河岸的侵蚀、人类放牧和建设活动等。

泥沙流失对水生生态系统的污染主要包括：①降低水体的透明度，增加浑浊度；②夹带某些污染物一起迁移，如合成有机化合物等；③破坏水生栖息地；④降低水体的美学质量；⑤造成河道和湖库的淤积等。

2. 营养物质

营养物质（氮和磷）是引起湖库水体富营养化的主要因素。在许多流域，非点源污染对营养物质的贡献已超过了点源污染，而且由于营养物质氮和磷是水体中藻类和水生植物生长的潜在限制因子，使得氮和磷成为流域污染控制中重点受关注的非点源污染物。典型的非点源营养物质一般来源于农业和城市径流、畜牧业活动和大气干湿沉降。

3. 可降解的有机物

在自然界中，微生物对有机物的降解需要消耗氧气。非点源污染中耗氧的物质主要包括：自然界中的有机物质、来自农田中的有机肥料流失、养殖场的污染流失和城市污水排放等。一般用生化需氧量（BOD）和化学耗氧量（COD）来衡量水体中的有机污染水平。水生生态系统中氧气消耗可能造成水生生物缺氧而死亡、营养物质的再同化作用以及沉积物中的重金属释放等。

4. 有毒有害物质

非点源污染中的有毒有害物质主要包括各类重金属和人类合成的有机化合物，如各类农药（如 DDT）、PCB 等。这些有毒有害物质难于降解，但易于被富集到生物体内并进入食物链，严重威胁人类的健康。通常，这些有毒有害物质来源于农业非点源径流、城市和工矿企业地表径流以及大气沉降等。

5. 溶解性固体

溶解性固体通常用盐度来表示。在地表径流的产生和运动过程中会溶解地表风化的岩石中的矿物质，从而把矿物质带入受纳水体。构成盐度的组分包括钙、锰、钠、钾、硫酸盐、氯化物、氟化物、硝酸盐、重碳酸盐和碳酸盐等。过高的盐度会影响到水在许多方面的使用，如人畜饮水、农业灌溉和工业用水等。人活动对盐度的影响包括农业灌溉、农业上过度施用化肥以及城市径流等。

6. 固体废弃物污染

城市和乡村随意被丢弃的各类有毒和无毒的固体废弃物在雨季很容易被暴雨径流冲入小溪，然后汇入河流并最终污染受纳水体。流域内大面积不透水层（硬化地表面）的增加使得这一污染过程日益加剧。

三、非点源污染的危害

非点源污染物从地表流失并进入水体后，其对受纳水体的污染与点源污染没有什么差别。非点源污染的危害不仅表现在其输出的污染物对受纳水体的污染，在非点源的发生地也会造成极大的破坏，最典型的是农田土壤侵蚀造成的作物减产、土地退化等。

在发达国家，由于点源的控制取得了明显的成效，使得流域中的非点源污染已经成为水环境的重要污染源。据美国、日本等国家的报道，即使点源污染全面控制之后，由于非点源的存在，江河的水质达标率也仅为 65%，湖泊的水质达标率为 42%，海域水质达标率为 78%。据奥地利、丹麦等国报道，农业非点源提供的总氮、总磷往往超过点源。在美国，60% 的水资源污染起源于非点源污染，其中农业的贡献率高达 75%。美国国家环保局（USEPA）把农业列为全美河流和湖泊污染的第一污染源。在我国，虽然点源问题还远没有解决，但很多水体，尤其是作为旅游地和水源地的湖泊、水库，非点源的污染贡献已占到非常大的比例。比如杭州西湖长期富营养化的一个重要原因是流域内的非点源污染，研究表明，由径流带入湖区的非点源负荷已成为最大的输入源，占氮负荷量的 48%，磷负荷量的 52%。其他的一些研究表明，北京密云水库、天津于桥水库、安徽巢湖、云南滇池和洱海、无锡太湖、上海淀山湖等水域，非点源污染比例已超过点源污染，成为主要的水体污染源。由此可见，非点源污染的削减与控制已刻不容缓。

第二节　流域非点源的产生与特征

一、非点源污染的特征

与点源污染相比，非点源污染发生机理复杂，影响因素众多，具有以下特点。

（1）时间上的随机性和间歇性　非点源污染的发生主要受降雨-径流过程的影响，而降雨过程受复杂的气象因素控制，具有随机性。这使得非点源污染的发生也具有随机性，不能够人为控制；另外，在不同的年份和季节，非点源污染负荷变化很大。

（2）空间分布上的广泛性　与点源污染不同，非点源污染没有特定的排放口，是在流域尺度上发生的，即流域的任何一块受到人为因素干扰的土地上都有可能产生非点源污染。

（3）发生机理的复杂性　非点源污染的发生与传输机理涉及了多个学科的研究范畴，主要包括水文学、水力学、土壤学等，发生机理的复杂性远远超过了点源污染。这些对非点源污染的监测、模拟模型的建立和非点源污染的控制提出了巨大的挑战。

（4）污染物组成和负荷的不确定性　非点源污染负荷不仅随不同的土地利用类型、土壤性质等改变，和降雨类型、降雨前期条件等因素有关，也和人类的活动（如施肥、施药、灌溉等）有关，不确定因素很多，使得非点源污染负荷的定量计算和预测非常困难。

（5）污染控制和管理上的困难　非点源污染发生时间的随机性、发生地点的广泛性、发生机理的复杂性，以及污染组成和负荷等的不确定性，使得传统的末端处理方法难以实现，设计有效的防治方案难度很大。

二、非点源污染与水文过程

流域的非点源污染往往伴随着降雨-径流过程而产生，与降雨过程关系密切。降雨前期地表条件、降雨的强度和历时、径流的发生过程和发生量是影响非点源负荷的主要因素。降雨前期条件直接决定了污染物的类型和潜在污染负荷，降雨对地面的冲击和径流对地表的冲刷是污染物脱离土壤、进入水体的主要动力，而径流量和流速则是污染物夹带能力的主要决定因素。

降雪或者降雨到达地面后，可以分为径流、蒸发、补充土壤含水量、补充地下水量几部分。其中径流部分包括地表径流、壤中流和地下水对地表水的补给。地表径流迁移速度快，往往夹带着大量的泥沙和其他污染物，对非点源污染负荷贡献最大。壤中流是在土壤含水量达到饱和之后发生的土壤中水分的运动，往往夹带着从土壤中溶出的污染物。地下水对地表水的补给速度最慢，夹带的污染物较少。

典型的农业非点源污染与流域水文过程的关系如图 5-1 所示，主要包括以下物理过程。

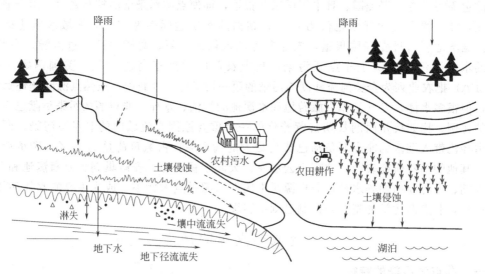

图 5-1　农业非点源污染与流域水文过程

1. 降雨径流和土壤侵蚀过程

当雨水降落到地面时，首先被地表植被截留及入渗土壤，地表径流是在降雨量超过土壤入渗能力后产生的。雨滴下落击溅土壤颗粒时，会使土壤颗粒溅向四周，产生土壤分离现象。而在地面径流产生后，分离出来的土壤颗粒很容易被携带走。另外，雨滴的击溅还能够使土壤表面产生板结作用，间接增加地面径流。土壤具有不同的级配，不同的土壤颗粒具有不同的临界启动条件，使得土壤侵蚀具有选择作用。易被地表径流携带的细颗粒泥沙一般具有很强的吸附作用，因此土壤侵蚀产生的泥沙往往是一种严重的非点源污染物。

2. 泥沙传输过程

水流具有一定的泥沙传输能力，当这种传输能力大于土壤侵蚀量时，土壤侵蚀量被全部携带进入水体；否则，水流只能够携带与其传输能力相应的部分泥沙，而多余的泥沙则沉积下来。泥沙的传输量除了与径流量和流量有关外，还与坡面特征、土壤特性及植被覆盖等多种因素相关。

3. 污染物淋洗与传输

污染物以溶解态和吸附态两种形式传输。污染物的淋洗过程非常复杂，影响因素众多，如降雨特性、产汇流及污染物特性等，尤其是产流前雨滴冲击污染物时的分离过程一直是非点源污染产生的难点。在泥沙传输过程中颗粒级配的变化，如细颗粒泥沙的比例，对污染物的传输有着非常明显的影响。

壤中流和地下水补给不像地表径流那样产生强烈的机械作用，它们主要是通过对土壤中污染物质的溶解作用，携带溶解性污染物进入地表水体。

三、非点源污染模拟的历史

最早的水质模拟是 1925 年由美国人 Streeter 和 Phelps 提出的 BOD-DO 的耦合模型，用于模拟河流中好氧有机物降解与溶解氧的变化过程（图 5-2）。到了 20 世纪 60 年代，由于计算机和数字技术的发展，使得对整个流域内的水文循环进行集成模拟成为可能。如 Crawford 和 Linsley 于 1966 年开发了第一个流域尺度上的水文模型——斯坦福模型（Stanford Watershed Model，SWM）。该模型的有关理论后来被许多其他水文模型所采用并作为进一步工作的基础。但当时并未在模型中考虑流域的水质模拟。

到了 20 世纪 70 年代，针对河流、湖库和河口等水体中出现的富营养化、工业点源和非点源的污染问题，出现了许多水质模型。例如，SWMM（Storm Water Management Model）是在 1969 年（版本 1）和 1971 年（版本 2）为美国 EPA 开发的第一个用于城市径流分析的综合模型；ANSWERS（1973 年版）则为第一个真正意义上的分布式参数流域水文模型；1974 年开发出来的 STORM 模型（Storage，Treatment，Overflow，Runoff Model）可用于模拟城市区域范围内的水文过程和水质；由 Wischmeier 和 Smith（1978）开发的通用土壤流失方程（USLE）则被广泛地用于估算年均的土壤流失。

真正的非点源模拟时代始于 20 世纪 80 年代。流域水文过程和土壤侵蚀的成功模拟使得较多的研究者开始构建用于评估不同土地利用管理措施对地表水水质造成影响的非点源污染模型。基于经验的通用土壤流失方程及其修订版本被广泛地应用于非点源模型中，这些模型主要包括 CREAMS 模型、EPIC 模型、AGNPS 模型、SWAT 模型和 SWRRB 模型等。此外，输出系数法的提出为非点源污染估算提供了一种简便且可靠的计算方法。

到了 20 世纪 90 年代，多学科结合的非点源污染模型朝计算机化、模块化、大型化方向发展，与非点源污染负荷估算相关的流域决策支持系统的建立、非点源污染管理模型和非点源污染风险评价成为本时期应用模型的最新突破点。地理信息系统与模型的结合进一步应用于非点源污染敏感区域识别、非点源污染的多视图输出显示、水源防护区范围的确定和地表水监测网的设计等众多方面。如美国 EPA 开发的点源、非点源综合评价模型（BASINS），不仅完全与 ARCVIEW 相结合，为用户提供了良好的界面，而且融合了 HSPF、SWAT、QUAL2 等多个模型。非点源污染专业模型软件的出现为非点源污染研究中的负荷削减和控制提供了很好的技术手段，并大大加强了对非点源污染管理措施情景进行模拟和影响评价的功能。

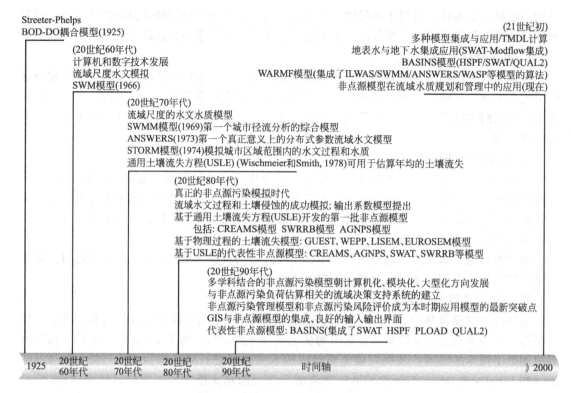

图 5-2　非点源污染模拟离世和进展

第三节　流域非点源模型

一、非点源模型分类

非点源模型的分类通常有以下几种：按照模型的结构可以分为黑箱模型和灰箱模型；按照参数的分布性质可以分为集中参数模型和分散参数模型；按照模型的模拟对象可以分为农业非点源模型、城市暴雨径流模型等；按照模型的时间序列可以分为单次暴雨径流模型和连续模拟模型。

其中，集中参数模型（lumped model）和分散参数模型（distributed model）是非点源模型应用中两个重要的概念。它们的主要差别体现在对研究对象空间上划分的不同，同时在数据需求、计算量、计算精度等方面也各有利弊。部分集中参数模型在应用于大流域时，也体现出了分散参数模型的特征，如研究区域被划分为若干的子区域，子区域内又按不同的土地利用和土壤类型分别进行划分，对不同的土地利用和土壤类型采用不同的产流和污染物流失参数等。这一类模型可以被分类为半分散参数（或半分布式）模型（semi-distributed model）。

集中参数模型把研究流域看作一个均匀的单元，大大简化了模型参数输入，减少了计算量。这类模型一般比较简单，但不易于进行非点源控制措施的情景分析。随着模型的应用发展，部分学者将上述模型与河流模型相结合，形成了新的可用于大流域长时间连续模拟的模型。这类模型的特点是按照水文自然单元划分子单元，把一个子单元视为均匀，处理过程同一般的集中参数模型；将每一子单元的水量、污染物输出视为河流模型的输入，模拟河流、水库等水体中水和污染物的迁移转化；最后获取出口的水量和污染物负荷。

分散参数模型将研究流域分成性质（土壤、土地利用类型、坡度等）相近、较小的单元，每个单元分别进行模拟，主要内容包括：单元输入，即周围单元汇入的水量、污染物量计算；单元产流、产污；单元截流、截污；单元输出，即确定单元输出的水量和污染物量，并且通过水流方向的判断确定接纳者。其计算内容比集中参数模型复杂得多。

分散参数在处理大流域和小流域时无明显区别，主要是通过对子单元划分尺度的把握达到对不同空间对象模拟精度的要求。分散参数模型可以轻易地实现子单元均质，从而提高计算精度。随着计算机技术的发展，分散参数模型得到了迅速发展，对中小流域的模拟取得了令人满意的成果。

二、黑箱模型

非点源污染产生的过程复杂，影响因素众多，到目前为止，对非点源污染产生的机理研究仍然存在许多难点、疑点。非点源模型基本上以黑箱模型和灰箱模型为主。其中，非点源黑箱主要包括单位面积负荷模型、输出系数模型、浓度（负荷）与径流关系模型、污染负荷单位线模型。

1. 单位面积负荷模型

单位面积负荷（unit area load，UAL）模型可能是最简单，但也是最广泛地被应用于估算非点源污染的模型。它根据非点源污染负荷与土地利用类型的相关关系，计算流域内总的污染负荷。这类模型识别了土地利用类型这一对非点源污染负荷非常关键的影响因子，具有一定的科学性和代表性，可以对非点源污染的危险区域识别和管理起一定的指导作用。但是由于它忽略了不同地形、土壤和气象水文条件对非点源污染的影响，应用范围受到了一定的限制。

单位面积负荷数据可通过对选定的汇水区域采用连续的水质（C）和水量（Q）同步监测数据来获得，所选取的研究区域应具有较均一的土地利用类型。通过对具有不同的土地利用类型的试验流域的数据分析，可获得不同土地利用的 UAL：

$$UAL = \frac{1}{AT}\int_{t_1}^{t_2} Q(t)C(t)\mathrm{d}t \tag{5-1}$$

式中，A 为试验汇水区域的面积；t_1 为地表径流开始时间；t_2 为地表径流结束时间；T 为径流流出时间（$T = t_2 - t_1$）。由定义可知，如果想要获得具有代表性的单位面积负荷数据，需要观测多场不同类型降雨的降雨-产流-产污过程。

如所研究的汇水区域内有点源污染，则相应的计算公式变化如下：

$$UAL = \frac{1}{AT}\left[\int_{t_1}^{t_2} Q(t)C(t)\mathrm{d}t - T\sum_{j=1}^{m} L_j\right] \tag{5-2}$$

式中，L_j 为第 j 个点源污染排放负荷；其余符号意义同前。这里假设点源在采样期间是均匀排放的。

上述单位面积负荷方法未考虑水质指标的化学和生物变化过程，严格来说该方法仅能用于研究保守物质的单位面积负荷，如用于估算总氮和总磷的污染流失情况。

2. 输出系数模型

20 世纪 70～80 年代，美国、加拿大在研究土地利用-营养负荷-湖泊富营养化关系的过程中提出并应用了输出系数法（也称为单位面积负荷法），这就是早期的输出系数模型。针对早期输出系数模型的不足，后来许多学者对其进行了改进，其中 Johnes（1996）提出了较为完善的输出系数模型。模型中除了对不同土地利用类型采用了不同的输出系数以外，对不同种类畜禽养殖采用了不同的输出系数，对生活污染的输出系数则主要根据生活污水的排放和处理状况来确定。改进后的输出系数模型提高了对土地利用状况发生改变的灵敏性。模型基本方程如下所示：

$$L = \sum_{i=1}^{n} E_i [A_i(I_i)] + p \tag{5-3}$$

式中，L 为营养物流失量；E_i 为第 i 种营养源输出系数；A_i 为第 i 类土地利用类型面积或第 i 种牲畜数量、人口数量；I_i 为第 i 种营养源营养物输入量；p 为降雨输入的营养物量。

E_i 是不同土地利用类型单位面积的营养物输出率。对于牲畜而言，它表示牲畜排泄物直接进入受纳水体的比例（相当于入河系数），估算时应考虑人类收集和贮存粪肥过程中氨的挥发；对于生活污染而言，它反映了当地人群对含磷去污剂的使用状况、饮食营养状况和生活污水处理状况等因素。生活污染输出系数可用下式计算：

$$E_h = 365 \times D_{ca} \times P_o \times M \times B \times R_s \times C \tag{5-4}$$

式中，E_h 为生活污染的 N、P 年输出，kg/a；D_{ca} 为每人营养物日输出量，kg/d；P_o 为研究区域内人口数量；M 为污染处理过程中机械去除营养物系数；B 为污水处理过程中生物去除营养物系数；R_s 为过滤床对营养物滞留系数；C 为其他污染控制措施对营养物的去除系数。

降雨产生的营养物输入量 p 可表示为：

$$p = c \times R \times \alpha \tag{5-5}$$

式中，c 为雨水中营养物浓度，g/m³；R 为年降雨量，m³；α 为径流系数。

【例 5-1】 选择某下垫面（面积 0.15hm²）开展非点源类型源试验，在某年 7 月初至 10 月中旬共观测到 9 场降雨。其中，仅有 5 场降雨观测到有径流产生，并获得这 5 场降雨过程总氮（TN）的次降雨平均浓度（Event Mean Concentration，EMC）如附表所列。试根据试验数据推求该下垫面的输出系数。

附表　某下垫面类型源试验结果

降雨场次	监测日期	降雨量/mm	降雨历时/h	平均雨强/(mm/h)	径流量/m³	观测到产流时的累积降雨量/mm	总氮/(mg/L)
1	7.11	71.8	7.83	9.17	82.94	9.20	17.72
2	7.16	31.1	4.75	6.55	1.66	5.20	22.31
3	7.19	19.9	2.83	7.03	0.07	7.10	11.59
4	8.6	23.4	1.33	17.59	0.19	9.60	4.60
5	8.15	42.3	2.25	18.80	5.46	6.20	2.99
6	7.22	4.7	0.43	10.93	0.0	无产流	0.00
7	8.16	6.8	1.00	6.80	0.0	无产流	0.00
8	10.12	6.7	2.32	2.89	0.0	无产流	0.00
9	10.14	1.5	1.58	0.95	0.0	无产流	0.00

【解】 次降雨平均浓度（EMC）为某一场降雨过程中流失的非点源污染总质量（M）除以该场降雨产生的径流总量（V）：

$$EMC = \frac{M}{V} = \frac{\int_{t_1}^{t_2} C(t)Q(t)\,\mathrm{d}t}{\int_{t_1}^{t_2} Q(t)\,\mathrm{d}t} = \frac{\sum_{i=1}^{n} C_i Q_i \Delta t_i}{\sum_{i=1}^{n} Q_i \Delta t_i} \tag{5-6}$$

式中，Δt_i 为采样时间间隔，其他符号意义同式（5-1）。

某一场降雨过程的污染物输出系数 E_i（kg/hm²）可根据对应的次降雨平均浓度 EMC_i（mg/L）和类型源实验区面积 A_i（hm²）求得：

$$E_i = 0.001 \frac{V_i(EMC_i)}{A_i} = 0.01 R_i(EMC_i) \tag{5-7}$$

式中，R_i 为对应降雨场次的平均径流深，mm；V_i 为该场降雨的径流总体积，m³；0.01 和 0.001 分别为单位换算系数。

按照上述公式可计算得到每场降雨过程的输出系数，将所有观测到产流的输出系数累加起来即可得到观测期间该类下垫面的输出系数（见附表）。其中，总的次降雨平均浓度（16.88mg/L）由径流量加权 EMC 平均值计算得到。

附表　某下垫面输出系数计算结果

降雨场次	监测日期	降雨量/mm	径流量/m³	总氮EMC/(mg/L)	总氮输出系数 E_i/(kg/hm²)
1	7.11	71.8	82.94	17.72	9.80
2	7.16	31.1	1.66	22.31	0.25
3	7.19	19.9	0.07	11.59	0.01
4	8.6	23.4	0.19	4.60	0.01
5	8.15	42.3	5.46	2.99	0.11
合计		186.6	90.32	16.88	10.18

由于实际观测中总是不能把全年所有降雨都进行观测，只能按照大、中、小不同降雨量选择不同季节的有限次典型降雨过程进行观测，然后采用径流量加权平均的 EMC 值来代表整个年度（或观测期间）的 EMC 平均值。【例 5-1】中所观测的降雨包括了从小雨（不产流）、中雨到大雨的降雨范围，雨型具有一定的代表性，得到的总的次降雨平均浓度值可用于估算全年（或观测期间）的输出系数和非点源负荷量。

3. 浓度（负荷）与径流关系模型

根据污染物负荷与径流量的关系建立经验统计模型。对于同一区域来说，污染物负荷与径流量之间通常存在着较强的相关关系，根据降雨后产生的径流量可以估算其夹带的污染物量，但是这类模型不适用于研究区域土地利用类型等因素发生改变后的情况，如不能用于预测非点源管理措施实施后的污染负荷变化。

文献中有大量关于浓度（C）或负荷（L）和径流量（Q）之间关系的研究报道。如对于较大且污染严重但排污均匀的河流，浓度和流量的关系通常可表示为：

$$C=a+\frac{b}{Q} \quad 或 \quad L=aQ+b \tag{5-8}$$

而对于污染较轻且水文过程变化较大的河流，浓度和流量的关系则为：

$$C=a+\frac{b}{Q}+cQ \quad 或 \quad L=aQ+b+cQ^2 \tag{5-9}$$

式中，参数 a、b 和 c 为经验系数。参数 a 相当于基准（背景）浓度，$\frac{b}{Q}$ 相当于由点源贡献的浓度，cQ 相当于由于径流增加所贡献的浓度代表了非点源贡献的部分。

另一种类型的浓度-径流模型采用了来自不同流域的实际观测数据，并假设浓度（或污染负荷）表示为一组无量纲或规范化的水文和流域特征参数的函数，如土地利用或土壤类型所占比例、降雨量和径流量等参数。一个代表性的例子为 Beston 和 McMaster（1975）提出的应用于美国田纳西州田纳西山谷的水质模型，水质组分浓度可表示为径流的幂函数：

$$C=a\left(\frac{Q}{A}\right)^b \tag{5-10}$$

式中，A 为集水面积；系数 a 和 b 随集水流域的不同而变化，可表示为土地利用、土壤和其他因素的函数。

4. 污染物负荷单位线模型

借鉴水文单位线（unit hydrograph）的概念建立的污染物负荷单位线模型。这类模型能够识别污染物负荷随径流量的变化，并且能够识别污染物负荷的时间变化，具有比以上两类黑箱模型更强的分析识别功能，但需要建立在大量的暴雨径流和污染负荷的观测基础之上。

三、灰箱模型

黑箱模型的缺陷在于其移植性差，不利于非点源的管理和控制。与之相比，灰箱模型则能够较好地解决这一问题。一般来说，非点源灰箱模型通常包括三部分：水文模型、土壤侵蚀模型和污染物流失及迁移转化模型。水文模型主要包括产流和汇流模型，土壤流失模型则建立在产流过程模型之上，而非点源模型最关心的污染物流失和迁移转化则更加复杂，它需要产流、汇流模型和土壤侵蚀模型模拟结果的支持，它主要包括污染物流失模型和迁移转化模型。汇流模型通常包括子流域内的流域汇流和河道汇流两部分。非点源模型中各主要部分之间的关系如图 5-3 所示。由此可见水文模型是非点源模型的基础。

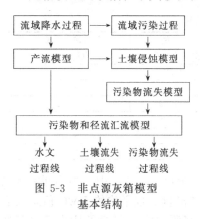

图 5-3 非点源灰箱模型
基本结构

1. 水文模型

降雨-径流过程本身就是一个非常复杂的过程。人们对水文模型的研究已经有相当长的历史，已开发出众多的水文模型，包括集中参数和分散参数水文模型。由于非点源污染具有空间分布的特征，用于构建非点源灰箱模型的水文模型必须为分布参数模型，即必须包括产流模型和分布式的汇流计算模型两个部分。这使得众多的集中参数水文模型难以直接作为构建非点源模型的基础。虽然部分集中参数水文模型中的产流模型可应用于非点源模型中的产流计算，但由于分布式汇流计算的复杂性，使得非点源模型的构建难度大大增加。

非点源污染负荷主要由三部分组成：地表径流夹带的污染物，壤中流夹带的污染物，地下水挟带的污染物，且相互之间存在着较大差异。由于近年来部分流域大气污染的日益严重，降水中有关污染物质的含量也日益增高，因此在这些流域中来自降水的湿沉降对非点源污染的贡献也不容忽视。

在非点源建模过程中，必须综合考虑流域土壤、坡度、植被、土地利用、人类活动等因素的影响，具有相应的可控变量。另外模型应当可应用于资料缺乏地区，并要求模型尽量简单易用，重要参数容易获取。

目前非点源模型中的水文模型基本上可以划分为两类。一是根据地表径流的物理过程建立的模型，如 Grawford 和 Linsley（1966）提出的 Stanford 流域模型，许多模型如农田径流管理模型（ARM）、农药迁移和径流模型（PTP）等都建立在 Stanford 流域模型之上。二是根据径流量峰值、径流率与降雨量的统计关系建立模型，典型代表是美国农业部水土保持局在 20 世纪 50 年代开发的 SCS（soil conservation service）模型。这一模型简单实用，在非点源模型中被广泛地应用于产流计算，如化学污染物径流负荷和流失模型（CREAMS）、农业非点源污染模型（AGNPS）、水土评价模型（SWAT）等都建立在 SCS 模型之上。SCS 模型的基本形式如下：

当 $P \geqslant \theta S$，$\qquad R = \dfrac{(P-\theta S)^2}{P+[(1-\theta)S]}$

当 $P \leqslant \theta S$，$\qquad\qquad R = 0$ $\hfill$ (5-11)

式中，R 为日地表径流量，mm；P 为日降雨量，mm；θ 为表征土壤最大滞留量的系数（一般可取 0.2，因土壤和土地利用类型的不同，不同流域该系数会有所差别）；S 为流域最大雨水滞留量，mm。

$$S = 25.4\left(\frac{1000}{CN} - 10\right) \tag{5-12}$$

式中，CN（SCS curve number）是反映降雨前土壤蓄水特征的一个综合参数，可以根据土地利用类型、土壤性质、植被覆盖、土壤前期湿润度等条件查表得出。

此外，也有部分非点源模型的水文模型采用了其他分布式的水文模型（包括产流和分布式的汇流），而不是采用 SCS 曲线数方法来模拟水文过程。从非点源模型结构来看，任何以分散参数形式的水文模型都可以作为构建非点源模型的基础。而集中参数模型中的产流模型也可以作为非点源模型中的产流部分，在实现分布式汇流计算的基础上来构建非点源模型。

2. 土壤侵蚀模型

降雨、径流过程中对土壤的侵蚀作用是一个非常复杂的过程。在非点源模型中，目前通过侵蚀原理建立侵蚀、搬运、截留、再搬运的过程模拟模型相对较少。20 世纪 80 年代中后期，美国 USDA 开发了新一代土壤侵蚀模型 WEPP（water erosion prediction project）。该模型过程模拟清晰，并且可以直接应用于流域，但是计算量大，数据要求高。目前得到广泛应用的仍然是 20 世纪 70 年代建立的通用土壤流失方程（USLE）及其各种修正模型。USLE 综合考虑了降雨、地形、植被、土壤以及人为管理对土地侵蚀量的影响。其基本形式如下：

$$X = R \times K \times LS \times C \times P \tag{5-13}$$

式中，X 为土壤流失量；R 为降雨侵蚀因子，是降雨侵蚀力的表征；K 为土壤侵蚀因子，反映土壤容易遭受侵蚀的程度；LS 为地形因子，是坡长和坡度的综合影响因子；C 为作物因子，表示植物覆盖和作物栽培对防止土壤侵蚀的作用；P 为措施因子，反映土地处理措施对控制污染物的影响。

USLE 建立的初衷在于计算区域多年平均的土壤侵蚀量，目前被广泛地用于非点源模型中对土壤侵蚀的模拟。虽然降雨侵蚀因子被用于表征土壤通用流失方程中的水文-气象条件，但该因子不能反映单场暴雨径流对土壤的侵蚀。为了使通用土壤流失方程能用于预测暴雨事件中的土壤侵蚀过程，一些 USLE 的修订版本把径流因素的影响考虑到了方程中，以模拟单场暴雨土壤侵蚀和适应更复杂的地形。

MUSLE：
$$A = 11.8(V \times Q_p)^{0.56} \times K \times LS \times C \times P \tag{5-14}$$

Foster 和 Meyer 方程：
$$A = (aR + bcVQ_p^{1/3}) \times K \times LS \times C \times P \tag{5-15}$$

式中，V 为径流的体积，m^3；Q_p 为峰值流量，m^3/s；参数 a、b 和 c 为经验系数。

其他可应用于非点源模型中土壤侵蚀模拟的模型还有一些基于物理过程的坡面流产沙和传输模型，这些模型考虑了一系列的水力学参数，如径流量、流速和剪切力、水流能量（stream power）等。它们可以被用作坡面流产沙和传输模型而被集成到非点源模型中。常用的坡面流产沙模型有：

卡林斯凯-布朗（Kalinske-Brown）方程
$$q_s = \alpha\tau^{2.5} \tag{5-16}$$

雅林（Yalin）方程
$$q_s = \beta\tau^{0.5}(\tau - \tau_c)^2 \tag{5-17}$$

柏格诺尔德（Bagnold）方程
$$q_s = \gamma\Omega^h D_{50}^j \tag{5-18}$$

式中，q_s 为单位宽度坡面泥沙传输速率，$g/(m \cdot min)$；τ 为水流剪切力，$g/(cm \cdot s^2)$，剪切力定义为 $\tau = \rho gdS$；S 为平均坡度，m/m；τ_c 为使泥沙开始传输的临界剪切力，$g/(cm \cdot s)$；ρ 为水的密度，g/cm^3；g 为重力加速度，cm/s^2；d 为坡面流水流深度，cm；D_{50} 为泥沙中值粒径，μm；Ω 为有效水流能量，$g/(cm^{2/3} \cdot s^{4.5})$，$\Omega = (\rho gqS)^{1.5}/d^{2/3}$；$\alpha$、$\beta$ 和 γ 为土壤侵蚀系数（无量纲）；h 和 j 为经验常数。

3. 污染物流失模型

污染物流失模型主要包括模拟营养物（如氮、磷）流失、有毒有害物质（如农药）流失的模型，一般可以分为溶解态污染物和吸附态污染物分别进行处理。吸附态污染物负荷与土壤侵蚀量密切相关，而溶解态污染物主要与地表径流、壤中流和地下水有关，不同的非点源模型处理方法有比较大的差异。

目前对于污染物流失的模拟模型基本上可以分为两类：一类是根据流失量和降雨、土壤等因素的统计关系计算，它不考虑污染物（如氮、磷）在自然界的循环过程，而认为其在土壤中的浓度是不随时间变化的；第二类模型模拟氮、磷等在自然界的循环（如作物对营养物的吸收），人为施肥和耕作制度等因素，认为污染物在土壤中的浓度是随时间变化的。总体上来说，第二类模型结果较准确，但过程复杂，数据要求高，计算量大。

在第一类模型中，氮随泥沙进入水体的污染负荷通常可采用下式计算：

$$L_s = Y \times CON \times EF \tag{5-19}$$

式中，L_s 为氮随泥沙流失的污染负荷；Y 为泥沙流失量；CON 为土壤中的氮含量；EF 为富集系数（即氮在水体中浓度与土壤中氮浓度的比）。

氮随径流进入水体的污染负荷为：

$$L_R = CQ \tag{5-20}$$

式中，L_R 为氮的污染负荷；C 为氮在径流中的浓度；Q 为径流量。

在第二类非点源模型中，对污染物（氮、磷和杀虫剂）的模拟考虑了它们在土壤-水-植物-大气系统中的循环。采用的模拟方程以描述物理、化学和生物过程的公式为主，但需要大量的数据来获取有关参数。其中，有些参数的估算也依靠经验公式。典型的污染物迁移转化模拟方法可参见 SWAT 模型参考文献中的相应部分。

四、常用非点源模型简介

自 20 世纪 70 年代初期美国环保局开发了第一个用于城市暴雨径流水质模拟的 SWMM 模型以来，众多研究人员们开发出数量众多的计算机模型来模拟农业流域和城市区域的非点源污染。常用的非点源模型比较参见表 5-1。由表可见，在目前主要的非点源模型中水文模

表 5-1 部分常用非点源模型比较

常用模型	参数形式	水文模拟	土壤侵蚀模拟	污染物迁移转化	应 用 范 围
SWAT	分散	SCS 曲线数或 Green & Ampt 模型	修正的 MUSLE	复杂的营养物质循环和物质平衡	模拟农业流域内点源、非点源污染，可模拟土壤流失、N、P 和杀虫剂；BMPs 评估
CREAMS	集中	SCS 曲线数	USLE	简单物质平衡①	土壤流失、N、P 和杀虫剂模拟；BMPs 评估，适用于较小的农田面源模拟
EPIC	集中	SCS 曲线数	USLE 和 MUSLE	复杂物质平衡	最初主要用于模拟评价流域土壤侵蚀对土壤生产力的影响，现已拓展为可模拟营养物质、杀虫剂的迁移转化和 BMPs 评估
AGNPS	分散	径流单位线	MUSLE	简单物质平衡①	土壤流失、N、P 和杀虫剂连续模拟；BMPs 评估
SWRRB	集中	SCS 曲线数	MUSLE	同 CREAMS 模型	土壤流失、N、P 和杀虫剂模拟；BMPs 评估
SWRRB-WQ	集中	SCS 曲线数	MUSLE	营养物质模拟同 EPIC 模型	土壤流失、N、P 和杀虫剂模拟
HSPF	集中	斯坦福水文模型	经验模型	复杂物质平衡	土壤流失、N、P 和杀虫剂模拟；BMPs 评估
ANSWERS	分散	分布参数模型	Foster & Meyer 方程	简单物质平衡①	土壤流失、N、P 模拟；BMPs 评估适用于单场降雨过程的非点源模拟

① 简单物质平衡，即根据营养物质浓度、泥沙产生量和径流量之间的相关关系来计算氮、磷负荷。

拟部分主要采用 SCS 曲线数方法，而对土壤侵蚀的模拟大多采用基于经验的通用土壤流失方程（USLE）及其各种修正版本。对污染物氮、磷和杀虫剂的模拟有的采用了简单的物质平衡计算，有的则模拟了整个流域内营养物质的循环过程（包括对植物生长过程的模拟）等较为复杂的物质平衡计算。采用复杂物质平衡计算的非点源模型对数据输入的要求较高，在不具备条件的研究区域很难应用这些模型。而采用简单物质平衡计算的非点源模型由于其对污染物迁移转化的模拟采用了一些经验模型，也使得这些模型的普适性受到质疑。

第四节　非点源污染控制措施

一、农业非点源污染控制措施

农田侵蚀控制措施是最早研究的非点源污染控制措施。常采用的措施是改进农田耕作和管理方法以减少侵蚀的发生，如修筑梯田、等高种植、沟垄种植、秸秆覆盖等。这些措施控制侵蚀的效果已经为较多的研究和生产实践所证实。近年来各种侵蚀控制新技术也不断出现，如施用聚合物稳定土壤、对侵蚀面进行覆盖等。

20 世纪 50 年代以后，农业生产中化肥的使用量越来越大，农田流失的化肥对环境的污染日益严重。为减少肥料的流失量，常用的控制措施包括根据作物生长和土壤肥力情况进行配方施肥、平衡施肥，采用缓释肥料、控释肥料、复合肥料、肥料深施、肥料深追、叶面施肥等。

随着对非点源污染研究的不断深入，研究者提出了"最佳管理措施"（best management practices，BMPs）的概念。其基本思想是对污染物进行源头控制，采用最经济、有效、可行的管理措施减少污染物的产生量并尽可能截留污染物，最终减少进入水体的污染物总量。这一概念的提出反映了人们对非点源污染的特点和危害已经有了较全面的认识。

对非点源污染形成的径流进行处理有较大的难度，目前研究较多的技术有湿地处理、多塘系统和前置库等。这些处理技术投资较少，运行费用低，能在较大的范围内适应径流量的变化，比较适宜处理非点源污染形成的径流。对这类技术，以往的研究较多地集中在如何提高对各种污染物的去除率上。近年的研究中，这些技术对环境和流域生态系统的影响也开始受到重视。

非点源污染的形成包括多种复杂的子过程，影响因素众多，这使得非点源污染控制措施种类繁多。各种措施的分类参见图 5-4。常用农业非点源污染控制措施的使用效果、适用条件、对环境的影响比较如表 5-2 所列。

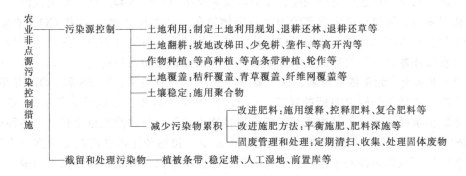

图 5-4　农业非点源污染控制措施分类

表 5-2　污染源控制措施比较

措施名称	适用条件	影　响　因　子	实施难易	管理难易	环境影响
退耕还林	陡坡地	径流量、侵蚀量、肥料施用量	难	易	好
坡改梯	陡坡、缓坡地	径流量、侵蚀量	难	易	较好
等高种植	陡坡、缓坡地	径流量、侵蚀量	较易	易	较好
秸秆覆盖	缓坡地、平地	径流量、侵蚀量	较易	易	较好
缓释氮肥	所有耕地	肥料残留率	较易	易	较好
平衡施肥	所有耕地	肥料施用量	较难	较难	较好

二、城市雨洪污染控制措施

1. 城市雨洪污染概述

随着城市区域工业点源排放逐渐得到有效控制，城市雨洪所造成的非点源污染日益受到人们的关注。城市雨洪污染是典型的非点源污染，同样具有非点源污染的特征。与农业非点源污染的发生过程稍有不同，城市雨洪污染的过程主要如下。

（1）降水污染（降雨的淋洗作用）　主要由于城市地区工业发展导致城市地区大气降水本身会遭到比农业地区更严重的污染，主要表现为降水中的污染物种类和浓度要比农业地区的降雨多和高。降雨淋洗了大气中的污染物质后降落到地表，不仅对水域，也对城市周边的土壤、农作物和城市中的绿化植被造成污染。其中，降水污染的一个重要表现形式是酸雨的污染，这在国内有些城市和地区已经很严重。

（2）径流污染（径流的冲刷作用）　城市雨洪径流污染是指降雨在形成地表径流以后，在汇流的过程中不断冲刷受到人类污染的沿程地表（主要为屋顶、街道等），使得径流中的污染物浓度不断增加，径流汇入河流后最终污染城市中的水体。由于城市地面的硬化，使得城市区域具有较好的排水条件，加之路面平坦、透水性差，降到路面的雨水能较快地形成地表径流，并进入雨水系统或直接流入道路两边的水系中；同时，由于产流量的增加，汇流速度加快，使得城市地区洪水流量过程线变得尖陡，峰值增大，汇流历时缩短，峰现时间提前。这都使得雨洪径流的冲刷能力及夹带污染物质的能力显著增大。因此，城市雨洪区间尤其是旱季过后的首场暴雨所形成的地表径流和每次的初期降雨往往夹带有大量的污染物质，这使得首场降雨和初期雨水的污染物浓度相当高。有关研究表明，污染严重的街道初期径流中的 COD 浓度最高可达 900mg/L 以上，一般初期雨水的平均 COD 浓度也在 $100\sim500$mg/L 之间。由此可见，不能忽视城市径流特别是初期降雨径流对城市河湖水系的污染贡献。

2. 城市雨洪污染控制措施

城市雨洪污染一般包括街道径流、屋面径流和小区（居住区和厂区）路面径流三方面的污染。研究表明，街道径流中含有的固体污染物较多，烃类化合物、SS 和 COD 浓度较高。其中烃类化合物浓度与街道的交通量和交通工具排放的尾气有直接关系，而且北方城市由于冬季道路投撒除冰盐，致使径流污水盐度较高；屋面径流溶解污染物较多，如部分屋面径流中 Pb、Zn 等重金属元素浓度较高，这主要与屋面材料等有关系，而 SS 和 COD 值并不高，且随着降雨量的增加和降雨时间的延长，COD 和 SS 值均降低；小区路面径流中 SS、COD 浓度较市区街道径流低，小区内停车场使小区径流中烃类化合物浓度也比较高，各种径流中 BOD_5 浓度都较低。径流水质随降雨时间增加而改变，初期径流污染物浓度较高，若降雨量足以将各接触面沉积物冲洗干净，径流中污染物浓度会降低，并维持在较低值范围内。

对城市雨洪的非点源污染控制主要包括三个方面：其一是对污染源的控制，将非点源污染物的排放控制在最低限度；其二是对污染物扩散途径的控制，通过研究非点源污染的扩散机理，采取适当的措施，减少污染物排入地下或地表水体的数量；其三是采取有关末端处理手段，对雨洪污水（特别是初期雨水）进行处理，以减轻对城市河湖水系的污染。主要的城市雨洪污染控制措施参见图 5-5。

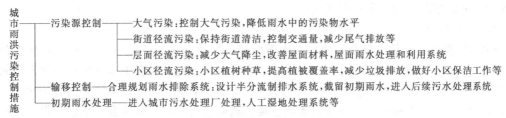

图 5-5　城市雨洪污染控制的措施

第五节　流域非点源模型 SWAT 应用实例

一、应用区域——密云水库流域

密云水库位于北京市中心东北约 100km 的密云县，是潮白河水系上最大的水库，最大库容 43.75 亿立方米，相应水面面积 188km²。密云水库的汇水流域主要为水库上游的潮白河流域，控制流域面积约 15788km²，包括潮河和白河两条大的入库分支（图 5-6）。流域地貌以山地、丘陵为主，丘陵区主要分布在潮河流域及水库周边。流域属半干旱地区，近年来（1995～2002）潮河年平均降雨量在 350～650mm 之间，白河流域年平均降雨量在 330～570mm 之间。由于受温带大陆性季风气候影响，降水的季节变化明显，大部分的降雨集中在汛期的 6～9 月份。而且，汛期的降雨多以暴雨形式出现，降雨强度大、侵蚀力强，为流域非点源污染的发生提供了动力。

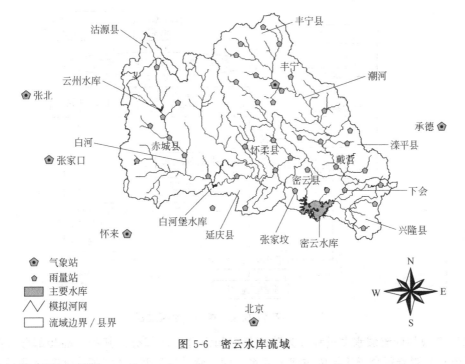

图 5-6　密云水库流域

二、模型原理简介

SWAT（soil water and assessment tool）模型由美国得克萨斯农业与工程大学学院站分校的水资源研究所开发，是一个以日为步长的连续空间分布的流域模型，可以模拟大流域的径流、泥沙和营养物等的运移。目前，SWAT 模型（AVSWAT2000 版本）已集成到 Arc-View GIS 环境中，具有良好的用户应用界面和较强的空间数据管理、分析和表达的能力，在众多的非点源模型应用中具有较强的应用优势。限于篇幅，下面只简单介绍 SWAT 模型的理论，更详细的内容可参见有关文献。

1. 水文模型

SWAT 模型是一种半分布式的水文水质模型，即整个研究流域按一定的子流域面积阈值首先被划分为若干个子流域（sub-basins），在子流域上进一步按土地利用和土壤面积阈值划分水文响应单元 HRU（hydrologic response unit），并应用概念性模型来估算 HRU 上的降雨量，计算产流量和泥沙、污染物质产生量，然后进行河道汇流演算，最后求得出口断面流量、泥沙和污染负荷。SWAT 模型中模拟的水文过程参见图 5-7。

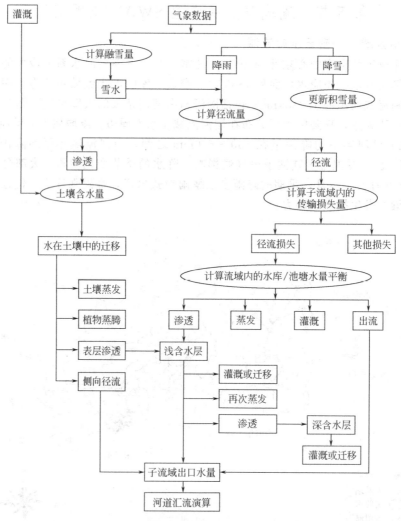

图 5-7 SWAT 模型中模拟的水文过程

SWAT 模拟的流域水文过程分为陆相部分和河道汇流部分。其中，陆相部分（产流和坡面汇流）控制着每个子流域内主河道的水、沙、营养物质和化学物质等的输入负荷；河道汇流部分决定水、沙、营养物质等从河网向整个流域出口的输移和转化过程。

水循环陆相过程的模拟是基于水量平衡方程，如下式：

$$SW_t = SW_0 + R_{day} - Q_{surf} - E_a - W_{seep} - Q_{gw} \tag{5-21}$$

式中，SW_t 为时段末土壤含水量，mm；SW_0 为时段初土壤含水量，mm；R_{day} 为时段内降水量，mm；Q_{surf} 为时段内地表径流，mm；E_a 为时段内蒸散发量，mm；W_{seep} 为时段内进入土壤剖面地层的渗透量和侧向流，mm；Q_{gw} 为时段内地下径流流出量，mm。

地表径流的模拟可采用 SCS 曲线数方法或 Green & Ampt 模型。潜在蒸散发量的估算可采用 Hargreaves 方法、Priestley-Taylor 方法或 Penman-Monteith 方法。下渗的计算分为两种方法：当采用 SCS 曲线数法计算地表径流时，下渗量采用水量平衡法计算；当采用 Green & Ampt 模型计算地表径流时，可以直接模拟下渗过程，但需要较短时段的降雨数据。侧向流（壤中流）的计算采用动态存储模型，主要考虑水力传导率、坡度和土壤含水量。对地下径流的模拟，SWAT 模型将地下水分为浅层地下水和深层地下水。浅层地下径流汇入流域内河流，深层地下径流汇入流域外河流。

2. 土壤侵蚀模型

土壤侵蚀模型采用 MUSLE（modified universal soil loss equation）模型。其计算公式为：

$$S_{ed} = 11.8 \times (Q_{surf} \times q_{peak} \times area_{hru})^{0.56} \times K_{usle} \times C_{usle} \times P_{usle} \times LS_{usle} \times CFRG \tag{5-22}$$

式中，S_{ed} 为泥沙流失量，t/d；Q_{surf} 为地表径流深，mm H_2O/hm²；q_{peak} 为峰值径流量，m³/s；$area_{hru}$ 为水文响应单元（HRU）的面积，hm²；K_{usle} 为土壤可侵蚀性因子，0.013t·m²·h/(m³·t·cm)，C_{usle} 为植被覆盖因子；P_{usle} 为管理措施因子；LS_{usle} 为地形因子，CFRG 为沙粒因子。其中，峰值流量的计算采用修正的比例方法（modified rational method）估算。

3. 污染物流失模型

污染物流失模型主要包括对营养物氮、磷的流失的模拟。营养物质根据物质守恒，模拟氮、磷在自然界和人工系统中的循环，计算在降雨过程中随径流和泥沙迁移的部分。模型能模拟植物生长、营养物质在植物生长过程中被植物的吸收、营养物质在土壤中的各类物理和化学转换过程。

土壤中氮有三种主要的存在形式：腐殖质中的有机氮、土壤胶体中的无机氮和溶解态的氮。土壤中的氮增加主要来源于农业施肥、固氮菌的作用或植物体死亡等，而作物吸收、挥发以及土壤侵蚀使得土壤中的氮减少。SWAT 模型将各种形态的氮划分为 5 个部分，它们之间的相互转化关系见图 5-8。

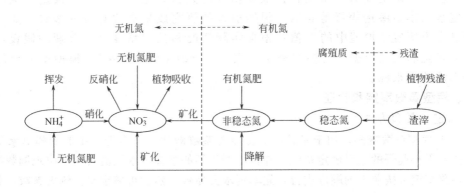

图 5-8 土壤中各形态氮的相互转化关系

SWAT 模型将土壤中的磷分为无机磷和有机磷两大类：无机磷被分为稳态、非稳态和溶解性无机磷，有机磷也被分为非稳态有机磷、稳态有机磷和植物残渣。各种不同形态的磷之间相互转化关系见图 5-9。

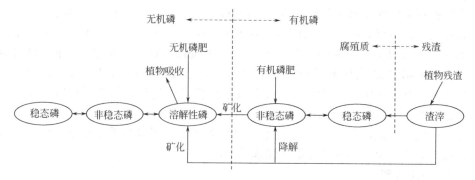

图 5-9　土壤中磷的相互转化关系

4. 河道和水库的汇流演算

SWAT 模型汇流包括河道汇流和水库汇流。河道汇流演算是指各主要河道在获得各自子流域输出的径流量、泥沙、非点源污染负荷和点源负荷输入后，按照汇流计算方法计算径流过程、泥沙、营养物质和农药在河网中的迁移、转化。径流的汇流计算可采用变动存储系数模型或马斯京根（Muskingum）法，泥沙的汇流计算同时考虑泥沙在河道中的沉积和再悬浮过程，采用经修正的 Bagnold 公式来估算泥沙的再悬浮和河道的冲刷。营养物质在河道输送过程中的迁移转化由一个河道水质模块来模拟，其理论主要来自 QUAL2E 模型。

水库汇流演算主要依据水库水量和物质平衡原理。水量平衡考虑水库入流、出流、降雨、蒸发和渗流；水库泥沙汇流考虑上游泥沙输入、在水库中的沉降和随水库出流的输出。水库中营养物质汇流计算采用了一种简单的氮、磷平衡方法，考虑了营养物质在湖库中的浓度、上游输入、湖库出流及其他损失。

三、数据准备

非点源模型所需的数据输入包括大量的空间数据和与之对应的属性数据。这些输入数据包括流域地形特征、土地利用、土壤分布、气象水文和点源污染等数据；同时，非点源模型还有众多的模型参数。通常非点源模型的参数个数由十几个到上百个不等，参数值的获取方法主要有以下几种：根据输入的数据确定参数值，如根据土壤的物理性质确定水文模型渗透等级等参数；根据前人的研究成果查找对应的参数，如根据土地利用确定土壤侵蚀模型中的 C 值；根据实际情况和模型精度进行合理的假设，或根据非点源实验和观测数据进行参数率定。表 5-3 归纳了运行 SWAT 模型所需要的各类数据需求及数据来源。

四、模型参数率定和验证

1. 率定参数和方法

SWAT 模型参数繁多，用于完成基本功能的参数即达 100 多个。主要的模型参数可以根据国内外资料调研的结果确定初值，并且根据历年的水文、水土流失和水质观测数据进行率定。参数率定可按照下列顺序进行：先率定水文参数，然后再率定水土流失参数，最后再对污染物流失参数进行率定。需率定的参数主要包括：①影响产流的参数；②控制坡面产沙的参数；③河道汇流参数；④河道水质模拟参数。

表 5-3　SWAT 模型部分数据项及数据来源

数据类型	数　据　项	数　据　来　源
气象数据	气象监测站点的位置等； 降雨、气温、日照、湿度、风速等监测数据	气象部门
土地利用	土地利用类型； 植被类型与状态，如生物量； 与作物、植被生长有关的部分参数等	遥感图像解译（并辅以现场调研） 1∶100000 土地利用数据库
土壤数据	土壤垂直分布； 水文特性、级配、密度、孔隙率等物理性质； 有机质含量、营养物含量等； 土壤可蚀性系数等特殊参数	土壤分布图 土壤理化性质表
地形地貌	坡度、坡长等	地形图或数字高程模型
河流湖泊	河道断面形状、长度、坡度等； 湖泊水库基本参数（如湖深、库容等）	水文统计资料
点源	点源位置、污染物类型、负荷等	污染源调查/排污申报和环境统计等数据库资料
管理措施	化肥、农药施用量及施用日期、施肥方式和习惯，典型农田耕作方式等	现场调研和有关农业部门统计资料

模型率定的准则通常可采用决定系数（coefficient of determination，r^2）以及 Nash 效率系数（Nash-Suttcliffe 系数，NSC）来评价模拟结果。决定系数（r^2）由实测值和计算值按函数 $y=x$ 做回归得到，用于评价实测值与计算值之间的吻合程度。决定系数（r^2）的值在 0～1 之间，其值越接近于 1，说明计算值和实测值匹配得越好，反之则越差。NSC 效率系数的计算公式为：

$$NSC = 1 - \frac{\sum (Q_{obs} - Q_{calc})^2}{\sum (Q_{obs} - \bar{Q}_{obs})^2} \tag{5-23}$$

式中，Q_{obs} 为观测值；Q_{calc} 为计算值；$\bar{Q}_{obs}$ 为观测值的算术平均值。当计算值等于观测值时，NSC＝1；通常 NSC 在 0～1 之间，NSC 越大，计算值与观测值匹配程度越好。如果 NSC 为负值，说明模型模拟平均值比直接使用实测算术平均值的可信度更低。

2. 模型参数率定和验证结果

参数的率定和验证分别采用两组完全独立的数据。其中，1995～1996 年的实测数据作为模型的初始化，1997～2000 年间的实测数据用作参数率定，2001～2002 年实测数据用于模型的验证。SWAT 模型参数率定和验证结果表明，水文过程模拟结果往往要比泥沙流失和污染物流失模拟的结果好得多。而且，年模拟结果通常要比月模拟结果好（表 5-4）。

表 5-4　模型参数率定和验证结果

步　长	实测站点	径　流		泥　沙		TN		TP	
		r^2	NSC	r^2	NSC	r^2	NSC	r^2	NSC
年模拟率定	下会	0.95	0.96	0.96	0.96	0.99	0.99	0.59	0.44
	张家坟	0.90	0.91	0.98	0.97	0.44	0.59	0.51	0.25
月模拟率定	戴营	0.91	0.84	—	—	—	—	—	—
	下会	0.83	0.81	0.91	0.87	0.91	0.87	0.89	0.67
	张家坟	0.95	0.95	0.99	0.99	0.80	0.81	0.92	0.28
月模拟验证	戴营	0.87	0.77	—	—	—	—	—	—
	下会	0.93	0.92	0.50	0.51	0.82	0.84	0.56	0.71

五、非点源模型应用

非点源模型应用的主要目的包括：①模拟流域内非点源污染负荷的时空变化，为下游水库富营养化研究和水库水质模拟提供准确的输入负荷数据；②揭示流域内非点源负荷空间分布特征，识别非点源流失负荷关键区，为流域和水库水质管理提供科学依据；③借助情景分析手段，探求流域非点源污染控制的较佳措施和方案。

1. 非点源污染时空变化规律

非点源污染的时间变化与降雨发生的规律密切相关，而空间变化规律则与流域内土地利用、植被覆盖以及降雨量/降雨强度的空间分布有关。通过 SWAT 模型的连续模拟，可获得污染负荷的时间变化曲线和空间上的分布特征。例如，图 5-10 给出了 1998 年降雨和非点源污染流失空间分布比较。

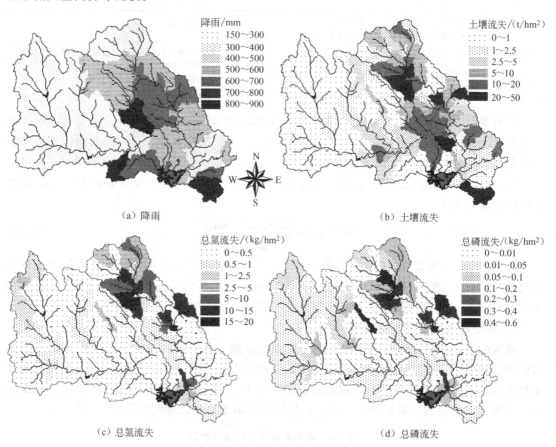

（a）降雨　　　　　　　　　　　　　　　（b）土壤流失

（c）总氮流失　　　　　　　　　　　　　　（d）总磷流失

图 5-10　1998 年降雨和非点源污染流失空间分布比较

2. 非点源污染流失负荷关键区识别

非点源污染关键区是指在考虑降雨空间分布均匀的条件下，由非点源模型识别出来的那些在整个流域范围内污染物流失潜力较大的区域。本章以丰水年（1998）流域平均降雨量水平作为 SWAT 模型的降雨输入，在保持模型参数不变的前提下，通过模型模拟来确定非点源污染关键区。

由于考虑到前期降雨和土壤湿度条件对所设计的降雨水平年模拟的影响，把模型进行连续 6 年的模拟（1997～2002）。其中，1997～2001 年的降雨输入分别采用各年的流域面平均降雨，而第 6 年降雨输入采用丰水年 1998 年的面平均降雨数据。该模拟结果反映了在相同的丰水年降雨条件下，由于地形（坡度）、土地利用、土壤类型的差异所造成的对非点源污染流失分布的影响。非点源负荷关键区识别的结果参见图 5-11，其中污染物流失量采用了归一化的流失指数来表示。

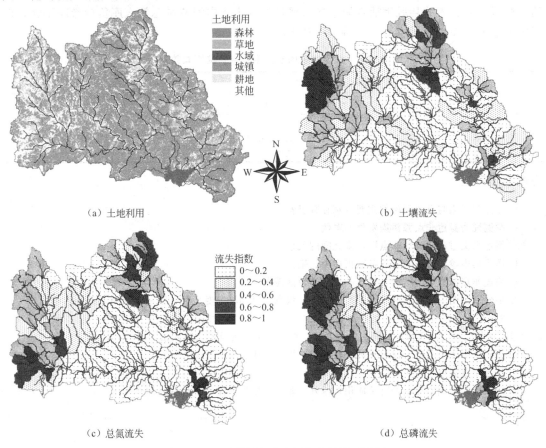

（a）土地利用　　　　　　　　　　　　　　（b）土壤流失

（c）总氮流失　　　　　　　　　　　　　　（d）总磷流失

图 5-11　土地利用与非点源负荷关键区识别

3. 非点源控制情景模拟分析

根据污染源调查，研究流域内的氮磷污染主要是来源于畜禽养殖、农用化肥流失和乡镇生活污染源排放。针对这一特点，可设计以下 3 个非点源污染削减情景方案（表 5-5）和 1 个基准情景，以考察不同削减策略下对密云水库入库污染负荷的影响。其中，基准情景采用 2002 年各类污染源排放条件下的模拟结果。

表 5-5　非点源管理的情景方案设计

情景方案	情　景　内　容	情景设计目的
情景 1	畜禽养殖污染物排放削减 50%	鉴于流域内畜禽养殖排放的氮、磷总量很大，削减畜禽养殖非点源的污染显得尤为重要
情景 2	改变化肥施用方式，减少表层土施肥所占比例。基准年度表层土施肥比例约为 50%，假设改变施肥方式后该比例降低为 10%	考虑到施肥方式与营养元素随地表径流流失关系密切，特设此情景以考察改变施肥方式的重要性
情景 3	大阁镇和赤城县城生活点源入河量分别削减 50%	考虑到大阁镇和赤城县城非农业人口所占比例较高（分别为 50.4% 和 44.2%），其排放的生活污染的贡献率较高，此情景用以考察两大城镇生活污水对入库负荷的影响

表 5-6 汇总列出了不同模拟年度假定情景的氮、磷负荷削减效率范围。由表可见，改变农业化肥施肥方式，减少施用于土壤表层的化肥量，可以有效地减少因土壤流失造成的营养物流失，特别是降低磷的流失；另外，削减畜禽养殖污染物同样能有效地减少入库的营养负荷。削减大阁、赤城县城生活点源直接入河量对减少潮白河流域总氮入库负荷影响不大，但对降低总磷入库负荷影响较大，特别是对于潮河流域。

表 5-6 假定情景的氮、磷入库负荷削减效率

情景方案	潮河流域削减比/%		白河流域削减比/%	
	TN	TP	TN	TP
情景 1	9.8～23.0	5.7～34.4	0.8～3.9	6.3～19.0
情景 2	1.1～26.7	9.2～58.4	0.02～2.3	11.5～28.0
情景 3	1.2～5.7	7.7～29.1	0.0～3.8	0.05～15.9

习题与思考题

1. 非点源污染与点源污染的主要区别在哪里？

2. 举例说明身边非点源污染发生的案例。

3. 阐述水文过程与流域非点源污染之间的关系。

4. 简述集中参数模型和分散参数模型的区别。

5. 简述非点源模型的结构、建模的过程和数据需求。

6. 请分别说明一般非点源模型的系统参数、状态变量和输入变量都有哪些。其中，系统参数是指那些反映研究区域固有特征的变量，这些参数在模拟周期内不随时间变化；状态变量指那些表征流域系统状态的变量，这些变量会随模拟的时间而发生变化；输入变量则指模型的输入数据。

7. 如何获得输出系数？输出系数法在国内应用时应注意哪些问题？

8. 简述非点源模型应用的主要难点在哪里。

9. 除了应用实例中提到的有关应用领域外，非点源模型还能用于哪些方面？

第六章　大气质量模型

第一节　大气污染物扩散过程

一、大气层垂直结构

常将随地球引力而旋转的大气层称之为大气圈，由地表面向外空间气体越来越稀薄，大气圈厚度很难确切地划定，一般情况下认为地球表面到 2000～3000km 的大气层作为大气圈的厚度。大气层垂直结构指的是气象要素的垂直分布情况，如气温、气压、大气密度和大气组分的垂直分布。大气层在垂向上具有层状结构。按照大气温度的垂向分布，将大气圈由地表向外依次分为对流层、平流层、中间层和暖层，如图 6-1 所示。

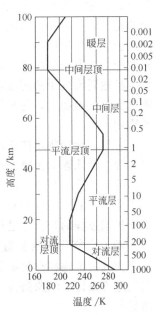

图 6-1　大气层温度
垂直分布

对流层是最接近地面的一层大气，其上界因纬度和季节而异：赤道地区最高（约 15km），两极最低（约 8km）；暖季大于冷季。该层大气的主要特点是有比较强烈的铅直混合。大气的温度是向上递减的，平均每升高 100m，大气温度降低 0.65K。对流层厚度比其他层小得多，但它却集中了大气质量的 3/4 和全部的水分。云、雾、雨、雪等主要天气现象都发生在这一层，是对人类生产和生活影响最大的一层，污染物的迁移扩散和稀释转化也主要在这一层进行。

对流层上面是平流层，厚度约 38km。由于阳光自上而下地加热，温度随高度的增加而上升，并且相对保持稳定。此层臭氧会吸收阳光的紫外线，分解成氧分子和氧原子，但它们会很快又重新化合成臭氧而放出热量，因此顶部的温度可上升到 -3℃。

再上一层为中间层，厚度约 35km。该层气温又随高度的增加而下降，最低可降至约 -83℃。该层几乎没有水蒸气和尘埃，气流平稳，透明度好，狂风暴雨现象极少。

最顶层是暖层，厚度约 630km，因其中的原子氧吸收太阳能使温度急剧上升。暖层之上就是外大气层，空气极为稀薄。

二、大气的运动特征

直接影响污染物输移扩散的大气运动主要是风和湍流。

气象上将空气质点的水平运动称之为风。大气的水平运动是作用在大气上的各种力的总效应。作用于大气上的力，有由于气压分布不均匀而产生的水平气压梯度力，是大气水平运动的原动力；当大气运动时，有由于地球相对于大气的旋转效应而产生的地转偏向力（科里奥利力）；有由于大气层之间、大气层与地面间存在相对运动而产生的摩擦力；还有大气在作曲线运动时受到的惯性离心力。水平气压梯度力是使大气产生运动的直接动力，而其他三个力是在大气开始运动以后才产生并起作用的。

大气的湍流是一种不规则的运动，由若干大大小小的涡旋或湍涡构成。大气的湍流与一般工程遇到的湍流有明显的不同，大气的流动湍涡基本不受限制，特征尺度很大，只要很小的平均风速就可达到湍流状态。大气湍流的形成与发展取决于两个因素，一个是机械或动力因素形成的机械湍流，另一个是热力因素形成的热力湍流。如近地面空气与静止地面的相对运动或大气流经地表障碍物时引起风向和风速的突然改变则形成机械湍流，而由于地表表面受热不均匀，或由于大气层结不稳定使大气的垂直运动发生或发展而造成热力湍流。一般情况下，大气湍流的强弱既决定于热力因子，又决定于动力因子，是两者综合的结果。

三、大气污染物扩散过程

大气污染指的是由于人类活动和自然过程引起一些物质进入大气中，呈现出足够的浓度，并因此危害人体的舒适、健康和福利或危害了环境。

直接影响大气污染物输送、扩散的气象要素是空气的流动特征——风和湍流，而垂直气温分布又在很大程度上制约着风场和湍流结构。因此，在众多的气象要素中与大气污染最密切的是风向、风速、湍流强度、垂直温度梯度和混合层高度等。风向规定了污染的方位，风速表征了大气污染物的输送速率，风速梯度又与湍流脉动密切相关，湍流强度显示了大气的扩散能力，混合层高度决定了污染物扩散的空间大小。

扩散到大气中的污染物质还会被降雨冲下、沉降和蓄积在地面的物体上。此外，氮氧化物之类的污染物质，在扩散中与烃类共存，受紫外线照射时，还会产生光化学氧化剂等二次污染物。

可见，污染物质广义的扩散过程包括了层流、湍流扩散、沉降、降雨清洗、光化学反应等过程。因此影响污染物在大气中扩散的主要因素可以概括有风、大气湍流、大气稳定度、气温的铅直分布与逆温以及降水与雾等。随着污染源的位置、高度、排放方法等排放条件，与扩散有关的气象条件和大气结构的不同，这种扩散过程也会有很大的变化。对污染物质广义的扩散过程的分析是进行大气污染预测和模拟的基础。

四、大气污染物扩散模型分类

大气污染物在空气中的运动方式极为复杂，影响其浓度变化的因素非常多，因而针对不同的地理条件、气象条件、污染源状况、预测的时间尺度与空间范围，需要用到不同的预测模型。

按照污染物扩散的状态，代表性的扩散模型有烟流模型、烟团模型和箱式模型。按照模型的推导方法，有通过演绎法导出的物理模型和归纳法得出的统计模型；按照污染源的空间尺度，可分为点源扩散模型、线源扩散模型、面源扩散模型和体源扩散模型；根据不同的气象条件，有封闭型扩散模式、熏烟型扩散模式、微风下的扩散模式等；根据不同的下垫面地理特点，有城市扩散模式、山区扩散模式和水域附近的扩散模式等；按照预测的时间尺度，有短期浓度预测模式和长期平均浓度计算模式。

可根据不同的研究目的、研究对象、气象条件及地理特征等选用不同的模型。

第二节　污染源解析

一、污染源分类

（1）按照污染物排放的几何形态，可分为点源、线源和面源　大型工厂、机关、学校集中排放烟气的烟囱一般都是点源。点源又分为高架点源和非高架点源，我国规定凡不经过排气筒的废气排放以及排放高度低于 15m 的排气筒排放皆不视为高架点源，实际研究中，高架点源排放高度阈值也可按照研究范围和模拟或预测尺度而定。在环境规划研究或污染物总量计算中也有根据污染源排放高度分为高架源、中架源和低架源的划分方式。高架点源一般都属于有组织排放。线源则是空间上连续性分布组成的污染源。交通频繁的铁路、公路及街道可以视为线源。面源是污染物在平面上均匀分布排放构成一个区域性的污染源，居民区一般的家庭排烟、商业区的排烟可以看作为面源。

（2）按照污染物排放的时间，可分为连续源、间断源和瞬时源 连续源指的是污染物连续排放，如工厂的排气筒等。间断源指的是污染物排放时断时续，如取暖锅炉和间歇性生产废气排放。瞬时源主要指排放时间短的污染源，如爆炸事故的排放。

（3）按照污染源存在的形态，可分为固定源和移动源 固定源指的是位置固定的污染源，如工业企业烟囱的排烟排气。移动源指的是位置可以移动且移动过程中排放污染物的污染源，如汽车尾气排放。

（4）按照污染物产生的来源，可分为工业污染源、生活污染源 工业污染源包括燃料燃烧排放的污染物，生产过程中的排气等。生活污染源主要为家庭炉灶排气。

二、大气污染物

大气污染物种类较多，按照污染物的化学特性可分为无机气态物、有机化合物和颗粒物。

无机气态物主要包括硫氧化物、氮氧化物、一氧化碳、二氧化碳、臭氧、氨、氯化物和氟化物等。有机化合物主要包括烃类化合物、醇类、醛类、酯类、酮类等。颗粒物主要包括固态颗粒物、液态颗粒物和生物颗粒物。固态颗粒物包括燃烧产生的烟尘，工业生产过程中产生的粉尘和扬尘，强风吹起的沙尘等，扬尘又可以分为一次扬尘和二次扬尘。颗粒物从粒子直径上划分为总悬浮微粒和飘尘，其中空气动力学直径小于 $100\mu m$ 的颗粒称为总悬浮微粒，记为 TSP；空气动力学直径小于 $10\mu m$ 的粒子称为飘尘，也叫可吸入颗粒物，记为 PM_{10}，飘尘对人体健康影响较大。近年来直径小于 $2.5\mu m$ 的细微粒子 $PM_{2.5}$ 引起更大的关注，它可以进入人体的肺泡中永久沉积，对人体健康影响最大。直径大于 $100\mu m$ 的粒子称为降尘，在重力作用下很快下降，在一般天气情况下不会远距离传输。液态颗粒物主要是酸雨和酸雾。生物颗粒物则主要是微生物、植物种子和花粉。

按照污染物的生成源可分为一次污染物和二次污染物。一次污染物指的是从各类污染源排出的物质，又可分为反应性污染物和非反应性污染物。反应性污染物性质不稳定，在大气中常与其他物质发生化学反应或作为催化剂促进其他污染物产生的化学反应；非反应性污染物性质较为稳定，难于发生化学反应。一次污染物在大气中的物理作用或化学反应主要有粒状污染物对气态污染物的吸附、气态污染物在气溶胶中的溶解或在阳光作用下的光化学反应。二次污染物指的是大气中污染物由化学反应或光化学反应催生成的一系列新的污染物，常见的二次污染物有臭氧、过氧化乙酰硝酸酯、硫酸及硫酸盐气溶胶等。

目前环境空气比较引人注意的污染物是粉尘、二氧化硫、氮氧化物和一氧化碳等，我国《环境空气质量标准》（GB 3905—1996）中所列污染物有二氧化硫、总悬浮颗粒物、可吸入颗粒物、氮氧化物、二氧化氮、一氧化碳、臭氧、铅、苯并[a]芘和氟化物。在大气质量预测和大气污染控制规划中，二氧化硫和粉尘是主要的研究对象。

工业污染源排放的污染物则种类较多，我国《大气综合排放标准》（GB 16297—1996）中列有二氧化硫、氮氧化物、颗粒物、氯化氢、铬酸雾、硫酸雾、氟化物、氯气等共 33 种污染物。不同行业则关注行业特征性污染物，如火电厂将烟尘、二氧化硫、氮氧化物作为控制污染物，而机械化炼焦工业将颗粒物、苯可溶物和苯并[a]芘作为控制污染物。

汽车尾气引人注意的污染物是一氧化碳、烃类化合物和氮氧化物。

三、污染源源强

源强是研究大气污染的基础数据，其意义就是污染物的排放速率。对瞬时点源，源强就是点源一次排放的总量；对连续点源，源强就是点源在单位时间里的排放量；对于线源，源强一般是单位时间单位长度线源的排放量；面源源强就是单位时间单位面积面源的排放量。

1. 预测源强的一般模型

$$Q_i = K_i W_i (1 - \eta_i) \tag{6-1}$$

式中，Q_i 为源强，对瞬时点源以 kg 或 t 计，对连续稳定排放点源以 kg/h 或 t/h 计；W_i 为燃料的消耗量，对固体燃料以 kg 或 t 计，对液体燃料以 1 计，对气体燃料以 1000m³ 计，时间单位以 h 或 d 计；η_i 为净化设备对污染物的去除效率；K_i 为某种污染物的排放因子；i 为污染物的编号。

2. 燃煤的二氧化硫排放源强一般预测模型

$$Q_{SO_2} = 1.6 W S (1 - \eta) \tag{6-2}$$

式中，Q_{SO_2} 为二氧化硫排放源强，对连续稳定排放点源以 kg/h 或 t/h 计；W 为燃煤量，以 kg/h 或 t/h 计；η 为二氧化硫去除效率，%；S 为煤中的全硫分含量，%；1.6 为二氧化硫排放因子，表示煤中硫的转化率为 80%。

3. 燃煤烟尘排放源强一般预测模型

$$Q_尘 = W A B (1 - \eta) \tag{6-3}$$

式中，$Q_尘$ 为烟尘排放源强，对连续稳定排放点源以 kg/h 或 t/h 计；W 为燃煤量，以 kg/h 或 t/h 计；A 为煤的灰分，%；B 为烟气中烟尘的质量分数；η 为烟尘去除效率，%。同样可以给出其他污染物排放的源强计算模式。

4. 流动源（汽车尾气）源强模型

汽车尾气源强与车型、燃料类型、行驶工况等关系密切，通常用综合排放因子描述特定行车条件下汽车尾气的平均源强，然后根据车流量和车流组成计算道路上汽车尾气总源强：

$$Q = \sum_{i=1}^{n} N_i E_i / 3600000 \quad [g/ (m \cdot s)] \tag{6-4}$$

式中，n 为道路上汽车类型总数；N_i 为 i 类型汽车的车流量，辆/h；E_i 为 i 类型汽车尾气的综合排放因子，g/km。

四、污染物排放因子

在污染源源强模式计算中，污染物排放因子的确定是非常重要的。各种污染物排放因子受燃烧方式和燃烧条件影响很大。例如燃煤锅炉排烟中粉尘占总量的比例，因燃烧方式不同而有很大变化，例如链条炉产生的飘尘占到煤中灰分的 10%～25%，而煤粉炉的这个数字可以高达 75%～80%。

第三节　箱式大气质量模型

箱式大气质量模型一种较为流行的大气质量模型，它的基本假设是：在模拟大气的污染物浓度时可以把研究的空间范围看成是一个尺寸固定的"箱子"，这个箱子的高度就是从地面计算的混合层高度，而污染物浓度在箱子内处处相等。

箱式大气质量模型可以分为单箱模型和多箱模型。

一、单箱模型

1. 基本假设

单箱模型是计算一个区域或城市的大气质量的最简单的模型，箱子的平面尺寸就是所研究的区域或城市的平面，箱子的高度是由地面计算的混合层高度 h（图 6-2）。

2. 基本模型

根据整个箱子的输入、输出，可以写出质量平衡方程：

$$\frac{dC}{dt}lbh = ubh(C_0 - C) + lbQ - kClbh \qquad (6\text{-}5)$$

式中，C 为箱内的污染物浓度；l 为箱的长度；b 为箱的宽度；h 为箱的高度；C_0 为初始条件下污染物的本底浓度；k 为污染物的衰减速度常数；Q 为污染源的源强；u 为平均风速；t 为时间坐标。

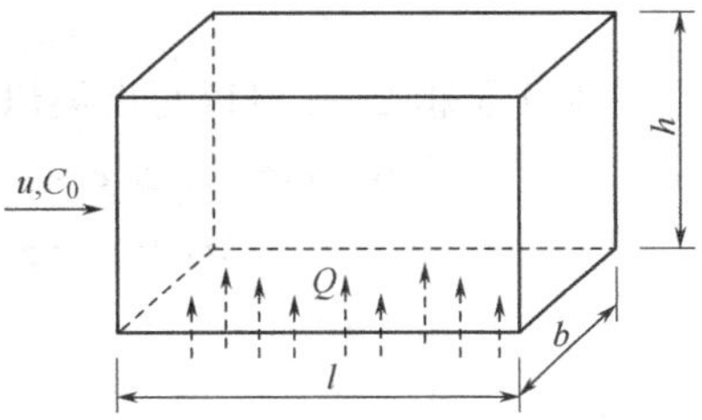

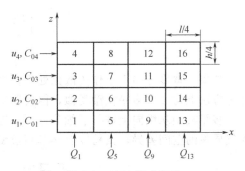

图 6-2　箱式模型

3. 模型的解

如果不考虑污染物的衰减，即 $k = 0$，当污染物浓度稳定排放时，可以得到式（6-5）的解：

$$C = C_0 + \frac{Ql}{uh}\left(1 - e^{-\frac{ut}{l}}\right) \qquad (6\text{-}6)$$

当式（6-5）中的 t 很大时，箱内的污染物浓度 C 随时间的变化趋于稳定状态，这时的污染物浓度称为平衡浓度 C_p，由式（6-6）可得：

$$C_p = C_0 + \frac{Ql}{uh} \qquad (6\text{-}7)$$

如果污染物在箱内的衰减速度常数 $k \neq 0$，式（6-5）的解为：

$$C = C_0 + \frac{Q/h - C_0 k}{u/l + k}\left\{1 - \exp\left[-\left(\frac{u}{l} + k\right)t\right]\right\} \qquad (6\text{-}8)$$

这时的平衡浓度为：

$$C = C_0 + \frac{Q/h - C_0 k}{u/l + k} \qquad (6\text{-}9)$$

单箱模型不考虑空间位置的影响，也不考虑地面的污染源分布的不均匀性，因而其计算结果是概略的。单箱模型较多应用在高层次的决策分析中。

二、多箱模型

多箱模型是对单箱模型的改进，它在纵向和高度方向上把单箱分成若干部分，构成一个二维箱式结构模型（图 6-3）。

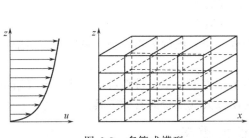

图 6-3　多箱式模型

图 6-4　4×4 箱式模型

多箱模型在高度方向上将 h 离散成 m 个相等的子高度 Δh，在长度方向上将 l 离散成 n 个相等的子长度 Δl，共组成 $m \times n$ 个子箱。在高度方向上，风速可以作为高度的函数分段计算；污染源的源强则根据坐标关系输入贴地的相应子箱中。为了计算上的方便，可以忽略纵向的扩散作用和竖向的推流作用。如果把每一个子箱都视作一个混合均匀的体系，就可以对每一个子箱写出质量平衡方程，例如对图 6-4 中的每一个子箱，其质量平衡关系为：

$$u_1 \Delta h C_{01} - u_1 \Delta h C_1 + Q_1 \Delta l - E_{2,1}\Delta l(C_1 - C_2)/\Delta h = 0 \qquad (6\text{-}10)$$

若令 $a_i = u_i \Delta h$，$e_i = E_{i,i+1}\Delta l/\Delta h$，则式（6-10）可以写作：

$$(a_1+e_1)C_1-e_1C_2=Q_1\Delta l+a_1C_{01} \tag{6-11}$$

对于子箱 2～4 可以写出类似的方程,它们组成一个线性方程组,可以用矩阵写成:

$$\begin{bmatrix} a_1+e_1 & -e_1 & 0 & 0 \\ -e_1 & a_2+e_1+e_2 & -e_2 & 0 \\ 0 & -e_2 & a_3+e_2+e_3 & -e_3 \\ 0 & 0 & -e_3 & a_4+e_3 \end{bmatrix}\begin{bmatrix} C_1 \\ C_2 \\ C_3 \\ C_4 \end{bmatrix}=\begin{bmatrix} Q_1\Delta l+a_1C_{01} \\ a_2C_{02} \\ a_3C_{03} \\ a_4C_{04} \end{bmatrix} \tag{6-12}$$

或
$$\boldsymbol{AC}=\boldsymbol{D} \tag{6-13}$$

式中,$\boldsymbol{C}$ 为由子箱 1～4 中的污染物浓度组成的向量;$\boldsymbol{D}$ 为由系统外输入组成的向量;u_i 为高度方向上第 i 层的平均风速;$E_{i+1,i}$ 为高度方向上相邻两层的湍流扩散系数;C_{0i} 为高度方向上第 i 层的污染物本底浓度;Q_1 为输入第 1 个子箱的强源。

对于子箱 1～4,$\boldsymbol{A}$ 和 $\boldsymbol{D}$ 均为已知,则

$$\boldsymbol{C}=\boldsymbol{A}^{-1}\boldsymbol{D} \tag{6-14}$$

由于第一列 4 个子箱的输出就是第 2 列 4 个子箱的输入,如果 ΔL 和 Δh 是常数,对第二列来说,$\boldsymbol{A}$ 的值和式(6-11)中相等,只是 $\boldsymbol{D}$ 有所变化,这时,

$$\boldsymbol{D}=\begin{bmatrix} Q_5\Delta l+a_1C_1 \\ a_2C_2 \\ a_3C_3 \\ a_4C_4 \end{bmatrix} \tag{6-15}$$

可以写出
$$\begin{bmatrix} C_5 \\ C_6 \\ C_7 \\ C_8 \end{bmatrix}=\boldsymbol{A}^{-1}\begin{bmatrix} Q_5\Delta l+a_1C_1 \\ a_2C_2 \\ a_3C_3 \\ a_4C_4 \end{bmatrix} \tag{6-16}$$

由此可以求得第二列子箱 5～8 的浓度 $C_5\sim C_8$。依次类推,可以求得 $C_9\sim C_{16}$。由此可得基于多箱模型下的浓度分布结果:

$$\boldsymbol{C}=\begin{bmatrix} C_4 & C_8 & C_{12} & C_{16} \\ C_3 & C_7 & C_{11} & C_{15} \\ C_2 & C_6 & C_{10} & C_{14} \\ C_1 & C_5 & C_9 & C_{13} \end{bmatrix}$$

如果在宽度方向上也作离散化处理,则可以构成一个三维的多箱模型。三维多箱模型在计算方法上与二维多箱模型类似,但要复杂得多。

多箱模型从维向上进行了细分,严格地讲为准多维模型。多箱模型可以反映区域或城市大气质量的空间差异,其精度要比单箱模型高,是模拟大气质量的有效工具。

第四节　点源扩散模型

污染物在大气中的迁移扩散一般呈三维运动,基于湍流扩散的梯度理论,在第二章已经讨论得到它的基本运动方程:

$$\frac{\partial C}{\partial t}+u_x\frac{\partial C}{\partial x}+u_y\frac{\partial C}{\partial y}+u_z\frac{\partial C}{\partial z}=\frac{\partial}{\partial x}\left(E_x\frac{\partial C}{\partial x}\right)+\frac{\partial}{\partial y}\left(E_y\frac{\partial C}{\partial y}\right)+\frac{\partial}{\partial z}\left(E_z\frac{\partial C}{\partial z}\right)-kC$$

如果忽略污染物扩散过程中自身的衰减,即 $k=0$,同时忽略 y 方向和 z 方向上的流动,即 $u_y=u_z=0$,上式可以简化为:

$$\frac{\partial C}{\partial t}+u_x\frac{\partial C}{\partial x}=\frac{\partial}{\partial x}\left(E_x\frac{\partial C}{\partial x}\right)+\frac{\partial}{\partial y}\left(E_y\frac{\partial C}{\partial y}\right)+\frac{\partial}{\partial z}\left(E_z\frac{\partial C}{\partial z}\right) \tag{6-17}$$

式（6-17）中等号左边第一项为局地的污染物浓度随时间的变化率，第二项为沿 x 轴向（与风向平行）的推流输送项，等号右边是 x、y、z 三个方向上的湍流扩散项。式（6-17）虽已经简化，仍然是很复杂的，在不同的初始条件、边界条件下可以得到不同的解。在求解式（6-17）之前，假定大气流场是均匀的，E_x、E_y 和 E_z 都是常数，C 为湍流时平均浓度，则式（6-17）可以写成：

$$\frac{\partial C}{\partial t} + u_x \frac{\partial C}{\partial x} = E_x \frac{\partial^2 C}{\partial x^2} + E_y \frac{\partial^2 C}{\partial y^2} + E_z \frac{\partial^2 C}{\partial z^2} \tag{6-18}$$

式（6-18）是各种高架点源模型的基础。

一、无边界的点源模型

1. 瞬时单烟团正态扩散模型

瞬时释放的单烟团正态扩散模型是一切正态扩散模型的基础。假设点源位于坐标原点 $(0，0，0)$，释放时间为 $t=0$，在无边界的大气环境中，瞬间排出的一个烟团将沿三维方向扩散，根据以上基本运动方程，忽略污染物扩散过程中自身的衰减，即 $k=0$，假定大气流场是均匀的，湍流扩散参数 E_x、E_y 和 E_z 都是常数，则可得到在空间任一点、任一时刻的污染物浓度计算式：

$$C(x,y,z,t) = \frac{M}{8(\pi t)^{3/2}\sqrt{E_x E_y E_z}} \exp\left\{-\frac{1}{4t}\left[\frac{(x-u_x t)^2}{E_x} + \frac{(y-u_y t)^2}{E_y} + \frac{(z-u_z t)^2}{E_z}\right]\right\} \tag{6-19}$$

式中，M 为在 $t=0$ 时刻，由原点 $(0，0，0)$ 瞬间排放量，即污染物的源强。

若令三个坐标方向上的污染物分布的标准差为：

$$\sigma_x^2 = 2E_x t, \quad \sigma_y^2 = 2E_y t, \quad \sigma_z^2 = 2E_z t$$

则式（6-19）可以写作

$$C(x,y,z,t) = \frac{M}{\sqrt{8\pi^3}\,\sigma_x \sigma_y \sigma_z} \exp\left\{-\left[\frac{(x-u_x t)^2}{2\sigma_x^2} + \frac{(y-u_y t)^2}{2\sigma_y^2} + \frac{(z-u_z t)^2}{2\sigma_z^2}\right]\right\} \tag{6-20}$$

2. 无边界有风的点源模型

在有风的情况下，不妨设风向平行于 x 轴，忽略 y 方向和 z 方向上的流动，即 $u_y = u_z = 0$，则在空间任一点、任一时刻的污染物浓度可以用下式计算：

$$C(x,y,z,t) = \frac{M}{\sqrt{8\pi^3}\,\sigma_x \sigma_y \sigma_z} \exp\left\{-\left[\frac{(x-u_x t)^2}{2\sigma_x^2} + \frac{y^2}{2\sigma_y^2} + \frac{z^2}{2\sigma_z^2}\right]\right\} \tag{6-21}$$

3. 无边界无风的瞬时点源模型

在无风的条件下，$u_x = 0$，由式（6-21）可以求得无边界无风的瞬时点源模型：

$$C(x,y,z,t) = \frac{M}{\sqrt{8\pi^3}\,\sigma_x \sigma_y \sigma_z} \exp\left\{-\left[\frac{x^2}{2\sigma_x^2} + \frac{y^2}{2\sigma_y^2} + \frac{z^2}{2\sigma_z^2}\right]\right\} \tag{6-22}$$

4. 无边界连续点源模型

实际上绝大多数污染源都是连续排放的，对于一个连续稳定点源，$\partial C/\partial t = 0$，在有风（$u_x \geqslant 1.5\text{m/s}$）时，可以忽略纵向扩散作用，则式（6-18）可以简化为：

$$u_x \frac{\partial C}{\partial x} = E_y \frac{\partial^2 C}{\partial y^2} + E_z \frac{\partial^2 C}{\partial z^2} \tag{6-23}$$

式（6-23）的解为：

$$C(x,y,z) = \frac{Q}{4\pi x\sqrt{E_y E_z}} \exp\left[-\frac{u_x}{4x}\left(\frac{y^2}{E_y} + \frac{z^2}{E_z}\right)\right]$$

$$= \frac{Q}{2\pi x \sigma_y \sigma_z} \exp\left[-\frac{1}{2}\left(\frac{y^2}{\sigma_y^2} + \frac{z^2}{\sigma_z^2} \right) \right] \tag{6-24}$$

式中，Q 为在原点（0，0，0）连续稳定排放的污染源源强，即单位时间排放的污染物量。

二、高架连续排放点源模型

在任何气象条件下，在开阔平坦的地形上，高烟囱产生的地面污染物浓度比具有相同源强的低烟囱要低。因此，烟囱高度是大气污染控制的主要控制变量之一。

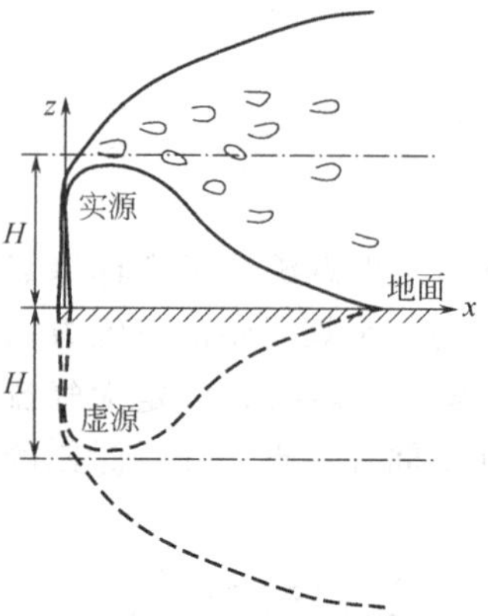

图 6-5　地面对烟羽的反射

在计算中，烟囱高度是指它的有效高度。烟囱的有效高度包括两部分：物理高度 H_1 和烟气抬升高度 ΔH。物理高度是烟囱实体的高度；烟气抬升高度是指烟气在排出烟囱口之后在动量和热浮力的作用下能够继续上升的高度，这个高度可达数十至上百米，对减轻地面的大气污染有很大作用。烟囱的有效高度可用下式计算：

$$H_e = H_1 + \Delta H \tag{6-25}$$

烟气离开排出口之后，向下风方向扩散，作为扩散边界，地面起到了反射作用，可以通过引入虚源模拟地面反射作用，见图 6-5。如果假定大气流场均匀稳定，横向、竖向流速和纵向扩散作用可以忽略，即 $u_y = u_z = 0$，$E_x = 0$，对一个排放筒底部中心在坐标原点、有效高度为 H 的连续点源，其下风向的污染物分布可按下式计算：

$$C(x, y, z, H_e) = \frac{Q}{2\pi u_x \sigma_y \sigma_z} \left\{ \exp\left[-\frac{1}{2}\left(\frac{y^2}{\sigma_y^2} + \frac{(z - H_e)^2}{\sigma_z^2} \right) \right] \right.$$
$$\left. + \exp\left[-\frac{1}{2}\left(\frac{y^2}{\sigma_y^2} + \frac{(z + H_e)^2}{\sigma_z^2} \right) \right] \right\} \tag{6-26}$$

式中，$C(x, y, z, H_e)$ 表示坐标为 x、y、z 处的污染物浓度；H_e 表示烟囱的有效高度；Q 表示烟囱排放源强，即单位时间排放的污染物量；其余符号意义同前。

式（6-26）是高架连续点源的一般解析式，又称高斯模型。由式（6-26）可以导出各种条件下的常用大气扩散模型。

1. 高架连续点源的地面浓度模型

令 $z=0$，并代入式（6-26），就可以得到高架连续点源地面污染物浓度模型：

$$C(x, y, 0, H_e) = \frac{Q}{\pi u_x \sigma_y \sigma_z} \exp\left(-\frac{y^2}{2\sigma_y^2} - \frac{H_e^2}{2\sigma_z^2} \right) \tag{6-27}$$

2. 高架连续点源的地面轴线浓度模型

地面轴线是指 $y=0$ 的坐标线，令 $y=0$，由式（6-27）就可以得到地面轴线浓度：

$$C(x, 0, 0, H_e) = \frac{Q}{\pi u_x \sigma_y \sigma_z} \exp\left(-\frac{H_e^2}{2\sigma_z^2} \right) \tag{6-28}$$

3. 高架连续点源最大落地浓度模型

地面横向最大落地浓度发生在轴线上（$0 < x < \infty$）处。将 $\sigma_y^2 = 2E_y x / u_x$，$\sigma_z^2 = 2E_z x / u_x$ 代入式（6-28）可得：

$$C(x, 0, 0, H_e) = -\frac{Q}{2\pi x \sqrt{E_y E_x}} \exp\left(-\frac{u_x H_e^2}{4 E_z x} \right) \tag{6-29}$$

将式（6-29）对 x 求导数并令导数等于 0：

$$\frac{\mathrm{d}C}{\mathrm{d}x}=\frac{Q}{2\pi x^2\sqrt{E_yE_z}}\exp\left(-\frac{u_xH_e^2}{4E_zx}\right)+\frac{Q}{2\pi x\sqrt{E_yE_z}}\exp\left(-\frac{u_xH^2}{4E_zx}\right)\cdot\left(\frac{u_xH_e^2}{4E_zx^2}\right)=0$$

可得：

$$x^*=\frac{u_xH_e^2}{4E_z} \tag{6-30}$$

当 $x=x^*$ 时，由式（6-29）可以求得高架连续点源的最大落地浓度为：

$$C(x,0,0,H_e)_{\max}=C(x^*,0,0,H_e)=\frac{2Q\sqrt{E_z}}{\pi eu_xH_e^2\sqrt{E_y}}=\frac{2Q\sigma_z}{\pi eu_xH_e^2\sigma_y} \tag{6-31}$$

4. 烟囱有效高度的估算

如果给定地面污染物的最大允许浓度，由式（6-31）也可以估算烟囱的有效高度 H_e^*：

$$H_e^*\geqslant\sqrt{\frac{2Q\sigma_z}{\pi eu_x\sigma_yC(x,0,0)_{\max}}} \tag{6-32}$$

5. 逆温条件下的高架连续点源模型

如果在烟囱排出口的上空存在逆温层，从地面到逆温层的底部的高度为 h，这时，烟囱的排烟不仅要受到地面的反射，还要受到逆温层的反射（图 6-6）。在逆温条件下，当将地面及逆温层的反射看成为全反射时，同样可以用虚源模拟地面及逆温层的反射作用，高架连续点源扩散模型为：

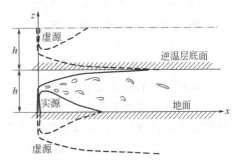

图 6-6　地面和逆温层的反射

$$C(x,y,z,H_e)=\frac{Q}{2\pi u_x\sigma_y\sigma_z}\left\{\exp\left[-\frac{1}{2}\left(\frac{y^2}{\sigma_y^2}+\frac{(z-H_e)^2}{\sigma_z^2}\right)\right]+\exp\left[-\frac{1}{2}\left(\frac{y^2}{\sigma_y^2}+\frac{(z+H_e)^2}{\sigma_z^2}\right)\right]\right.$$
$$+\exp\left[-\frac{1}{2}\left(\frac{y^2}{\sigma_y^2}+\frac{(2h-z-H_e)^2}{\sigma_z^2}\right)\right]+\exp\left[-\frac{1}{2}\left(\frac{y^2}{\sigma_y^2}+\frac{(2h+z+H_e)^2}{\sigma_z^2}\right)\right]+\cdots\right\}$$
$$=\frac{Q}{2\pi u_x\sigma_y\sigma_z}\left\{\exp\left[-\frac{1}{2}\left(\frac{y^2}{\sigma_y^2}+\frac{(z-H_e)^2}{\sigma_z^2}\right)\right]\right.$$
$$+\exp\left[-\frac{1}{2}\left(\frac{y^2}{\sigma_y^2}+\frac{(z+H_e)^2}{\sigma_z^2}\right)\right]+\sum_{n=2}^{\infty}\exp\left[-\frac{1}{2}\left(\frac{y^2}{\sigma_y^2}+\frac{(nh-z-H_e)^2}{\sigma_z^2}\right)\right]$$
$$\left.+\sum_{n=2}^{\infty}\exp\left[-\frac{1}{2}\left(\frac{y^2}{\sigma_y^2}+\frac{(nh+z+H_e)^2}{\sigma_z^2}\right)\right]\right\} \tag{6-33}$$

式中，h 表示由地面到逆温层底部的高度；n 表示计算的反射次数。随着 n 的增大，等号右边第三、四项衰减很快，一般经 1、2 次反射后，虚源的影响已经很小了，所以在实际计算中，只需取 $n=1$ 或 2。

将 $y=0$ 和 $z=0$ 代入式（6-33）可以得到逆温条件下高架连续点源的地面轴线浓度：

$$C(x,0,0,H_e)=\frac{Q}{\pi u_x\sigma_y\sigma_z}\left\{\exp\left(-\frac{H_e}{2\sigma_z^2}\right)+\sum_{n=2}^{\infty}\exp\left[-\frac{(nh-H_e)^2}{2\sigma_z^2}\right]\right\} \tag{6-34}$$

式（6-33）和式（6-34）的应用条件是 $H_e\leqslant h$，否则不适用。

三、高架多点源连续排放模型

一般说来，地面上任意一点的污染物来源于多个污染源。如果存在 m 个相互独立的污染源，在任一空间点 (x, y, z) 处的污染物浓度，就是这 m 个污染源对这一空间点的贡献之和，即

$$C(x,y,z) = \sum_{i=1}^{m} C_i(x,y,z) \tag{6-35}$$

式中，$C_i(x, y, z)$ 是第 i 个污染源对点 (x, y, z) 的贡献，若以 x_i、y_i、H_i 表示第 i 个污染源排出口的位置及排气筒有效高度，那么

当 $x-x_i > 0$ 时，

$$C_i(x,y,z) = C_i'(x-x_i, y-y_i, z) = \frac{Q_i}{\pi u_x \sigma_{yi} \sigma_{zi}} \left\{ \exp\left[-\frac{1}{2} \times \left(\frac{(y-y_i)^2}{\sigma_{yi}^2} + \frac{(z-H_i)^2}{\sigma_{zi}^2} \right) \right] \right\} \tag{6-36}$$

当 $x-x_i \leqslant 0$ 时，$C_i(x, y, z) = C_i'(x-x_i, y-y_i, z) = 0$

式中，Q_i 表示第 i 个污染源的源强；σ_{yi}、σ_{zi} 表示决定于第 i 个污染源至计算点的纵向距离的横向与竖向的标准差。

令 $z=0$ 代入式（6-36），可以计算多源作用下的地面浓度。对其余条件可以类推。

四、可沉降颗粒物的扩散模型

当颗粒物的粒径小于 $10\mu m$ 时，在空气中的沉降速度小于 $1cm/s$，由于垂直湍流和大气运动的支配，不可能自由沉降到地面，颗粒物的浓度分布仍可用前面所述各式计算。

当颗粒物的粒径大于 $10\mu m$ 时，在空气中的沉降速度在 $100cm/s$ 左右，颗粒物除了随流场运动以外，还由于重力下沉的作用，使扩散羽的中心轴线向地面倾斜，在不考虑地面反射的情况下由式（6-26）可以导出可沉降颗粒物的分布模型：

$$C(x,y,z,H_e) = \frac{\alpha Q}{2\pi u_x \sigma_y \sigma_z} \left\{ \exp\left[-\frac{1}{2} \times \left(\frac{y}{\sigma_y} \right)^2 - \frac{1}{2} \times \frac{(z-(H_e-V_g x/u_x))^2}{\sigma_z^2} \right] \right\} \tag{6-37}$$

式中，α 为系数，表示可沉降颗粒物在总悬浮颗粒物中所占的比重，$0 \leqslant \alpha \leqslant 1$；$V_g$ 为颗粒物沉降速度；u_x 为轴向平均风速；其余符号意义同前。

颗粒物沉降速度可以由斯托克斯公式计算：

$$V_g = \frac{\rho g d^2}{18\mu} \tag{6-38}$$

式中，ρ 为颗粒的密度，g/cm^3；g 为重力加速度，$980cm/s^2$；d 为颗粒直径，cm；μ 为空气黏滞系数，可取 $1.8 \times 10^2 g/(m \cdot s)$。

将 $z=0$ 代入式（6-37），可以得到计算地面颗粒物浓度的模型：

$$C(x,y,0,H_e) = \frac{\alpha Q}{2\pi u_x \sigma_y \sigma_z} \left\{ \exp\left[-\frac{1}{2} \times \left(\frac{y^2}{\sigma_y^2} + \frac{(H_e-V_g x/u_x)^2}{\sigma_z^2} \right) \right] \right\} \tag{6-39}$$

第五节　线源和面源模型

一、线源模型

污染源在空间上的连续线性分布就组成了线性污染源。线源模型主要用以模拟预测流动源以及其他线状污染源对大气环境质量的影响，例如，川流不息的交通干线上的汽车尾气的排放，内河航船废气的排放等。欧美等国家和日本自 20 世纪 60 年代末对机动车排气污染物扩散模型进行了多方面的研究，主要研究适用于公路扩散和城市街道扩散的模型。70 年代初提出了很多模型，并在之后不断地改进和开发新模型。

1. 无限长线源模型

当线污染源分布的长度足够大或当接受点到线源的距离与线源的长度比很小时，可以将其看作无限长线源。无限长线源可以认为是由无穷多个点源排列而成，点源的源强 Q_L 用单位长度线源在单位时间内排放的污染物质量表示，线源在空间点产生的浓度可以看作所有点源在这一点的浓度贡献之和。

（1）风向与线源垂直　设 x 轴与风向一致，线源平行于 y 轴，视线源由无穷多个点源排列而成，则对式（6-26）从 $-\infty$ 到 $+\infty$ 积分，可得下风向上任一点 $(x, 0, z)$ 的浓度为：

$$C_{\perp}(x,0,z)=Q_{\mathrm{L}}(\sqrt{2\pi}u\sigma_z)^{-1}\{\exp[-(z+H_{\mathrm{e}})^2/(2\sigma_z^2)]$$
$$+\exp[-(z-H_{\mathrm{e}})^2/(2\sigma_z^2)]\} \tag{6-40}$$

令 $z=0$，则得地面点 $(x, 0, z)$ 的浓度为：

$$C_{\perp}(x,0,0)=2Q_{\mathrm{L}}(\sqrt{2\pi}u\sigma_z)^{-1}\exp[-H_{\mathrm{e}}^2/(2\sigma_z^2)] \tag{6-41}$$

（2）风向与线源平行　设 x 轴与风向一致，线源平行 x 轴，将式（6-26）对 x 积分可得地面任一点 $(x, y, 0)$ 的浓度。流动源多为地面源，其影响主要在近处，根据 Taylor 扩散理论，当时间 T 或 x 较小时，可假设 $\sigma_y=\gamma_1 T$，$(\sigma_z/\sigma_y)=b$，b 为常值，同时注意到只有上风向的线源才对接受点的浓度有贡献，此时则可得到解析解：

$$C_{\parallel}(x,y,0)=Q_{\mathrm{L}}/[\sqrt{2\pi}u\sigma_z(r_1)] \tag{6-42}$$

式中，$r_1=(y^2+H_{\mathrm{e}}^2/b^2)^{1/2}$

（3）风向与线源成任意角　设风向与线源交角为 θ（$\theta\leqslant90°$），x 轴与风向一致，则地面点 $(x, y, 0)$ 的浓度可用内插法得到：

$$C(x,y,0)=\sin^2\theta(C_{\parallel})+\cos^2\theta(C_{\perp}) \tag{6-43}$$

式中，$(C_{\parallel})$、$(C_{\perp})$ 分别为用式（6-41）和式（6-42）求得的浓度值。

2. 有限长线源模型

当线污染源分布的长度有限时，在估算其产生的环境浓度时必须考虑有限长线源两端引起的"边缘效应"。随着接受点到线源距离的增加，"边缘效应"将在更大的横风距离上起作用。

（1）风向与线源垂直　将接受点到线源的垂足选作坐标原点，直线的下风向设为 x 轴正向，线源平行于 y 轴，线源范围从 y_1 延伸到 y_2，且 $y_1<y_2$。则对式（6-26）从 y_1 到 y_2 积分，可得下风向上任一点 (x, z) 的浓度为：

$$C_{\perp}(x,z)=Q_{\mathrm{L}}(\sqrt{2\pi}u\sigma_z)^{-1}\{\exp[-(z+H_{\mathrm{e}})^2/(2\sigma_z^2)]$$
$$+\exp[-(z-H_{\mathrm{e}})^2/(2\sigma_z^2)]\}[\Phi(y_2/\sigma_y)-\Phi(y_1/\sigma_y)] \tag{6-44}$$

式中，Q_{L} 为线源源强，mg/（s·m）；

$$\Phi(s)=\frac{1}{\sqrt{2\pi}}\int_{-\infty}^{s}\mathrm{e}^{-t/2}\mathrm{d}t \tag{6-45}$$

令 $z=0$，则得地面点 $(x, 0)$ 的浓度为：

$$C_{\perp}(x,z)=2Q_{\mathrm{L}}(\sqrt{2\pi}u\sigma_z)^{-1}\exp[-H_{\mathrm{e}}^2/(2\sigma_z^2)][\Phi(y_2/\sigma_y)-\Phi(y_1/\sigma_y)] \tag{6-46}$$

（2）风向与线源平行　取 x 轴正向与风向及线源一致，坐标原点和线源中点重合，并设其线源长度为 $2x_0$。同上类似，当 T 或 x 较小时，可假设 $\sigma_y=\gamma_1 T$，$\sigma_z/\sigma_y=b$，b 为常值，同时注意到只有上风向的线源才对接受点的浓度有贡献，此时则可得到长度为 $2x_0$ 的有限长线源的地面浓度解析解：

$$C_{\parallel}(x,y,0)=\{Q_{\mathrm{L}}/[\sqrt{2\pi}u\sigma_z(r_1)]\}\times2\{\Phi[r_1/\sigma_y(x-x_0)]-\Phi[r_1/\sigma_y(x+x_0)]\} \tag{6-47}$$

式中，符号意义同前。

（3）风向与线源成任意角　设风向与线源交角为 θ（$\theta\leqslant90°$），x 轴与风向一致，则地面点 $(x, y, 0)$ 的浓度可用内插法得到：

$$C(x,y,0)=\sin^2\theta(C_{\parallel})+\cos^2\theta(C_{\perp}) \tag{6-48}$$

式中，$(C_{\parallel})$、$(C_{\perp})$ 分别为用式（6-46）和式（6-47）求得的浓度值。

对于式（6-43）、式（6-48），也有采用三角函数内插计算模式：

$$C(x,y,0)=(C_{\parallel}^2 \sin^2\theta + C_{\perp}^2 \cos^2\theta)^{1/2} \tag{6-49}$$

3. 线源分段求和模式

除风向与线源垂直情况外，其他条件最好采用下述的线源分段求和模式。分段求和就是将线源分解成有限段并把各小段近似为点源，用有限个点源对接受点的浓度贡献近似线源对接受点的浓度贡献。与以上模型相比，上述模型可以看作为点源连续求和而得，分段求和则是离散化求和。线源分段可以等长也可不等长。

（1）等长分段求和模式　仅就有限长线源看，假设线源的长度为 L，线源源强为 Q_L。把线源划分为长度为 Δl 的 n 段，长度元 Δl 看成是一个点源，它的源强是 $Q_L \Delta l$。线源的浓度贡献是所有点源浓度贡献之和：

$$C = \frac{Q_L \Delta l}{u}\left[\frac{1}{2}(f_1 + f_{n+1}) + \sum_{i=2}^{n} f_i\right] \tag{6-50}$$

$$f = \frac{1}{2\pi\sigma_y\sigma_z}\exp\left(\frac{-y^2}{2\sigma_y^2}\right)\{\exp[-(z+H_e)^2/(2\sigma_z^2)] + \exp[-(z-H_e)^2/(2\sigma_z^2)]\} \tag{6-51}$$

式中，符号意义同前。这种方法适用于各种线源呈现不规则的折线或曲线形状，这与多点源浓度场的计算类同。

（2）不等长分段求和模式　仍就有限长线源考虑，典型的不等长分段求和模式是美国环境保护局采用的线源模式 CALINE4。

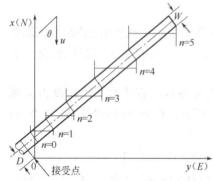

图 6-7　CALINE4 线源分段

将道路划分成一系列线源单元（简称线元），分别计算各线元排放的污染物对接受点浓度的贡献，然后再求和计算整条道路流动源在接受点产生的污染物浓度。接受点与道路的距离是指该点到道路中心线的垂直距离（见图 6-7）。第一个线元的长度与道路宽度相等，是一边长等于路宽的正方形，它的位置由道路与风向的夹角（θ）决定。$\theta \geqslant 45°$ 时，第一个线元位于接受点的上风向；$\theta < 45°$ 时，按 $\theta = 45°$ 确定第一个线元的位置。其余线元的长度和位置由下面公式确定。

$$L_a = W \cdot L_r^n \tag{6-52}$$

式中，L_a 表示线元长度；W 表示道路宽度；n 表示线元编号，$n=0，2，3，\cdots$；L_r 表示线元长度增长因子，$L_r = 1.1 + \theta^3/(2.5 \times 10^5)$，$\theta$ 以度为单位。

上述线元划分法，主要是为了在保证计算精确度的前提下减少计算量。

把划分后的每一个线元看作一个通过线元中心，方向与风向垂直，长度为该线元在 y 方向投影的有限线源（见图 6-7）。以接受点为坐标原点，上风向为正 x 轴，则整条街道上的流动源在接受点产生的浓度可由下式表示：

$$C = \sum C_n \tag{6-53}$$

式中，C_n 表示第 n 个线元对接受点的浓度贡献，可按式（6-46）计算。

二、面源模型

面源模型模拟在平面上均匀分布的污染源所形成的污染物浓度分布，是比较复杂的一类模型。实际问题研究中，对于某平面区域上源强较小、排出口较低，但数量多、分布比较均匀的污染源扩散问题均可作为面源处理。如居民区或居住集中的家庭炉灶和低矮烟囱数量很大，单个排放量很小，若按点源处理计算量较大，此时可作为面源处理；平原地区排气筒高度不高于 30m 或排放量小于 0.04t/h 的许多个排放源也可以按面源处理；在城市和工业区，将低矮的小点源群和线源则可作为面源处理。

常用的面源模式有简化模型、点源积分模型及 ATDL 模型，现分别介绍如下。

1. 简化模型

（1）拟点源修正模型　拟点源修正模型的基本假设是：面源内所有的排放源集中于面源源块中心，即面源源块的对角线交点上，形成一个"等效点源"，然后用点源公式来计算污染源产生的浓度贡献。常用的有直接修正法和点源后置法。

① 直接修正法。面源的面积较小（$S \leqslant 1 \text{km}^2$）时，该面源对面源外的接受点的浓度贡献可按位于面源中心的"等效点源"扩散模式计算，只是应附加一个初始扰动。这一初始扰动使烟羽在 $x=0$ 处就有一个和面源横向宽度相等的横向尺度，以及和面源高度相等的垂直向尺度。注意：常认为烟羽的半宽度等于 $2.15\sigma_y$ 或 $2.15\sigma_z$，则修正后的 σ_y 和 σ_z 分别为：

$$\sigma_y = \gamma_1 \chi^{\alpha_1} + a_y/4.3 \tag{6-54}$$

$$\sigma_z = \gamma_2 \chi^{\alpha_2} + H/2.15 \tag{6-55}$$

式中，χ 为接受点至面源中心点的距离；a_y 为面源在 y 方向的长度；H 为面源的平均排放高度；γ_1、γ_2、α_1、α_2 分别为扩散参数的回归系数与回归指数，可通过查表获得。

② 点源后置法。点源后置法和直接修正法类似，也是把面源看作点源，地面接受点浓度按点源扩散模式计算。但把分散的排放源集中于一点，会在等效点源附近得到不合理的高浓度。为了克服这个缺点，可以把等效点源的位置移到上风向某个位置处，使该单元的面源和上风向的一个虚点源等效，相当于在点源公式中增加一个初始的散布尺度，见图 6-8。

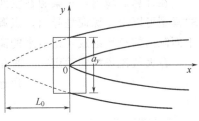

图 6-8　点源后置示意

此时接受点地面浓度公式为：

$$C = \frac{Q}{\pi u \sigma_y(x+x_y) \sigma_z(x+x_z)} \exp\left\{-\frac{1}{2}\left[\frac{y^2}{(\sigma_y(x+x_y))^2} + \frac{H_e^2}{(\sigma_z(x+x_z))^2}\right]\right\} \tag{6-56}$$

式中，C 为污染物地面浓度；Q 为污染物源强，mg/s；u 为平均风速，m/s；$\sigma_y(x+x_y)$ 为水平方向扩散参数，m；$\sigma_z(x+x_z)$ 为铅直方向扩散参数，m；y 为横向距离，m；H_e 为有效源高，m。

应用上式时，"等效点源"的后置距离，可根据经验的烟羽横向宽度和高度及扩散参数公式与 x 的关系计算确定。例如，设扩散参数采取以下的形式：

$$\sigma_y(x) = \gamma_1 \chi^{\alpha_1}, \sigma_z(x) = \gamma_2 \chi^{\alpha_2} \tag{6-57}$$

且烟羽横向宽度和高度分别为 σ_{y0}、σ_{z0} 时，"等效点源"至面源中心的后置距离是：

$$x_y = \left(\frac{\sigma_{y0}}{\gamma_1}\right)^{1/\alpha_1}, x_z = \left(\frac{\sigma_{z0}}{\gamma_2}\right)^{1/\alpha_2} \tag{6-58}$$

在同一计算中，允许 $x_y \neq x_z$，进一步的计算与点源公式相同，只要将 $\sigma_y(x)$ 和 $\sigma_z(x)$ 的自变量 x 分别代以 $x+x_y$ 和 $x+x_z$ 便可，即

$$\sigma_y = \sigma_y(x+x_y), \sigma_z = \sigma_z(x+x_z) \tag{6-59}$$

式中，x 是以面源中心为起点的下风距离。

等效点源法可应用于面源、线源，也可以用在建筑物附近的排放和工厂车间无组织排放的情况，其特点是加一个初始的烟云分布，以模拟各种情况下烟云具有的初始尺度。

当然，σ_{y0}、σ_{z0} 的数值因具体条件而异，可如上所取：

$$\sigma_{y0} = a_y/4.3, \sigma_{z0} = H/2.15 \tag{6-60}$$

式中，a_y 是面源单元的边长。此时接受点浓度为：

$$C=\frac{Q}{\pi u\sigma_y\left(x+\frac{a_y}{4.3}\right)\sigma_z\left(x+\frac{H_e}{2.15}\right)}\exp\left\{-\frac{1}{2}\left[\frac{y^2}{\left(\sigma_y\left(x+\frac{a_y}{4.3}\right)\right)^2}+\frac{H_e^2}{\left(\sigma_z\left(x+\frac{H_e}{2.15}\right)\right)^2}\right]\right\}\quad(6\text{-}61)$$

（2）拟线源修正模型　拟线源修正模型指的是将污染源二维分布的面源简化为一维线源的方法所得到的模型。基本假设是：面源内所有的排放源集中于面源源块中心垂线上，形成一个"等效线源"，然后用线源公式来计算污染源产生的浓度贡献。

Terner 于 1964 年提出面源作为正态分布的横风线源处理，把调查区分为若干个正方形网格，每一个网格作为一个面源，以网格中心垂线的线源代表，所有排放点有效源高以 20m计，其浓度等于：

$$C=\frac{Q}{\pi u(\sigma_y+\sigma_{y0})(\sigma_z+\sigma_{z0})}\exp\left(-\frac{1}{2}\frac{H_e^2}{(\sigma_z+\sigma_{z0})^2}\right)\quad(6\text{-}62)$$

式中，σ_{y0}、σ_{z0} 的取法同式（6-60）。

2. 点源积分模型

在计算区域内，污染源在空间上的分布是均匀的，由此构成了均匀源强的计算问题，它的模型可以由点源模型导出。点源积分法在数学上和线源类似，设想面源是由无数多个分布于面源内的点源组成，把本来的离散问题化为连续问题处理。

在大气流场均匀稳定，x 轴方向的风速 $u_x>1\text{m/s}$ 时，可以忽略纵向弥散系数 D_x、横向风速 u_y 和竖向风速 u_z 条件下，一个高架连续稳定排放的点源模型为式（6-27）：

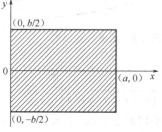

图 6-9　面源平面单元

$$C(x,y,0,H_e)=\frac{Q}{\pi u_x\sigma_y\sigma_z}\exp\left[-\frac{y^2}{2\sigma_y^2}-\frac{H_e^2}{2\sigma_z^2}\right]$$

如果污染物以面源的形式排放，假定污染源在平面上是一个矩形（见图 6-9），其边界分别为：

$$x=0,x=a,y=-\frac{b}{2}\text{ 和 }y=\frac{b}{2}$$

为了计算面源对下风向的影响，可以用单位面积的源强 Q_{xy} 取代式（6-27）中的点源源强 Q，同时式（6-27）从 0 到 a 对 x 积分，从 $-\frac{b}{2}$ 到 $\frac{b}{2}$ 对 y 积分，即可得到该面源所形成的地面污染物浓度：

$$C=\int_0^a\int_{-\frac{b}{2}}^{\frac{b}{2}}\frac{Q_{xy}}{\pi u_x\sigma_y\sigma_z}\exp\left[-\frac{y^2}{2\sigma_y^2}-\frac{H_e^2}{2\sigma_z^2}\right]\mathrm{d}x\mathrm{d}y\quad(6\text{-}63)$$

式中，Q_{xy} 为单位面积上单位时间的污染物排放量，即面源源强；其余符号意义同前。

在对 y 积分时，可以将面源视作平行于 x 轴的一个线源（$x=$常数）对地面的影响，积分结果为：

$$C_1=\frac{Q_y}{\pi u_x\sigma_z}\exp\left(-\frac{H_e^2}{2\sigma_z^2}\right)\sqrt{2\pi}\varPhi\left(\frac{b}{\sqrt{2}\sigma_y}\right)\quad(6\text{-}64)$$

式中，Q_y 为 x 方向的线源源强，即单位长度上单位时间的污染物排放量；$\varPhi$ 为误差函数，可以根据 b 和 σ_y 的值计算，也可以查误差函数表。

$$\varPhi\left(\frac{b}{\sqrt{2}\sigma_y}\right)=\frac{2}{\sqrt{\pi}}\int_0^{\frac{b}{\sqrt{2}\sigma_y}}\mathrm{e}^{-t^2}\mathrm{d}t\quad(6\text{-}65)$$

根据误差函数的性质，当 $\frac{b}{\sqrt{2}\sigma_y}\geqslant2.6$ 时，$\varPhi\left(\frac{b}{\sqrt{2}\sigma_y}\right)=0.99\approx1$，式（6-64）可以简化为：

$$C_1 = \sqrt{\frac{2}{\pi}} \times \frac{Q_y}{u_x \sigma_z} \exp\left(-\frac{H_e^2}{2\sigma_z^2}\right) \tag{6-66}$$

式（6-66）的条件在取 $a \leqslant 8km$，$b \leqslant 2km$ 时就可以满足。显然，在对一个城市或一个地区进行面源调查或计算时都能满足这一要求（一般的网络尺寸为 $1km \times 1km$）。

式（6-66）中的 σ_z 是扩散距离 x 的函数 [见式（6-57）]，所以可以假定：$\sigma_z = \gamma_2 x^{\alpha_2}$ 和 $H = 0$，代入式（6-66），并对 x 积分，得：

$$C = \sqrt{\frac{2}{\pi}} \times \frac{Q_{xy}}{\gamma_2 (1 - \alpha_2) u_x} a^{1-\alpha_2} \tag{6-67}$$

式中，Q_{xy} 为面源的源强；γ_2 和 α_2 为计算 σ_z 的参数，它们是大气稳定度和地面粗糙度的函数，可查表直接得到。

3. ATDL 模型

（1）ATDL 模型的假设与推导　ATDL 模式是由 Gifford 和 Hanna 提出的，名为大气湍流与扩散实验室（Atmospheric Turbulence and Diffusion Laboratory，ATDL）模式，简称 ATDL 模式，也称之为 G-H 模型或窄烟云模式（Narrow plume model）。ATDL 模式类似上述模型，是在高斯正态烟云公式基础上得到的模式，考虑了铅直方向污染物向上逐步扩散的过程。由于它形式简单可以手算，广泛应用于城市面源模式计算中。

许多城市的污染源资料表明，一般面源强度的变化都不大，相邻两个面单元源强很少相差 2 倍以上；另一方面，一个连续点源形成的烟流相当狭窄，因此某地的浓度主要决定于上风向各面源单元的源强，上风向两侧各单元的影响相对较小。根据以上两个事实，作为一级近似可以忽略横风向面源强度的变化，而把面源扩散简化为二维问题处理。这一点与箱模式的处理方式相同，不同的是 G—H 模型考虑了烟气在铅直方向上的逐步扩散过程，而不是假定立即在整个混合层内均匀混合。

为导出 ATDL 面源扩散公式，应先将面源源强资料按一定方式编目。将城市面源划分为与风向垂直的若干方块，每个单元的边长为 b，令计算的接受点 A 所在的单元为 0 单元，其源强为 Q_0；相邻的上风向单元的编号为 1，源强为 Q_1；以此类推，至城市上风向边缘为 n 单元，源强为 Q_n，如图 6-10 所示。

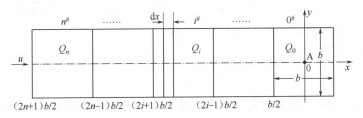

图 6-10　ATDL 面源模式示意

现在考虑第 i 个单元中宽度为 dx 的面源在 A 点造成的浓度。显然，当 dx 取得很小时，dx 在 y 方向上的延伸相当于一条线；$Q_i dx$ 此相当于线源的源强，由式（6-66）可得此源对 A 点浓度贡献为：

$$(dC_A)_i = \left(\frac{2}{\pi}\right)^{1/2} \frac{Q_i dx}{u_x \sigma_z} \exp\left(-\frac{H_i^2}{2\sigma_z^2}\right) \tag{6-68}$$

在 i 单元中认为 Q_i 为常数，故对式（6-68）关于 x 积分得 i 单元对 A 点浓度的总贡献为：

$$(\Delta C_A)_i = \left(\frac{2}{\pi}\right)^{1/2} Q_i \int_{(2i-1)\frac{b}{2}}^{(2i+1)\frac{b}{2}} \frac{1}{u_x \sigma_z} \exp\left(-\frac{H_i^2}{2\sigma_z^2}\right) dx \tag{6-69}$$

A 点上风向每个面源单元（$i=1,2,\cdots,n$）由式（6-69）积分，0 单元则从 0 到 $b/2$ 积分，然后求各项之和，得到 ATDL 面源扩散公式如下：

$$C_A = \int_0^{b/2} \sqrt{\frac{2}{\pi}}\frac{Q_0}{u_x\sigma_z}\exp\left(-\frac{H_0^2}{2\sigma_z^2}\right)\mathrm{d}x + \sum_{i=1}^n \int_{(2i-1)b/2}^{(2i+1)b/2}\sqrt{\frac{2}{\pi}}\times\frac{Q_i}{u_x\sigma_z}\exp\left(-\frac{H_i^2}{2\sigma_z^2}\right)\mathrm{d}x \quad (6\text{-}70)$$

式中，C_A 表示由面源污染形成的 A 点的地面污染物浓度；Q_0 表示计算面积上的线源源强；Q_i 表示计算面积上风向处第 i 个面积上的线源源强；H_0 表示计算面积上的污染源排放高度；H_i 表示第 i 个面积上的污染源排放高度；n 表示计算面积上风向的面源的数目。

Gifford-Hanna 假设面源的源高为 0，即 $H_0=H_i=0$，且取 $\sigma_z=\gamma_2 x^{\alpha_2}$，则得

$$C_A = \left(\frac{2}{\pi}\right)^{1/2}\frac{1}{u_x\gamma_2(1-\alpha_2)}\left(\frac{b}{2}\right)^{1-\alpha_2}\left\{Q_0 + \sum_{i=1}^n Q_i\left[(2i+1)^{1-\alpha_2}-(2i-1)^{1-\alpha_2}\right]\right\} \quad (6\text{-}71)$$

若令：$d_0 = \left(\frac{2}{\pi}\right)^{1/2}\left(\frac{b}{2}\right)^{1-\alpha_2}\frac{1}{\gamma_2(1-\alpha_2)}$ 和 $d_i = d_0\left[(2i+1)^{1-\alpha_2}-(2i-1)^{1-\alpha_2}\right]$，式（6-71）可以简写成：

$$C_A = \frac{1}{u_x}\left(d_0 Q_0 + \sum_{i=1}^n d_i Q_i\right) \quad (6\text{-}72)$$

研究发现，上风向各面源单元对 A 点浓度贡献的相对权重如表 6-1 所列。

表 6-1　窄烟云模型各单元对 A 点浓度贡献的相对权重值

单元编号	0#	1#	2#	3#	4#	5#
相对权重	1	0.32	0.18	0.13	0.10	0.09

由表可见，1～5 号单元贡献的总和是 0.82，小于 0 单元的贡献。因此接受点 A 的浓度主要由其所在单元的源强所决定，除非 Q_i 与 Q_0 差别很大。式（6-72）可简化为：

$$C_A = A\frac{Q_0}{u_x} \quad (6\text{-}73)$$

$$A = \left(\frac{2}{\pi}\right)^{1/2}\left(\frac{2n+1}{2}b\right)^{1-\alpha_2}\frac{1}{\gamma_2(1-\alpha_2)} = \left(\frac{2}{\pi}\right)^{1/2}\frac{x^{1-\alpha_2}}{\gamma_2(1-\alpha_2)} \quad (6\text{-}74)$$

式中，x 是计算点到面源上风向边缘的距离。

对 A 进一步简化则有：

$$A = \frac{0.8}{1-\alpha_2}\times\frac{x}{\sigma_z(x)} \quad (6\text{-}75)$$

可见，无因次系数 A 主要决定于污染物从上风向边缘运行的距离 x 和它在这段距离上达到的厚度 $\sigma_z(x)$ 之比。Gifford 给出不稳定、中性和稳定时 A 的典型值分别为 50、200 和 600，长期平均值为 225。

式（6-73）表明，由于 $\sigma_z(x)$ 随 x 一同增大，因而面源范围的影响相对较小；且只要当地的源强接近定值，则面源造成的浓度主要由风速决定，风速愈大影响愈小。

（2）ATDL 模型的应用　对于一个需要用面源进行模拟的城市或地区，常常将其分成若干个大小相等（如 1km×1km）的网格系统，在图上标明 16 个风向的方位（图 6-11）。将地面浓度的控制网格（或计算浓度的网格）标以 d_0，然后根据不同的方位，由控制网格向上风向分别标以 d_1、d_2、$\cdots$、d_k，d_0、d_1、d_2、$\cdots$、d_k 就是 ATDL 模型中的系数，根据网格的尺寸和大气稳定度可以确定它们的数值。如果已知平均风速 u_x 和各个网格的源强，控制网格的污染物地面浓度就可以由式（6-72）计算。

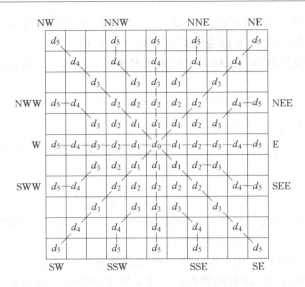

图 6-11　面源模型的应用

(图中大写字母代表风向：E—东，S—南，W—西，N—北)

对于一个含有 $m \times n$ 个网格的城市和区域，可以逐个网格计算各风向条件下的浓度，所需计算时间一般都很长。

第六节　复杂边界层的大气质量模型

一、大气边界层

边界层（BL）广义地讲是在流体介质中受边界相对运动以及热量和物质交换影响最明显的那一层流体。具体到大气中，对流层内贴近地表面约 1～2km 处的大气，直接受到地面摩擦力的影响［亦称摩擦层（FL）］，它的厚度比整个大气层小得多，气流具有边界层的性质，故称为大气边界层（ABL）。大气边界层的结构如图 6-12 所示。

大气边界层受地表面的影响最大，在它上边缘的风速为地转风速，进入大气边界层之后，风向、风速由于空气运动伴随着地转（Coriolis 力）都发生切变，在地表面由于黏性附着作用，速度梯度最大，直至风速为零；层内空气的运动总是表现为湍流的形

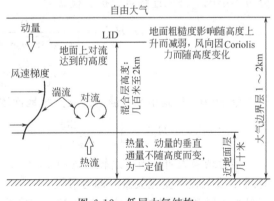

图 6-12　低层大气结构

式，成为大气边界层内运动的主要特点，绝大多数发生在边界层内的物理过程都是通过湍流输送实现的。

边界层的上述特征对大气污染物的扩散迁移影响极大，大多数大气质量模型都是基于大气边界层具有均匀下垫面物理结构建立的，不能适应复杂边界层。复杂大气边界层情况众多，这里主要考虑非均匀和复杂下垫面边界层、特殊气象条件下边界层。

二、小风、静风扩散模型

当风速 $0.5\text{m/s} \leqslant u_{10} < 1.5\text{m/s}$ 时作为小风状态，当风速 $u_{10} < 0.5\text{m/s}$ 时则作为静风情形。

前面讨论的扩散模型几乎都假定沿平均风向即 x 方向的平均风速的推流输移速率远大于湍流扩散速率，因此忽略 x 方向湍流扩散（$E_x \approx 0$），但在小风和静风条件下，这一假设不能成立，x 方向湍流扩散不能忽略，而应采用对瞬时点源的烟团模式积分的方法模拟连续点源的浓度分布。

类似高斯模式的推导并结合瞬时点源的烟团模式（6-20），可推得具有地面边界的高架源排出的烟团对点 $(x，y，z)$ 的浓度贡献为：

$$C_i(x,y,z,t) = \frac{Q_i}{\sqrt{8\pi^3}\sigma_x\sigma_y\sigma_z}\exp\left\{-\left[\frac{(x-u_x t)^2}{2\sigma_x^2}+\frac{y^2}{2\sigma_y^2}\right]\right\}$$
$$\left\{\exp\left[-\frac{(z-H_e)^2}{2\sigma_z^2}\right]+\exp\left[-\frac{(z+H_e)^2}{2\sigma_z^2}\right]\right\} \tag{6-76}$$

式中，C_i 表示烟团在点 $(x，y，z)$ 的浓度贡献；Q_i 表示一个烟团的污染物排放量；t 表示烟团从源到点 $(x，y，z)$ 的运移时间。

现将烟团模式的概念应用到小风、静风连续点源的扩散问题中。设连续点源的源强为 Q（单位时间的排放量），将 Δt 时间段内点源污染物排放量 $Q \cdot \Delta t$ 看成一个瞬时烟团。若在 t_0 时刻释放一个烟团，应用式（6-76）可求得 t 时刻（此时烟团运移时间为 $T = t - t_0$）点 $(x，y，z)$ 上的浓度为：

$$C_i(x,y,z,t) = \frac{Q \cdot \Delta t}{\sqrt{8\pi^3}\sigma_x\sigma_y\sigma_z}\exp\left\{-\left[\frac{[x-u_x(t-t_0)]^2}{2\sigma_x^2}+\frac{y^2}{2\sigma_y^2}\right]\right\}$$
$$\left\{\exp\left[-\frac{(z-H_e)^2}{2\sigma_z^2}\right]+\exp\left[-\frac{(z+H_e)^2}{2\sigma_z^2}\right]\right\} \tag{6-77}$$

由于连续点源在 $(x，y，z)$ 的浓度贡献是 t 时刻内连续而得排放污染物浓度的总贡献，可以看成若干个时间间隔为 Δt 的瞬时排放烟团的浓度贡献的叠加，故式（6-77）对时间积分可得小风、静风连续点源扩散模式为：

$$C(x,y,z,H_e) = \int_0^\infty \frac{Q}{\sqrt{8\pi^3}\sigma_x\sigma_y\sigma_z}\exp\left\{-\left[\frac{(x-u_x T)^2}{2\sigma_x^2}+\frac{y^2}{2\sigma_y^2}\right]\right\}$$
$$\left\{\exp\left[-\frac{(z-H_e)^2}{2\sigma_z^2}\right]+\exp\left[-\frac{(z+H_e)^2}{2\sigma_z^2}\right]\right\}\mathrm{d}T \tag{6-78}$$

令 $z=0$，得到小风、静风连续点源地面浓度模式为：

$$C(x,y,0,H_e) = \int_0^\infty \frac{2Q}{\sqrt{8\pi^3}\sigma_x\sigma_y\sigma_z}\exp\left\{-\left[\frac{(x-u_x T)^2}{2\sigma_x^2}+\frac{y^2}{2\sigma_y^2}\right]\right\}\exp\left[\frac{H_e^2}{-2\sigma_z^2}\right]\mathrm{d}T \tag{6-79}$$

实验结果表明：当风速较小时（$u_{10} < 1.5\mathrm{m/s}$），小风和静风时的扩散模式参数基本与时间 T 成正比例变化关系。即可假设：$\sigma_x = \sigma_y = \gamma_{01}T$，$\sigma_z = \gamma_{02}T$，再假设 Q、u_x 均为常值，则可得小风和静风扩散模式的解析解。污染物地面浓度可表示为：

$$C(x,y,0,H_e) = 2Q(2\pi)^{-3/2}\gamma_{02}^{-1}\eta^{-2}G \tag{6-80}$$

式中，$\eta^2 = x^2 + y^2 + \gamma_{01}^2\gamma_{02}^{-2}H_e^2$

$$G = \mathrm{e}^{-u^2/2\gamma_{01}^2}\left[1+\sqrt{2\pi}s\mathrm{e}^{s^2/2}\,\Phi(s)\right]$$
$$\Phi(s) = \frac{1}{\sqrt{2\pi}}\int_{-\infty}^s \mathrm{e}^{-t^2/2}\,\mathrm{d}t \tag{6-81}$$
$$s = u_x x/(\gamma_{01}\eta)$$

式中，$\Phi(s)$ 是正态分布函数，可根据 s 由数学手册查的。

静风时，令 $u=0$，式（6-80）中的 $G=1$。

三、熏烟模型

1. 熏烟的含义

近地层大气的温度层结时常出现典型的日变化。夜间下垫面的辐射冷却形成贴地逆温层，日出后地面受太阳辐射增加温度，逆温层将逐渐自下而上的消失，形成一个不断增厚的混合层。原来在逆温层中处于稳定状态的烟羽进入混合层后，上部的逆温使得扩散只能向下发展，由其本身的下沉和垂直方向的强扩散作用，污染物浓度在这一方向将接近于均匀分布，造成地面高浓度污染，出现所谓熏烟现象。熏烟属于常见的不利气象条件之一，虽然其持续时间约在 30min～1h 之间，但其最大浓度可高达一般最大地面浓度的几倍。

2. 熏烟浓度最大值

（1）熏烟地面浓度　假定熏烟发生后，污染物浓度在垂直方向为均匀分布，所以将高架点源烟羽地面浓度式（6-27）对 z 从 $-\infty$ 到 ∞ 积分，并除以混合层高度，则得熏烟条件下的地面浓度 C_f 为：

$$C_f = \frac{Q}{\sqrt{2\pi}u_x h_f \sigma_{yf}}\exp\left(-\frac{y^2}{2\sigma_{yf}^2}\right)\Phi(p) \tag{6-82}$$

$$p = (h_f - H_e)/\sigma_z \tag{6-83}$$

$$\sigma_{yf} = \sigma_y + H_e/8 \tag{6-84}$$

式中，Q 表示高架点源源强（单位时间排放量）；u_x 表示烟囱出口处平均风速；h_f 表示逐渐增厚的混合层高度；σ_y、σ_z 表示烟羽进入混合层之前处于稳定状态的横向和垂向扩散参数，它们是 x 的函数；H_e 表示烟囱的有效高度；x，y 表示接受点地面坐标；$\Phi(p)$ 表示正态分布函数，其定义同式（6-81）。

在此用 $\Phi(p)$ 反映原稳定状态下的烟羽进入混合层中的份额多少。通常认为 $p=-2.15$ 时为烟羽垂向的下边界；$\Phi\approx0$ 时，烟羽未进入混合层；$p=2.15$ 时为烟羽垂向的上边界；$\Phi\approx1$，烟羽全部进入混合层（可参阅图 6-13）。

（2）熏烟地面浓度最大值　设混合层高度 h_f 升至烟囱出口处的瞬时为时间原点（$t=0$）。结合图 6-13，当 $t=t_f$ 时，原处于稳定条件下的烟羽已向下风方推流扩散，其起始点已从 $x=0$ 平流至 x_f ［图 6-13（b）～图 6-13（c）］。在 $0<x<x_f$ 一段的烟羽是 $t>0$ 之后在混合层中排出的，其扩散过程不属于熏烟问题。在 $x>x_f$ 处，原处于稳定条件下的部分烟羽进入混合层，由于卷夹和下沉作用，迅速在混合层内扩散呈均匀分布状态。随着 $\Phi(p)$ 的增加，混合层高度 h_f 将增高，同时 σ_{yf} 在多数情况下也增大。因此，从式（6-82）可知，C_f 在时间序列上必有一最大值 C_{fm} ［参阅图 6-13（d）］。C_{fm} 不但是时间序列上的最大，也是这一时刻空间分布的最大。

设 u 为常值，则 t 时刻，原稳定状态下的烟羽起始点从 $x=0$ 平流至 x_f，$x_f=ut$。

用 Δh_f 表示混合层自烟囱出口处向上的高度增量，则由式（6-83）可得：

$$\Delta h_f = \Delta H + p\sigma_z \tag{6-85}$$

如无实测值，Δh_f 和时间 t 的函数关系可由下式给出：

$$x_f = A(\Delta h_f^2 + 2H\Delta h_f) \tag{6-86}$$

$$A = \rho_a c_p u/(4K_c) \tag{6-87}$$

$$K_c = 4.186\exp\left[-99\left(\frac{d\theta}{dz}\right) + 3.22\right]\times10^3 \tag{6-88}$$

式中，ρ_a 为大气密度，g/m^3；c_p 为大气定压比热容，J/(g·K)；$d\theta/dz$ 为位温梯度，K/m；$d\theta/dz\approx dT_a/dz + 0.0098$，$T_a$ 为大气温度，如无实测值，$d\theta/dz$ 可在 0.005～0.015K/m 之间选取，弱稳定（D-E）取下限，稳定（F）取上限。

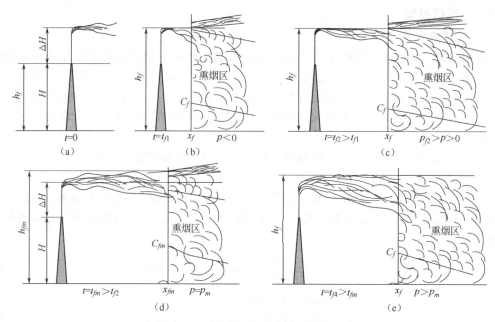

图 6-13　熏烟随时间变化过程示意

由上分析，p 与 x_f 相关，不能任意设定。时间 t 是 p 的函数，给定了 p 值相当于给定时间 t。当 p 值给定且已知 $\sigma_z(x)$ 的函数形式后，x_f 应由式（6-86）确定。故可确定最大地面浓度 C_{fm} 的迭代算法：①给定 p 的初值，$p_0 = 2.15$；②由式（6-85）和式（6-86）确定 x_f；③按式（6-83）和式（6-84），根据已知的 $\sigma_z(x)$ 和 $\sigma_y(x)$ 的函数式，分别计算 h_f 和 σ_{yf}（其中 σ 中的 x 取为 x_f）；④由设定的 p 值按式（6-81）确定 $\Phi(p)$；⑤按式（6-83）计算 C_{f0}；⑥根据要求的计算精度，设定 p 的计算步长 Δp（如取 $\Delta p = 0.05$），取 $p_1 = p_0 - \Delta p$，再按①～⑤各步骤计算 C_{f1}。若 $C_{f0} > C_{f1}$，则 $C_{fm} = C_{f0}$，否则再以 $p_2 = p_0 - 2\Delta p$，按同样方法计算 C_{f2}，直至当 $C_{fn} > \max\{C_{fn-1}, C_{fn+1}\}$，则可得 $C_{fm} = C_{fn}$。

若给定的 p_0 使②中 x_f 无解，应依次计算 p_1、p_2、…时的 x_f，直至有解为止。

（3）烟熏浓度分布　通常不仅关心最大的地面浓度的量值，也关心 $t = t_m$ 时刻出现最大值 C_{fm} 时，$x \geqslant x_{fm}$ 区间的浓度的空间分布。以下用下标 m 表示对应于最大值 C_{fm} 的有关值。

对于 $0 < x < x_f$ 一段的烟羽，可按不稳定条件的一般方法计算，其地面浓度和熏烟浓度相比要小得多。计算 $x > x_f$ 一段的熏烟浓度分布时，不能沿用从时间变化过程中求最大值的做法，而应把 t 固定在 t_m。此时，h_f（或 Δh_f）为常值（$h_f = h_{fm}$ 或 $\Delta h_f = \Delta h_{fm}$），由式（6-85）有：

$$p = p_m \sigma_{zm} / \sigma_z \tag{6-89}$$

如将扩散参数表示成如式（6-57）的幂指数形式，则

$$p = p_m (x_{fm}/x)^a \tag{6-90}$$

式中，a 为稳定状态时 σ_z 的回归指数。

由此可得熏烟浓度分布的计算步骤：①给定 x 值；②分别由式（6-90）、式（6-81）和式（6-84）确定 p、$\Phi(p)$ 及 σ_{yx}；③取 $h_f = h_{fm}$；④按式（6-82）计算 C_f。

四、复杂地形扩散模型

复杂地形对边界层结构也有突出影响。地形起伏和山脉的作用使得温度场、风场和湍流特征都与平原地区有很大的不同。复杂地形的丘陵、山区，流场呈现不均匀状态，即平均风速、风向以及湍流扩散的函数关系不再是处处一致。所以前面讨论过的正态模式特别是正态烟羽模式的适应性或假设条件已不再成立。仅是在某些特定情况，尚可采用对正态模式修正

的办法处理。从根本上解决丘陵、山区的模拟或预测问题,则需更为深入的研究。

1. 狭长山谷扩散模式

当盛行风和狭长山谷走向的交角小于 45° 时,谷内的风向常同山谷走向一致。当谷内污染源排出的烟羽边缘接近山体两侧时,其横向扩散将受到两侧谷壁的限制。此时可借鉴应用虚源法处理逆温层反射问题的方法[见第四节及式(6-33)]。

(1) 不考虑混合层反射时,用虚源法对式(6-27)修正后,可得地面浓度

$$C(x,y,0) = \frac{Q}{\pi u \sigma_y \sigma_z} \exp[-H_e^2/(2\sigma_y^2)] \sum_m \left\{ \exp\left[-(y-B+2mW)^2/(2\sigma_y^2)\right] \right.$$
$$\left. + \exp\left[-(y-B+2mW)^2/(2\sigma_y^2)\right] \right\} \tag{6-91}$$

式中,W 表示山谷平均宽度;B 表示污染源至一侧谷壁的距离;m 表示烟羽在两侧谷壁之间来回反射次数的序号;其他符号意义同前。

经过一定距离后,烟羽横向浓度趋于均匀分布,地面浓度为:

$$C(x,y,0) = (2/\pi)^{1/2} [Q/(uW\sigma_z)] \exp[-H_e^2/(2\sigma_z^2)] \tag{6-92}$$

若为地面源,则地面浓度为:

$$C(x,y,0) = (2/\pi)^{1/2} [Q/(uW\sigma_z)] \tag{6-93}$$

排放口到烟羽边缘接触到谷壁时的距离 x_W,已知谷宽 W 时可由下式反算:

$$\sigma_y(x_W) = W/4.3 \tag{6-94}$$

式(6-94)中的 4.3 是因为默认烟羽一侧的宽度为 $2.15\sigma_y$(参阅本节熏烟模型)。

(2) 当考虑混合层反射时,类似式(6-40)将式(6-91)或式(6-92)等号右侧的 $\exp[-H^2/(2\sigma_y^2)]$ 代以混合层反射项即可:

$$\sum_{n=-\infty}^{\infty} \left\{ \exp[-(2nh-H_e)^2/(2\sigma_z^2)] + \exp[-(2nh-H_e)^2/(2\sigma_z^2)] \right\} \tag{6-95}$$

一般情况下,谷底内地形复杂,两侧山体岩壁弯曲且具有一定的坡度,几乎难于具备类似于地面和混合层顶的反射界面形成多次的反射,所以有学者提出了如下的山谷简化模型应用于实际计算中。

设谷宽为 W,点源距山谷两侧距离分别为 W_1 和 W_2,且 $W_2 > W_1$,则

① 单侧壁影响模型。当山谷较宽且点源靠近谷地一侧,则只考虑单侧的一次反射,得点源地面浓度:

$$C(x,y,0) = \frac{Q}{\pi u \sigma_y \sigma_z} \exp\left(-\frac{y^2}{2\sigma_y^2}\right) \exp\left(-\frac{H_e^2}{2\sigma_z^2}\right) \exp\left(-\frac{y-2W_1}{2\sigma_y^2}\right) \tag{6-96}$$

② 两侧壁影响模型。当考虑山谷两侧的影响时,则只考虑一次反射,得点源地面浓度:

$$C(x,y,0) = \frac{Q}{\pi u \sigma_y \sigma_z} \exp\left(-\frac{y^2}{2\sigma_y^2}\right) \exp\left(-\frac{H_e^2}{2\sigma_z^2}\right) \exp\left[-\frac{(y-2W_1)^2}{2\sigma_y^2}\right] \exp\left[-\frac{(y+2W_2)^2}{2\sigma_y^2}\right] \tag{6-97}$$

2. 山区丘陵模型

开发地形复杂的山区丘陵模型是较为困难的。通常只应用一些简单的山区扩散模型粗略的估算山区污染物的地面浓度。这些模型基本上都是通过对高斯模型烟轴高度修正方法反映地形对烟羽的影响。

(1) NOOA 模型 NOOA 模型是美国国家海洋和大气局(National Ocean and Atmosphere Administration)分析了起伏地形对烟流影响,以高斯模型为基础建立的。基本要点如下。

① 扩散参数和稳定度分级仍采用平原的 P-G-T 体系。

② 中性和不稳定条件下，假设烟流中心和地形的高差始终保持初始的有效源高，即烟流迹线与地面平行，随地形的起伏而起伏，从而消除地形的影响。此时地面轴线浓度为：

$$C(x,y,0)=\frac{Q}{\pi u\sigma_y\sigma_z}\exp\left(-\frac{H_e^2}{2\sigma_z^2}\right) \qquad (6\text{-}98)$$

③ 在稳定条件下，假定烟流保持其初始的海拔高度不变，此时地面轴线浓度为：

$$C(x,y,0)=\frac{Q}{\pi u\sigma_y\sigma_z}\exp\left[-\frac{(H_e-h_r)^2}{2\sigma_z^2}\right] \qquad (6\text{-}99)$$

式中，h_r 为计算点地面高于烟囱底的高度。当 $h_r>H$ 时，取 $H_e-h_r=0$。

（2）PSDM 模型　PSDM 模型是美国环境研究与技术公司（Environmental Research and Technology Inc.）在高斯点源扩散模型基础上通过对有效源高进行修正而建立的。基本模型为：

$$C(x,y,0)=\frac{Q}{\pi u\sigma_y\sigma_z}\exp\left(-\frac{H_t^2}{2\sigma_z^2}\right) \qquad (6\text{-}100)$$

当 $h_r>H_e$ 时，$H_t=H_e$；当 $h_r<H_e$ 时，$H_t=H_e-h_r/2$。

五、干湿沉积及化学转化模型

1. 定义

干沉积指的是在重力、静电力以及其他生物学、化学和物理学等因素的作用下，被地表（土壤、植物、水体）滞留或吸收，使这些物质连续不断地从大气向地表作质量转移，从而减少其在空气中的浓度这一与降水作用无关的质量转移过程。

湿沉积指的是大气污染物（气态物质或浮游粒子）因雨、雪等各种形式降水而使污染物从大气中转移到地表面、减少其在空气中浓度的过程。

这里化学转化指的是大气中初生污染物由于发生化学反应变成新的污染物或放射性物质发生放射性衰变而减少其在空气中浓度的过程。

概括地看，干沉积主要包括重力沉降和下垫面清洗两方面的作用，发生干沉积的污染物既有颗粒物也有气态物质；严格地讲，湿沉积分云中和云下两种清除机制，在工程中常把这两种机制结合起来考虑；化学转化是污染物在大气中转化的一个重要原因，大气中的每一种化学反应都随时随地改变其反应条件，发生各种各样的复杂化学反应，减少大气环境的浓度，增加次生污染物的浓度。

2. 源衰减模型

源衰减模型其基本思想就是在前面常数源强的点源扩散模型基础上，将由于沉积或化学转化作用引起的浓度随扩散距离而降低看作是源强的衰减。

记大气污染物自烟囱出口排出后初始源强为 $Q(0)$，因沉积作用将随下风距离 x 逐渐衰减的源强记之为 $Q(x)$，则源强 $Q(x)$ 为：

$$Q(x)=Q(0)\exp\left\{-(2/\pi)^{1/2}(V_d/u)\int_0^x\sigma_z^{-1}\exp[-H_e^2/(2\sigma_z^2)]d\xi\right\} \qquad (6\text{-}101)$$

式中，V_d 为沉积速度，m/s。

将 $Q(x)$ 替代式（6-26）中的 Q 便得到干沉积的源衰减模型。

类似干沉积源衰减模型的推导，假设大气污染物的初始源强因降水随下风距离 x 成指数衰减，则有：

$$Q(x)=Q(0)\exp(-\Lambda x/u) \qquad (6\text{-}102)$$

式中，x 为接受点的下风距离；u 为烟囱出口处的风速；Λ 为清除系数，s^{-1}。

将 $Q(x)$ 替代式（6-26）中的 Q 便得到湿沉积模型。

化学转化模型的推导可令修正后的源强 $Q(x)$ 等于初始源强 $Q(0)$ 乘以修正因子 f_c：

$$Q(x) = Q(0)f_c = Q(0)\exp[-x/(uT_c)] \tag{6-103}$$

式中，T_c 为大气污染物的时间常数；其他符号意义同前。

将 $Q(x)$ 替代式（6-26）中的 Q 便得到化学转化模型。

六、长期平均浓度模型

一般的扩散模型模拟计算得到的是 30min 等短期的平均浓度，但实际问题中需要了解污染源对环境的长期平均浓度影响，如对月、季、年的长期平均浓度感兴趣，这些也是环境管理和规划的常用指标。在这样长的时间内，需要考虑风向、风速及大气稳定度的变化及其出现不同情况的频度，以便从统计意义上确定长期平均浓度。

1. 单点源长期平均浓度模型

设确定 n 个风方位，则任一风方位 i 离源距离为 x 点的长期平均浓度 C_i，可按式（6-104）计算：

$$C_i = \sum_j \left(\sum_k C_{ijk} f_{ijk} + \sum_k C_{Lijk} f_{Lijk} \right) \tag{6-104}$$

式中，j、k 分别为稳定度和风速的分段序号；f_{ijk} 为有风时风向方位、稳定度、风速联合频率；C_{ijk} 为对应于该联合频率下风向 x 处有风时的浓度值，由式（6-105）给出；f_{Lijk} 为静风或小风时，不同风方位和稳定度的出现频率；C_{Lijk} 为对应于 f_{Lijk} 的静风或小风时的地面浓度。

$$C_{ijk} = Q[(2\pi)^{3/2} u\sigma_z x/n]^{-1} \cdot F \tag{6-105}$$

$$F = \sum_{l=-\infty}^{\infty} \left\{ \exp\left[-\frac{(2lh - H_e)^2}{2\sigma_z^2}\right] + \exp\left[-\frac{(2lh + H_e)^2}{2\sigma_z^2}\right] \right\} \tag{6-106}$$

式中，n 为风向方位数，一般取 16；其他符号意义同前。

2. 多源长期平均浓度模型

若污染源不止一个，参照式（6-104）则任一接受点 (x, y) 的长期平均浓度为：

$$C(x,y) = \sum_i \sum_j \sum_k \left(\sum_r C_{rijk} f_{ijk} + \sum_r C_{Lrijk} f_{Lijk} \right) \tag{6-107}$$

式中，C_{rijk}、C_{Lrijk} 分别是在接受点上风方对应于 f_{ijk} 和 f_{Lijk} 联合频率的第 r 个源对接收点的浓度贡献。C_{rijk}、C_{Lrijk} 的公式形式分别和 C_{ijk}、C_{Lijk} 相同，但应注意坐标变换（参考第四节多点源模型），将坐标转换到以接受点为原点，i 风方位为正 x 轴的新坐标后，再应用 C_{ijk} 或 C_{Lijk} 公式。

第七节　大气质量模型中的参数估计

在建立和推导大气质量模型时，引进了一些参数，它们是高架源排放时的烟羽有效高度 H_e，平均风速 u_x，大气湍流弥散系数 E_y、E_z 或标准差 σ_y、σ_z，混合高度 h，以及大气稳定度等。本节讨论上述参数的确定方法。

一、烟羽有效高度

废气排出烟囱之后，在其自身的动量和浮力（由大气和废气的密度差所产生）的作用下继续上升。上升到一定高度后，在大气湍流的作用下扩散。烟羽轴线与烟囱出口的高度差成为烟羽的抬升高度，记为 ΔH。烟羽抬升高度 ΔH 与烟囱的物理高度 H_1 之和，称为烟羽的有效高度 H_e（图 6-14），即

$$H_e = H_1 + \Delta H \tag{6-108}$$

确定烟羽抬升高度的方法很多，有数值计算、风洞模拟、现场观测等。下面简要介绍由

现场观测资料分析归纳出的几种计算公式。

1. 霍兰德（Holland）公式（1953 年）

霍兰德公式在中、小型烟源中应用较多，其计算式为：

$$\begin{aligned}
\Delta H &= (1.5V_s d + 1.0 \times 10^{-5} Q_H)\sqrt{u_x} \\
&= \frac{V_s d}{u_x}\left(1.5 + 2.68 \times 10^{-3} p\, \frac{T_s - T_a}{T_s} d\right) \\
&\approx \frac{V_s d}{u_x}\left(1.5 + 2.7\, \frac{T_s - T_a}{T_s} d\right)
\end{aligned} \tag{6-109}$$

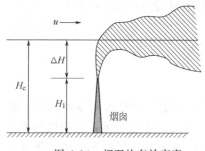

图 6-14 烟羽的有效高度

式中，ΔH 为烟气抬升高度，m；V_s 为烟囱出口的烟气流速，m/s；d 为烟囱出口的内径，m；u_x 为烟囱出口处的平均风速，m/s；Q_H 为排出的烟气热量，J/s；p 为大气压，取 1000mbar；T_s 为烟囱出口处的烟气温度，K；T_a 为烟囱出口处环境的大气温度，K。

排出的烟气热量 Q_H 按下式计算：

$$Q_H = 4.18 Q_m c_p \Delta T \tag{6-110}$$

式中，Q_m 为单位时间内排出的烟气质量，g/s；c_p 为定压比热容，取 1.0J/(g·K)；ΔT 等于 $T_s - T_a$。

单位时间内排出的烟气质量又称烟气的质量流量，可按下式计算：

$$Q_m = \left(\frac{\pi d^2}{4} V_s\right)\frac{p}{RT_s} \tag{6-111}$$

式中，R 为气体常数，取 2.87×10^{-3} mbar·m³/(g·K)。

霍兰德公式适用于大气稳定度为中性时的情况。如大气稳定度为不稳定时，应将 ΔH 的计算结果增加 10%～20%，稳定时则应减少 10%～20%。

2. 摩西-卡森（Moses-Carson）公式（1968 年）

该式适用于有风（$u_x > 1$m/s）情况下的大型烟源（$Q_H \geqslant 8.36 \times 10^6$J/s）。其计算式为

$$\Delta H = (C_1 V_s d + C_2 Q_H^{1/2})\sqrt{u_x} \tag{6-112}$$

式中，C_1、C_2 表示系数，是大气稳定度的函数，其取值参见表 6-2。

表 6-2　摩西-卡森公式的系数

大气稳定度	C_1	C_2
稳定	−1.04	0.145
中性	0.35	0.171
不稳定	3.47	0.33

3. 康凯维（CONCAWE）公式（1968 年）

CONCAWE 即西欧清洁空气和水的保护（Conservation of Clean Air and Water, Western Europe）的缩写。该公式适用于有风（$u_x > 1$m/s）情况下的中、小型烟源（烟气流量为 15～100m³/s，$Q_H < 8.36 \times 10^6$J/s），其计算式为：

$$\Delta H = 2.71 Q_H^{1/2}/\sqrt{u_x^{3/4}} \tag{6-113}$$

4. 布里格斯（Briggs）公式（1969 年）

在静风条件下（$u_x < 1$m/s），霍兰德公式、摩西-卡森公式和康凯维公式都不适用，一般都采用布里格斯公式。

（1）静风条件下的布里格斯公式

$$\Delta H = 1.4 Q_{H}^{1/4} (\Delta\theta/\Delta Z)^{-3/8} \tag{6-114}$$

式中，$\Delta\theta/\Delta Z$ 为大气竖向的温度梯度，℃/m，白天取 0.003℃/m，夜晚取 0.010℃/m。

（2）有风条件下的布里格斯公式　在有风条件下，按不同的大气稳定度计算烟羽的抬升高度。

① 当大气为稳定时：

$$\Delta H = 1.6 F^{1/3} x^{2/3} \sqrt{u_x} \qquad （当 x < x_F 时） \tag{6-115}$$

$$\Delta H = 2.4 (F\sqrt{u_x}S)^{1/3} \qquad （当 x \geqslant x_F 时） \tag{6-116}$$

② 当大气为中性或不稳定时：

$$\Delta H = 1.6 F^{1/3} x^{2/3} \sqrt{u_x} \qquad （当 x < 3.5x^* 时） \tag{6-117}$$

$$\Delta H = 1.6 F^{1/3} (3.5x)^{2/3} \sqrt{u_x} \qquad （当 x \geqslant 3.5x^* 时） \tag{6-118}$$

式中，x 表示烟囱下风向的轴线距离，m；x_F 表示在大气稳定时，烟气抬升达最高值时所对应的烟囱下风向的轴线距离，m；F 表示浮力通量，m^4/s^3；S 表示大气稳定度参数；x^* 表示大气湍流开始起主导作用的烟囱下风向的轴线距离，m。当 $F < 55$ 时，取 $x^* = 14F^{5/8}$；当 $F \geqslant 55$ 时，取 $x^* = 34F^{2/5}$

上述各式中的 x_F、S 和 F 分别可以表示为：

$$x_F = \pi u_x / S^{1/2} \tag{6-119}$$

$$S = \frac{g}{T} \left(\frac{\Delta\theta}{\Delta z} \right) \tag{6-120}$$

$$F = g V_s \frac{d^2}{4} \left(\frac{T_s - T_a}{T_s} \right) \tag{6-121}$$

式中，g 为重力加速度。

二、平均风速

平均风速是大气质量模型中最常用的参数之一。本书所指的平均风速为 x 轴方向的时间平均风速和空间平均风速。

低层大气中的风速随高度变化，表示风速随高度变化的曲线称之为风速廓线。气象部门例行测定的风速都是指某一参照高度（如地面上空 10m 处）上的数值，而在大气质量模型中所用到的风速至少有两类：任一高度处的时间平均风速和由地面起算的任一高度内的竖向平均风速。时间平均风速主要用于计算排出烟囱的烟气抬升高度；竖向平均风速则主要用于大气扩散模拟。以下的风速均指时间平均风速。

1. 任意高度处的风速

风速廓线模式可以由地面风速推算任意高度处的风速，常用幂函数和对数函数的风速廓线模式，即风速与高度之间的关系有以下形式：

$$u_z = u_{z0} (z/z_0)^p \tag{6-122}$$

或 $\qquad u_z = M \ln(z/z_0) \tag{6-123}$

式中，u_z 表示高度为 z 处的风速，$z > z_0$；u_{z0} 表示参考高度 z_0 处的风速，此值有时以 u_{10} 表示；p 表示风速的垂直分布指数，取值见表 6-3；M 表示比例常数。

表 6-3　不同稳定度下的 p 值

稳定度分类	A	B	C	D	E、F
城市	0.1	0.15	0.20	0.25	0.30
乡村	0.07	0.07	0.10	0.15	0.25

式(6-122)称为风速的幂律分布模型，比较适用于高度为 100m 以内的范围；式(6-123)称为对数律分布模型，比较适用于高度在 100m 以上的高空。当 $z \leqslant z_0$ 时，通常取 $u_z = u_{z0}$。

幂指数 p 是大气稳定度的函数，其值列于表 6-3。

2. 竖向平均风速

如果计算竖向平均风速的范围是由高度 z_1 至 z_2，其计算式为：

$$\bar{u} = \frac{1}{z_2 - z_1} \int_{z_1}^{z_2} u_z \, \mathrm{d}z \tag{6-124}$$

式中，$\bar{u}$ 为由高度 z_1 到 z_2 的竖向平均风速。

将式（6-122）代入并积分，得

$$\bar{u} = \frac{u_{z0}}{p+1} \times \frac{z_2^{p+1} - z_1^{p+1}}{z_0^p (z_2 - z_1)} \tag{6-125}$$

若从地面到某一高度，即对于 $z_1 = 0$，$z_2 = z$，有

$$\bar{u} = \frac{u_{z0}}{p+1} \left(\frac{z}{z_0} \right)^p \tag{6-126}$$

三、大气稳定度

大气稳定度是指大气层稳定的程度，如果气团在外力作用下产生了向上或向下的运动，当外力去除后，气团就逐渐减速并有返回原来高度的趋势，就称这时的大气是稳定的；当外力去除后，气团继续运动，这时的大气是不稳定的；如果气团处于随遇平衡状态，则称大气处于中性稳定度。

大气稳定度是影响污染物在大气中扩散的极重要因素。大气处在不稳定状态时湍流强烈，烟气迅速扩散；大气处在稳定状态时出现逆温层，烟气不易扩散，污染物聚集地面，极易形成严重污染。在大气质量模型中，受到大气稳定度直接影响的参数是标准差 σ_y、σ_z 和混合高度 h。鉴于大气稳定度的确定对于模拟、预测大气环境质量有着极大的影响，近几十年来对此做了大量的研究。目前用于大气稳定度分类的主要方法是帕斯奎尔（Pasquill）法、特纳尔（Turner）法等。

1. 帕斯奎尔分级法（P. S.）

帕斯奎尔根据地面风速、日照量和云量等气象参数，将大气稳定度分为 A、B、C、D、E、F 六级（表 6-4）。由于该方法可以按照一般的气象参数确定大气稳定度等级，应用比较方便。

表 6-4　帕斯奎尔稳定度分级

地面上 10m 处的风速 m/s	白天日照强度			阴云密布的白天或夜晚	夜晚云量	
	强	中	弱		薄云遮天或低云 $\geqslant 4/8$	$\leqslant 3/8$
<2	A	A—B	B	D	—	—
2—3	A—B	B	C	D	E	F
3—5	B	B—C	C	D	D	E
5—6	C	C—D	D	D	D	D
>6	C	D	D	D	D	D

注：1. A—极不稳定，B—不稳定，C—弱不稳定，D—中性，E—弱稳定，F—稳定。

2. A—B 级按 A、B 的数据内插。

3. 日落前 1h 至次日日出后 1h 为夜晚。

4. 不论何种天气状况，夜晚前后各 1h 为中性。

5. 仲夏晴天中午为强日照，寒冬晴天中午为弱日照。

2. 特纳尔分级法

特纳尔在帕斯奎尔分级的基础上，根据日照等级及其他气象条件将大气稳定度分为七

级。其步骤和方法如下。

第一步，根据太阳高度角 α 确定日照等级，见表6-5。

表 6-5　日照等级的确定

太阳高度角	$\alpha > 60°$	$35° < \alpha \leqslant 60°$	$15° < \alpha \leqslant 35°$	$\alpha \leqslant 15°$
日照等级	4	3	2	1

第二步，根据气象条件及日照等级确定净辐射指数 NRI，见表6-6。

表 6-6　净辐射指数的确定

时 间	云 量	云 高	净辐射指数 NRI
白昼	$\leqslant 5/10$	—	等于日照等级
白昼	$> 5/10$	$< 2000m$	日照等级-2
白昼	$> 5/10$	$2000m \leqslant$ 云高 $< 5000m$	日照等级-1
白昼	$10/10$	$> 2000m$	日照等级-1
夜晚	$\leqslant 4/10$		-2
夜晚	$> 4/10$		-1
白昼+夜晚	$10/10$	$\leqslant 2000m$	0

注：如果白昼的条件与表中所列不符，可以取 NRI=日照等级。

第三步，由风速和 NRI 确定大气稳定度，见表6-7。

表 6-7　特纳尔大气稳定度分级

u_x/(m/s) ＼ NRI	4	3	2	1	0	-1	-2
$\leqslant 0.5$	A	A	B	C	D	F	G
$0.5 \sim 1.5$	A	B	B	C	D	F	G
$1.5 \sim 2.5$	A	B	C	D	D	E	F
$2.5 \sim 3.0$	B	B	C	D	D	E	F
$3.0 \sim 3.5$	B	B	C	D	D	D	E
$3.5 \sim 4.5$	B	C	C	D	D	D	E
$4.5 \sim 5.0$	C	C	D	D	D	D	E
$5.0 \sim 5.5$	C	C	D	D	D	D	D
> 6	C	D	D	D	D	D	D

注：A—G 所代表的大气稳定度级别与表6-4中的定义一致。

四、标准偏差 σ_y 和 σ_z

扩散方程的重要性质是在垂直于污染物迁移的方向上，存在着浓度的正态分布。标准差 σ_y 和 σ_z 是高斯模型的重要参数。σ_y 和 σ_z 是由排放源到计算点的纵向距离（下风向）和大气稳定度的函数，也与烟羽的排放高度及地面粗糙度有关。通常，σ_y 和 σ_z 的值随高度和地面粗糙度的增加而降低。

σ_y 和 σ_z 的值可以用示踪实验方法现场测定，也可以由大气湍流特征确定。目前应用较多的有帕斯奎尔模型、雷特尔（Reuter）模型等。

1. 帕斯奎尔模型

帕斯奎尔提出一组计算 σ_y 和 σ_z 的式子，它们适用于地面粗糙度很低的情况。

$$\sigma_y = (a_1 \ln x + a_2) x \tag{6-127}$$

$$\sigma_z = 0.465 \exp(b_1 + b_2 \ln x + b_3 \ln^2 x) \tag{6-128}$$

式中，a_1、a_2、b_1、b_2 和 b_3 都是大气稳定度的函数，它们的值示于表 6-8。

表 6-8　帕斯奎尔扩散参数

稳定度分级	A	B	C	D	E	F
a_1	-0.023	-0.015	-0.012	-0.006	-0.006	-0.003
a_2	0.350	0.248	0.175	0.108	0.088	0.054
b_1	0.880	-0.985	-1.186	-1.350	-3.880	-3.800
b_2	-0.152	0.820	0.850	0.893	1.255	1.419
b_3	0.147	0.017	0.005	0.002	-0.042	-0.055

2. 雷特尔模型

雷特尔（Reuter）根据气象参数（主要是风速）导出如下表达式：

$$\sigma_y = Bt^b \tag{6-129}$$

$$\sigma_z = At^a \tag{6-130}$$

式中，$t = x/\bar{u}$，$\bar{u}$ 为平均风速。式中参数 A、B、a、b 是大气稳定度的函数。表 6-9 给出了 A、B、a、b 的值，表中的大气稳定度按特纳尔方法分类。

表 6-9　雷特尔扩散参数

参　数	稳　定　度　分　类					
	A	B	C	D	E	F
B	0.46	0.50	0.94	1.07	1.11	1.27
b	0.73	0.80	0.80	0.84	0.87	0.90
A	0.32	0.74	0.64	0.90	0.83	0.09
a	0.50	0.57	0.70	0.76	0.89	1.46

3. 布里格斯（Briggs）公式

Briggs 根据几种扩散曲线，给出一组适用于高架源的公式，见表 6-10。

表 6-10　σ_y 和 σ_z 的 Briggs 近似公式

帕斯奎尔类别	σ_y	σ_z
开阔乡间条件		
A	$0.22x(1+0.0001x)^{-1/2}$	$0.20x$
B	$0.16x(1+0.0001x)^{-1/2}$	$0.12x$
C	$0.11x(1+0.0001x)^{-1/2}$	$0.08x(1+0.0002x)^{-1/2}$
D	$0.08x(1+0.0001x)^{-1/2}$	$0.06x(1+0.0015x)^{-1/2}$
E	$0.06x(1+0.0001x)^{-1/2}$	$0.03x(1+0.0003x)^{-1}$
F	$0.04x(1+0.0001x)^{-1/2}$	$0.016x(1+0.0003x)^{-1}$
城市条件		
A-B	$0.32x(1+0.0004x)^{-1/2}$	$0.14x(1+0.001x)^{-1/2}$
C	$0.22x(1+0.0004x)^{-1/2}$	$0.20x$
D	$0.16x(1+0.0004x)^{-1/2}$	$0.14x(1+0.0003x)^{-1/2}$
E-F	$0.11x(1+0.0004x)^{-1/2}$	$0.08x(1+0.00015x)^{-1/2}$

4. 特纳尔公式

Turner 提出 $\sigma_T = \gamma T^\alpha$ 的时间指数形式，γ、α 在不同稳定度下扩散参数可选用表 6-11 的值，此表中稳定度采用特纳尔分级法，共分为 7 个等级。

表 6-11 Turner 扩散参数

稳 定 度		γ	α	扩散时间 T/s
σ_y	A	1.92091	0.884785	>0
	B	1.42501	0.890339	>0
	C	1.01538	0.896354	>0
	D	0.682402	0.886706	>0
	E	0.610032	0.885474	>0
σ_z	A	0.228205	1.16593	0～500
		0.049064	1.41327	500～2000
		0.017258	1.55074	>2000
	B	0.360763	1.01128	0～1000
		0.192024	1.110256	>1000
	C	0.426406	0.912511	>0
	D	0.44905	0.855756	0～1000
		1.30023	0.701154	>1000
	E	0.523275	0.77422	0～1000
		1.408	0.630929	1000～3000
		4.09832	0.497485	>3000
	F	0.64	0.69897	0～1000
		1.024	0.630929	1000～3000
		4.65031	0.441928	>3000
	G	0.773470	0.620945	0～1000
		1.74808	0.502905	1000～3000
		7.28360	0.324659	>3000

五、混合层高度

1. 混合层的含义

(1) 绝热递减速率　当一个空气团上升时，因压力降低而膨胀，而膨胀的结果则引起温度降低。如果周围的空气以同样的速度下降，在气团与其周围大气之间就不存在热交换，这时所发生的过程是绝热的。也就是说，在上升气团和它周围的空气之间没有能量交换。这种空气绝热升降过程中，每升高单位距离引起气温变化的速率负值称为干空气温度垂直绝热递减速率，简称绝热递减速率，通常用 γ_d 表示：

$$\gamma_d = \frac{-dT}{dz} \tag{6-131}$$

式中，T 是温度；z 是地面上的高度；$\gamma_d \approx 1℃/100m$。

(2) 垂直空气温度递减速率对污染物扩散的影响　如果一个气团的温度递减速率与大气的绝热递减速率相同，这个气团就总是处在与其周围相同的温度与压力之下，就不受任何作用力。但这是一种不稳定的平衡条件，很小的一个作用力就会引起气团的无约束运动。如果气团的温度递减速率大于绝热递减速率，如图 6-15 (a) 所示，上升的气团就会被加热，且其密度要比周围空气小一些，就会受到周围空气的向上的推力（浮力），继续上升。所以，当大气的温度递减速率大于绝热递减速率时，就形成不稳定的大气状态。

当大气的温度递减速率小于绝热递减速率时，如图 6-15 (b) 所示，一个上升的气团处在比其周围的大气较低的温度和较高的密度之下，所以该气团受到一个向下的作用力；而一个向下运动的气团则受到一个向上的作用力。也就是说，在这种情况下，一个气团的位移总是受到一个恢复力的作用，所以，它总是处在稳定状态。

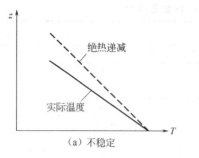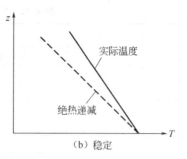

图 6-15　温度分布与大气的稳定性

实际的垂直空气温度递减速率与污染物的扩散有着密切关系。大气温度的垂直分布状况

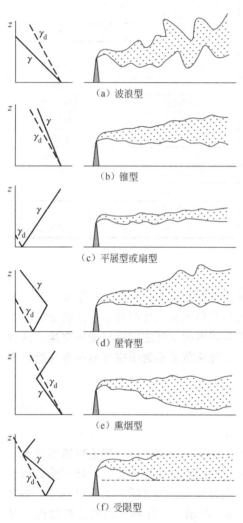

图 6-16　温度竖向分布与大气扩散

确定了大气的稳定程度。大气越不稳定，湍流发展越充分，排放的污染物就越容易向空间扩散。垂直空气温度递减速率对污染物的扩散影响见图6-16。

① 波浪型　$\gamma-\gamma_d>0$，烟羽呈波浪状，多为白天，发生在不稳定大气中，污染物扩散良好。

② 锥型　$\gamma-\gamma_d\approx0$，烟羽呈锥状，发生在中性大气中，污染物扩散比波浪型差。

③ 平展型或扇型　$\gamma-\gamma_d<-1$，烟羽垂向扩散很小，像一条带子飘向远方；俯视呈扇形展开。发生在烟囱出口处于逆温层中。

④ 屋脊型　烟羽呈屋脊状，发生在日落前后，烟羽的下部是稳定的，而上部则是不稳定。

⑤ 熏烟型　烟羽下部 $\gamma-\gamma_d>0$，上部 $\gamma-\gamma_d<-1$。烟羽下部位于不稳定的大气中，上部位于逆温层中。

⑥ 受限型　发生在烟囱出口上方和下方的一定距离内为大气不稳定区域，而这一范围以上或以下为稳定的。

在地面受到太阳加热时，在近地面几百米处常出现超绝热递减速率。这时，湍流会得到充分发展，污染物可以扩散到较高的高度。在日落至日出这一段时间，由于地面热量的大量流失，形成实际的空气温度递减速率低于绝热递减速率，即形成逆温层。在逆温条件下，污染物很难向高空扩散，往往出现污染严重的不利气象条件。

（3）混合层高度的含义　大气边界层的高度（或厚度）和结构与大气边界层内的温度分布或大气稳定度密切相关。中性和不稳定时，由于动力或热力湍流的作用，边界层内上下层之间产生强烈的动量或热量交换。通常把出现这一现象的层称为混合层（或大气边界层），其高度称之为混合层高度。

混合层高度的值主要取决于逆温条件。混合层向上发展时，常受到位于边界层上边缘的逆温层底部的限制。与此同时也限制了混合层内污染物的再向上扩散。有研究表明：这一逆温层底（即混合层顶）上下两侧的污染物浓度可相差 5～10 倍。混合层厚度越小这一差值就越大。

2. 混合层高度确定

在用箱式模型计算大气质量时，箱子的高度就是混合高度；在用扩散模型计算污染物的分布时，要考虑上下界面的反射作用，上下界面间的高度也就是混合高度。

混合高度通常是有逆温条件确定的。可利用在其上边缘速度梯度趋近于零的条件导出。具体推导时用的条件是：令混合层上边缘的垂直通量等于其地面值的 5%。下列公式就是根据这一导出结果进一步做了常规参数化处理后得出的。

（1）当大气稳定度为不稳定或中性（A 类、B 类、C 类或 D 类）时：

$$h = a_s u_{10}/f \tag{6-132}$$

（2）当大气稳定度为稳定（E 类或 F 类）时：

$$h = b_s (u_{10}/f)^{1/2} \tag{6-133}$$

$$f = 2\Omega \sin\phi \tag{6-134}$$

式中，h 为混合层高度，m；u_{10} 为 10m 高度处平均风速，m/s，大于 6m/s 时取为 6m/s；a_s、b_s 为边界层系数，按表 6-12 选取；f 为地转参数；Ω 为地转角速度，可取 $\Omega = 7.29 \times 10^{-5}$ rad/s；ϕ 为地理纬度，deg。

例如：我国华北某地，$\phi = 38°$；中性时 $u_{10} = 4$m/s，其他稳定度，$u_{10} = 2$m/s。将已知值代入式（6-132）及式（6-133）后，可得各类稳定度的 h 值，如表 6-13 所列。

表 6-12　我国各地区 a_s 和 b_s 值

地　　区	a_s				b_s	
	A	B	C	D	E	F
新疆、西藏、青海	0.090	0.067	0.041	0.031	1.66	0.70
黑龙江、吉林、辽宁、内蒙古、北京、天津、河北、河南、山东、山西、宁夏、陕西(秦岭以北)、甘肃(渭河以北)	0.073	0.060	0.041	0.019	1.66	0.70
上海、广东、广西、湖南、湖北、江苏、浙江、安徽、海南、台湾、福建、江西	0.056	0.029	0.020	0.012	1.66	0.70
云南、贵州、四川、甘肃(渭河以南)、陕西(秦岭以南)	0.073	0.048	0.031	0.022	1.66	0.70

注：静风区各类稳定度的 a_s 和 b_s 可取表中的最大值。

表 6-13　混合层高度 h(m) 算例

大气稳定度	A	B	C	D	E	F
边界层高度	1620	1332	910	844	247	104

第八节　实用空气质量模型介绍

近年来，大气环境质量模型的研究及应用软件的开发取得了长足的进展，大气环境理论研究成果不断地应用于大气环境评价、预测、管理和规划等实践中。由中国国家气象科学院开发的 CAPPS 是我国颇具代表性的大气质量模型，而国外研究开发的大气质量模型较多，如美国国家环保局工业源复合模型 ISCM（Industrial Source Complex Model）、具有模拟光化学烟雾特色的城市空气包模型 UAM（Urban Airshed Model）等；国际应用系统研究所针对 SO_2 和酸雨开发的 RAINS（Regional Air Pollution Information and Simulation）模型、国际能源机构针对能源合理使用和 CO_2 减排问题开发的 MARKAL（Market Allocation）模型等。这里简要介绍由英国剑桥环境研究公司开发的 ADMS（Air Dispersion Model System）大气扩散模型系统和中科宇图天下科技有限公司开发的环境空气质量预测预报集成系统。

一、ADMS 模型系统

1. 系统概况

ADMS 是由剑桥环境研究公司发展而来的大气扩散模型系统。其研究始于 1988 年，用具有突出优势的、基于边界层高度和 Monin-Obukhov 长度的边界层结构参数方法取代美国 ISC 或其他模型中多采用不精确的边界层特征定义的 Pasquill 稳定参数方法，1993 年发布了 ADMS 1 版本，紧接着于 1995 年发布了多源版本 ADMS 2；1999 年 2 月发布了 ADMS 3 版本，完善用户界面，增加绘图功能及与 ArcView GIS、MapInfo、Excel 的接口，输出结果或者通过国际互联网（Internet）展示。ADMS 是一个三维高斯模型，以高斯分布公式为主计算污染浓度，但在非稳定条件下的垂直扩散使用了倾斜式的高斯模型。烟羽扩散的计算使用了当地边界层的参数，化学模块中使用了远处传输的轨迹模型和箱式模型。

2. ADMS 的功能

ADMS 主要功能包括：应用了基于边界层高度和 Monin-Obukhov 长度的边界层结构参数的物理知识，Monin-Obukhov 长度是一种由摩擦力速度和地表热通量而定的长度尺度；"局地"高斯型模型被嵌套在一个轨迹模型中以便较大的地区（如大于 $50km \times 50km$）也可以使用此扩散模型；能处理所有的污染源类型（点源、道路源、面源、网格源和体源），同时模拟 3000 个网格污染源，1500 个道路污染源和 1500 个工业污染源（由点、线、面和体污染源）；有一个内嵌的街道窄谷模型；有包括干湿沉降、化学反应模块，化学反应模块包括计算一氧化氮、二氧化氮和臭氧之间的反应；使用污染排放因子的数据库计算交通源的排放量；直接与排污清单数据库连接；气象预处理器可自动处理各种输入数据，计算边界层参数，气象数据可以是原始数据、小时值或经统计分析的数据；模型中使用了在对流情况下的非高斯的垂直剖面，这可以容许考虑在大气边界层中湍流歪斜的性质，解决因这种现象导致的近地表的高浓度现象；计算复杂地形和建筑物周围的流动和扩散。该模型系统可处理各种基本气态污染物：SO_2、NO_x、NO_2、CO、VOC、苯化物、芳香烃、臭氧、PM_{10}（$PM_{2.5}$）、总悬浮颗粒物等。

3. ADMS 的模块构成

ADMS-Screen 模块，即 ADMS-评价（或筛选）模块。适合用于快速计算来自单个点源的污染物地表浓度及单个建筑物影响，方便地将计算浓度与中国Ⅰ级、Ⅱ级、Ⅲ级标准、世界卫生组织标准及欧盟标准比较，特别适合于恶劣（最坏）情况下对烟囱源的初步评价，以及对新建工厂的可行性研究进行法律规定的环境影响评价。

ADMS-Industrial 模块，即 ADMS-工业模块。可计算来自多点源、线源、面源和体源的污染浓度。系统包括：气象预处理模型，干湿沉降，复杂地形的影响，建筑物和海岸线的影响，烟羽可见度，放射性和化学模块；并可计算短期（秒）内的污染高峰浓度值，及对臭味的预测。输入数据输出结果均可与地理信息系统（GIS）连接，易于分析模型结果。"ADMS-工业"是为计算更详细的一个或多个工业污染源的空气质量影响而设计的。

ADMS-Roads 模块，即 ADMS-道路模块。可计算来自道路交通和临近工业或民用取暖等的点源、线源、面源和体源的污染浓度。包括有 NO_x、光化学模型、街区峡谷模型，具有高分辨率的浓度等值线图；其输入输出与地理信息系统（GIS）连接，易于分析模型结果。"ADMS-道路"主要是为计算详细的一个或多个道路污染源的空气质量影响而设计的。

ADMS-Urban 模块，即 ADMS-城市模块。ADMS-城市，是大气扩散模型系统（ADMS）系列中的最复杂的一个系统。模拟城市区域来自工业，民用和道路交通的污染源产生的污染物在大气中的扩散。ADMS-城市模型用点源、线源、面源、体源和网格源模型来模拟这些污染源。可以考虑到的扩散问题包括最简单的（例如一个孤立的点源或单个道路源）到最复杂的城市问题如一个大型城市区域的多个工业污染源，民用和大的道路交通面源污染排放。还包括有 NO_x、光化学模型、街区峡谷模型和一个完整连接的地理信息系统（GIS），允许用户在城市地图上显示高分辨率的浓度等值线图。"ADMS-城市"是为详细评价和预测城市区域的大气质量而设计的。也可用于空气质量管理战略的发展和城市规划评价以及空气质量预报。

ADMS-Emit 模块，即 ADMS-排污清单管理工具。可以有效编制的包括有毒物质、温室气体及地理信息，利用强大的排污因子库通过实测数据计算各类源强。排污清单中污染物包括：区域性污染物，如 SO_2、NO_x、CO、苯化物、颗粒物、丁二烯等；温室气体，如 CO_2、CH_4 等；铅、汞、TSP、苯并芘、氟化碳等。污染源类型包括了道路、铁道、工业及居民区。同时管理工具中具有与 GIS 集成的、污染源可编辑和可视化特性的地图编辑器。这些使得地方机构回顾性评估所进行的排污和有毒污染物调查，以及为达到 21 世纪议程和京都协议的目标所进行的温室气体排放调查变得容易得多。

FLOWSTAR 模块，即复杂地形的气流模型。可用于农场规划的风场预测、风力敏感结构区工程的气流预测、破坏性风力条件下森林暴露的评价以及复杂地形大气扩散模型和烟羽轨迹与扩展计算中。模型包括了复杂地形的影响和大气分层及可变地表粗糙率的作用。FLOWSTAR 是为计算大气边界层平均气流和湍流剖面而设计的。

GASTAR 模块，即有害高浓度气体扩散模型。可用于进行烟雾、热污染源等喷发、喷射、瞬时排放模拟，包括两相喷射源及复杂地形影响的模拟；可计算烟羽有效宽度、池类构筑内蒸发性物质在其上空的运移变化、任意方向和高度喷射排放等。该模块是为风险评价、土地利用规划、紧急相应规划以及管理而设计。

4. ADMS 的基本计算模型

ADMS 包括的基本计算模型有：气象参数预处理、边界层参数化处理、干沉积、湿沉积、放射性排放、臭气、化学过程、平均浓度、多源排放、烟羽抬升、喷发排放、复杂地形（有山体、建筑物等）下排放（面、体、线源）、海岸线熏烟、浓度波动分析、长期平均浓度等。各模型具体表达形式可查阅相关资料。

ADMS 已于 2001 年通过我国环境保护总局的软件论证并获得证书，在我国不少地区使用，具有较好的效果。

二、环境空气质量预测预报集成系统

1. 系统概况

环境空气质量预测预报集成系统由中科宇图天下科技有限公司依托我国相关科研院所在环境空气质量数值预报和遥感监测等方面的先进科研成果而开发的，是基于 B/S、net、Oracle、WebGIS 等系统架构和技术平台，结合多层体系结构分布式系统设计技术、数据缓存技术等信息技术，以及环境空气质量多模式（中科院大气所的 NAQPMS 模型、美国 EPA 的 CMAQ 模式和 CAMx 模式，中尺度气象模式）集合预报技术、环境空气质量多源卫星遥感监测技术、空气质量条件指数预报技术、大气后向轨迹分析技术，开发的集空气质量监测数据、气象观测数据、污染源等基础信息接入、传输、管理以及空气质量预报结果会商、制作、发布于一体的决策支持系统。该系统可为区域性大气环境污染的联防联控提供决策依据，并已在西安世界园艺博览会、广州第 16 届亚运会环境空气质量保障的应用中取得了较好效果。

2. 系统功能

(1) 空气质量预报　建立空气质量卫星遥感监测和空气质量条件指数预报系统，提供 PM_{10} 等各种主要影响空气质量的大气成分卫星遥感结果，可实现区域未来 12h、24h、48h 和 72h，甚至 7d 的空气质量条件指数预报。建立空气质量条件指数与 API 及主要污染物 PM_{10} 质量浓度数学统计关系，实现空气质量等级定性预报。

(2) 多源卫星遥感数据库　建立了空间分辨率 1km、可满足区域尺度的大气污染遥感监测需求的 M ODIS、TM 或我国环境小卫星 HJ-1A/B、SCIAMACHY、OMI 等多源卫星遥感数据库，可提供逐日目标地区多种空间尺度的 AOD、NO_2、O_3、SO_2、UV Index、PM_{10} 浓度的时空分布图，为灰霾等大气污染事件的空间分布及其扩散、传播提供直观的图解。

(3) 大气后向轨迹分析　利用地理信息系统（GIS）和大气后向轨迹模型，进行目标区域灰霾等大气污染事件的追踪溯源，定量解析周边地区对目标区域大气污染的贡献率。

(4) 中尺度天气预报　采用国内外先进的中尺度数值天气预报模型或城市尺度数值天气预报模型，较为精细准确地模拟目标区域的天气状况，为空气质量预报业务提供数值天气预报，同时可输出污染扩散模型可识别的气象场，驱动污染扩散模型的运行；实现 MM5 气象模式在 infiniband 高速网络的并行。

(5) 多模型系统集成　根据需要对中科院大气所模式 NAQPMS，美国 EPA 的 CMAQ 模式、CAMx 模式进行模式系统集成，按照各模型的特点和运算需求合理分配软硬件资源，特别是配置合理的网络环境。在满足预报时效性的要求条件下进行各专用模型独立自动运行，对各模型的预报输出进行有效组织和应用。

(6) 动态诊断与可视化　采用多维图形显示及 GIS 技术，对气象及污染扩散模型的模拟及预测数据进行动态诊断及显示。

3. 系统模块构成

环境空气质量预测预报集成系统目前主要以项目形式开发利用，针对具体目标区域、研究问题等进行系统的结构组织与设计，尚未以产品形成进入市场，系统模块构成未定型。主要系统构成模块有系统输入输出模块、污染物输移扩散模块、空气质量综合指数模块、大气后向轨迹分析模块、系统外联模块、系统信息可视化模块等。

4. 系统特点

(1) 将 GIS 与多模式集合预报技术结合起来，通过模型与 GIS 的外联式集成，形成环境空气质量预测预报信息发布展示能力，提供空间、属性数据一体化的统计分析功能和多种空间决策功能。

(2) 将多模式集合预报系统与环境空气质量在线监测系统有机结合，实现了预测结果与环境监测信息的自动比较分析，为集合预报系统中各个模式所占权重的动态调整提供依据，在业务化运行中不断提升了模式预报精度。

(3) 在统一的平台内将卫星遥感监测、大气后向轨迹分析、空气质量条件指数预报和环境空气质量在线监测信息结合起来，实现多元数据的融合和系统集成，通过多种技术的综合研判，为环境空气质量管理提供决策支持。

习题与思考题

1. 分析对比大气污染物扩散过程与河流污染物扩散过程的异同。

2. 某城市建有一火力发电厂，以煤为燃料，年燃煤量为 150×10^4 t，煤的含硫量为 1.05%，燃煤时的

SO_2 转化率为 90％；全市居民 40 万人，约 12 万户，生活用煤平均每月每户 150kg，民用燃煤含硫量为 0.58％，SO_2 转化率为 60％，计算该市每年由电厂和生活产生的 SO_2 量。

3. 已知某工业基地位于一山谷地区，计算的混合高度 $h＝120m$，该地区长 45km，宽 5km，上风向的风速为 2m/s，SO_2 的本地浓度为 0。该基地建成后的计划燃煤量为 7000t/d，煤的含硫量为 3％，SO_2 转化率为 85％，试用单箱模型估计该地区的 SO_2 浓度。

4. 数据同上题，若将混合高度等分为 4 个子高度，将长度 45km 等分为 5 个子长度，各层间的弥散系数 $D_z＝0.25m^2/s$。试写出用多箱模型计算 SO_2 浓度的矩阵方程，并计算各子箱的 SO_2 浓度。

5. 已知烟囱的物理高度为 60m，排放热流量为 $10×10^4 kW$，计算平均风速为 6m，SO_2 排放量为 650g/s，试计算自地面至高 240m 处的 SO_2 浓度在下风向 800m 处轴线上的垂直分布（中性稳定度）。

6. 已知某工厂排放 NO_x 的速率为 100g/s，平均风速为 5m/s，如果控制 NO_x 的地面浓度增量为 0.15mg/m³（标准），试求所必需的烟囱有效高度（中性稳定度）。

7. 已知混合高度为 150m，平均风速为 4.5m/s，烟囱有效高度为 90m，飘尘的排放量为 35g/s，试求下风向 350m 处轴线上的地面飘尘浓度增量（中性稳定度）。

8. 已知烟囱排放总悬浮颗粒物的速率为 54g/s，颗粒物的沉降速度为 0.05m/s，系数 $\alpha＝0.5$，其余数据同上题，试求下风向 350m 处的轴线地面浓度。

9. 有一长度为 120m 成直线分布的农业垃圾燃烧带，估计其烟尘总排放速率为 100g/s。当风速以 3m/s 垂直于直线分布的燃烧带吹过时，计算距这一燃烧带中点下风向 400m 的烟尘浓度和距这一燃烧带一端下风向 400m 的烟尘浓度（中性稳定度）。

10. 在某城区中以边长 1500m×1500m 正方形区域进行排放编目，每一方格区域估计 SO_2 排放量为 5000g/s。设区内排放源的平均有效高度为 15m。试预测计算在大气中性稳定 E 度，风速 3m/s 的南风时，SO_2 在下风向相邻区域中心造成的浓度贡献。

第七章 环境质量评价方法与模型

第一节 环境质量评价概述

一、环境质量评价的定义和类型

1. 定义

环境质量评价是对环境各个要素优劣程度的定量描述和评定。通过评价可以明确环境质量状况、环境演变的规律及其发展趋势，为开展环境污染的综合整治、环境规划及环境管理提供科学的依据。

2. 类型

环境质量评价的类型很多，按照时间可分为回顾评价、现状评价、环境影响评价；按环境要素可分为单要素评价和多要素评价；按照区域可分为全球、全国、流域等评价；按评价对象的性质可分为化学评价、物理评价、生物学评价、生态学评价、卫生学评价；按评价层次可分为：建设项目环境影响评价、区域环境质量评价、规划环境影响评价、战略环境影响评价等。

二、环境质量评价的发展过程

1. 国际上的发展概况

在发达国家，关于环境质量评价的研究开展较早。在 20 世纪 60 年代中期，开始有环境质量评价方面的文献发表。如在水质评价方面，1965 年 R. K. Horton 提出了质量指数（QI）；在大气质量评价方面，1966 年也提出了格林大气污染综合指数等。随着人们对环境质量评价研究和认识的深入，环境影响评价（EIA）制度开始出现。

美国首先在 1969 年颁布国家环境政策法（NEPA），建立了环境影响评价制度，规定："大型工程兴建前必须编写环境影响报告书"。随后在近 30 年内环境影响评价在全球迅速普及和发展。目前已有 100 多个国家建立了 EIA 制度。最初建立 EIA 制度的是一些比较发达的国家，如加拿大（1973）、澳大利亚（1974）、联邦德国（1975）、法国（1976）等，后来在一些发展中国家也建立起来，如中国（1979）、巴西（1986）、印度（1994）等。

2. 国内环境质量评价的发展

从 1973 年开始，我国陆续开展了环境质量评价工作，最早的是北京西郊环境质量评价研究。这些工作是对环境质量评价的初步尝试，对环境质量评价的方法（如环境质量指数）进行了广泛探索，为我国环境质量评价工作在理论和技术上以及队伍建设上奠定了基础，积累了实际经验，同时也为环境质量评价规范建设进行了准备。

1979 年我国颁布了《中华人民共和国环境保护法》（试行），该法规定在扩建、改建、新建工程时，必须提交环境影响报告书，从此中国正式实施环境影响评价制度。1981 年又颁布了《基本建设项目环境保护管理办法》，对环境影响评价的适用范围、评价内容、工作程序等都做了较为明确的规定。1989 年 12 月通过《中华人民共和国环境保护法》，重新规定了环境影响评价制度。2002 年 10 月通过了《中华人民共和国环境影响评价法》，使中国的环境影响评价制度迈进了持续提高的阶段。

为了配合环境影响评价制度的实施，规范环境质量评价的方法，1993 年后陆续发布了《建设项目环境影响评价技术导则—总纲》及多种专业导则，使我国的环境质量评价逐步制度化和正规化。而2004年，《建设项目环境风险评价技术导则》的发布，标志我国环境质量评价进入了一个新阶段。

<h2>第二节　污染源评价和预测</h2>

一、污染源的分类

污染源是指造成环境污染的污染物发生源，通常指能产生物理的、化学的及生物的有害物质或能量的设备、装置或场所等人类活动引起的环境污染发生源。环境污染源广泛存在于人类活动所及的各个角落，从陆地到海洋，从大气层到外太空，无所不在。

从不同的角度还可以有不同的污染源分类方法。按照污染物的种类可分为有机污染源、无机污染源、热污染源、噪声污染源、放射性污染源、病原体污染源和同时排放多种污染物的混合污染源等；按照污染源的空间分布可分为点污染源和非点污染源，而非点污染源又可以进一步分为线污染源和面污染源；按照污染对象可分为大气污染源、水体污染源和土壤污染源等；按人类社会活动功能可以分为工业污染源、农业污染源、交通运输污染源和生活污染源，等等。图7-1是按照污染物的来源对污染源的分类。

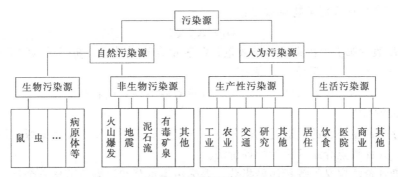

图 7-1　污染源的分类

二、污染源调查

污染源调查的目的是通过对污染源的类型、数目及其分布的识别，掌握污染物的种类、数量及其时空变化规律以及污染源的排放方式、排放规律，并在此基础上，对污染源做出评价，确定主要污染源和主要污染物。

1. 常用调查程序

对于初次调查，可以分为普查、详查和建立档案三个阶段。

普查就是对区域内所有污染源进行全面的调查。发放调查表是最常用的调查方式。我国各级环保系统每年都有各地的《污染源普查数据库》《环境统计数据库》、《排污申报数据库》等数据库，可以直接通过这些途径获得相关资料。

详查的主要方法是通过现场的实地调查和监测取得翔实和完整的第一手数据，以便详细掌握污染物的产生及排放规律，并对主要污染物进行追踪分析。

在普查和详查的基础上，整理调查资料，写出调查报告和建立污染源调查档案，以统计表格和图式记录下来的各个污染源的基本情况。数据库是最常用的建档方式。

2. 污染物排放量的确定

污染物排放量的确定有物料衡算法、排污系数法和实测计算法等方法。

（1）物料衡算法　用质量平衡法建立污染物发生模型，是物质守恒定律在污染源评价中的应用。在生产过程中，投入的物料量，等于产品所含这种物料的量与这种物料流失量的总和：

$$\sum G_{投入}=\sum G_{产品}+\sum G_{流失} \tag{7-1}$$

式中，$\sum G_{投入}$ 表示投入的物料总量；$\sum G_{产品}$ 表示转化为产品的物料总量；$\sum G_{流失}$ 表示流失的物料总量。

式（7-1）既适用于整个生产过程的总物料衡算，也适用于生产过程中的任一个步骤或某一个生产设备的局部核算。使用该方法必须对生产工艺的各种重要反应、副反应和生产管理流程情况进行全面了解，掌握原料、辅助材料、燃料的成分和消耗定额。此法的计算工作量较大，所得结果偏小，在应用时要注意修正。

（2）排污系数法　单位产品或单位产值的排污量称为排污系数，利用排污系数预测排污量的方法称为排污系数法。排污系数法的计算公式为：

$$M=KW \tag{7-2}$$

式中，M 表示某种污染物的排放量；K 表示产品的排污系数；W 表示某产品的产量。

排污系数最好来源于实际调查数据，也可参照国内外文献。在选用时，应根据实际情况加以修正。在有条件的地方，可以建立排污系数库。

（3）实测法　实测计算法是通过在正常的生产情况下，采样测得污染物的浓度及介质的流量，用式（7-3）计算污染物排放量：

$$G_j=K\beta_j QT \tag{7-3}$$

式中，G_j 表示第 j 种污染物的排放量；Q 表示介质的流量；β_j 表示第 j 种污染物的实测浓度；K 表示单位转换系数；T 表示时间。

基于实测的数据更接近实际，但是要求所测的样本具有代表性。

三、污染源评价

污染源评价的主要目的是通过比较分析，确定主要污染物和主要污染源。污染源评价的方法有很多，在此重点介绍等标污染评价法。

等标污染评价法定义了等标污染指数、等标污染负荷和污染负荷比三个特征数。

等标污染指数：所排放的某污染物超过该污染物评价标准的倍数，亦称污染物的超标倍数：

$$N_{ij}=\frac{C_{ij}}{C_{0i}} \tag{7-4}$$

式中，C_{ij} 表示第 j 个污染源第 i 种污染物的排放浓度；C_{0i} 表示第 i 种污染物的排放标准；N_{ij} 表示第 j 个污染源第 i 种污染物的等标污染指数。

等标污染负荷：等标污染负荷在等标污染指数的基础上反映了污染物总量概念。

$$P_{ij}=\frac{C_{ij}}{C_{0i}}Q_{ij} \tag{7-5}$$

式中，Q_{ij} 表示第 j 个污染源含有第 i 种污染物的介质的排放流量；P_{ij} 表示第 j 个污染源第 i 种污染物的等标污染负荷；其余符号意义同前。

等标污染负荷与 Q_{ij} 具有相同的量纲。一个含 n 种污染物的污染源的等标负荷数为：

$$P_j=\sum_{i=1}^{n}P_{ij}=\sum_{i=1}^{n}\frac{C_{ij}}{C_{0i}}Q_{ij} \tag{7-6}$$

若某地区有 m 个污染源，该地区第 i 种污染物的总等标污染负荷为：

$$P_j=\sum_{j=1}^{m}P_{ij} \tag{7-7}$$

一个地区的所有污染源和污染物的总等标污染负荷为：

$$P_j = \sum_{i=1}^{n} \sum_{j=1}^{m} P_{ij} \tag{7-8}$$

污染负荷比：污染负荷比是指某种污染物或某个污染源的等标污染负荷在总的等标污染负荷中所占的比重。污染负荷比是确定某种污染物或某种污染源对环境污染贡献的顺序的特征量。

第 j 个污染源内，第 i 种污染物的污染负荷比为：

$$K_{ij} = \frac{P_{ij}}{P_j} \tag{7-9}$$

根据 K_{ij} 可以确定一个污染源内的主要污染物。

一个地区中某污染源的污染负荷比为：

$$K_j = \frac{P_j}{P} \tag{7-10}$$

根据 K_j 可以对污染源进行排序。

一个地区中某种污染物的污染负荷比为：

$$K_i = \frac{P_i}{P} \tag{7-11}$$

根据 K_i 可以确定一个地区的主要污染物。

该方法的关键问题就是要确定等标污染负荷和污染负荷比，然后在此基础上确定主要污染源和主要污染物。

【例 7-1】　某地有 3 个污染源，废水量和污染物含量如下表所列：

某工厂废水的废水量和污染物含量

污染源编号	废水量/(m³/d)	COD/(mg/L)	BOD/(mg/L)	SS/(mg/L)
1	3000	250	720	200
2	1000	880	700	600
3	2000	200	500	300

各污染物允许排放标准分别为 COD＝10mg/L，BOD＝5mg/L，SS＝50mg/L。试用等标污染负荷法确定主要污染物和主要污染源。

解：第一步，计算污染物的等标污染负荷如下表所列：

污染物＼污染源	COD	BOD	SS	总等标污染负荷 P
1	75000	432000	12000	519000
2	88000	140000	12000	240000
3	40000	200000	12000	252000
合计	203000	772000	36000	1011000

第二步，计算各污染源的污染负荷比 k_i 和确定各污染源的主要污染物：

污染物＼污染源	COD	BOD	SS	主要污染物
1	14%	83%	2%	BOD
2	36%	58%	5%	BOD、COD
3	16%	79%	5%	BOD、COD

第三步，计算调查区内主要污染物：

$$K_{总COD} = 203000/1011000 \times 100\% = 20\%$$

$$K_{总BOD} = 772000/1011000 \times 100\% = 76\%$$

$$K_{总SS} = 36000/1011000 \times 100\% = 4\%$$

全区主要污染物为 BOD、COD。

第四步，计算调查区内主要污染源：

1 号污染源：$K = 519000/1011000 \times 100\% = 51\%$

2 号污染源：$K = 240000/1011000 \times 100\% = 24\%$

3 号污染源：$K = 252000/1011000 \times 100\% = 25\%$

因此，全区主要污染源为 1 号，其次为 2 号。

四、污染源预测

污染源预测是一个复杂的过程。目前的污染源预测技术各有特点，不过都还难以达到准确预测程度。即便如此，通过预测，人们还是可以预见到污染源在一个时期内的变化趋势，为宏观决策分析提供一定的依据。目前常用的污染源预测方法有趋势外推法、万元产值预测法、定额预测法和弹性系数法等。

1. 趋势外推法

趋势外推法是时间序列法中的一种，预测基础是历年的污染源监测数据。预测模型如下：

$$Q_1 = Q_{t_0} \times (1+\alpha)^{t-t_0} \tag{7-12}$$

式中，Q_1 表示规划年污染物排放量，$10^4 \, m^3/a$；Q_{t_0} 表示基准年污染物排放量，$10^4 \, m^3/a$；α 表示年均增长率；t 表示规划年；t_0 表示基准年。

通过对等号两边取对数，将式（7-12）化为线性方程：

$$\ln(Q_1) = \ln(Q_{t_0}) + (t-t_0)\ln(1+\alpha)$$

令 $Q = \ln(Q_1)$，$a = \ln(Q_{t_0})$，$T = t-t_0$，$b = \ln(1+\alpha)$，得：

$$Q = a + bT \tag{7-13}$$

式（7-13）表明，Q 和 T 呈线性关系，式中系数 a 和 b 可根据多年数据用最小二乘法求得。

在社会结构和经济结构没有重大变化的情况下，这种方法简单易行，也有一定的精确度。

2. 万元产值预测法

万元产值预测法适用于预测那些价格和生产工艺比较稳定的工业污染源排放，其预测模型为：

$$Q_2 = D_t \times A_t = D_{t_0} \times (1+\gamma)^{t-t_0} \times A_t \tag{7-14}$$

式中，Q_2 表示预测工业污染物排放量，$10^4 \, m^3/a$；D_t 表示预测年工业产值，万元；D_{t_0} 表示基准年工业产值，万元；A_t 表示预测年万元工业产值（不变价）污染物排放量，$10^4 \, m^3/(a \cdot 万元)$；γ 表示工业产值年均增长率。

由于技术与管理的改进，万元工业产值废水排放量将会逐年递减。考虑上述因素的公式如下：

$$Q_2' = D_t \times A_t = D_{t_0}(1+\gamma)^{t-t_0} A_t = D_{t_0}(1+\gamma)^{t-t_0} A_{t_0}(1+\beta)^{t-t_0} \tag{7-15}$$

式中，Q_2' 表示预测工业污染物排放量，$10^4 \, m^3/a$；A_{t_0} 表示基准年万元工业产值工业污染物排放量，$10^4 \, m^3/(a \cdot 万元)$；β 表示万元工业产值污染物排放量年均递减率，$\beta \leqslant 0$。

与此相类似的还有万元 GDP 预测法。

3. 生活污水量的定额预测法

城市污水量包括日常生活用水的排水和城市市政水的排水。生活污水量以城市人口为基础进行预测：

$$Q_3 = 0.365A \times F \times P \tag{7-16}$$

式中，Q_3 表示生活污水量，$10^4\,\text{m}^3/\text{a}$；$A$ 表示预测年份人口数，万人；F 表示用水定额，即人均生活用水量，$\text{L}/(\text{人} \cdot \text{d})$；$P$ 表示污水产率，％；0.365 表示单位换算系数。

4. 弹性系数法

弹性系数 ε 的定义为污染物（或介质）的年增长率与国民经济生产总值的年增长率的比值，即

$$\varepsilon = \frac{\left(\dfrac{Q}{Q_0}\right)^{1/(t-t_0)} - 1}{\left(\dfrac{M}{M_0}\right)^{1/(t-t_0)} - 1} \tag{7-17}$$

式中，M、M_0 分别为历史资料的末年（t）和初年（t_0）的国民经济生产总值；Q、Q_0 分别为相应年份的污染物（或介质）的排放量。

若知道基准年的污染物（或介质）的排放量 Q_0 和国民经济生产总值 M_0，以及预测年的国民经济生产总值 M，则可预测出预测年的污染物（或介质）的排放量 Q：

$$Q = Q_0 \left\{ \varepsilon \left[\left(\frac{M}{M_0}\right)^{1/(t-t_0)} - 1 \right] + 1 \right\}^{(t-t_0)} \tag{7-18}$$

【例 7-2】　下表为某市在十字路口测量的汽车流量与大气中 NO_x 含量的关系及逐年平均车流量。用弹性系数法预测 2010 年时空气中 NO_x 的含量（假设 2010 年的年车流量为 2003 年的 2.5 倍）。

某市某道口逐年汽车流量和大气中 NO_x 含量

年份	1994	1995	1996	1997	1998	1999	2000	2001	2002	2003
车流量/(辆/h)	35	45	52	60	69	75	80	82	86	91
NO_x/(mg/m³)	0.07	0.075	0.085	0.084	0.09	0.13	0.14	0.15	0.14	0.15

解：根据弹性系数公式得

$$\varepsilon = \frac{\left(\dfrac{Q}{Q_0}\right)^{1/(t-t_0)} - 1}{\left(\dfrac{M}{M_0}\right)^{1/(t-t_0)} - 1} = \frac{\left(\dfrac{0.15}{0.07}\right)^{\frac{1}{9}} - 1}{\left(\dfrac{91}{35}\right)^{\frac{1}{9}} - 1} = 0.789$$

由公式得：

$$Q = Q_0 \left\{ \varepsilon \left[\left(\frac{M}{M_0}\right)^{1/(t-t_0)} - 1 \right] + 1 \right\}^{(t-t_0)}$$

以 2003 年为基准年，则 2010 年的空气中 NO_x 含量为：

$$Q = 0.15 \left\{ 0.789 \times \left[\left(\frac{2.5 \times 91}{91}\right)^{\frac{1}{7}} - 1 \right] + 1 \right\}^{7} = 0.31 \ (\text{mg/m}^3)$$

第三节　环境质量评价模型

经过数十年的实践和发展，环境评价方法已经很多，这些方法各有各自的特征。本节介绍最常用的环境指数评价法、模糊评价法、人工神经网络评价法。

一、环境指数评价法

环境指数评价法是最常用的环境质量评价方法，也是我国环境质量评价技术导则推荐使用的方法。环境质量指数的形式包括各种单因子指数、描述多种污染物的多因子指数、描述多环境要素的综合质量指数等。

1. 环境指数的基本形式

（1）单因子指数 一般情况下，单因子指数等于环境质量因子的实测浓度除以相应的评价标准，即

$$I_i = \frac{C_i}{S_i} \tag{7-19}$$

式中，I_i 为第 i 种环境因子的环境质量指数；C_i 为第 i 种环境因子的实测浓度；S_i 为第 i 种环境因子的评价标准。

环境质量指数是无量纲量，表示污染物在环境中实际浓度超过评价标准的程度，即超标倍数。I_i 的数值越大表示该单项的环境质量越差。

环境质量指数的计算还有特例，比如水环境评价中的溶解氧和 pH 值。它们的计算方法如下：

$$I_{DO} = \frac{|O_s - C_{DO}|}{O_s - S_{DO}} \quad 对于 \quad C_{DO} \geqslant S_{DO}; \tag{7-20}$$

$$I_{DO} = 10 - 9\frac{C_{DO}}{S_{DO}} \quad 对于 \quad C_{DO} < S_{DO}; \tag{7-21}$$

式中，O_s 表示对应温度下的饱和溶解氧浓度；I_{DO} 表示溶解氧指数；C_{DO} 表示溶解氧浓度检测值；S_{DO} 表示溶解氧评价标准值。

$$I_{pH} = \frac{7.0 - pH}{7.0 - pH_d} \quad 对于 \quad pH < 7.0; \tag{7-22}$$

$$I_{pH} = \frac{pH - 7.0}{pH_u - 7.9} \quad 对于 \quad pH > 7.0; \tag{7-23}$$

式中，pH 表示 pH 的实际检测值；I_{pH} 表示 pH 的环境质量指数；pH_d 表示 pH 评价标准值的下限；pH_u 表示 pH 评价标准值的上限。

环境质量指数是基于环境质量标准计算的，在进行横向比较时需注意各自采用的标准。

（2）多因子指数 多因子指数是在单因子指数的基础上经过综合运算而来，常用的多因子指数包括均值型指数、加权型指数和内梅罗指数等。

① 均值型多因子指数

$$I = \frac{1}{n}\sum_{i=1}^{n} I_i = \frac{1}{n}\sum_{i=1}^{n} \frac{C_i}{S_i} \tag{7-24}$$

式中，n 为参与评价的因子数；其余符号意义同前。

均值型多因子环境质量指数的基本出发点是认为各种环境因子数对环境的影响是等价的。

② 加权型多因子指数 加权型多因子指数的基本出发点是认为各种环境因子对环境的影响是不等权的，其影响应该计入各环境因子的权系数。加权型多因子指数的计算式为：

$$I = \sum_{i=1}^{n} W_i I_i \tag{7-25}$$

式中，W_i 表示第 i 个环境因子的权系数。

根据权的概念，应有：

$$\sum_{i=1}^{n} W_i = 1 \tag{7-26}$$

合理地确定环境因子的权系数是计算加权型多因子指数的关键。目前多采用专家调查法。

③ 内梅罗（N. L. Nemerow）指数　内梅罗指数是一种兼顾极值的加权型多因子指数。内梅罗指数计算式为：

$$I = \sqrt{\frac{(\max I_i)^2 + (\text{ave}I_i)^2}{2}} \tag{7-27}$$

式中，$\max I_i$ 表示各单因子环境质量指数中最大者；$\text{ave}I_i$ 表示单因子环境质量指数的平均值。

内梅罗指数特别考虑了污染最严重的因子，在加权过程中避免主观因素的影响，是应用较多的一种环境质量指数。

【例 7-3】　试按下表给定的数据计算某处的大气质量指数。

评　价　因　子	飘尘	SO_2	NO_x	CO
日均浓度/(mg/m³)	0.22	0.32	0.13	5.20
评价标准/(mg/m³)	0.25	0.25	0.15	6.70
计权系数	0.2	0.5	0.2	0.1

先计算单因子环境质量指数，如下表：

评价因子	飘尘	SO_2	NO_x	CO
I_i	0.88	1.28	0.87	0.78

计算均值型、加权型和内梅罗多因子环境质量指数，如下表：

指数类型	均值型指数	加权型指数	内梅罗指数
指数数值	0.93	1.07	1.12

由此例计算结果可以看出，在单因子评价中，只有 SO_2 的环境质量指数大于1，超过评价标准，均值型指数小于1，说明其他几个因子掩盖了 SO_2 的影响；内梅罗指数突出了最大值，因此内梅罗指数的数值最高。

2. 环境质量的综合评价指数

对于一个具体的环境问题，同样也都存在多因子问题，当参与评价的因子数大于1时，就要用多因子指数；当参与评价的环境要素大于1时，就要用综合评价指数。目前国内外常用的环境质量综合指数法主要有以下几种。

（1）线性叠加法

$$Q = \sum_{k=1}^{n} I_k \tag{7-28}$$

式中，Q 表示多环境要素的综合质量指数；n 表示参与综合评价的环境要素的数目；I_k 表示第 k 个环境要素的多因子指数。

（2）算术平均值法

$$Q = \frac{1}{n}\sum_{k=1}^{n}I_k \qquad (7\text{-}29)$$

式中，符号意义同前。

（3）加权平均法

$$Q = \sum_{k=1}^{n}W_kI_k \qquad (7\text{-}30)$$

式中，W_k 表示第 k 个环境要素在综合评价中的权重系数，通常通过专家调查获得。

用于环境质量综合评价的指数还有很多，例如平方和的平方根法、突出最大值法、向量模法、统计模型法、混合加权法等。它们都是针对具体环境评价问题提出的，可以借鉴。

二、模糊综合评价

1. 模糊综合评价的过程

在环境质量综合评价中，既需要有一个明确的数量概念来反映环境污染的严重程度，又要求这个数量指标能恰当地反映环境质量分级的固有模糊性和环境质量变化的连续性，这正是模糊数学可以处理的典型问题。

在实际问题中，环境质量监测数据与环境质量标准的数值一般不可能正好吻合，如果这个指标值介于两类环境质量标准之间，可以用隶属度来描述它的归属。隶属度代表某一个指标属于某一级环境质量标准的程度。在计算所有评价因子的隶属度的基础上，根据某种策略对环境质量作出综合评价。模糊评价的过程如图 7-2 所示。

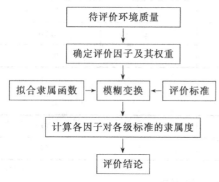

图 7-2　模糊评价的过程

2. 模糊综合评价的方法和步骤

（1）建立因子集、权重集、评价集　设 $U=\{u_1,u_2,\cdots,u_m\}$ 为选定的参与评价的环境因子集合，是一个 m 维向量；

$V=\{v_1,v_2,\cdots,v_n\}$ 为评价环境质量标准集合，是一个 $m\times n$ 维矩阵；

$A=\{a_1,a_2,\cdots,a_m\}$ 为环境因子的权重集合，是一个 m 维向量；

式中，n 表示选定的环境质量因子个数；m 表示评价等级数，即环境质量标准等级个数。

（2）建立 $U\to V$ 集合的模糊关系矩阵 R

$$R = \begin{bmatrix} r_{11} & r_{12} & \cdots & r_{1n} \\ r_{21} & r_{22} & \cdots & r_{2n} \\ \vdots & \vdots & \vdots & \vdots \\ r_{m1} & r_{m2} & \cdots & r_{mn} \end{bmatrix} \qquad (7\text{-}31)$$

模糊关系矩阵 R 的元素 r_{ij} 表示第 i 种污染因子的环境质量值被评为第 j 级环境质量标准的隶属度，即第 i 种污染因子隶属于第 j 级环境质量标准的程度。由此可知，R 中的第 i 行表示第 i 种污染因子的环境质量值对各级环境质量标准的隶属程度。R 中的第 j 列表示各污染因子环境质量值对第 j 级环境质量标准的隶属程度，具体的数值由隶属函数给出。

（3）各因子的权重 A 的计算

$$A = \frac{a_1}{u_1} + \frac{a_2}{u_2} + \cdots + \frac{a_n}{u} \qquad (7\text{-}32)$$

常用的计算评价因子权重的公式如下：

$$a_i = \frac{\dfrac{C_i}{S_i}}{\displaystyle\sum_{i=1}^{m}\dfrac{C_i}{S_i}}, \quad \sum_{i=1}^{m}a_i = 1 \tag{7-33}$$

式中，a_i 表示第 i 个污染因子的权重系数；S_i 表示第 i 个污染因子 n 级标准的算术平均值；C_i 表示第 i 个污染因子的实测值。

（4）综合评判矩阵 $\boldsymbol{B}$ 的计算

根据模糊数学原理，有如下模糊变换：

$$\boldsymbol{B} = \boldsymbol{A} \circ \boldsymbol{R}$$

式中，符号"$\circ$"表示模糊矩阵合成算子。合成算子有多种计算方法，取决于研究的对象和决策者的策略，如取大、取小运算，矩阵乘法等。

（5）隶属函数的确定

隶属函数是污染因子实测浓度和相应的环境质量评价标准的函数，通常可以采用如下的降半梯形分布来确定。

由于隶属函数有下述模糊分布，应是分段函数，用 $e(j), j=1,2,\cdots,n$ 代表各段函数的界限值。

当环境质量污染因子实测值 $x \leqslant e(1)$ 或 $x \geqslant e(n)$ 时，x 对 $e(1)$ 和/或 $e(n)$ 的隶属度为 1，而对剩余其他任何标准级的隶属度为 0。

当 x 从 $e(j)$ 变化到 $e(j+1)$ 时，x 对 $e(j)$ 的隶属度渐减至为 0，而对 $e(j+1)$ 的隶属度渐增大至 1，当 x 恰好变化到界限值 $e(j)$，$1 < j < n$ 时，其对 $e(j)$ 的隶属度为 1。为简化计算，设其函数变化为线性。

所以给出隶属函数如下：

$$
\begin{cases}
u(x) = \begin{cases} 1 & x \leqslant e(1) \\ [e(2)-x]/[e(2)-e(1)] & e(1) < x < e(2) \\ 0 & x \geqslant e(2) \end{cases} \\[2em]
u_{j+1}(x) = \begin{cases} 1-u_j(x) & e(j) < x < e(j+1) \\ [e(j+2)-x]/[e(j+2)-e(j+1)] & e(j+1) \leqslant x < e(j+2) \\ 0 & x \geqslant e(j+2) \end{cases} \\[2em]
u_m(x) = \begin{cases} 0 & x < e(m-1) \\ 1-u_{m-1}(x) & e(m-1) \leqslant x < e(m) \\ 1 & x \geqslant e(m) \end{cases}
\end{cases}
\tag{7-34}
$$

式中，$j=1,2,\cdots,n$。

由上述隶属函数的分析可知，隶属函数的界限值 $e(j)$ 按如下方法确定：

$$e(j) = s(j) \tag{7-35}$$

式中，$e(j)$ 为隶属函数分段的界限值；$s(j)$ 为环境质量标准级数，$j=1,2,\cdots,n$。

【例 7-4】　某项环评工作获得附表所列的水质监测资料，按模糊综合评判方法评价水质等级。评价标准采用《地表水环境质量标准》（GB 3838—2002）。

附表　水质监测数据　　　　　　　　　　　　　　　　　　单位：（mg/L）

因子	砷	汞	镉	氰	酚
实测值	0.0580	0.0003	0.0061	0.0350	0.0025

（1）确定评价对象的因子集

$U = \{[砷]\ \ [汞]\ \ [镉]\ \ [氰]\ \ [酚]\} = \{0.0580\ \ \ 0.0003\ \ \ 0.0061\ \ \ 0.0350\ \ \ 0.0025\}$

（2）建立评价集

根据《地面水环境质量标准》（GB 3838—2002），把水质分为{ Ⅰ Ⅱ Ⅲ Ⅳ Ⅴ }5个评价集如下表所列：

地面水环境质量标准　　　　　　　　　　　　单位：（mg/L）

指标	Ⅰ类	Ⅱ类	Ⅲ类	Ⅳ类	Ⅴ类
砷	0.05	0.05	0.05	0.1	0.1
汞	0.00005	0.00005	0.0001	0.001	0.001
镉	0.001	0.005	0.005	0.005	0.01
氰	0.005	0.05	0.2	0.2	0.2
酚	0.002	0.002	0.005	0.01	0.1

（3）建立模糊关系矩阵 R　　通过式（7-31）的计算即可得到模糊关系矩阵 R，如下表所列：

模糊关系矩阵表

因子	$u_Ⅰ(x)$	$u_Ⅱ(x)$	$u_Ⅲ(x)$	$u_Ⅳ(x)$	$u_Ⅴ(x)$
砷	0	0	0.840	0.160	0
汞	0	0	0.778	0.222	0
镉	0	0	0	0.780	0.220
氢	0.333	0.667	0	0	0
酚	0	0.833	0.167	0	0

所以模糊关系矩阵就是：

$$R = \begin{bmatrix} 0 & 0 & 0.840 & 0.160 & 0 \\ 0 & 0 & 0.778 & 0.222 & 0 \\ 0 & 0 & 0 & 0.780 & 0.220 \\ 0.333 & 0.667 & 0 & 0 & 0 \\ 0 & 0.833 & 0.167 & 0 & 0 \end{bmatrix}$$

（4）权重矩阵 A 的计算

采用式（7-33）中的方法可得到如下表所列的计算过程：

权重矩阵 A 计算表

因　　子	砷	汞	镉	氰	酚
实测值 C_i	0.0580	0.0003	0.0061	0.0350	0.0025
平均标准 S_i	0.07	0.00044	0.0052	0.1310	0.0238
C_i/S_i	0.8286	0.6818	1.1731	0.2672	0.1050
归一化的 a_i	0.2712	0.2231	0.3839	0.0874	0.0344

即 $A = \{0.2712\ \ \ 0.2231\ \ \ 0.3839\ \ \ 0.0874\ \ \ 0.0344\}$

（5）综合评判矩阵 **B** 的计算

这里模糊算子取模糊矩阵的复合运算 Zadeh 算子，即 M（∧，∨），这种算法称主因素决定型，对于评价参数较多或权重分配较均衡的情况不太适合。该运算类似于矩阵乘法运算，区别是两元素相乘的步骤换成取小，相加的步骤换成取大。

$$\boldsymbol{B}=\boldsymbol{A}\circ\boldsymbol{R}=(0.2712 \quad 0.2231 \quad 0.3839 \quad 0.0874 \quad 0.0344)$$

$$\begin{bmatrix} 0 & 0 & 0.840 & 0.160 & 0 \\ 0 & 0 & 0.778 & 0.222 & 0 \\ 0 & 0 & 0 & 0.780 & 0.220 \\ 0.333 & 0.667 & 0 & 0 & 0 \\ 0 & 0.833 & 0.167 & 0 & 0 \end{bmatrix}$$

$$=(0.0874 \quad 0.0874 \quad 0.2712 \quad 0.3839 \quad 0.0220)$$

综合评价结果：$\max(b_i)=(b_4)=0.3839$，该次取样的水质综合评价为Ⅳ类。

第四节　环境影响评价

环境影响是指人类的行为对环境产生的作用以及环境对人类的反作用。人类行为对环境产生的影响可以是有害的，也可以是有利的；可以是长期的，也可以是短期的；可以是潜在的，也可以是现实的；可以是可逆的，也可以是不可逆的。总之，人类活动对环境产生的作用是多变的、复杂的。要识别这些影响，并制定出减轻对环境不利影响的措施，是一项技术性极强的工作，这种工作就是环境影响评价。

环境影响评价是为了实施可持续发展战略，预防因规划和建设项目实施后对环境造成不良影响，促进经济、社会和环境的协调发展的一项环境管理制度，其目的是对规划和建设项目实施后可能造成的环境影响进行分析、预测和评估，提出预防或者减轻不良环境影响的对策和措施，进行跟踪监测的方法与措施。《中华人民共和国环境影响评价法》是实施评价的总纲。现行的环境影响评价包括规划环境影响评价和建设项目环境影响评价。规划环境影响评价的对象是有关国计民生的各项专业规划，其层次较高，亦称战略环境影响评价。

一、规划项目环境影响评价

1. 目的和范围

规划环评是针对国务院有关部门、设区的市级以上地方人民政府及其有关部门组织编制的涉及国计民生的各项专项规划开展的环境影响评价，其目的在于实施可持续发展战略，在规划编制和决策过程中，充分考虑所拟议的规划可能涉及的环境问题，预防规划实施后可能造成的不良环境影响，协调经济增长、社会进步与环境保护的关系。

在各专项规划编制阶段，对规划实施可能造成的环境影响进行分析、预测和评价，并提出预防或者减轻不良环境影响的对策和措施，包括符合规划目标的，供比较和选择的方案的集合，包括推荐方案、备选方案、环境可行的推荐方案和建议采纳的规划方案。

对规划实施所产生的环境影响进行监测、分析、评价，用以验证规划环境影响评价的准确性和判定减缓措施的有效性，并提出改进措施的过程。

需要进行规划环评的专项规划包括：①土地利用的有关规划，区域、流域、海域的建设、开发利用规划；②工业、农业、畜牧业、林业、能源、水利、交通、城市建设、旅游、自然资源开发的有关专项规划。

2. 规划环评的原则

（1）科学、客观、公正原则　规划环境影响评价必须科学、客观、公正，综合考虑规划实施后对各种环境要素及其所构成的生态系统可能造成的影响，为决策提供科学依据。

（2）**早期介入原则** 规划环境影响评价应尽可能在规划编制的初期介入，并将对环境的考虑充分融入到规划中。

（3）**整体性原则** 一项规划的环境影响评价应当把与该规划相关的政策、规划、计划以及相应的项目联系起来，做整体性考虑。

（4）**公众参与原则** 在规划环境影响评价过程中鼓励和支持公众参与，充分考虑社会各方面利益和主张。

（5）**一致性原则** 规划环境影响评价的工作深度应当与规划的层次、详尽程度相一致。

（6）**可操作性原则** 应当尽可能选择简单、实用、经过实践检验可行的评价方法，评价结论应具有可操作性。

3. 规划环评的程序

规划环评的程序如图 7-3 所示。

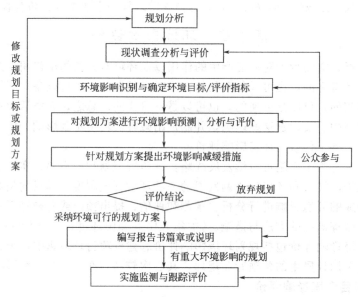

图 7-3 规划环境影响评价的程序

4. 规划环评的基本内容

（1）**专项规划分析** 规划环境影响评价应在充分理解规划的基础上进行，重点在于识别该专项规划所包含的主要经济活动，并分析可能受到这些经济活动影响的环境要素；简要分析规划方案对实现环境保护目标的影响，确定规划环境影响评价内容和评价范围。

（2）**环境现状与分析** 针对专项规划对象的特点，对规划区域的环境、社会和经济条件进行全面调查。在调查的基础上对以下内容做出分析：①专项规划区域内的生态敏感区（点）分析，如特殊生境及特有物种、自然保护区、湿地、生态退化区、特有人文和自然景观，以及其他自然生态敏感点等，确定评价范围内对被评价规划反应敏感的地域及环境脆弱带；②环境保护和资源管理分析，确定受到规划影响后明显加重，并且可能达到、接近或超过地域环境承载力的环境因子；③环境发展趋势分析，分析在没有本拟议规划的情况下，区域环境状况/行业涉及的环境问题的主要发展趋势（即"零方案"影响分析）。

（3）**环境影响识别、确定环境目标和评价指标** 在调查、分析专项规划和环境现状的基础上，识别专项规划的主要环境问题和环境影响，拟定或确认环境目标，选择量化和非量化的评价指标（图 7-4）。

（4）**环境影响分析与评价** 包括预测和评价不同规划方案（包括替代方案）对环境保护

192

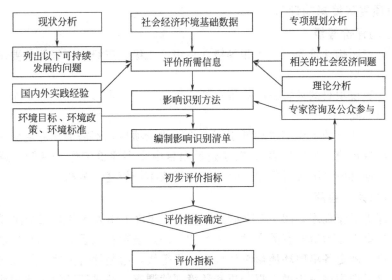

图 7-4　规划环评的环境影响识别与评价指标确定

目标、环境质量和可持续性的影响。

通过类比分析、系统动力学、投入产出分析、环境数学模型、情景分析法等方法预测方案对环境的影响，包括直接的和间接的影响，特别是累积的影响。

在环境影响预测的基础上，通过加权比较、费用效益分析、层次分析、可持续发展能力评估、对比评价、环境承载力分析等方法进行环境影响分析和评价，主要内容包括：①专项规划对环境保护目标的影响；②专项规划对环境质量的影响；③专项规划的合理性分析，包括社会、经济、环境变化趋势与生态承载力的相容性分析。

可以采用专家咨询法、核查表法、矩阵法、网络法、系统流图法、环境数学模型法、承载力分析、叠图法/GIS、情景分析法等方法进行累积影响分析。

（5）针对各规划方案（包括替代方案），拟定环境保护对策和措施，确定环境可行的推荐规划方案　根据环境影响预测与评价的结果，对符合规划目标和环境目标要求的规划方案进行排序，并概述各方案的主要环境影响，以及环境保护对策和措施。

对环境可行的规划方案进行综合评述，提出供有关部门决策的环境可行推荐规划方案，以及替代方案。在拟定环境保护对策与措施时应遵循"预防为主"的原则和下列优先顺序。

① 预防措施：用以清除拟议规划的环境缺陷。

② 最小化措施：限制和约束行为的规范、强度或范围，使环境影响最小。

③ 减量化措施：通过行政、经济技术手段和技术方法等降低不良环境的影响。

④ 修复补救措施：对已经受到影响的环境进行修复或补救。

⑤ 重建措施：对于无法恢复的环境，通过重建方式替代原有环境。

（6）开展公众参与　公众参与应覆盖规划环境影响评价的全过程，公众参与的方式主要有：论证会、听证会；问卷调查；大众传媒；发布公告或设置意见箱。

（7）拟定监测、跟踪评价计划　对于可能产生重大环境影响的规划，在编制规划环境影响评价文件时，应拟定环境监测和跟踪评价计划和实施方案。

（8）编写规划环境影响评价文件　通过上述各项工作，应对拟议规划方案得出下列评价结论中的一种：①建议采纳环境可行的推荐方案；②修改规划目标或规划方案；③放弃规划。

二、建设项目环境影响评价

1. 环境影响评价等级

建设项目环境影响评价为三个工作等级：一级、二级、三级。一级评价要求最详细，二级次之，三级较简略。

一般情况，建设项目的环境影响评价包括一个以上的单项影响评价，每个单项影响评价的工作等级可以不同。

对于单项影响评价的工作等级均低于第三级的建设项目，不需编制环境影响报告书，只需填写《建设项目环境影响报告表》。对于建设项目中个别评价工作等级低于第三级的单项影响评价，可根据具体情况进行简单的叙述、分析或不做叙述、分析。

2. 环境影响评价程序

环境影响评价工作程序如图 7-5 所示。环境影响评价工作大体分为三个阶段：第一阶段为准备阶段，主要工作为研究有关文件，进行初步的建设项目工程分析和环境现状调查，筛选重点评价项目，确定各单项环境影响评价的工作等级，编制评价大纲；第二阶段为正式工作阶段，其主要工作为进一步做工程分析和环境现状调查，并进行环境影响预测和评价环境影响；第三阶段为报告书编制阶段，其主要工作为汇总、分析第二阶段工作所得的各种资料、数据，给出结论，完成环境影响报告书的编制。

3. 环境影响评价大纲的编制

评价大纲既是指导建设项目环境影响评价的技术文件，也是检查报告书内容和质量的主要判据，其内容应该尽量具体、详细。评价大纲一般应包括以下内容：①评价任务的由来、编制依据、控制污染与保护环境的目标、采用的评价标准，建设项目概况，拟建地区的环境概况；②建设项目工程分析的内容与方法、影响评价的工作等级与重点，说明工程分析的内容和方法；③自然环境与社会环境现状调查方法与调查提纲；④环境影响预测与评价预测方法，包括现场实验和实验室试验计划；⑤影响评价的方法；⑥评价工作成果清单、拟提出的结论和建议的内容；⑦评价工作的组织、计划安排和经费概算。

评价大纲经过评审和审批以后，开始调查和环评。

4. 拟建项目的工程分析

根据实施过程的不同阶段可将建设项目分为建设过程、生产运行、服务期满后 3 个阶段进行工程分析。所有建设项目均应分析生产运行阶段所带来的环境影响。生产运行阶段要分析正常排放和不正常排放两种情况。通过对工艺过程各环节的分析，了解各类影响的来源，各种污染物的排放情况，各种废物的治理、回收、利用措施及其运行与污染物排放间的关系等。

建设项目的规划、可行性研究是工程分析的主要依据。工程分析的方法有类比分析法、物料平衡计算法、查阅参考资料等。

5. 项目所在地的现状调查

环境现状调查的范围包括与项目建设有关的地形、地貌、地质、土壤、气象、动植物、人口、经济、历史文化古迹和各环境要素。与评价项目有密切关系的环境要素（如大气、地面水、地下水等）调查应全面、详细调查。

数据资料收集、现场调查和遥感解译是主要的调查方法。为了获取模型参数，必要时要减小补充环境质量监测。

6. 环境影响预测

预计建设项目对环境的影响，需要对预期的环境状况进行预测，数学模拟、物理模拟、

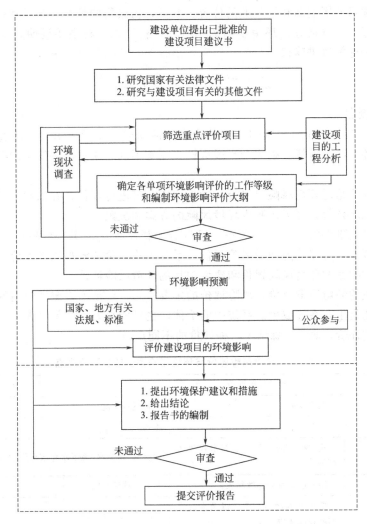

图 7-5　环境影响评价工作程序

类比调查和专家判断是常用的预测方法。其中，数学模拟使用方便、能给出定量的预测结果，应用较多。使用数学模型时，要注意模型结构和参数的适用性；类比调查法的预测结果属于半定量性质，在不能采用定量预测时可选用此方法；专家判断法则是定性地反映建设项目的环境影响，在很难定量估测（如对文物与"珍贵"景观的环境影响）时可以采用此方法。

7. 评价环境质量

对预期的环境影响做出评价，以准确判断建设项目的环境可行性，是环境影响评价的主要目的。评价的主要依据是国家和地方颁布的各项标准，评价所采用的标准在评价大纲中已经确立。在评价环境质量时要同时考虑环境质量的本底值。

8. 环评报告书编写

环评报告书全部评价工作结论，编写时要在概括和总结全部评价工作的基础上，客观地总结建设项目实施过程各阶段的生产和生活活动与当地环境的关系。

报告书要求文字简洁、准确，结论明确，最好分条叙述，以便阅读。

报告书结论一般应包括下列内容：①概括地描述环境现状，说明环境中现存的主要环境质量问题；②简要说明建设项目的影响源及污染源状况，根据评价中工程分析结果，简单明了地说明建设项目的影响源和污染源的位置、数量，污染物的种类、数量和排放浓度与排放量、排放方式等；③概括总结环境影响的预测和评价结果，特别要说明叠加背景值后的影响；④对环保措施的改进建议。

第五节　环境风险评价

一、基本概念

环境风险（Environmental Risk）是指由自然活动或人类活动引起，通过环境介质传播的，对人类与环境产生破坏、损失乃至毁灭性作用等不利后果的事件发生的概率，具有不确定性。

环境风险评价是对环境风险可能带来的损失或危害进行评估，并以此进行环境管理和决策。通过环境风险评价，可提出减少环境风险的方案和决策。

按评价与风险事件发生的时间关系，可以分为概率评价、实时后果评价和事故后果评价；按评价的范围，可以分为微观风险评价、系统风险评价和宏观风险评价；按评价的内容可分为各种化学物品的环境风险评价和建设项目的环境风险评价。

不同于一般的环境质量评价，风险评价的主要对象主要是不确定性较高的事故造成的损害，其受体可能是生态系统或生态系统中的个体，也可能是人群或单个人体。针对事故风险评价和环境影响评价，表 7-1 总结了两种评价的不同点。

表 7-1　环境风险评价与环境影响评价的主要不同点

项　　目	事故风险评价	环境影响评价
分析重点	突发事故	正常运行工况
持续时间	很短	很长
应计算的物理效应	火、爆炸、向空气和地面水释放污染物	向空气、地面水、地下水释放污染物、噪声、热污染等
释放类型	瞬时或短时间连续释放	长时间连续释放
应考虑的影响类型	突发性的激烈的效应以及事故后期的长远效应	连续的、累计的效应
主要危害受体	人和建筑、生态	人和生态
危害性质	急性受毒；灾难性的	慢性受毒
大气扩散模型	烟团模型、分段烟羽模型	连续烟羽模型
暴露时间	很短	很长
源项确定	较大的不确定性	不确定性很小
评价方法	概率方法	确定性方法
防范措施与应急计划	需要	不需要

资料来源：胡二邦，姚仁太，等，环境风险评价浅论，辐射防护通讯，第 34 卷第 1 期，2004 年。

一个完整的环境风险评价程序主要分为环境风险识别、曝露-效应分析、风险表征（评价）和风险管理等步骤。图 7-6 是通常环境风险评价过程。

剂量-效应试验是风险评价的基础，受体对污染物的反应程度，既取决于受体的性质，也取决于污染物的排放强度和持续时间。排放剂量越高、持续时间越长，对受体的影响越大。通过剂量-效应试验，可以明了受体损害程度和污染物排放之间的关系，这种关系通常可以用 S 形曲线表示（见图 7-7）。

风险管理是风险评价的结果和归宿。通过风险评价，揭示建设项目潜在的风险危害，

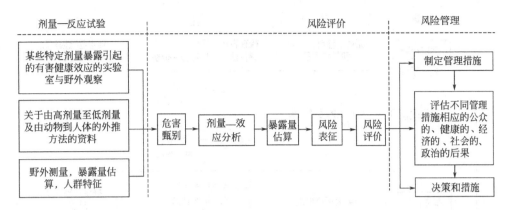

图 7-6 一个完整的风险评价过程

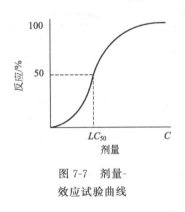

图 7-7 剂量-
效应试验曲线

提出应对措施，是建设项目建设运行期间风险管理的依据。

危害甄别是对风险源的识别，确定最大可信风险可能出现的部位、风险源的性质、类别、排放强度等。剂量-效应分析的内容是判断在可能的风险剂量下，受体会出现何种反应（如死亡、昏迷等）；暴露量估算是计算受体在受污染的环境下可能吸入的污染物量，与污染物的浓度及解除时间有关；风险表征是对受体无难题或个体出现有效损害的发生率做出估计；风险评价则是按照一定的标准判断风险计算的结构释放可以接受。

二、建设项目环境风险评价

1. 定义和范围

建设项目环境风险分析是指突发性事故对环境（或健康）的危害程度，用风险值 R 表示，其定义为事故发生概率 P 与事故造成的环境（或健康）后果 C 的乘积，即：

$$R[危害/单位时间]＝P[事故/单位时间]×C[危害/事故]$$

建设项目环境风险评价的范围涉及有毒有害和易燃易爆物质的生产、使用、贮运等的新建、改建、扩建和技术改造项目（不包括核建设项目）的环境风险评价。对建设项目建设和运行期间发生的可预测时间或事故（一般不包括人为破坏及自然灾害）引起的有毒有害、易燃易爆等物质泄露，或突发事件产生的新的有毒有害物质所造成的人身安全与环境影响和损害进行评估提出防范、应急与减缓措施。

2. 评价流程

建设项目风险评价流程如图 7-8 所示。除了评价过程，该图还给出了每个评价阶段的工作对象、主要防范和工作目标。

3. 评价内容及方法

（1）风险识别 风险识别的范围包括生产设施风险和生产过程风险。根据建设项目的生产特征，结合物质危险性识别，对项目功能系统划分功能单元，确定潜在的危险单元及重大危险源。表 7-2 给出了物质危险性标准，有毒物质的有关参数可以参见《建设项目环境风险评价技术导则》。

（2）源项分析 通过定性、定量分析方法确定最大可信事故发生概率、危险化学品泄漏量，分别按液体、气体、两相流泄漏计算。

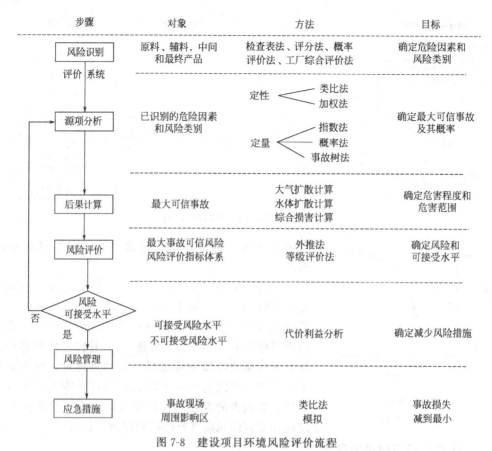

图 7-8　建设项目环境风险评价流程

表 7-2　物质危险性标准

项目		LD_{50}（大鼠经口）/（mg/kg）	LD_{50}（大鼠经皮）/（mg/kg）	LC_{50}（小鼠吸入，4h）/（mg/L）
有毒物质	1	＜5	1	0.01
	2	5＜LD_{50}＜25	10＜LD_{50}＜50	0.1＜LC_{50}＜0.5
	3	25＜LD_{50}＜200	50＜LD_{50}＜400	0.5＜LC_{50}＜2
易燃物质	1	可燃气体，在常压下以气态存在并与空气混合成可燃混合物；其沸点（常压下）是 20℃ 或 20℃ 以下的物质		
	2	易燃液体，闪点低于 21℃，沸点高于 20℃ 的物质		
	3	可燃液体，闪点低于 55℃，压力下保持液态，在实际操作条件下（如高温高压）可以引起重大事的物质		
爆炸性物质		在火焰影响下可以爆炸，或者对冲击、摩擦比硝基苯更为敏感的物质		

注：LD_{50} 为半致死剂量；LC_{50} 为半致死浓度。

资料来源：《建设项目环境风险评价技术导则》，附录 A1，国家环境保护总局，2004 年。

（3）后果计算　事故产生的后果通过各种扩散模型计算。在大气中的扩散可采用多烟团大气扩散模型、重气体扩散模型计算有毒有害物质在大气中的扩散，按一年气象资料逐时移滑或按天气取样规范取样，计算各网格点和关心点浓度值，由小到大排序，取其累积概率水平为 95% 的值，作为各网格点和关心点的浓度代表值进行评价。在地表水中的扩散可以采用瞬时点源和优先时段排放点源计算。

（4）风险计算　风险值 R 是风险的表征，风险值由下式计算。

毒性影响通常采用概率函数形式计算有毒物质从污染源到一定距离能造成死亡或伤害的经验概率的剂量。鉴于目前这种计算方法不够成熟，可以用简化的方法，即用半致死浓度 LC_{50} 来计算毒性的影响。若事故发生后下风向某处，污染物 i 的浓度的最大值大于或等于该污染物的半致死浓度LC_{50}，则事故导致的风险损害可以下式计算：

$$C_i = \sum_{ln} 0.5N(X_{iln}, Y_{jln})\tag{7-36}$$

式中，C_i为由第i种污染物所知的风险损害（或致死人数）；$N(X_{iln}, Y_{jln})$为处于污染物浓度超过半致死浓度区域内的总人数。

多种有毒有害物质泄漏造成的风险损害为：

$$C = \sum_{i=1}^{n} C_i\tag{7-37}$$

最大可信灾害事故的风险值用下式计算：

$$R = P \times C\tag{7-38}$$

式中，P为最大可信事故的发生概率（事件数/单位时间），可通过类比法、专家咨询法确定；C为最大可信事故造成的危害（损害/事件）。

从各功能单元的最大可信事故风险R_j中选出危害最大的风险值R_{max}作为建设项目最大的可信灾害风险值，并以此作为评价风险的基础：

$$R_{max} = Max(R_j), \quad j = 1, 2, \cdots, m\tag{7-39}$$

式中，m为建设项目风险评价的功能单元数。

（5）风险评价　若给定可接受的风险水平为R_L，当$R_{max} \leqslant R_L$则意味该建设项目的环境分析是可以接受的；否则，需要采取降低事故环境分析的措施，降低风险直至可接受的风险水平。

三、生态风险评价

1. 概况

生态风险评价（Ecological Risk Assessment，ERA）是预测环境污染物对生态系统或其一部分产生有害影响可能性的过程，是指一个物种、种群、生态系统或整个景观的正常功能受外界胁迫，从而在目前和将来降低该系统内部某些要素或其本身的健康、生产力、遗传结构、经济价值和美学价值的可能性，也就是指生态系统受一个或多个胁迫因素影响后，对不利的生态后果出现的可能性进行评估。由于生态风险是生态系统或其组成部分所承受的风险，因此评价受体可以是个体也可以是整体。

1990年，美国国家环保局提出生态风险评价概念，1998年正式颁布了《生态风险评价指南》，提出生态风险评价"三步法"，即提出问题、分析（暴露和效应）和风险表征。提出问题，即在评估前需要对观点和问题进行清楚的定义，这样收集的数据才能有针对性地回答问题；提出的问题包括潜在受体清单、敏感的生境、暴露途径、媒介、终点和涉及的化合物。其次是分析，包括暴露分析和效应分析，主要是评价受体如何暴露于胁迫因子，及可能导致的生态效应。最后是风险表征，将暴露特征和得到的剂量-效应进行整合，得到风险发生的概率。近20年来，美国环境保护局和各国环保管理机构纷纷进行生态风险评价技术框架研究，并在评价范围、评价内容及评价方法等方面进行扩展研究。风险应激因子已由单一的风险因子发展到多种化学因子及可能造成生态风险的事件；风险受体也从单物种向多物种、种群、生态系统、流域景观水平的方向发展；风险则多以定量化的生物有机体死亡率、生长发育、繁殖能力等指标来表示；相应的生态风险评价手段在不断地扩展和完善。

2. 毒性试验

污染物的浓度不同对生物会产生不同的效应，在超过一定浓度时就会引起中毒，这就是"中毒浓度"，在中毒浓度的基础上再提高就会引起死亡，能够导致生物死亡的浓度称为"致死浓度"LC。能够引起生物体死亡的剂量成为"致死剂量"LD。

半数致死浓度 LC_{50} 是指引起一群受试对象 50％个体死亡所需的浓度，静态 96h-LC_{50}（96 小时-半致死浓度）是广泛采用的试验方法。LC_{50} 在毒理学中是最常用的表示化学物质毒性分级的指标。因为剂量-反应关系的"S"形曲线在中段趋于直线，直线段的中点为 50％，故 LC_{50} 值最具有代表性。除了 LC_{50}，还有绝对致死浓度（LC_{100}）、最小致死浓度（MLC 或 LC_{01}）和最大耐受浓度（MTC 或 LC_0）等也有使用。

水生生物急性毒性试验通过测定生物的半数存活浓度（TL_m）或半数致死浓度（LC_{50}）判断高浓度污染物在短时期（一般不超过几天）内对水生生物所产生的急性中毒作用。

用于急性毒性试验的水生生物种类很多，常用的是小型水生生物，主要是鱼（如斑马鱼、黑头软口鲦鱼，以及青、草、鲢、鳙等），也有用浮游生物做急性毒性试验的，如中国常用的有隆线溞（*Daphnia carinata*）、大型溞（*Daphnia magna*）等溞类，栅藻（*Scenedesmus*）、小球藻（*Chlorella*）等藻类。为了特定的目的，也可以根据实际环境条件直接选用需要保护的水生生物种类。

3. 生态风险的表征方法

风险表征是对暴露于各种应激下的有害生态效应的综合判断和表达，其表达方式有定性和定量两种。目前定量风险表征方法主要有熵值法、概率法和多层次风险评价法。熵值法仍然是目前主要的评价方法。

（1）商值法　商值法是美国最早使用的最广泛的风险表征方法。商值法的计算方法为：

$$RQ=EEC/LC_{50} \tag{7-40}$$

式中，RQ 为风险商值（Risk Quotient）；EEC 为污染物的环境暴露浓度（Environmental Exposure Concentration）；LC_{50} 为实验室测得的污染物危害程度的半致死浓度。

将商值与关注标准相比较，可判断出风险水平。表 7-3 列出了美国国家环保局（USEPA）根据商值法制定的水生动物关注标准及相应的风险假定。

表 7-3　USEPA 水生动物风险商值、关注标准及对应的风险假定

风险商值（RQ）	关注标准（LOC）	风　险　假　定
EEC/LC_{50}	0.5	急性风险（产生急性风险可能性高，除限制使用外还需进一步管理）
EEC/LC_{50}	0.1	急性限制使用（产生急性风险可能性高，但是可以通过限制使用减少风险）
EEC/LC_{50}	0.05	急性濒危物种（可能对濒危物种有不利影响）
EEC/LC_{50}	0.01	慢性风险（产生慢性风险可能性高，需要采取进一步管理措施）

资料来源：USEPA. Probabilistic A quatic Exposure A ssessment for Pesticides ［R］. Environmental Protection Agency，Washington，DC，USA，2001。

吕刚等给出的商值法判别准则如下：

生物致死风险指数　　　$Q(f,c)=EEC/LC_{50}$ （7-41）

生物生长抑止风险指数　$Q(a)=EEC/EC_{50}$ （7-42）

式中，$Q(f,c)$ 为浮游动物、鱼等的致死风险指数；$Q(a)$ 为藻类等的生长抑制风险指数；EEC 为污染物环境暴露浓度；LC_{50} 为试验生物的半致死浓度；EC_{50} 为半效应浓度。

在进行水生生态系统风险评价时，$Q(f,c)>0.1$，$Q(a)>0.3$，为高风险；$Q(f,c)\leqslant 0.001$，$Q(a)>0.003$，为低风险；$0.001\leqslant Q(f,c)\leqslant 0.1$，$0.003<Q(a)\leqslant 0.3$ 时，需要进一步评价。此时，应用公式：

$$Q=EEC(0,t)/NOEC \tag{7-43}$$

式中，$EEC(0,t)$ 为 t 时间后的环境暴露浓度；$NOEC$ 为慢性毒性实验得到的不可见效应浓度。此时，$Q>0.1$ 为高风险；$Q<0.001$ 为低风险；$0.001\leqslant Q\leqslant 0.1$ 为中等风险。

（2）概率风险评价 概率风险评价把可能发生的风险通过统计模型以概率的方式表达出来，更接近客观实际。在概率生态风险评价中，暴露评价和效应评价是两个重要的内容。暴露评价试图通过概率技术来测量和预测某种化学品的环境浓度或暴露浓度，效应评价则用物种敏感度分布（SSD）来估计一定比例（$x\%$）的物种受影响时的化学浓度，即 $x\%$ 的危害浓度（hazardous concentration，HCx）。

暴露浓度和物种敏感度都被认为来自概率分布的随机变量，二者结合产生了风险概率。运用概率风险分析方法，考虑环境暴露浓度和毒性值的不确定性和可变性，体现了一种更直观、合理和非保守的估计风险的方法。概率风险评价法包括安全浓度阈值法和概率曲线分布法。

① 安全阈值法（the margin of safety，MOS）。传统商值法表征的风险是一个确定的值，而不是一个具有概率意义的统计值，因此商值法不足以说明某种毒物对生物群落或整个生态系统水平的危害程度及其风险大小。因此，需要选择代表食物链关系的不同物种来表示群落水平的生物效应，从而对污染物的生态安全进行评价。

为保护生态系统内生物免受污染物的不利影响，通常利用外推法来预测污染物对于生物群落的安全阈值。通过比较污染物暴露浓度和生物群落的安全阈值来分析生态风险的大小。安全阈值是物种敏感度或毒性数据累积分布曲线上 10% 处的浓度与环境暴露浓度累积分布曲线上 90% 处浓度之间的比值，其表征量化暴露分布和毒性分布的重叠程度；比值小于 1 表示对水生生物群落有潜在风险，大于 1 表明两分布无重叠、无风险。

② 概率曲线分布法（probability distribution curve）。通过分析暴露浓度与毒性数据的概率分布曲线，考察污染物对生物的毒害程度，从而确定污染物对生态系统的风险。以毒性数据的累积函数和污染物暴露浓度的反累积函数作图，可以确定污染物的联合概率分布曲线。该曲线反映了各损害水平下暴露浓度超过相应临界浓度值的概率，体现了暴露状况和暴露风险之间的关系。概率曲线法是从物种子集得到的危害浓度来预测对生态系统的风险。一般用作最大环境许可浓度的值是 HC_5 或 HC_{20}。这种将风险评价的结论以连续分布曲线的形式表示的方法，不仅使风险管理者可以根据受影响的物种比例来确实保护水平，而且也充分考虑了环境暴露浓度和毒性值的不确定性和可变性。

（3）多层次的风险评价法 随着生态风险评价的发展，逐渐形成了一种多层次的评价方法，即将商值法和概率风险评价法进行综合，充分利用各种方法和手段进行从简单到复杂的风险评价。多层次评价过程的特征是以一个保守的假设开始逐步过渡到更接近现实的估计。

低层次的筛选水平评价可以快速地为以后的工作排出优先次序，其评价结果通常比较保守，预测的浓度往往高于实际环境中的浓度水平。如果筛选水平的评价结果显示有不可接受的高风险，那么就进入更高层次的评价。更高层次的评价需要更多的数据与资料信息，使用更复杂的评价方法或手段，目的是力图接近实际的环境条件，从而进一步确认筛选评价过程所预测的风险是否仍然存在，以及风险的大小。它一般包括初步筛选风险、进一步确认风险、精确估计风险及其不确定性、进一步对风险进行有效性研究 4 个层次。目前多层次的风险评价尚处在探索阶段。

【例 7-5】 全氟辛烷磺酰基化合物（PFOS）的水生生态风险评价

PFOS 广泛用于纺织物、地毯、皮革、纸制品等包装材料的涂层，是持久性污染物家族的重要成员，具有生殖毒性、发育毒性和神经毒性等。根据实测数据计算的亚洲沿海、我国部分地区和美国部分城市水体中 PFOS 平均含量列于附表1，通过商值法计算的 PFOS 对三地鱼类、水生浮游生物及藻类的风险表征值（商值法）列于附表2。

附表 1　三地水环境中 PFOS 曝露浓度

亚洲沿海	我国部分地区	美国部分城市
59.0052ng/L	38.8758ng/L	11.7222μg/L

附表 2　三地 PFOS 的单种生物风险表征（商值）

生物种类	LC_{50} 或 EC_{50} / (mg/L)	亚洲沿海	我国部分地区	美国部分城市
鱼类，黑头软口条	4.7	1.255×10^{-7}	8.271×10^{-6}	0.002494
水生浮游生物，糠虾	48.2	1.224×10^{-6}	8.066×10^{-5}	0.243
藻类，绿藻门	3.6	1.639×10^{-7}	1.080×10^{-7}	3.256

由附表 2 可以看出，亚洲沿海和我国部分地区的所有商值均远远小于 0.001 或 0.003，属于低风险水平；美国部分城市的 PFOS 对浮游生物和藻类的风险商值为 0.243 和 3.256，属于高风险水平；鱼类黑头软口鲦的风险商值为 0.002494，介于 0.001～0.1 之间，需要进一步评价。

通过外推法获得 NOEC，$NOEC = LC_{50}/1000$（USEPA—安全因子法，Sloof，1992），得出 $Q = EEC/NOEC > 0.1$。因此，进一步评价的结果显示美国部分城市水环境 PFOS 暴露浓度对黑头软口鲦鱼为高风险。

四、人群健康风险评价

1. 健康危害风险的一般概念

环境污染或环境改变对人的健康危害可分为急性伤害、职业病，可接受的危害以及可忽略的危害。急性伤害是指事故引起的人员伤亡；职业病是指在现实条件下工作，由于职业因素引起的特异性疾病；可接受的危害风险是指环境条件符合标准的情况下仍然存在的危害，这种危害在许多情况下常常具有非特异性、随机性和无阈值的特点。一些化学有害物质和物理因素引起的致癌和致突效应就属于这一类。可忽略的危害，是指与人在日常生活中遇到的危害相比可以忽略不计的危害。

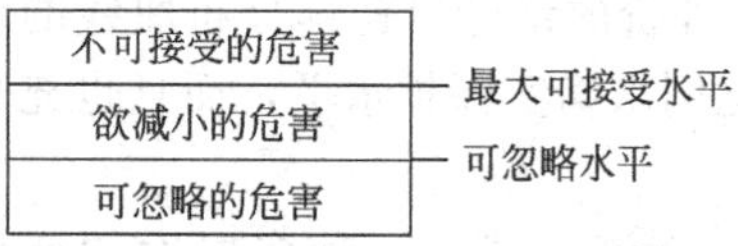

从评价的角度，可以将危害程度分为最大可接受水平和可忽略水平（图 7-9）。危害管理的目标就在于：将危害风险降低到可合理达到的最低水平，防止出现超过最大可接受水平的危害。

图 7-9　各种危害水平的关系

为了对危害进行评价，需要有能够定量描述危害的指数。这一指数应能统一衡量各种不同性质的危害。危害指数的发展大体上可分为下述几个阶段：①根据对个人可以察觉到的损伤制定的指数，可以察觉到的损伤通常是指近期效应；②对一种有害物质，综合近期和远期效应制定的指数，远期效应通常是随机的、无阈值的和非特异性的；③能综合表征经常存在的危害和可能发生的危害的指数，为了控制事故产生的危害，危害指数应包括发生概率小于 1 的事故引起的危害；④能综合统一地表征各种对人体健康有害的危害指数；⑤制定能够综合表征各种危害的指数，其中包括对健康和环境的危害以及经济的损失，近期的和远期的，实际存在的和可能存在的等危害。

表 7-4 列出了对人的两种危害的最大可接受水平和可忽略水平的范围。应该注意，对于有阈的危害，最大可接受水平不等于无效应水平，而是等于无效应水平除以安全系数，这个系数通常取 100，安全系数表示最大可接受水平和无效应水平之间的裕量。

通常见到的环境标准、卫生标准和安全标准等相应于最大可按受水平，其危害水平大体处于同一数量级。文献报道了对电离辐射、丙烯腈、石棉、苯和氯乙烯危险度的研究结果，表 7-5 列出了其结果。考虑到估算本身的较大的不确定度，可以认为与这些年限值相应的危险度大体处于同一数量级。

表 7-4 对人的两种危害的最大可接受和可忽略水平

危害的性质	最大可接受水平	可忽略水平
无阈的危害	$10^{-5} \sim 10^{-8}$	$10^{-7} \sim 10^{-8}$
有阈的危害	相应于 $\dfrac{\text{无效应水平}}{\text{安全系数}}$ 的浓度	最大可接受水平的百分之一

资料来源：潘自强，危害评价和管理，中国环境科学，第 11 卷第 4 期，1991 年 8 月。

表 7-5 几种致癌物质的致癌因子和相应危险度

致癌剂	年限值/ppm	致癌因子/(1/ppm/a)	危害风险值
电离辐射	50mSv	$1.25 \times 10^{-2}/Sv$	6.25×10^{-4}
丙烯腈	2	7.13×10^{-4}	14.26×10^{-4}
石棉	1fcc	$6.25 \sim 15.75 \times 10^{-4}/1\text{fcc/a}$（几何平均值 $10 \times 10^{-4}/1\text{fcc/a}$）	$6.25 \sim 15.75 \times 10^{-4}$
苯	5	$0.034 \sim 4.86 \times 10^{-4}$（几何平均值 0.4×10^{-4}）	$0.17 \sim 24.3 \times 10^{-4}$
氯乙烯	1	$0.08 \sim 0.96 \times 10^{-4}$（几何平均值 0.28×10^{-4}）	$0.08 \sim 0.96 \times 10^{-4}$

资料来源：USEPA. Probabilistic A quatic Exposure A ssessment for Pesticides［R］. Environmental Protection Agency, Washington, DC, USA, 2001。

注：$1\text{ppm} = 10^{-6}$。

可忽略的危害是指这样的危害水平：为了进一步减小其直接危害，则由此引起的间接危害可能更大，即控制其危害的次级效应可能超过减小危害所带来的利益。美国卫生标准的食物年风险值约在 $10^{-5} \sim 10^{-6}$ 范围内，饮水在 $10^{-7} \sim 10^{-9}$ 范围内。

2. 健康危害风险值模型

水环境中对人体健康产生危害的物质分为两类：基因毒物质和躯体毒物质，前者包括放射性污染物和化学致癌污染物，后者为费致癌污染物，根据长期剂量-危害效应研究，建立了污染物对人体健康危害的评价模型。

（1）放射性物质的致癌风险值

$$R^r = \sum_{i=1}^{j} R_i^r \tag{7-44}$$

$$R_i^r = 1.25 \times 10^{-2} D_i \tag{7-45}$$

$$D_i = 25.5 \times C_i \times u^a g^a \tag{7-46}$$

式中，R_i^r 为放射性物质 i 通过食入途径对平均个人产生健康危害的年风险值，a^{-1}；D_i 为放射性物质 i 通过食入途径对个人产生的平均有效剂量当量，S_v/a；1.25×10^{-2} 为人群中辐射诱发的癌症死亡概率系数，S_V^{-1}；u^a 为 a 年龄组个人的水摄入量，L/a；g^a 为 a 年龄组的食入途径剂量转换因子，S_V/B_q；C_i 为放射性物质 i 的浓度，mg/L。

式（7-44）表示放射性污染物的致癌风险值为各种放射性致癌污染物的致癌风险值的线性加和。

（2）化学致癌物的健康危害风险值

$$R^C = \sum_{i=1}^{k} R_i^C \tag{7-47}$$

$$R_i^C = [1 - \exp(-D_i q_i)]/F \tag{7-48}$$

式中，R_i^C 为化学致癌物 i 通过食入途径对平均个人的致癌年风险值，a^{-1}；D_i 为化学致癌物 i 经食入途径的单位体重日均暴露剂量，$\text{mg/(kg} \cdot \text{d)}$；$q_i$ 为化学致癌物 i 通过食入途径的致癌系数，$\text{mg/(kg} \cdot \text{d)}^{-1}$；$F$ 为居民的平均寿命，a。

通过饮水途径的单位体重日均暴露剂量 D_i 为：

$$D_i = Q \times C_i / M \tag{7-49}$$

式中，Q 为成人每日平均饮水量，L/d；C_i 为化学致癌物 i 的浓度，mg/L；M 为人均体重，kg。

式（7-51）表示化学致癌污染物的致癌风险值为各种化学致癌污染物的致癌风险值的线性加和。

（3）非致癌污染物所致健康危害的风险　非致癌污染物所致健康危害的风险模式为：

$$R^n = \sum_{i=1}^{l} R_i^n \tag{7-50}$$

$$R_i^n = (D_i / RfD_i) \times 10^{-6} / F \tag{7-51}$$

式中，R_i^n 为非致癌物 i 经食入途径所致健康危害的个人平均年风险，a^{-1}；D_i 为非致癌污染物 i 经食入途径的单位体重日均暴露剂量，mg/（kg·d）；RfD_i 为非致癌污染物 i 的食水途径参考剂量，mg/（kg·d）$^{-1}$；F 为居民的平均寿命，a。

式（7-50）表示非致癌化学污染物的危害风险值为各种非致癌化学污染物的危害风险值的线性加和。

假设各种有毒物质对人体健康的危害作用呈相加关系，而不是协同或拮抗，则饮水对健康的总风险值为：

$$R_{总} = R^r + R^c + R^n \tag{7-52}$$

环境中的有害物质还可能通过皮肤接触（游泳、戏水等）对人体产生危害，可以通过类似方法进行评估。

【例 7-6】 某水源地的健康风险评估

（1）数据　某水源地规划取水量 $10 \times 10^4 \, \text{m}^3/\text{d}$，供应城市生活饮用水，服务人口76000。水源地的水质监测结果示于附表 1。

附表 1　水源地水质监测结果　　　　单位：mg/L

项目	Cd	As	Cr^{6+}	Hg	Pb
平均浓度	1.0×10^{-4}	6.0×10^{-3}	3.0×10^{-3}	2.0×10^{-5}	5.0×10^{-3}
项目	F	CN$^-$	NH$_3$-N	酚	U
平均浓度	2.2×10^{-1}	2.0×10^{-3}	3.9×10^{-1}	2.0×10^{-3}	2.09×10^{-4}

（2）评估参数选取　根据国际癌症研究机构（IARC）的分类系统，属于 1 组和 2A 组的化学物质属于致癌物，其致癌强度系数可从美国国家环保局出版资料中查知（见附表 2）。

附表 2　经食入的化学致癌物致癌强度系数 q_i　　　　单位：mg/（kg·d）

致癌物	Cd	As	Cr^{6+}
q_i	6.1	15	41

对于非致癌污染物的风险评估，参考计量列于附表 3。其数值也可以从美国国家环保局的出版资料中查知。

附表 3　经食入的非致癌污染物参考剂量 RfD_i　　　　单位：mg/（kg·d）

非致癌污染物	Hg	Pb	F	CN$^-$	NH$_3$-N	酚
RfD_i	3.0×10^{-4}	1.4×10^{-3}	6.0×10^{-2}	3.7×10^{-2}	9.7×10^{-1}	1.0×10^{-1}

（3）健康风险评估　将附表 1 中放射性物质 U 的浓度代入式（7-46），同时将致癌污染

物 Cd、As、Cr^{6+} 的浓度和附表 2 中致癌强度系数分别代入式（7-48）和式（7-49），可以求得致癌污染物通过饮用水途径个人致癌的年风险，再乘以地区人口数，就可得到该地区人群致癌的风险（见附表 4、附表 5）。以同样方法，将非致癌污染物的数据代入式（7-52），得到非致癌物的健康风险（见附表 6 和附表 7）（计算中，取人均寿命 $F=70$ 年，人均体重 $M=70\text{kg}$，人均饮水量取 $Q=2.2\text{L}/（人 \cdot d）$。

附表 4　放射性物质及化学致癌物的健康危害风险（个人平均风险，1/a）

U	Cd	As	Cr^{6+}	合计
7.26×10^{-9}	2.49×10^{-7}	3.67×10^{-5}	5.02×10^{-5}	8.72×10^{-5}

附表 5　放射性物质及化学致癌物的健康危害风险（群体平均风险，人/a）

U	Cd	As	Cr^{6+}	合计
5.52×10^{-4}	1.89×10^{-2}	2.70	3.82	6.63

附表 6　非致癌污染物经饮水途径的健康危害风险（个人平均风险，1/a）

Hg	Pb	F	CN^-	NH_3-N	酚	合计
2.99×10^{-11}	1.60×10^{-9}	1.65×10^{-9}	2.43×10^{-11}	1.81×10^{-10}	8.98×10^{-12}	3.46×10^{-9}

附表 7　非致癌污染物经饮水途径的健康危害风险（群体平均风险，人/a）

Hg	Pb	F	CN^-	NH_3-N	酚	合计
2.27×10^{-6}	1.12×10^{-4}	1.25×10^{-4}	1.85×10^{-6}	1.38×10^{-5}	8.82×10^{-7}	2.63×10^{-4}

从附表 4 可以看出，化学致癌物的健康危害风险以 Cr^{6+} 最高，其次是 As，其风险值分别占到总风险的 57.6% 和 42.1%；在非致癌污染物中，危害风险的排序为：F＞Pb＞NH_3-N＞Hg＞CN^-＞酚，F 和 Pb 的危害风险最高，它们的风险值分别占到总风险值的 47.7% 和 46.2%。

将各类致病风险汇总可以得到附表 8。

附表 8　各类污染物致病风险汇总

个体平均危害风险/(1/a)				群体平均危害风险/(人/a)			
放射性物质	化学致癌物	非致癌污染物	合计	放射性物质	化学致癌物	非致癌污染物	合计
7.26×10^{-9}	8.72×10^{-5}	3.46×10^{-9}	8.72×10^{-5}	5.52×10^{-4}	5.63	2.63×10^{-4}	6.63

从附表 8 可以看出，该水源地的个体致病风险为 8.72×10^{-5}（1/a），群体致病风险为 6.63（人/a）。按照国际辐射防护委员会（ICRP）推荐的最大可接受值 $5.0\times10^{-5}\text{a}^{-1}$，以及瑞典环保局、荷兰建设和环境部推荐的最大可接受水平 $1.0\times10^{-5}\text{a}^{-1}$，本例的个体平均致病风险已经超过上述推荐值。

五、环境风险管理

环境风险管理是指根据风险评价的结果，按照有关的法规条理，选用有效的控制技术，进行减缓风险的费用与效益分析，确定可接受风险度和可接受的损害水平，并进行政策分析和考虑社会经济与政治因素，确定适当的管理措施并付诸实践，以降低或消除风险，保护人群健康和生态系统安全。

环境风险管理的内容包括：制定毒物的环境管理条例和标准；提高环境影响评价的质量，强化环境管理；拟订特定区域、城市或工业的综合环境管理规划；加强对风险源的控制，包括风险源分布与现状、风险源控制管理规划、潜在风险预报、风险控制人员的培训与配备；风险的应急管理与恢复技术。通过管理手段达到以最小的代价减少风险和提高安全性。

环境风险管理计划包含以下内容。

（1）操作对象 把所有的风险源都纳入风险管理计划。

（2）计划目标 以尽可能少的资金或代价来最大程度地减少风险。

（3）管理方法 对可能出现的和已出现的风险源开展风险评价；事先拟定可行的风险控制行动方案；由专家参与风险管理计划的评判；把潜在风险的状况及其控制方案和具体措施公诸于众；风险控制人员队伍训练及应急行动方案的演习；风险管理计划实施效果的规范化核查。

风险管理过程中控制风险的方式主要有以下几种。

（1）避免风险 这也是一种最简单的风险处理方法。它是指考虑到风险损失的存在或可能发生，主动放弃或拒绝实施某项可能引起风险损失的方案，如关闭造成环境风险的工厂或生产线。

（2）减轻风险 在风险无法避免的情况下，减轻风险就是在风险损失发生前，为了消除或减少可能引起损失的各种因素而采取的具体措施，其目的在于通过消除或减少风险因素而达到降低发生频率的目的。如采用较好的零部件，改进生产维护，加强培训来降低设备故障和人为失误频率。

（3）抑制风险 抑制风险是指在事故发生时或之后为减少损失而采取的各项措施。采用安全和控制系统来阻止事故蔓延，但这类措施必须是系统有效时才起作用，同时也引入报警与控制系统自身的失误率。缓冲系统是一种费用较少、效果较好的方法，它不能改变污染源的故障率，但能减轻损失，如突发性环境污染事故一旦发生应立即切断污染源，隔离污染区，防止污染扩散。

（4）转移风险 转移风险是指改变风险发生的时间、地点及承受风险的客体的一种处理方法。如通过迁移厂址或迁出居民的方法使环境风险发生转移；通过制定合理的保险费率，对环境风险进行投保，让保险公司承担环境风险的经济损失。

习题与思考题

1. 某城市小区有四家工厂，它们排放的废水的水质、水量如下表所列。确定主要污染源和主要污染物。

项目	COD_{Cr}	BOD_5	Cd	Hg	污水量
	mg/L				m^3/s
甲厂	1500	700	0.07	0.02	1.323
乙厂	850	450	0.21	0.09	0.68
丙厂	620	290	0.15	0.06	2.10
丁厂	320	80	0.33	0.17	1.55

2. 已知某城市 1995 年～2004 年的一组 SO_2 发生量数据如下表所列，预测该城市 2010 年 SO_2 的发生量。

年份	1995	1996	1997	1998	1999	2000	2001	2002	2003	2004
SO_2 发生量/（$\times 10^4$ t/a）	1.052	1.081	1.123	1.119	1.150	1.212	1.254	1.315	1.420	1.440

3. 某市大气环境监测网设有 5 个监测点，测得冬季大气质量数据如下表所列：测算各站的大气污染物标准指数、上海大气质量指数和沈阳大气质量指数。

项目	TSP	SO₂	NOₓ	CO	O₃
	mg/L				
1	0.32	0.26	0.15	10.02	0.20
2	0.18	0.16	0.18	12.15	0.35
3	0.25	0.19	0.08	8.40	0.24
4	0.12	0.08	0.09	7.65	0.25
5	0.09	0.11	0.16	9.20	0.31

注：O_3 为 1h 平均值，其余为日平均值。

4. 已知河流某断面的一组水质监测值，试计算该断面的内梅罗（Nemerow）水质指数（取国家标准第Ⅲ级）。

监测项目	COD$_{Cr}$	挥发酚	氨氮	Cr^{6+}	As
浓度/(mg/L)	13.0	0.04	1.98	0.04	0.12

5. 为了对某市的环境质量进行综合评价（包括大气、水体、土壤及噪声），需要调查各环境要素的权系数，试写出调查步骤，并编制必要的调查表格。

6. 论述模糊综合评价的特点和基本方法。

7. 论述环境风险评价的程序。

第八章 水环境规划

第一节 水环境功能区与水污染控制区

一、水环境功能区

1. 定义与特征

水环境功能区是指执行特定环境功能的一段（片）水域。水域功能依据水域环境容量、社会经济发展需要，以及污染物排放总量控制的要求确定。水环境功能区划就是划分和确定水环境功能区的过程。

一个水环境功能区可能执行多项功能，按照高要求来定义功能区的水质目标。例如，一个功能区同时具有饮用水水源的功能和农业用水功能，那么该功能区的水质目标就定义为饮用水功能区。

由于引入水环境功能区，使得水环境容量的计算变得较为容易，可以将一个复杂流域性水质问题分解成相对简单的水功能区划问题和若干个功能区的水污染控制问题，从而提高了污染物总量控制的可操作性，使流域水污染防治规划成为可能。水环境功能区概念和区划方法的提出是对水环境保护的贡献。

2. 功能区划分的原则

一旦确定了水环境功能区划，实现水环境功能区的水质目标就是水污染防治规划和水环境管理的主要内容。在进行水环境功能区划时需要遵循以下原则。

（1）生态保护与经济发展协调 水域的功能可以分为两大类：使用功能和保护功能。

从本质上讲，使用功能是为了满足人类的直接需求，而保护功能则是为了满足人类的长远需求，保证人类社会的可持续发展。处理好这两者之间的关系，也就是处理好眼前利益和长远利益之间的关系。当利用和保护发生矛盾时，如果矛盾的性质不可调和，使用功能必须做出调整，这种调整的低限是环境生态的承载力：也就是环境生态系统所能接受的人类经济社会活动的阈值。人类的社会经济活动对于环境生态系统产生的压力导致生态系统产生变化，一旦外界压力消除，生态系统能够以自身的力量恢复原有的功能，这种压力就是可以接受的，否则就不可接受。珍稀水生生物（如鱼类和两栖动物的产卵场、育苗场等）对于外界的压力一般都是很敏感的，在功能区划中应该予以同步重视。

（2）功能主导、饮用水保护优先 饮用水是人类生存须臾不可离开的最基本的环境资源之一，饮用水水源地的保护是人类社会实现可持续发展的基本保证。在我国经济连续快速发展的条件下，饮用水水源地的污染已经威胁到人们生存的基本权利，成为当前水环境保护的迫切内容。

我国一些流经主要城市的江、河、湖等水域或已检测出数百种有机物，或被报道已经受到严重的有机物污染。在被检测出的有机物中一些有毒污染物含量超过了地表水水质标准，有些是致癌、致畸和致突变有机污染物。近年来，我国有关部门在饮用水水源保护方面做了许多工作，但是，由于各种条件的制约，全国水源污染仍呈发展趋势，有90%以上的城市水域受到不同程度的污染，近50%的重点城镇饮用水水源不符合饮用水源地的水质标准。

饮用水水源地的污染不仅直接影响到人群的健康，还严重危及经济的持续发展和社会安定。在水环境功能区划中，饮用水水源地的保护必须优先考虑。

（3）上下游利益兼顾、相互协调　水环境功能区的划分是水污染防治规划中最基本的决策内容，它不仅涉及该功能区范围内的用水、排水、水生生物保护、水产养殖、旅游等行业的发展，而且对其上游的水质提出了制约，对下游的水质也会产生影响。通过水质变化引起的相互影响，构成了上下游的利益冲突，这种冲突主要体现在两个方面：一是上游的经济社会发展，导致污水排放量的增加，从而引起下游水质恶化，影响下游的经济社会发展和居民生活；二是为了保证下游地区的发展，需要严格控制上游的污水的排放，从而制约了上游的经济发展，特别是某些工业门类的发展。

流域是一个大系统，任何一个环节的变动都会涉及上下游的利益，确定水环境功能区及其水质目标是涉及全局的大事，必须经由全流域的共同协商和协调。离开全流域的协调，一个区域单独制订的功能区划只是一纸空文。

（4）近、中、远期相结合　在水质受到污染，特别是受到较为严重污染的水域，根据自然条件和需求提出的功能区目标是在当时当地条件下预期可以实现的比较理想的目标。为了实现这个目标，需要实施一系列的工程项目和管理措施，需要一定的时间，这个理想的水质目标不可能一蹴而就。因此，与水污染防治规划的阶段相匹配，水环境功能区划也需要分期实施，即在水污染防治规划中需要制订近、中、远、期的水环境质量目标。

（5）便于管理，易于操作　水环境功能区划是一个复杂的决策过程，涉及上下游地区的利益，涉及当前和长远的目标。水环境功能区的目标必须明确无误，且易于执行。确定水环境功能区划是一个高层次的决策，决策目标不宜过多，决策方法不宜过于烦琐复杂。

在很多情况下，一个水域可能存在多种功能，要按照较高的功能确定水质目标。

水环境功能区决策可以选择生态环境、经济和社会三大目标，建立目标体系，进行决策分析，通过流域委员会的协商进行决策。当然，水环境功能区的划分也不是直线式的，它还需要根据为实现功能区的水质目标所制订的水污染控制措施的反馈信息进行调整。

3. 功能区分类

（1）水环境功能区体系框架　水环境功能区划是水污染防治规划的出发点和归宿，是环境管理部门的重要管理内容。目前，进行水环境功能区划的依据是环境管理部门颁布的《地表水环境功能区划技术导则》和水利部门颁布的《水功能区管理办法》两个文件。这两个文件都强调划分水（环境）功能区的重要性，指明了功能区的分类方法。这两个文件对于功能区的概念和功能区划分基本上是一致的，但是对功能区的操作和管理方法则有所不同。两个文件都将功能区的划分看成是一个直线式的过程，基本上是按照水环境质量的现状和需求来划分功能区，一旦划分完成就要付诸实施。实际上，水环境功能区的划定和水环境功能区的实施并不是同一件事情。水环境功能区划是人们对于水质目标的一种期望，而这种期望只有通过对污染源的控制，包括对陆地和水域的污染源、包括对点源和面源的控制才能实现。

水（环境）功能区划是水污染防治规划工作的一部分，必须将区划有机地融合在水污染防治规划中，功能区划的实施才有保证。

图 8-1 和图 8-2 是分别依据《地表水环境功能区划技术导则》和《水功能区管理办法》制定的功能区分类。

"水环境功能区划"和"水功能区划"的出发点和落脚点都是保护和利用水环境，无论其内涵还是方法学，两者都是异少同多，没有原则上的差异，在实际工作中没有必要夸大两者的区别。经过一段时间的实践，两者逐渐融合，合二为一是大势所趋。

（2）水环境功能区解析　为了保护自然环境和自然资源，促进国民经济的持续发展，对有代表性的自然生态系统、珍稀濒危动植物物种的天然集中分布区、有特殊意义的自然遗迹以及重要河流的源头等保护对象所在区域列为自然保护区,予以特殊保护和管理。在保护区水域及其相关的集水范围内,严格控制各种开发活动,要求水质保持国家标准(GB3838—2002)Ⅰ～Ⅱ类的水平,或者不劣于现状,保护区的水体内不允许设置污水排放口。

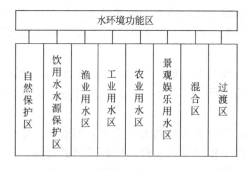 

图 8-1 《地表水环境功能区划技术导则》中的分类 　　图 8-2 《水功能区管理办法》中的分类

饮用水水源保护区的设立是为了保证饮用水的安全,它的范围包括城镇饮用水集中式取水构筑物所在地表水水域及其地下水补给水域、地下含水层的某一指定范围。以取水口为核心建立涵盖水域和陆地的饮用水水源地的一级保护区和二级保护区。环境管理部门要会同其他行政部门共同划定各级保护区的范围,制订管理条例,落实管理措施。处在保护区范围内的所有污染源都必须需按照总量控制的要求达标排放,对于不能按照要求达标的企业要严格关、停、并、转、迁。对于可能引起水源间接污染的生活垃圾和工业固体废物要妥善处理处置。

鱼、虾、蟹、贝类的产卵场、索饵场、越冬场、洄游通道和养殖鱼、虾、蟹、贝类、藻类等水生动植物的水域,称为渔业用水区。其中,按水质要求不同划分为珍贵鱼类保护区和一般鱼类用水区。珍贵鱼类保护区主要包括珍稀水生生物栖息地、鱼虾类产卵场、仔稚幼鱼的索饵场,执行地表水环境质量标准Ⅱ类标准,一般鱼类用水区包括鱼虾类越冬场、洄游通道、水产养殖区等渔业水域,执行地表水环境质量Ⅲ类标准。应该注意的是水产养殖业对水质有一定的要求,但是在管理不善时,养殖业也会成为重要的污染源,特别是产生营养物质的污染源。

工业、农业用水、与人体非直接接触的景观娱乐用水都要满足相应的水质标准。

混合区一般是指排放口附近的水域,是污水在水体中逐渐稀释、扩散和降解而达到功能区水质标准的过渡水域。混合区内可以不执行所在功能区的水质标准。

过渡区是在两个水质功能相差较大(两个或两个以上水质类别)的水环境功能区之间划定的、使相邻水域管理目标顺畅衔接的过渡区域。过渡区执行相邻水环境功能区对应高低水质类别之间的中间类别水质标准,体现水域水质的递变特征。下游用水要求高于上游水质状况、有双向水流且水质要求不同的相邻功能区之间可划定过渡区。

表 8-1 是功能区划分的条件。

(3)功能区的水质标准　水环境功能区是水域用途的体现,每一类水环境功能区都对应一定的水质标准,表 8-2 是《地表水环境功能区划技术导则》和《水功能区管理办法》中规定的数值。

需要说明的是,上表所列的水质指标主要针对流动水体而言,对于那些流速缓慢、近乎静止的水体,如湖泊和水库,除满足上表的要求还要考虑防止水体发生富营养化的水质指标。

表 8-1　水功能区划分的条件指标和水质标准

一级区	二级区	区划条件	区划指标
保护区		国家级、省级自然保护区；具有典型意义的自然生境；大型调水工程水源地；重要河流的源头	集水面积、水量、调水量、水质级别
缓冲区		跨地区边界的河流、湖泊的边界水域；用水矛盾突出的地区之间的水域	省界断面水域；矛盾突出的水域
开发利用区	饮用水源区	现有城镇生活用水取水口较集中的水域；规划水平年内设置城镇供水的水域	城镇人口、取水量、取水口分布等
	工业用水区	现有或规划水平年内设置的工矿企业生产用水集中取水地；	工业产值、取水总量、取水口分布等
	农业用水区	现有或规划水平年内需要设置的农业灌溉集中取水地；	灌区面积、取水总量、取水口分布等
	渔业用水区	自然形成的鱼、虾蟹、贝等水生生物的产卵场、索饵场、越冬场及洄游通道；天然水域中人工营造的水生生物养殖场	渔业生产条件及生产状况
	景观娱乐用水区	休闲、度假、娱乐、水上运动所涉及的水域；风景名胜区所涉及的水域	景观、娱乐类型、规模、用水量
	过渡区	下游用水的水质高于上游水质状况，有双向水流，且水质要求不同的相邻功能区之间的水域	水质、水量
	排污控制区	接受含可稀释、降解污染物的污水的水域；水域的稀释自净能力较强，有能力接纳污水的水域	污水量、污水水质、排污口的分布
保留区		受人类活动影响较少，水资源开发利用程度较低的水域；目前不具备开发条件的水域；预留今后发展的水资源区	水域水质及其周边的人口产值、用水量等

表 8-2　水环境功能区执行的水质标准

功能区名称	《地表水环境功能区划技术导则》规定的执行标准	《水功能区管理办法》规定的执行标准
自然保护区	Ⅰ类	Ⅰ～Ⅱ或执行现状
缓冲区	没有设置该功能区	根据需要
饮用水水源保护区	Ⅱ类(一级保护区)、Ⅲ类(二级保护区)	Ⅱ～Ⅲ类
渔业用水区	Ⅱ类或Ⅲ类(注)	Ⅱ～Ⅲ类，并参照《渔业水质标准》
工业用水区	Ⅳ类	Ⅳ类
农业用水区	Ⅴ类	Ⅴ类
景观娱乐用水区	Ⅴ类	Ⅲ～Ⅳ类，或执行《景观娱乐用水水质标准》
混合区	可以不执行，但在混合区边缘要达到所在功能区的水质标准	相当于排污控制区
过渡区	执行相邻水环境功能区对应高低水质类别之间的中间类别水质标准	出流断面处达到相邻功能区水质要求
排污控制区	相当于混合区	可以不执行所在功能区的水质标准
保留区	没有设置该功能区	按现状水质控制

注：表中所列标准均指《地面水环境质量标准》(GB 3838—2002)。

4. 海域水环境功能区

1999 年，原国家环境保护总局颁布了《近岸海域环境功能区管理办法》，将近岸海域环境功能区分为四类：一类近岸海域环境功能区包括海洋渔业水域、海上自然保护区、珍稀濒危海洋生物保护区等；二类近岸海域环境功能区包括水产养殖区、海水浴场、人体直接接触海水的海上运动或娱乐区、与人类食用直接有关的工业用水区等；三类近岸海域环境功能区包括一般工业用水区、海滨风景旅游区等；四类近岸海域环境功能区包括海洋港口水域、海洋开发作业区等。

各类近岸海域环境功能区执行相应类别的海水水质标准。

二、水质控制区

1. 定义

水质控制区是指对水环境功能区产生污染的污染源所在的区域的总和。一般情况下，水质控制区包括 3 个方面：①陆地水质控制区；②水体水质控制区；③大气水质控制区。

陆地水质控制区是水环境功能区的陆地汇水区。陆地是人类主要的生活和工作场所，因此，陆地污染控制区是水环境功能区污染物的主要来源。陆地污染源通常以点源和面源两种形式存在。点源主要包含那些通过下水道有组织地排入水体的生活污染源和工业污染源等；面源则是那些通过径流无组织地排入水体的农业、林业、自然界的污染源以及城市地面污染源等。

面源的识别较之点源困难得多，因为它们属于无组织排放。在纯自然条件下，水环境功能区的陆域集水范围（即汇水区）就是面源的计算范围，通常可以通过对遥感图片（RS）和地理信息系统（GIS）的分析获取；在人类活动频繁的地区，道路、桥涵、运河等都会改变原有的集水区形状和面积，识别过程需要结合人工判读。

水体水质控制区是指水环境功能区的水体部分，其中又包含水中污染源和底质污染源。水中的污染源包括投料网箱养鱼、来自船舶和水生生物的排泄物，如各种悬浮物、溶解物、营养物质等；底质中的污染源包括沉积在水体底部的底泥、沉积在底泥中的重金属、有机物及其分解产物等。水中的污染源通常以体积源进行计算，底质中的污染源则以水体底部面积源进行计算。底质污染严重的水体或者水产养殖业发达的水体，水体污染控制区较为重要。

大气水质控制区是指水环境功能区和相应的陆地污染控制区上方空气中产生污染物干湿沉降导致水质污染的区域。由于空气污染，空气中的污染物，如二氧化硫、氮氧化物等随着降尘和降水进入水体和汇水区，对水体造成污染。大气污染控制区的面积就是水环境功能区的水面面积和覆盖整个汇水区面积的大气区域。对于水面面积和汇水面积较大的湖泊、水库等水体，大气污染物占有一定的比重。大气中的污染物随着干湿沉降或者直接降落到水面上，或者降落到陆地上，随后随着径流进入水体。

2. 水质控制区边界与小流域识别

（1）污染控制区的边界　在陆域、水体和大气三个水质控制区中，后两者的边界识别相对较为容易，水体控制区的边界和水环境功能区一致，大气控制区的范围就是水环境功能区的水面范围与汇水区范围之和，一旦确定了水环境功能区的范围，水体和大气控制区也就随之确定。

陆域水质控制区是指对应于水环境功能区的陆地汇水区，在该区域内的所有面源将通过径流汇入对应的水环境功能区。

陆地面源在江水径流的作用下，经过大小沟河系统进入水环境功能区，在没有受到人为扰动的条件下，陆域污染控制区的边界就是进入水环境功能区的各支流的汇流点上游的流域边界。流域边界可以在地理信息系统（GIS）的支持下通过数字高程模型（DEM）提取。DEM 可以根据地形图的等高线生成，也可以由数字遥感数据生成。在地形高度变化显著的地区，流域边界的提取精度较好；在地形平坦或地面人工构筑物较多时，自动生成的流域边界与实际情况可能会有出入，需要根据实际情况校正。

（2）污染控制区的参数数据库　参数数据库主要包括下述数据。

① 与控制区水文条件有关的数据。这类数据包括子流域和水文响应单元的边界、面积、流向、坡度、坡长等以及一级子流域中河道的长度和坡度等，它们可以在 GIS 的支持下获取。

② 污染控制区的土壤分类数据。土壤分类数据应该包括土壤的纵向分布、水文特性、

不同土层的级配、容重、孔隙率、有机质含量、土壤可蚀性系数等内容。这类数据可以来源于当地的土壤普查成果。

③ 土地利用类型数据。根据土地利用规范确定土地覆被及土地利用状况是估算面源的重要依据，土地利用类型可以通过解译遥感图像获取。对于面污染源分析，一般需要识别一级和二级土地利用情形。

④ 社会、经济数据，如地区人口数量及地域分布状况、人口户籍构成；地区经济结构与经济布局，第一、二、三产业构成，人均收入；水资源及水源地概况，生活用水及工业用水等。

⑤ 污染源数据，包括点源和面源的空间数据和属性数据。如污染源和排放口的位置（坐标）、污水排放量、污染物浓度等，以及污染控制区内的人口构成与分布、农田分布及肥料农药施用情况、畜禽养殖情况等。

3. 水质控制区与行政区

在水环境容量和水体纳污能力分析是基于水环境功能区进行的，而污染源的管理和控制则是行政区的管辖范畴。如果水环境功能区与行政区完全对应，水污染防治规划相对较为简单，如果两者不完全一致，管理协调将是水污染防治规划的重要内容。

水质控制区与行政区的关系有可能属于下述三种情形之一。①两者的边界完全重合。此时，水环境功能区的污染源全部处在同一个行政区，且包含该行政区的所有污染源。这种情形对于水污染控制方案的制订和管理非常有利。②一个水质控制区包含两个或两个以上行政区。此时，水环境功能区的污染源来自两个或两个以上的行政区，在制定水污染防治规划时，不仅需要识别不同行政区的污染源，还需要协调治理方案。③一个行政区内的水体含有两个或两个以上水质控制区，在这种情况下，制定水污染防治规划时，对于污染源治理的协调将是行政区的重要任务。

在人类活动发达地区，有可能出现这样的情况：①在陆地控制区之外的点污染源，通过管道将污废水排放到本功能区；②本控制区的点污染源的污废水通过管道输送到相邻功能区排放，这种情况在大城市经常会发生，在规划过程中亦予以考虑。

第二节　水环境容量与污染物允许排放量

一、内陆水域水环境容量与允许排放量

环境容量一词早先用于描述某一地区的环境对人口增长和经济发展的承载能力。20世纪70年代初，针对当时的环境污染和公害肆虐，环境容量一词被应用到环境保护领域。环境容量的定义为：一个环境单元在满足环境目标的前提下，所能接受的最大污染物量。在环境容量的约束下，污染源的最大排放量称为允许排放量。

1. 影响环境容量与允许排放量的因素

环境容量的大小既决定于环境自身的特征，也与污水的特性及排放方式有关。具体体现如下。

（1）受体环境自身的特点　环境稀释、迁移、扩散能力是环境特点的重要表征。一般来说，环境单元的稀释能力取决于环境对象的容积，环境单元容积越大，稀释能力越高；污染物在环境中的迁移能力是环境介质运动特征（例如速度）的函数，环境介质运动速度越高，迁移能力越强；污染物在环境介质中的扩散，既决定于介质运动状态，也与污染物自身的性质有关。通常，湍流条件下的扩散条件要比层流好。

（2）污染物质的特点　同样一个环境单元对于不同的污染物具有不同的容纳能力，主要取决于污染物的扩散特性与降解特性。在自然状态下不能降解且具有累积效应的污染物的环境容量远小于可降解的污染物。

（3）人们对环境的利用方式　环境容量可以认为是一种潜在的资源，可用于净化污染物质。与其他资源一样，环境资源的利用也存在效率问题，污水深海排放的扩散管、烟气排放的高架烟囱就是提高环境资源利用效率的例证。

（4）环境质量目标　接纳污染物的环境单元存在一定的使用功能，功能目标是人为确定的，不同的环境目标对应不同的环境标准。所采用的环境标准不同，环境容量也不同。一般说来，环境目标越严格，环境容量越低。

上述四个因素在一个实际的环境单元里相互影响、相互制约。在环境规划和环境管理中，一旦确定了环境功能，人们能够控制的因素仅仅是污染物的排放方式。不同的排放方式对河流水质产生不同的影响。在各种污染物排放方式中，污染物的完全分散排放（即污染物与河水完全混合）可以获得最大的水体污染物容纳量。也就是说，完全分散的排放方式所对应的污染物容纳量就是水体的环境容量；与其他排放方式相对应的污染物容纳量都称之为允许排放量。环境容量是允许排放量的极限值。

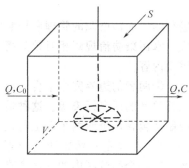

图 8-3　完全混合反应器

2. 河流环境容量与允许排放量

（1）河流的环境容量　污染物进入环境以后，存在随环境介质的推流迁移、污染物质点的分散以及污染物的转化与衰减三种主要的运动形态。

如果将所研究的环境看成一个存在边界的单元（图 8-3），Q 代表环境介质的流量，反映了推流的作用；S 代表进入环境的污染物总量；C_0 代表环境介质中某种污染物的原始浓度；C 代表环境介质中污染物的允许浓度（即某种环境标准值）。完全混合模型可以写成：

$$V \frac{\mathrm{d}C}{\mathrm{d}t} = QC_0 - QC + S + rV \tag{8-1}$$

当系统的出水满足环境质量目标时，进入环境的污染物总量就是该环境单元的环境容量：

$$S = V \frac{\mathrm{d}C}{\mathrm{d}t} - QC_0 + QC - rV \tag{8-2}$$

如果讨论稳态问题，则：

$$S = QC - QC_0 - rV \tag{8-3}$$

如果反应项只考虑污染物的衰减，即 $r = -kC$，那么，环境容量 S 可以表达为：

$$S = QC - QC_0 + kCV = Q(C - C_0) + kCV \tag{8-4}$$

式中，k 是污染物降解速度常数。

由上式可以看出，环境容量由两部分构成。第一部分称之为目标容量，决定于水体的流量、环境质量目标与本底值之差；第二部分称之为降解容量，与污染物的降解性能有关，降解速度越高，降解容量越大。由于污染物在河段中均匀分布，环境容量与河段的分割方式无关。

【例 8-1】　河段长 10km，平均水深 1.6m，平均宽度 12m，流量 1.5m³/s，上游河水 BOD_5 浓度 3.5mg/L，降解速度常数 0.8d⁻¹。分别计算当河流执行 Ⅱ 类标准和 Ⅲ 类标准时的环境容量。

解：已知 Ⅱ 类标准和 Ⅲ 类标准的 BOD_5 浓度分别为 3mg/L 和 4mg/L。

执行Ⅱ类标准时，BOD_5 的环境容量：

$$S=Q(C-C_0)+kCV=-64800 \text{（g/d）}+460800 \text{（g/d）}=396000 \text{（g/d）}=396 \text{（kg/d）}$$

执行Ⅲ类标准时，BOD_5 的环境容量

$$S=Q(C-C_0)+kCV=64800 \text{（g/d）}+460800 \text{（g/d）}=525600 \text{（g/d）}=525.6 \text{（kg/d）}$$

计算结果表明，如果能够使污染物在整个河段上均匀分布，在执行Ⅱ类环境质量标准时，河段 BOD_5 的环境容量为 396kg/d；在执行Ⅲ类环境质量标准时，则为 525.6kg/d。同时，从例 8-1 可以看出，当水质目标为Ⅱ类时，目标容量出现负值，但由于衰减容量较大，河段的环境容量仍然为正值。

（2）河流允许排放量的计算 一般情况下，污染物的排放不可能均匀分布在河段中，因此不可能完全利用河段的环境容量。这时，可以根据污染物的排放方式，分别计算污染物的允许排放量。在河流中，可以分为以下三种情形进行讨论。

情形 1 一维环境，集中排放，没有混合区。此时由于不存在混合容积，所以不存在降解容量。

污染物以点源的方式进入河流，水质的最不利点就发生在排放口附近。排放口附近的 BOD_5 浓度可以用下式计算：

$$C_1=\frac{C_0Q+qC'}{Q+q} \tag{8-5}$$

式中，q 为污水流量；C' 为污水中污染物的浓度。当 C_1 为给定的水质标准 C_s 时，用 G 表示污染物的允许排放量，即

$$G=qC'=C_s(Q+q)-C_0Q=Q(C_s-C_0)+C_sq \tag{8-6}$$

如果污水流量相对于河水流量可以忽略，则

$$G=C_s(Q+q)-C_0Q=Q(C_s-C_0) \tag{8-7}$$

与式（8-4）相比较可以发现，情形 1 的允许排放量等于相同条件下的目标容量。

【例 8-2】 数据同例 9-1，计算一维河流、无混合区时的允许排放量。

解：执行Ⅱ类标准时：

$$G=Q(C_s-C_0)=-64800 \text{（g/d）}=-64.8 \text{（kg/d）}$$

执行Ⅲ类标准时：

$$G=Q(C_s-C_0)=64800 \text{（g/d）}=64.8 \text{（kg/d）}$$

从例 8-2 的计算结果可以看出，由于此时不存在衰减容量。当采用Ⅱ类水质标准时，允许排放量出现了负值，即此时不存在允许排放量。

情形 2 一维环境，污水集中排放，存在混合区。混合区内的水质允许违反既定的水质标准，而在混合区的下边界处应该达到水质标准。混合区的范围定义为排放口下游一段给定距离内的区域。

在这种情况下，允许排放量包括两部分，即目标允许排放量和降解允许排放量，推导如下：

$$C=C_{混}e^{-kt}=\left(\frac{QC_0+qC'}{Q+q}\right)e^{-kt} \tag{8-8}$$

允许排放量：

$$G=qC'=(Q+q)Ce^{kx/u_x}-QC_0 \tag{8-9}$$

如果忽略污水流量，则允许排放量为：

$$G=Q(Ce^{kx/u_x}-C_0) \tag{8-10}$$

混合区的长度根据管理的要求确定。

【例 8-3】 数据同例 8-2，假定混合区长度为 1km，计算允许排放量。

解：根据给定数据，河段中的流速为：

$$u_x = \frac{1.5}{1.6 \times 1.2} = 0.078 \text{(m/s)} = 6.75 \text{(km/d)}$$

采用Ⅱ类标准，即 $C = 3\text{mg/L}$ 时，允许排放量为：

$$G = Q(Ce^{kx/u_x} - C_0) = 1.5 \times 86400(3e^{0.6/6.75} - 3.5) = -28.7 \text{ (kg/d)}$$

采用Ⅲ类标准，即 $C = 4\text{mg/L}$ 时，允许排放量为：

$$G = Q(Ce^{kx/u_x} - C_0) = 1.5 \times 86400(4e^{0.6/6.75} - 3.5) = 112.9 \text{ (kg/d)}$$

存在混合区时，增加了混合区内的降解量，河段的允许排放量大于没有混合区的情景。

情形 3　二维环境，集中排放，有混合区。利用二维水质模型按照如下步骤推求允许排放量（假定为岸边排放）。岸边排放的二维水质模型可以写作：

$$C - C_0 = \frac{2Q}{u_x h \sqrt{4\pi D_y x / u_x}} \exp\left(-\frac{u_x y^2}{4 D_y x}\right) \exp\left(-\frac{kx}{u_x}\right) \tag{8-11}$$

式中，C_0 为河流水质本底浓度；C 为水质标准；D_y 是横向弥散系数；Q 是单位时间内的污染物排放量，即允许排放量；其余符号意义同前。

混合区宽度可以定义为河流宽度的分数，例如河宽的 1/2、1/3 等。假定限定混合区的宽度为 y，那么在 y 处应该满足水质标准的要求，在宽度小于 y 范围内的水质，允许劣于水质目标值。为了求得混合区边界处达到最大值（水质目标值）时的纵向距离，令：

$$\frac{\mathrm{d}(C - C_0)}{\mathrm{d}x} = \frac{-2Q}{2 u_x h x \sqrt{4\pi D_y x / u_x}} \exp\left(-\frac{u_x y^2}{4 D_y x}\right) \exp\left(-\frac{kx}{u_x}\right)$$

$$+ \frac{2Q}{u_x h \sqrt{4\pi D_y x / u_x}} \exp\left(-\frac{u_x y^2}{4 D_y x}\right)\left(\frac{u_x y^2}{4 D_y x^2}\right) \exp\left(-\frac{kx}{u_x}\right)$$

$$+ \frac{2Q}{u_x h \sqrt{4\pi D_y x / u_x}} \exp\left(-\frac{u_x y^2}{4 D_y x}\right) \exp\left(-\frac{kx}{u_x}\right)\left(-\frac{k}{u_x}\right) = 0 \tag{8-12}$$

简化上式，得：

$$kx^2 + \frac{1}{2} u_x x - \frac{u_x^2 y^2}{4 D_y} = 0 \tag{8-13}$$

求解上述二次代数方程，得：

$$x_{1,2} = \frac{-b \pm \sqrt{b^2 - 4ac}}{2a} = \frac{-0.5 u_x \pm \sqrt{(0.5 u_x)^2 + k u^2 y^2 / D_y}}{2k} \tag{8-14}$$

显然，$x < 0$ 是不合理解，得：

$$x^* = \frac{-0.5 u_x + \sqrt{(0.5 u_x)^2 + k u^2 y^2 / D_y}}{2k} \tag{8-15}$$

将 x^* 代入允许排放量计算式，可以得到：

$$G = Q = \frac{(C - C_0)}{2}(u_x h \sqrt{4\pi D_y x^* / u_x}) \exp\left(\frac{u_x y^2}{4 D_y x^*}\right) \exp\left(\frac{kx^*}{u_x}\right) \tag{8-16}$$

【例 8-4】 河流宽 120m，平均流速 0.5m/s，平均水深 2m，横向弥散系数 $D_y = 1.0\text{m}^2/\text{s}$，$\text{BOD}_5$ 本底值为 $C_0 = 2\text{mg/L}$，BOD_5 降解速度常数 $k = 0.5\text{d}^{-1}$。如果给定混合区为河流半宽，采用Ⅲ类地面水环境质量标准，计算点源排放的允许排放量。

解：首先计算排放点至河流半宽处达到地面水环境质量标准的纵向距离：

$$x^* = \frac{-0.5 u_x + \sqrt{(0.5 u_x)^2 + k u^2 y^2 / D_y}}{2k} = 882 \text{ (m)}$$

计算允许排放量：

$$G = Q = \frac{(C - C_0)}{2}(C - C_0)(u_x h \sqrt{4\pi D_y x^* / u_x}) \exp\left(\frac{u_x B^2}{16 D_y x^*}\right)$$

$$\exp\left(\frac{k x^*}{u_x}\right) = 251 \ (g/s) = 21692 \ (kg/d) = 21.69 \ (t/d)$$

在上述河流与具体排放方式下，允许每天向河流排放 BOD_5 总量为 21.96t，而保证混合区不超过河流半宽。

对于位于河流中心的排放口或混合区宽度等于河流宽度其他分数的情景，可以通过同样的方法计算污染物的允许排放量。

3. 湖泊水库的环境容量与允许排放量

（1）湖库的环境容量　由于湖泊与水库的水力停留时间较长，污染物存在累积效果，不同季节的污染物会产生叠加效应，点源污染物和非点源污染物都需要考虑。

对于湖泊和水库，通常按照零维模型处理，水库和湖泊的环境容量就是允许输入湖库的最大污染物量，而湖库的污染物来源于两个方面：通过河流的输入 $\left(\sum_{i=1}^{n} Q_i C_{0i}\right)$ 和直接输入 $\left(\sum_{j=1}^{m} S_j\right)$ 即：

$$S_{湖库} = \left(\sum_{i=1}^{n} Q_i C_{0i} + \sum_{j=1}^{m} S_j\right) = V\frac{dC}{dt} + \sum_{k=1}^{K} Q_k C - rV \tag{8-17}$$

式中，Q_i 表示第 i 条入流河流的入流量，m^3/a；C_{0i} 表示第 i 条入流河流的污染物平均浓度，mg/L 或 g/m^3；S_j 表示第 j 个内源的污染物释放量，g/a；Q_k 表示第 k 条出流河流的流量，m^3/a；C 表示流出湖库的污染物平均浓度，mg/L 或 mg/m^3，在计算环境容量时，C 就是水库的水质功能目标，mg/L 或 g/m^3；r 表示污染物的沉降速率，$g/(m^3 \cdot a)$；V 表示湖库的平均容积，m^3；n、m、K 分别为入流河流、出流河流与内源的数目。

如果考虑一个较长时间的平均值，污染物在湖库中的沉积主要由于降解作用，即假定 $\frac{dC}{dt} = 0$，且令 $r = -kC$，湖泊与水库环境容量为：

$$S_{湖库} = \sum_{k=1}^{K} Q_k C + rV = \sum_{k=1}^{K} Q_k C + kCV \tag{8-18}$$

式中，系数 k 表示湖库中的污染物降解速度常数，a^{-1}。

与河流环境容量类似，湖库的环境容量也包括目标容量 $\left(\sum_{k=1}^{K} Q_k C\right)$ 与降解容量（kCV）两部分。

（2）湖库的允许排放量　因为在计算湖库的环境容量时采用了箱式模型，其环境容量就等于允许排放量，即

$$G_{湖库} = S_{湖库} = \sum_{k=1}^{K} Q_k C + kCV \tag{8-19}$$

排放到湖库中的污染源包括：①上游河流的污染物输入量，包括点源和非点源的输入量；②湖库的直接输入量，即湖库周边的点源输入量；③湖库内源的输入量（例如湖库水产养殖业的污染物排放量、底泥的释放量等）；④大气的污染物沉降。湖库允许排放量的计算任务是将计算的环境容量分配给上述污染源，这个过程比较复杂，通常需要通过决策分析解决。

在上述污染源中，大气沉降源一般不受允许排放量分配的控制，它主要取决于空气的环境质量和降水，一般作为本底值计算。

$$S_{大气} = C_{降水} A_s p \tag{8-20}$$

式中，$S_{大气}$ 表示大气沉降的污染物量，g/a；$C_{降水}$ 表示降水中的污染物平均浓度，mg/L 或 g/m³；A_s 表示湖泊水库的水面面积，m²；p 表示年降水深度，m。

情形1 只考虑流域点源的允许排放量。情形1意味着流域非点源和内源都作为本底值处理，此时的允许排放量计算可以看作是以流域末端输出总量为目标的全流域点源污染控制规划问题。

情形2 只考虑流域点源和非点源的允许排放量。情形2意味着将内源作为本底值处理，允许排放量（即环境容量）的分配是两个层次的问题，首先在流域点源和非点源之间进行初次分配，然后在点源和非点源内部进行再分配。这两个层次的分配不可能一次完成，需要经过多次分解、协调的综合分析。

情形3 同时考虑流域点源、非点源和内源。情形3所要解决的问题较之情形2和情形1更为复杂。就其对湖泊水库的水质影响来说，内源直接作用于水体，影响最为严重，应该作为优先控制对象。在解决这一类复杂问题时，情景分析是较为实用的允许排放量分配方法。

二、河口与海域的环境容量

1. 河口、海域环境容量基本模型

为了环境质量控制管理，以污染物在水体中的标准值为水质目标，确定容量模型为：

$$CA_{mg} = \int k_s (C_s - C_b) dV = \int k_s (k_e C_s - C_b) dV \tag{8-21}$$

式中，CA_{mg} 表示河口（海湾）或海域环境容量；C_s 表示污染物在水体中的标准值；C_b 表示污染物的现状浓度；k_s 表示污染物在河口中的降解速度常数；k_e 表示以技术经济指标为约束条件的社会效益参数，一般 $k_e \geq 1$。

由以上模型可知，环境容量的确定关键是现状污染物浓度的确定。

2. 河口环境容量的估算

应用修正潮量法划分河口为 n 段，各分段长度划分的依据是一个水质点在一个潮周期内能够漂移的距离。计算各单个污染源对各分段贡献的平均浓度，然后进行叠加得到各分段的平均浓度 $\bar{C}_i$，设各分段功能要求的标准浓度为 C_{si}，则河口环境容量为：

$$CA = \sum_{i=1}^{n} (C_{si} - C_0) V_i \tag{8-22}$$

实际问题中，若 $\bar{C}_i - C_{si} \leq 0$，$i = 1, 2, \cdots, n$，则河口剩余环境容量：

$$CA_p = \sum_{i=1}^{n} (C_{si} - \bar{C}_i) V_i \tag{8-23}$$

若存在 $\bar{C}_i - C_{si} > 0$，则表明这些分段已经超过河口允许的纳污能力，需进行源的排量削减。

3. 海湾环境容量的估算

在满足海湾功能要求的水质标准 C_s 条件下，海湾的环境容量 CA 就是允许最大的污染物负荷量：

$$CA = \alpha_R Q_f (C_s - C_0) \tag{8-24}$$

式中，α_R 为海水潮交换率，$\alpha_R = q_{ex}/Q_f$；q_{ex} 为一个潮周期内交换的水量；Q_f 为涨潮期间的入流量。

设海湾当前污染物的平均浓度为 C，若 $C-C_s < 0$，则海湾的剩余环境容量 CA_p 为：

$$CA_p = \alpha_R Q_f (C_s - C) \tag{8-25}$$

若 $C-C_s > 0$，则表明已超出海湾允许的纳污能力，需削减的污染物负荷量，其削减量 CA_E 为：

$$CA_E = \alpha_R Q_f (C - C_s) \tag{8-26}$$

三、允许排放量的分配

污染物排放总量的分配是在多层面上进行的，从国家到区域，从流域到城市，最终到点源。点源当中工业企业是污染大户，在实行基于总量控制的排污许可证的过程中，污染物排放总量指标分配的最关键问题就是如何将初始排污权公平合理地分到各企业。

企业分为现有企业和待建企业。对现有企业，由于已知其排污现状、管理经济水平、治理情况，分配有据可依；而对待建企业，由于没有既定企业的情况，则分配无据可依，相对较困难。

虽然污染物排放总量控制中存在多种形式的允许排放量的分配，但是原则上主要基于如下两种策略：一是公平性策略；二是效率策略。

顾名思义，公平性策略的出发点就是追求各个污染源之间污染物分配的公平性，通常认为，等比例削减污染物量属于公平分配之列；而效率策略则是追求污染物削减过程达到最高的效率，例如典型效率策略目标是区域污水处理费用最小。公平和效率是社会生活的两个基本准则。效率准则的实施，可以促进社会经济的发展，而公平原则则有利于保持社会的稳定和安定，效率和公平缺一不可。此外，对于水环境管理来说，可操作性也是一个不可忽略的方面。分配策略的选择需要从实际条件出发，因地制宜。表 8-3 是几种常见的污染物总量分配策略。

表 8-3　水污染物分配策略

策略类型	公　平　策　略	效率策略	混合策略
策略举例	均等分摊允许排放量	区域总费用最小	分区均匀削减①
	等比例削减实际排污量	区域削减总量最低	
	按企业的社会贡献(如产值)确定排污量	区域总效益最大	
	按照企业对环境(如水质)的影响确定排污量		

① 在各个污染控制区之间实施效率策略（如区域总费用最低），在污染控制区内部实施公平策略（如等比例削减污染物）。

根据国外在污染物排放总量控制中的经验，在污染负荷分配过程中，最小费用模型已被逐渐放弃，究其根本原因在于优化负荷分配的不公平性。被誉为经典水环境规划的美国特拉华河口污染控制规划，在考虑均匀处理、分区均匀处理与最小费用污染负荷削减的三种污染物削减方案中，选择的是分区均匀处理的折中方案。

四、污染源控制区

污染源控制区是指与水功能区对应的陆地区域（图 8-4），这个区域的污水（包括点源和非点源）通过各种形式的入河口排入水功能区。污染控制区的边界主要取决于地形地貌特征和城市规划，特别是污水收集系统规划。一个污染源控制区的必要信息如下。

(1) 非点源信息　包括控制区内与非点源计算有关的集流面积、地形地貌特征、人口分

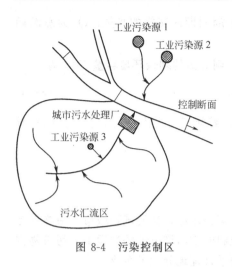

图 8-4　污染控制区

布、经济发展状况以及降雨与径流特征等。

（2）排放口的分布状况　包括点源入河排污口和非点源入河排放口。排放口的分布数据与允许排放量的计算是一致的。

（3）点源的分布信息　包括点源的位置，企业的性质、主要污染物、污水排放量、污染物浓度等。

（4）城市或区域污水排放系统现状及规划信息包括污水收集及输运系统的走向、污水处理厂的位置、容量、最终出水的主要污染物类型及其浓度。

为了保证水体的水质满足预定的水质目标，污染控制区是水环境规划的主要对象，通过对各类污染源的控制，保证水功能区水质目标的实现，是环境规划的基本任务。

第三节　系统的组成与分类

一、组成

水环境规划系统由污染物发生子系统、污水收集输送子系统、污水处理与回用子系统和接受水体子系统四部分组成（图 8-5）。

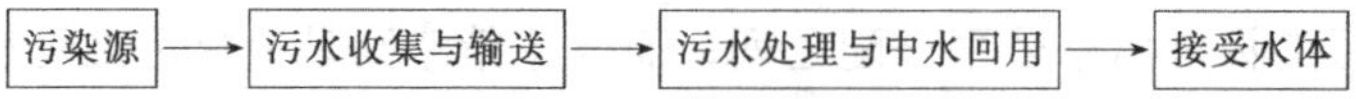

污染源 → 污水收集与输送 → 污水处理与中水回用 → 接受水体

图 8-5　水环境规划系统的组成

（1）污染物发生子系统　污染源是污水的发生源。工业污染源和城镇生活污染物是水污染的主要来源。随着农药、化肥使用量的激增，农业污染也变得日益突出。

（2）污水收集输送子系统　污水收集与输送系统是指将污水由污染源输送到污水处理厂的污水管道和污水提升泵站，亦指将污水由一个区域转输到另外一个区域的污水转输系统。

（3）污水处理与回用子系统　污水处理系统是改善水体的核心部分。污水处理的方法很多，如常见的污水一级、二级处理，氧化塘处理，土地处理等。在污水处理系统中，污染物的去除量是可控变量。通过调节污水处理程度来调节污染物的排放量，从而达到改善水环境目标。

在水资源短缺地区，污水处理的另一个目的是作为再生水资源实现重复利用。

（4）接受水体子系统　水体是污水的最终出路，接受污水的水体包括河流、湖泊、海湾等。水体的水质是一个地区环境质量的一部分。水体的水质标准是根据一个地区的政治、经济、文化等因素制定的，是水环境规划的主要依据。

水污染控制方法很多。早期的方法是针对每个小区的排水修建污水处理厂，控制污染物的排放量；随后，由于经济的发展和技术的进步，有必要和有可能修建大型污水处理厂，区域性的污水处理厂日渐增多。在解决污水排放和水质保护这一对矛盾的过程中人们认识到：合理利用水体的自净能力具有重要意义，它可以节省巨额的污水处理费用；对水库的运行进行合理调节，增大枯水期的流量，以减轻河流枯水期最易发生的严重污染；建设污水库，在河流径流量小时贮存污水，而在径流量大时释放污水；建设长距离输水管线，将污水输送到某个允许的地点排放以减轻工业区或城市中心区的污染。

根据当地的条件，选择合适的水污染控制方法是建立合理的水环境规划系统的基础。

二、分类

1. 按规划层次分类

（1）流域规划　流域水环境是一个复杂的系统，各种水环境问题都可能发生（见图 8-6）。流域规划的主要内容是在流域范围内协调各个主要污染源（城市或区域）之间的关系，保证流域范围内的各个河段与支流满足水质要求。河流的水质要求主要取决于河流的功能。

流域规划的结果可以作为污染源总量控制的依据，是区域规划和流域规划的基础，流域规划是高层次规划，需要高层次的主管部门主持和协调。

（2）区域规划　是指流域范围内具有复杂污染源的城市或工业区水环境规划。区域规划是在流域规划指导下进行的，其目的是将流域规划的结果——污染物排放总量分配给各个污染源，并为此制定具体的方案。

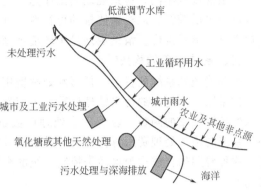

图 8-6　流域水环境规划系统

区域规划既要满足上层规划——流域规划对该区域提出的限制，又要为下一层次的规划——设施规划提供指导。

区域是一个具有丰富内涵的概念，涵盖面积差别很大。一般是指那些在自然条件和社会经济发展方面具有相对独立性，从而具有独特的环境特征的区域。在考虑与周边区域的相互影响以后，这个区域的环境规划可以独立进行。因此对于一个大的区域，可以包含若干个相对较小的区域，它们之间的关系可能是父系统和子系统。下一级区域的规划要接受上一级规划的指导。

（3）设施规划　目的是按照区域规划的结果，提出合理的污水处理设施方案，所选定的污水处理设施既要满足污水处理效率的要求，又要使污水处理的费用最低。

2. 按规划方法分类

（1）最优规划

① 排放口处理最优规划　排放口处理最优规划以每个小区的排放口为基础，在水体水质条件的约束下，求解各排放口的污水处理效率的最佳组合，目标是各排放口的污水处理费用之和最低。在进行排放口处理最优规划时，各个污水处理厂的处理规模不变，它等于各小区收集的污水量。

排放口处理最优规划又称水质规划。

② 均匀处理最优规划　均匀处理最优规划的目的是在区域范围内寻求最佳的污水处理厂位置与规模的组合，在同一的污水处理效率条件下，追求全区域的污水处理费用最低。

均匀处理最优规划也称污水处理厂群规划问题。在某些国家或地区规定所有排入水体的污水都必须经过二级处理（即机械处理＋生物处理），尽管有的水体具有充裕的自净能力，也不允许降低污水处理程度。这就是污水均匀处理最优规划的基础。

③ 区域处理最优规划　区域处理最优规划是排放口处理最优规划与均匀处理最优规划的综合。在区域处理最优规划中，既要寻求最佳的污水处理厂位置与容量，又要寻求最佳的污水处理效率的组合。采用区域处理最优规划方法既能充分发挥污水处理系统的经济效能，又能合理利用水体的自净能力。区域处理最优规划问题比较复杂，迄今尚未有成熟的求解方法。

（2）情景规划　最优规划的特点是根据污染源、水体、污水处理厂和输水管线提供的信息，一次性求得水环境规划的最佳方案。只有在资料详尽、技术具备的情况下，才能顺利求出最优解，最优方案可以被视为理想方案。

与最优规划不同，情景规划的工序是首先构建水环境规划的各种可能情景，然后对各个情景进行水质模拟，以检验情景的可行性，并对情景的效益进行分析。通过损益分析或多目标规划进行情景选优。情景规划是水环境规划的实用方法。

三、系统费用的构成

水环境规划系统的费用包括污水处理费用与污水输送费用。

如果以一个地区的污水处理厂数目为变量，污水处理费用和污水输送费用都可以表达为污水处理厂数量的函数。随着污水处理厂数量由大变小，即由分散处理逐步过渡到集中处理，系统的污水处理费用将会由于规模经济效应而明显下降，但污水输送的费用将会迅速上升。这种费用的合成称为水污染控制系统的全费用。全费用曲线上的最低点就是系统目标的最优点。

对水污染控制费用有着决定性影响的要素主要有下述三个方面：水体的自净能力（环境容量）、污水处理与输送的规模经济效应和污水处理效率的经济效应。

图 8-7 中右图是美国人康维尔斯对马力马可河进行的规划，在整个河段上可能建设污水处理厂的数目由 1 个递增到 18 个，水污染控制系统的全费用随着污水处理厂数量的变化而变化，而系统费用的最低点发生在污水处理厂数目等于 4 个的时候。

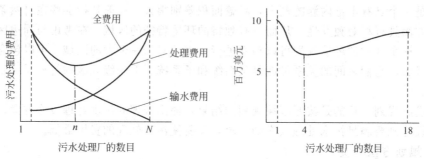

图 8-7　水污染控制费用

四、污水处理与输送的规模经济效应

污水处理的费用函数反映了污水处理的规模、效率的经济特征。目前，污水处理的费用函数还只能作为经验模型来处理。下面是采用较多的一种形式：

$$C = k_1 Q^{k_2} + k_3 Q^{k_2} \eta^{k_4} \tag{8-27}$$

式中，C 表示污水处理费用；Q 表示污水处理规模；η 表示污水处理效率；k_1、k_2、k_3、k_4 表示费用函数的参数。

在污水处理效率不变，即 η 为常数时，上式可以写成：

$$C = aQ^{k_2} \tag{8-28}$$

式中，$a = k_1 + k_3 \eta^{k_4}$ 为常数。

根据国内外的研究成果，参数 k_2 的值在 0.7～0.8 之间。由于 $k_2 < 1$，单位污水的处理费用将随着处理规模的增大而下降。费用与规模的这种关系称为污水处理规模的经济效应，k_2 称为污水处理规模经济效应指数。

污水处理规模经济效应的存在确立了大型污水处理厂的优势地位，是建设区域污水处理厂的经济依据。

污水输送管道也存在类似的规模经济效应，随着污水输送量的增加，单位污水的输送费用将会下降。

五、污水处理效率的经济效应

如果污水处理规模不变，即 Q 为常数，污水处理费用函数可以写成：

$$C=a+b\eta^{k_4} \tag{8-29}$$

式中，$a=k_1Q^{k_2}$，$b=k_3Q^{k_2}$ 均为常数。

大量研究和统计成果表明，$k_4>1$。由于 $k_4>1$，处理单位污染物所需的费用将会随着污水处理效率的提高而增加。污水处理费用与处理效率之间的这种关系称为污水处理效率的经济效应，k_4 称为污水处理效率的经济效应指数。

由于污水处理效率经济效应的存在，在规划水污染控制系统时，应首先致力于解决那些尚未处理的污水的处理，或者首先提高那些低水准处理的污水的处理程度，然后再进行更高级的污水处理。

水体的自净能力、污水处理规模的经济效应和污水处理效率的经济效应在水污染控制系统规划中相互影响、相互制约。例如，为了充分利用污水处理规模经济效应，需要建设集中的污水处理厂，但是污水的集中排放不利于合理利用水体的自净能力；另一方面，为了满足水体的水质要求，有必要提高污水处理程度，但是又受到污水处理效率的经济效应的制约。因此，对于一个具体的污水处理系统来说，在适当的位置建设具有适当规模和适当污水处理程度的污水处理厂（或厂群），就是水污染控制系统规划的出发点与归宿。

六、"全部处理或全不处理"的策略

由于污水处理规模经济效应的存在，一个小区的污水不可能被"分裂"成两部分或多部分进行处理。对一个小区来说，它本身的污水加上由其他小区转输来的污水只存在两种可能的选择：或者全部就地处理，或者全部转输到其他小区去处理。这就是"全部处理或全不处理"的策略。

假设一个水污染控制系统被分成 n 个小区，每个小区设有一个潜在的污水处理厂，各小区之间可以互相转输污水（图 8-8）。对第 i 小区来说，污水处理的费用为：

$$C_{i1}=k_1Q_i^{k_2}+k_3Q_i^{k_2}\eta_i^{k_4} \tag{8-30}$$

在第 i 小区没有处理而转输到 $i+1$ 小区的污水输送费用为：

$$C_{i2}=k_5Q_{i,i+1}^{k_6}l_{i,i+1} \tag{8-31}$$

式中，$Q_{i,i+1}$ 表示由小区 i 输往小区 $i+1$ 的转输水量；$l_{i,i+1}$ 表示输水管线的长度；k_5、k_6 表示转输管线费用函数的系数。

对一个包括 n 个小区的水污染控制系统，总费用可以表示为：

$$Z=\sum_{i=1}^{n}(C_{i1}+C_{i2}) \tag{8-32}$$

或 $$Z=\sum_{i=1}^{n}[(k_1Q_i^{k_2}+k_3Q_i^{k_2}\eta_i^{k_4})+k_5Q_{i,i+1}^{k_6}l_{i,i+1}] \tag{8-33}$$

约束条件可以写成： $$Q_{i,i+1}=Q_{i-1,i}+q_i-Q_i \tag{8-34}$$

$$Q_{n,n+1}=0$$

对任意一个小区，如何确定就地处理的污水量和转输的污水量呢？可以首先定义如下的拉格朗日函数：

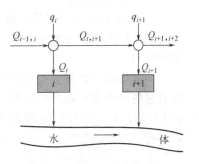

图 8-8 分散处理与集中处理

$$L = \sum_{i=1}^{n}(C_{i1} + C_{i2}) + \sum_{i=1}^{n-1}\varphi_i(Q_{i-1,i} + q_i - Q_{i,i-1}) + \varphi_n(Q_{n-1,n} + q_n - Q_n) \tag{8-35}$$

式中，$\varphi_i(i=1,2,\cdots,n)$ 是拉格朗日乘子。

为了检验 Q_i 和 $Q_{i,i+1}$ 的变化对目标函数的影响，计算拉格朗日函数的海赛矩阵：

$$\frac{\partial^2 L}{\partial h^2} = \begin{bmatrix} \dfrac{\partial^2 L}{\partial Q_1^2} & 0 & 0 & 0 & 0 & 0 \\[2mm] 0 & \dfrac{\partial^2 L}{\partial Q_2^2} & 0 & 0 & 0 & 0 \\[2mm] & & \dfrac{\partial^2 L}{\partial Q_n^2} & 0 & 0 & 0 \\[2mm] 0 & 0 & 0 & \dfrac{\partial^2 L}{\partial Q_{1,2}^2} & 0 & 0 \\[2mm] 0 & 0 & 0 & 0 & \dfrac{\partial^2 L}{\partial Q_{2,3}^2} & 0 \\[2mm] 0 & 0 & 0 & 0 & 0 & \dfrac{\partial^2 L}{\partial Q_{n-1,n}^2} \end{bmatrix} \tag{8-36}$$

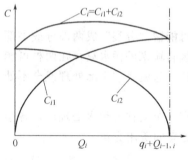

图 8-9　全部处理与
全不处理的策略

在上述海赛矩阵中，除对角线元素外全部为 0。由于污水处理和输送的规模经济效应的存在，即 $k_2 < 1$ 和 $k_6 < 1$，得到：

$$\frac{\partial^2 L}{\partial Q_{i,i+1}} = \frac{\partial^2 C_{i2}}{\partial Q_{i,i+1}} < 0 \tag{8-37}$$

和

$$\frac{\partial^2 L}{\partial Q_i^2} = \frac{\partial^2 C_{i1}}{\partial Q_i^2} < 0 \tag{8-38}$$

由于海赛矩阵主对角线上的元素全部小于 0，其余元素全部为 0，因此海赛矩阵的奇数阶主子式全部小于 0，偶数阶主子式则全部大于 0。根据多元函数的极值定理，原函数（即区域水污染控制系统的总费用）在区间 $0 < Q_i < (Q_{i-1,i} + q_i)$ 内取得极大值。这就意味着，对 i 小区来说，将全部污水（包括在当地收集的污水和由其他小区转输来的污水）分成两部分，一部分就地处理，另一部分转输到其他小区去处理的策略是不经济的。只有在 $Q_i = 0$（全不处理），或 $Q_i = Q_{i-1,i} + q_i$（全部处理）时，水污染控制费用才能取得极小值（图 8-9）。根据这种特性确定污水处理厂规模的策略称为"全部处理或全不处理"策略。

"全部处理或全不处理"的策略对水环境规划有着重要意义。运用这种策略来研究水污染控制系统内部的分解组合时，可以将一个具有无穷多组解的流量组合问题降阶为一个有限组解的问题。

即使借助"全部处理或全不处理"的策略，对一个被划分成若干个小区的地区来说，污水流量的组合方案还是很大的。如果小区的数目为 n，流量组合方案的总数目为 $2^n - 1$。若 n 比较小，可以用枚举法列出全部方案计算；随着 n 的增大，方案的数量增加很快。例如 $n=5$ 时，方案的数目是 $2^5 - 1 = 31$ 个；$n=10$ 时，方案数量会激增到 $2^{10} - 1 = 1023$ 个。这时可以求助于混合整数规划方法。

第四节 最优规划方法

一、排放口处理最优规划

1. 规划模型

排放口最优规划以每个小区的污水排放口为基础，在水体水质目标的约束下，求解各排放口的污水处理效率的最佳组合，目标是各排放口的污水处理厂建设（或运行）费用最低。在进行排放口最优规划时，污水处理厂的规模不变。

排放口最优规划模型如下：

目标函数：

$$\min \quad Z = \sum_{i=1}^{n} C_i(\eta_i) \tag{8-39}$$

约束条件：

$$UL + m \leqslant L^0$$
$$VL + n \geqslant O^0$$
$$L \geqslant 0$$
$$\eta_i^1 \leqslant \eta_i \leqslant \eta_i^2 \tag{8-40}$$

式中，$C_i(\eta_i)$ 表示第 i 小区的污水处理费用；η_i 表示第 i 小区的污水处理效率；U、V 表示河流 BOD 与 DO 的响应矩阵；L^0、O^0 表示河流各断面的 BOD 约束和 DO 约束；L 表示输入河流各断面的 BOD 浓度；m、n 表示常数向量；η_i^1、η_i^2 表示对污水处理厂的效率约束。

排放口处理最优规划中的控制变量是污水处理效率 η_i，而约束条件中的变量是污染物排放浓度 L_i，η_i 和 L_i 之间的关系可以表示为：

$$\eta_i = 1 - \frac{L_i}{L_i^0} \tag{8-41}$$

或

$$L_i = (1 - \eta_i)L_i^0 \tag{8-42}$$

排放口最优处理规划模型中的约束条件是线性的，而目标函数是非线性的。

2. 目标函数的线性化

排放口最优处理规划中，目标函数可以写作：

$$C = a + b\eta^{k_4} \tag{8-43}$$

通常对上述模型进行分段线性化。不失一般性，假定在 $0 \leqslant \eta < 1$ 的区间里，用 n 段线性函数来近似原函数。如果将处理效率分为 $0, \eta_1, \eta_2, \cdots, \eta_n$；对应效率区间的直线的斜率为 s_1，$s_2, \cdots, s_n$。对于每一段线性费用函数的表达式为：

$$C_1 = a + s_1(\eta - \eta_0), \quad \eta_0 \leqslant \eta \leqslant \eta_1$$
$$C_2 = a + s_1(\eta_1 - \eta_0) + s_2(\eta - \eta_1), \quad \eta_1 \leqslant \eta \leqslant \eta_2$$
$$\cdots$$
$$C_i = a + \sum_{j=1}^{i-1} s_j(\eta_j - \eta_{j-1}) + s_i(\eta - \eta_{i-1}), \quad \eta_{i-1} \leqslant \eta \leqslant \eta_i \tag{8-44}$$

使直线和曲线之间所夹面积最小，就可以使每一段直线与原函数的误差最小，即：

$$\min \int_{\eta_{i-1}}^{\eta_i} dZ = \int_{\eta_{i-1}}^{\eta_i} \left[a + \sum_{j=1}^{i-1} s_j(\eta_j - \eta_{j-1}) + s_i(\eta - \eta_{i-1}) - (a + b\eta^{k_4}) \right]^2 d\eta \tag{8-45}$$

令：$d \int_{\eta_{i-1}}^{\eta_i} dZ / ds_i = 0$，可以得到各线段的斜率：

$$s_i = \frac{3(A_1 + A_2 + A_3)}{(\eta_i - \eta_{i-1})^3} \tag{8-46}$$

式中,

$$A_1 = \frac{b}{k_4+2}(\eta_i^{k_4+2} - \eta_i^{k_4+2}) \tag{8-47}$$

$$A_2 = -\frac{b\eta_{i-1}}{k_4+1}(\eta_i^{k_4+1} - \eta_{i-1}^{k_4+1}) \tag{8-48}$$

$$A_3 = -\frac{(\eta_i - \eta_{i-1})^2}{2}\sum_{j=1}^{i-1} s_j(\eta_j - \eta_{j-1}) \tag{8-49}$$

【例 8-5】 已知污水处理费用函数为:

$$C = 200Q^{0.8} + 1000Q^{0.8}\eta^{2.0}$$

在 $Q=1.0\text{m}^3/\text{s}$ 时,对费用函数分 3 段线性化。效率分级为:$0 \leqslant \eta_{i1} \leqslant 0.3$,$0.3 \leqslant \eta_{i2} \leqslant 0.85$,$0.85 \leqslant \eta_{i3} < 1$,求上述线性函数各段的斜率。

将 $Q=1.0\text{m}^3/\text{s}$ 代入费用函数,得:

$$C = 200 + 1000\eta^2$$

即 $a=200$,$b=1000$,$k_4=2.0$,$\eta_0=0$,$\eta_1=0.3$,$\eta_2=0.85$,$\eta_3=1$。将它们代入斜率计算式计算各线段的斜率,得:

$$s_1 = 225,\ s_2 = 1073.86,\ s_3 = 2456.27$$

线性化的费用函数可以表示为:

$$C = 200 + 225\eta,\ 0 \leqslant \eta \leqslant 0.3$$

$$C = 200 + 225(0.3-0) + 1073.86(\eta-0.3) = 267.5 + 1073.86(\eta-0.3),\ 0.3 \leqslant \eta \leqslant 0.85$$

$$C = 267.5 + 1073.86(0.85-0.3) + 2456.27(\eta-0.85)$$

$$= 858.12 + 2456.27(\eta-0.85),\ 0.85 \leqslant \eta \leqslant 1$$

3. 线性规划模型

将线性化以后的目标函数代入原模型即可得到下列线性规划模型

目标函数: $\quad \min \quad Z = \sum_{i=1}^{n}\left[a_{i0} + \sum_{j=1}^{m} s_{ij}\eta_{ij}\right]$

约束条件: $\quad \boldsymbol{UL} + \boldsymbol{m} \leqslant \boldsymbol{L}^0$

$$\boldsymbol{VL} + \boldsymbol{n} \geqslant \boldsymbol{O}^0$$

$$\boldsymbol{L} \geqslant 0$$

$$\eta_i^1 \leqslant \eta_i \leqslant \eta_i^2$$

作为线性模型,可以用线性规划方法求解。

二、均匀处理最优规划

1. 模型

均匀处理最优规划的目的是在区域范围内寻求最佳的污水处理厂的位置与处理效率的组合,在同一的污水处理效率的条件下,追求区域的费用最低。均匀处理最优规划模型如下。

目标函数: $\quad \min \quad Z = \sum_{i=1}^{n} C_i(Q_i) + \sum_{i=1}^{n}\sum_{j=1}^{n} C_{ij}(Q_{ij}) \tag{8-50}$

约束条件: $\quad q_i + \sum_{j=1}^{n} Q_{ji} - \sum_{j=1}^{n} Q_{ij} - Q_i = 0 \tag{8-51}$

$$Q_i, q_i \geqslant 0$$

$$Q_{ji}, Q_{ij} \geqslant 0,\quad \forall i,j$$

式中,$C_i(Q_i)$ 表示第 i 个污水处理厂的费用,它是污水处理规模 Q_i 的单值函数;

$C_{ij}(Q_{ij})$ 表示由地点 i 输往地点 j 的输水管道的费用，它是污水输送流量的函数；q_i 表示在地点 i 收集的污水量；Q_i 表示在地点 i 处理的水量。

由于费用函数是非线性函数，均匀处理最优规划属于非线性规划。

2. 混合整数规划模型

对于均匀处理问题，处理效率 η 为常数，污水处理厂的费用可以写作：

$$C_i = k_1 Q_i^{k_2} \tag{8-52}$$

污水输送的费用为：

$$C_{ij} = k_5 Q_{ij}^{k_6} \tag{8-53}$$

由于存在规模经济效应，$k_2 < 1$，$k_6 < 1$。对污水处理厂和污水输送费用函数分别实施 3 段线性化。a_1、a_2、a_3 分别为污水处理厂费用函数 3 段直线的斜率，b_1^0、b_2^0、b_3^0 为相应的截距；a_1^0、a_2^0、a_3^0 分别为污水输送费用 3 段直线的斜率，b_1、b_2、b_3 为相应的截距。

线性化以后的污水处理厂费用函数为：

$$\sum_{i=1}^{n}\sum_{k=1}^{3} a_{ik}Q_{ik} + \sum_{i=1}^{n}\sum_{k=1}^{3} a_{ik}^0 \gamma_{ik} \tag{8-54}$$

污水输送费用为：

$$\sum_{i=1}^{n}\sum_{j=1}^{n}\sum_{k=1}^{3} b_{ijk}Q_{ijk} + \sum_{i=1}^{n}\sum_{j=1}^{n}\sum_{k=1}^{3} b_{ijk}^0 \delta_{ijk} \tag{8-55}$$

式中，γ_{ik}、δ_{ijk} 为逻辑变量，有如下特性：

$$\gamma_{ik} = \begin{cases} 0, & if \quad Q_{ik} = 0 \\ 1, & if \quad Q_{ik} \neq 0 \end{cases} \tag{8-56}$$

$$\delta_{ijk} = \begin{cases} 0, & if \quad Q_{ijk} = 0 \\ 1, & if \quad Q_{ijk} \neq 0 \end{cases} \tag{8-57}$$

均匀处理的系统费用函数是污水处理厂费用与污水输送费用之和，即

$$\min Z = \sum_{i=1}^{n}\sum_{k=1}^{3}(a_{ik}Q_{ik} + a_{ik}^0\gamma_{ik}) + \sum_{i=1}^{n}\sum_{j=1}^{n}\sum_{k=1}^{3}(b_{ijk}Q_{ijk} + b_{ijk}^0\delta_{ijk}) \tag{8-58}$$

上述目标函数的优化必须满足下述约束：

(1) 节点流量平衡：

$$q_i + \sum_{j=1}^{n}\sum_{k=1}^{3}Q_{ijk} - \sum_{j=1}^{n}\sum_{k=1}^{3}Q_{ijk} - \sum_{k=1}^{3}Q_{ik} = 0, \forall i \tag{8-59}$$

(2) 污水处理厂规模约束：

$$\sum_{k=1}^{3}Q_{ik} \leqslant \mu_{ik}\gamma_{ik}, \forall i \tag{8-60}$$

式中，μ_{ik} 表示允许排入水体的污水量。

(3) 管线的输水能力约束：

$$\sum_{k=1}^{3}Q_{ijk} \leqslant V_{ijk}\delta_{ijk}, \forall i,j \tag{8-61}$$

式中，V_{ijk} 表示给定管线的最大输水能力。

(4) 污水处理厂数量约束：每一个小区最多建设一座污水处理厂。

$$\sum_{k=1}^{3}\gamma_{ik} \leqslant 1, \forall i \tag{8-62}$$

(5) 污水流动方向约束：在同一条线路上，污水只能单方向流动。

$$\sum_{k=1}^{3}\delta_{ijk}+\sum_{k=1}^{3}\delta_{jik}\leqslant 1, \ \forall i,j \tag{8-63}$$

（6）变量的非负约束：

$$Q_{ik}\geqslant 0, \ \forall i,k \tag{8-64}$$

$$Q_{ijk}\geqslant 0, \ \forall i,j,k \tag{8-65}$$

（7）逻辑变量约束：

$$\gamma_{ik},\delta_{ijk}=0 \ 或 \ 1, \ \forall i,j,k \tag{8-66}$$

上述目标函数和约束条件构成一个混合整数规划问题，求解该问题可以得到系统总费用（包括污水处理厂费用与污水输送费用）和污水处理厂位置与流量组合。

三、区域处理最优规划

1. 模型

目标函数：
$$\min Z=\sum_{i=1}^{n}C_i(Q_i,\eta_i)+\sum_{i=1}^{n}\sum_{j=1}^{n}C_{ij}(Q_{ij}) \tag{8-67}$$

约束条件：
$$UL+m\leqslant L^0 \tag{8-68}$$
$$VL+n\geqslant O^0$$
$$q_i+\sum_{j=1}^{n}Q_{ji}-\sum_{j=1}^{n}Q_{ij}-Q_i=0, \ \forall i$$
$$L\geqslant 0$$
$$\eta_i^1\leqslant \eta_i\leqslant \eta_i^2, \ \forall i$$
$$Q_i,Q_{ij}\geqslant 0, \ \forall i,j$$

式中，$C_i(Q_i,\eta_i)$ 表示污水处理厂的费用，它既是污水处理规模的函数，也是污水处理效率的函数。

区域污水处理最优规划的任务是既要确定污水处理厂的位置和容量，又要确定污水处理效率。区域污水处理最优规划也是全面协调水体自净能力、污水处理规模和效率的经济效应、污水输送费用经济效应的复杂课题，目前还缺乏有效的方法求解。

2. 试探法

试探法的指导思路是大系统的分解协调方法，其计算基础是"全部处理或全不处理"的策略。根据这个策略，可以将任一小区的污水作为决策变量，或者就地处理，或者被送到相邻小区进行共同处理，通过比较系统的总费用，选出当前的最优解，并作为下一次试探的初始目标。

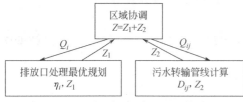

图 8-10　试探分解协调

Q_i—污水处理厂的规模；Q_{ij}—污水转输的流量；
D_{ij}—转输管道的管径；η_i—污水处理效率；
Z_1—污水处理的费用；Z_2—污水转输的费用；
Z—区域系统总费用

在每一次试探时，原问题被分解成两个子问题：排放口最优处理规划和污水转输管线的计算。这是两个可以独立计算的问题，它们的费用之和就是系统的总费用，将总费用返回到原问题，与上一次试探的结果比较，舍劣存优。按一定的步骤重复试探过程直至预定的试探程序结束，选出满意解。图 8-10 所示为这种试探分解的计算过程。

试探法是一种直接优化方法，它本身没有固定的运作程序，其目标就是力求在试探过程中包含尽可能多的组合方案。

试探法从任意一个初始可行解开始，例如，从排放口处理最优规划开始，通过开放节点试探、封闭节点试探和输水线路试探，求出系统的满意解。

（1）开放节点试探　开放节点是指那些建有污水处理厂的小区，该小区的污水处理厂负责处理本小区的污水和由其他节点转输来的污水。开放节点试探就是将上一次试探中确定建设的污水处理厂封闭，将其污水转输到相邻的开放节点去共同处理。如果试探的结果导致总费用下降，则以新的方案取代原方案，作为当前的最优解，否则仍维持原方案。

开放节点试探按照节点编号依次进行，对系统中所有开放节点进行一次试探称为开放节点的一次试探循环。若一次循环中产生了系统总费用改进，就返回第一个节点继续试探过程，否则进入下一个子程序——封闭节点试探。

（2）封闭节点试探　封闭节点是指那些不建污水处理厂，而将本小区的污水转输到其他节点去处理的小区。封闭节点试探是开放节点试探的逆过程，它的任务是试探在原先封闭的节点建设污水处理厂的可能性。

与开放节点一样，封闭节点试探也按照节点编号依次进行。若在一个封闭节点试探循环中产生任何的总费用降低，就返回开放节点试探，否则进入下一个子程序——污水转输路线试探。

（3）污水转输路线试探　在开放节点和封闭节点试探中，各个节点的污水输送都是按照节点编号顺序进行的，在实际地理环境中，一个节点的污水输送到另外一个节点，有可能不必经由中间节点的转输，在两个节点之间可能存在捷径。开放节点试探的目的就是寻找最优的输水路线。

污水转输路线试探对每一个封闭节点依次进行，计算结束，输出系统满意解及总费用。

作为一种直接最优化方法，试探法有着许多优点。它的原理简单，方法易行。试探法本身对于目标函数的形式没有特殊要求，适用范围广。在编写试探程序时需要一定的工程经验，只有在试探过程中包含了最好的方案，这个方案才有可能被推荐。因此在应用试探法时需要仔细推敲试探的过程，不要遗漏任何一个可能的好方案。

图 8-11 是应用试探法进行区域处理最优规划的主程序框图。

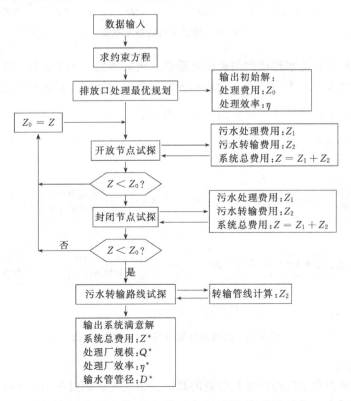

图 8-11　区域处理试探法计算流程

第五节　情景分析方法

一、基本概念

情景（scenario）是预料或期望的一系列事件的梗概或模式。对未来可能出现的情景进行分析、比较，选择实现目标最为有利的情景作为规划的优选情景，是情景分析的基本思路。

情景分析具备了以下的一些特点。

承认未来的发展是多样化的，有多种可能发展的趋势。也就是说，存在多个情景可以满足既定的目标，尽管各个情景实现目标的程度有所不同。

承认人在未来发展中的"能动作用"，即人们的主观决策对于情景的选择起着十分重要的作用，情景分析的准确性和信息量将会决定人们决策的取向。

现代的决策分析大多属于多目标决策问题，在情景分析中，要特别注意对发展起重要作用的关键因素和协调一致性关系的分析。

情景分析是一种对未来研究的思维方法，其所使用的技术方法手段大多来源于其他相关学科。如何有效获取和处理专家的经验和知识，是情景分析取得成功的重要因素。

一个典型的情景分析过程应该包含一系列的阶段（图 8-12），其中包括情景生成、情景分析和情景决策三个主要步骤，整个情景分析过程是一个互动和不断反馈的过程。

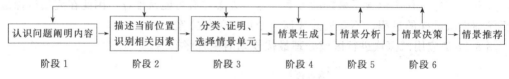

图 8-12　情景分析的技术框架

情景分析方法可以为水环境规划提供更动态、更完整的方法学支持。通过建立不同背景条件（社会、经济发展）下的情景，分析各种发展情景对社会、经济和环境影响，筛选和推荐满意的情景，从而产生水环境规划的方案（图 8-13）。

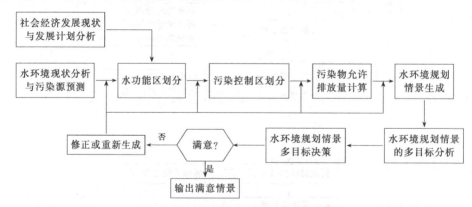

图 8-13　流域水环境规划情景分析的过程

二、情景生成

情景生成是能否产生优秀的推荐情景的基础。情景生成的过程是一个综合运用社会、经济、环境条件等因素，进行资源合理配置的过程，只有全面掌握有关信息、具备综合分析能力，才能生成好的情景。

1. 情景生成的基本条件

（1）水文条件 水文条件主要是指水环境规划的流量保证率，高的保证率意味着高的水质要求。保证率的选择要视当地多年的水文条件而定，高者可以取 95%，低者取 50%。在严重缺水地区，河流基流的保证率可能为零。

（2）建立污染源清单 污染源是水环境规划的控制对象，通过对污染源的削减和控制，保证水功能区目标的实现，是水环境规划的基本内容。

污染控制区内的污染源包括点源和非点源。如果规划的保护对象是水库和湖泊，点源和非点源都属于控制对象；如果保护对象是河流，一般优先考虑点源的控制。

作为水环境规划，非点源所考虑的重点污染物是有机物和营养物，通常以年污染物总量计量；点源的源强在一年的周期内比较均衡，可以用月平均值计量。点源包括工业污染源与生活污染源，以有机物为主要控制对象，对于区域性的特种污染物也应该予以关注。

在规划之前，需要调查工业污染源治理状况。要求所有的工业污染源按照国家标准或地方标准达标排放是进行水环境规划的前提。

广义上生活污染源是指居民生活中排放的污水，以及与生活污水性质相近的城市用水。城市发展程度越高、管理越完善，生活污水所占的比例越高。生活污水已经成为许多城市周围水体污染的主要来源。对于大多数中小型接受水体，城市污水一般需要进行高级处理（例如二级处理），对于大型接受水体，污水的处理程度可以与工业废水一起进行规划，实行污染物总量控制。

对于点源、非点源都要计算进入水体的污（废）水量和需要控制的污染物量。非点源以小流域为计算单元，生活污水一般以街坊或生活小区为计算单元，工业污水则以企业为计算单元。

在污染源计算的基础上计算各污染控制区的污染物总量。

（3）确定预选污水处理厂和排放口的位置 一个地区的污水处理厂位置的确定取决于很多因素，最主要的是城市规划和土地利用规划。通常可以用于建设污水处理厂的候选地点不是很多。如果一个地区尚未划定污水处理厂的厂址，那么在水环境规划中有必要对此提出规划。

污水处理厂选址的必要条件是：①位于取水口下游，污水经过收集系统尽可能自流到污水处理厂；②远离人口稠密地区，有足够的防护距离；③场地面积除满足污水处理厂建设需求，还要有足够的用于建设绿化隔离带的面积；④在缺水地区，污水处理厂的选址要考虑到污水回用与工业、市政、生活、绿化、景观等的需求。

污水处理厂的厂址决定了污水收集系统的走向，是污染控制区的关键设施。

（4）接受水体的条件 接受水体要有一定的自净能力。水体的自净能力可以通过水环境容量计算。

2. 情景生成的步骤

本章第二节所叙述的水污染控制系统的组成部分也就是情景的组成内容，即污染物发生子系统（污染源）、污水输送与转输子系统、污水处理与回用子系统、处理后污水接受子系统（见图8-14）。这些子系统在水环境规划情景设计中，都存在可以替代的方案。每个子系统不同替代方案的不同组合可产生不同的情景。

（1）污染源子系统 对污染源子系统，主要考虑形成如下的子方案。

① 考虑工业污染源与城市污水联合处理的可能性。一般来讲，城市工业废水应该尽可

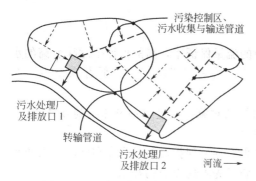

能与城市污水联合处理，这样不仅可以发挥城市污水处理厂的规模经济效应，某些富含有机物的工业废水加入城市污水以后，对城市污水的处理更为有利。但是对于下述工业污染源的工业废水不宜与城市污水联合处理：a. 工业废水中含有特殊污染物，不可能通过城市污水处理厂去除；b. 工业废水中含有不利于城市污水处理的物质；c. 工业污染源距离城市污水处理厂较远，建设污水转输管道需要较大的投资。

② 城市污水处理厂候选位置的选择。在城市规划的基础上，提出污水处理厂可能的位置，

图 8-14 污水收集、输送与转输系统

并根据污水处理厂的分布，确定每个候选污水处理厂的容量和污染物总量。根据集中和分散布置的需求，污水处理厂的位置一般可以有多种组合。

（2）污水收集、输送与转输子系统　污水收集、输送子系统一般由城市规划中的街区规划和道路规划决定。污水处理厂的位置基本上确定了污水收集、输送子系统的布置。在情景分析时，污水收集、输送子系统基本上是确定的，不需进行比较和分析。如果污水处理厂的位置可能有变化，则需要考虑污水由一个初始位置输送至另一个位置的污水转输路线与费用。

（3）污水排放口与污水接收子系统　污水处理厂一般位于污水排放口附近，处于城市的下游。污水排放口是污染控制系统的最终出口。污水进入水体以后，水体的稀释、扩散作用、对污染物的降解能力都是自然净化能力的体现，不受人为控制。

水环境规划的实际努力都体现在对污水的收集和处理上。通过对污染源子系统、污水转输子系统和污水处理子系统的设定与组合，就形成了不同的水环境规划情景（图 8-15）。

图 8-15　生成情景的各个子系统

【例 8-6】　下图表示区域水环境规划任务图。河段上设有 3 个水功能区控制断面，河段两侧分布 3 个城市居民区，分别规划有 3 个候选的污水处理厂，另外还有 4 个工业污染源（A、B、C、D）。试根据上述条件生成区域的水环境规划情景。

根据给定条件，至少可以生成如下表所列的 4 个情景：

情景编号	候选城市污水处理厂			工　业　污　染　源			
	1	2	3	A	B	C	D
1	一级处理	一级处理	一级处理	达标排放	达标排放	达标排放	达标排放
2	合并到2	一级处理	一级处理	与2联合处理	达标排放	达标排放	达标排放
3	二级处理	二级处理	二级处理	总量分配	总量分配	总量分配	总量分配
4	合并到2	二级处理	二级处理	与2联合处理	总量分配	与3联合处理	总量分配

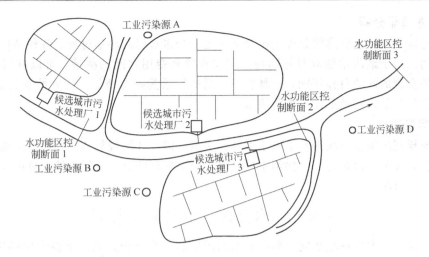

表中情景 1 属于低水平的相对分散的污染控制；情景 2 属于低水平的相对集中的污染控制；而情景 3 和情景 4 则分别属于比较高级的分散控制与相对集中控制。如果情景 1 的控制结果可以满足控制断面 1、2、3 的水质要求，则可以采用情景 1 作为水环境规划的推荐情景，因为实现这个情景的费用相对较低；如果情景 1 不能满足水质目标的要求，则需要对情景 3 或情景 4 进行分析。情景 2 实现水质目标的效果不会优于情景 1，但是其费用是否小于情景 1，则可以通过处理规模的经济效应与污水转输费用的权衡比较确定。情景 4 与情景 3 之间的关系和情景 2 与情景 1 之间的关系相似。

本例的情景生成还可以有其他可能。在实际条件下，由于各种约束比较多，一般不会有太多的可能情景，要根据具体条件提出候选情景。

三、情景分析

情景分析的内容取决于情景的目标，通常应该包括水质目标的可达性分析和实现情景目标的费用分析。水质目标的可达性分析可以通过水质模型模拟各个情景的水质状态实现；而费用分析可以利用费用函数计算，也可以通过估算或概算指标实现。

水环境规划的情景分析一般包括如下步骤。

1. 情景可行性分析

可行性分析的目的是检验预定情景的可行性。在情景生成过程中，已经充分考虑了每一个情景的工程可行性，例如城市污水处理厂的处理程度，一般选用一级处理或二级处理，这在工程实施上不存在任何困难；在污水处理厂的厂址选择和污水转输管道路由的选择上，都充分考虑到实际条件的限制。

在情景生成的时候，一般不能确切知道情景的水质影响，即每一个情景的水质模拟结果不是预先确定的，因此，在情景确定之后，通过水质模型模拟情景的水质影响，能够满足水功能区控制断面水质目标的情景，属于可行情景；否则属于不可行情景。在本阶段，不可行情景即被淘汰。可行情景进入下一分析阶段。

2. 非劣情景分析

对于具有多个目标的情景，如一个情景的所有目标值全部优于另一个情景的相应目标值，则这两个情景相比前一个情景称之为非劣情景，后一个则称之为劣情景。如果两个情景的各个目标之间各有优劣，则两个情景都是非劣情景。在这一阶段，所有的劣情景即被淘汰。

所有非劣情景都是可行情景。

3. 满意情景分析

从非劣情景中评选满意情景作为推荐情景是一个多目标的决策过程。各种多目标决策方法可以应用。对于最简单的双目标问题，例如水质和费用之间的决策，可以有两种选择策略：①如果实现的水质目标相同，选择费用最低的情景为推荐情景；②如情景的费用相同，则选择水质目标最佳的情景作为推荐情景。

四、情景决策

水环境规划决策在一般情况下属于多目标决策，即水环境规划的推荐情景应该满足多个目标的要求，在多个目标的综合协调中寻求总体效果最好的解。分析决策人员可以根据具体情况选择决策方法。

第六节　水资源—水质系统规划

河流污染一般发生在枯水期。解决枯水期污染的一个措施是利用上游水库的流量调节，放大河流的低流流量，以提高河流的自净能力，降低污水处理费用。

利用水库进行低流调节所需的费用可以表达为：

$$C = C_r a^{b_r} \tag{8-69}$$

$$a = \frac{Q'_{11} - Q_{11}}{Q_{11}} \tag{8-70}$$

式中，a 表示低流放大倍数；Q_{11} 表示河流低流时的流量；Q'_{11} 表示经水库调节后的河流低流流量；C_r、b_r 为系数，取值均大于 1，可以根据水库调节的费用估计。

由于增加了河流的流量，相对提高了河流的自净稀释能力，减轻了水库下游的污水处理负担。规划模型可以表达如下：

目标函数：

$$\min \quad Z = \sum_{i=1}^{n} C_i(\eta_i) + C_r a^{b_r} \tag{8-71}$$

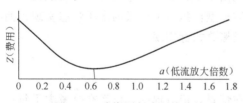

图 8-16　水资源与水环境的关系

约束条件：

$$U'L + m \leqslant L^0 \tag{8-72}$$

$$V'L + n \geqslant O^0$$

$$L \geqslant 0$$

$$\eta_i^1 \leqslant \eta_i \leqslant \eta_i^2$$

求解本问题的最简单方法是假定一系列的 a 值，如令 $a = 0.1, 0.5, 1.0, 1.5 \cdots$ 然后用排放口最优规划方法求解，得到一系列的费用与污水处理效率组合。由此可以选出最佳的低流放大倍数（图 8-16）。

习题与思考题

1. 制定水功能区划的原则和依据是什么？水功能区划在水环境规划中的重要性在哪里？

2. 水污染控制系统由哪几部分组成？它们之间有什么关系？

3. 水污染控制系统规划的依据是什么？哪些因素对规划有重要影响？

4. 已知费用函数的形式为：

$$C = 200Q^{0.78} + 1000Q^{0.78}\eta^{2.5}$$

河流水质约束为：

$$L_2^0 \leqslant 6$$

$$O_2^0 \geqslant 7$$

河流条件与污染源数据与第三章习题中第 5 题相同，试用线性规划和动态规划方法求解排放口最优规划。

5. 有两组污水处理费用函数：

$$C_1 = 200Q^{0.78} + 1000Q^{0.78}\eta^{2.5}$$
$$C_2 = 180Q^{0.92} + 1000Q^{0.92}\eta^{2.5}$$

若其他条件不变，采用 C_1 或 C_2 作为费用函数进行区域处理最优规划时，可能会出现什么样的不同结果？

6. 什么是"全不处理或全部处理"策略？如何从数学上给以证明？在均匀处理最优规划中，潜在的污水处理厂的数量与可能的规划方案的数量存在什么关系？若潜在的污水处理厂数是15，最大可能的方案数是多少？

7. 下图表示一个区域可能建设污水处理厂的位置，试用整数规划法或试探法确定均匀处理规划（污水处理效率为0.85）时污水处理厂的位置和规模。已知污水处理的费用函数为：

$$C_1 = 350Q^{0.75} + 1500Q^{0.75}\eta^{2.30}$$

污水输送费用函数为：

$$C_2 = 500Q_{ij}^{0.75}$$

污水可能的输送方向及相应的输水管长度为：

输水方向	1→2	2→3	3→4	1→5	5→3	5→6	6→4
长度/m	250	420	4280	5400	3320	6250	4420

各小区的本地污水量为：

小区编号	1	2	3	4	5	6
污水量/(m³/s)	0.56	0.32	1.25	0.88	0.56	0.36

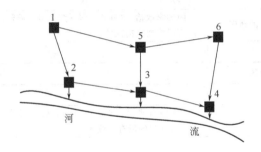

8. 计算机编程计算。给定费用函数：

$$C_1 = 350Q^{0.75} + 1500Q^{0.75}\eta^{2.30}$$

数据如下：

$$Q_1 = 0.3 \quad Q_2 = 0.6 \quad Q_3 = 1.1 \quad Q_4 = 0.8$$
$$L_1 = 200 \quad L_2 = 200 \quad L_3 = 150 \quad L_4 = 150$$
$$O_1 = 0 \quad O_2 = 0 \quad O_3 = 1 \quad O_4 = 1$$

	0	I	II	III	IV
$Q_{20} = 50$		$k_{d0} = 0.08$	$k_{d1} = 0.09$	$k_{d2} = 0.08$	$k_{d3} = 0.10$
$L_{20} = 2$		$k_{a0} = 0.12$	$k_{a1} = 0.15$	$k_{a2} = 0.13$	$k_{a3} = 0.16$
$O_{20} = 7$		$l_0 = 3800$	$l_1 = 4200$	$l_2 = 2600$	$l_3 = 4500$
	$Q_{31} = 0.5$	$Q_{32} = 0$	$Q_{33} = 0$	$Q_{34} = 0$	

单位：Q，m³/s；L，mg/L；O，mg/L；k_d，1/d；k_a，1/d；l，m

给定的水质约束是：$\boldsymbol{L}_2^0 = (5 \quad 5 \quad 5 \quad 5)^T$；$\boldsymbol{O}_2^0 = (4 \quad 4 \quad 4 \quad 4)^T$。河流水温 $T = 24℃$，平均流速 $u_x = 0.15$m/s。

求解排放口最优规划。

9. 情景规划的特点、使用范围是什么？它与优化分配方法有什么不同？

第九章　大气环境规划

第一节　规划原则和依据

一、环境功能区划

环境空气质量功能区是指为保护生态环境和人群健康的基本要求而划分的环境空气质量保护区。环境空气质量功能区分为一类、二类和三类（见表9-1）。

一类功能区指自然保护区、风景名胜区和其他需要特殊保护的地区。二类功能区指城镇规划中确定的居住区、商业交通居民混合区、文化区、一般工业区和农村地区，以及一类、三类区不包括的地区。三类指特定工业区。

表 9-1　环境空气质量功能区的划分

功能区类别	类别范围	主　要　内　容	执行标准[①]
一类	自然保护区	有代表性的自然生态系统、珍稀濒危动植物物种的天然集中分布区、有特殊意义的自然遗迹等	一级
一类	风景名胜区	具有观赏、文化或科学价值，自然景物、人文景物比较集中，环境优美，具有一定规模和范围，可供人们游览、休息或进行科学、文化活动的地区	一级
一类	需要特殊保护的地区	因国家政治、军事和为国际交往服务需要，对环境空气质量有严格要求的区域	一级
二类	居住区		二级
二类	商业交通混合区		二级
二类	文化区		二级
二类	一般工业区	指特定工业区以外的工业企业集中区以及 1998 年 1月 1 日后新建的所有工业区	二级
二类	农业区		二级
三类	特定工业区	指冶金、建材、化工、矿区等工业企业较为集中，其生产过程排放到环境空气中的污染物种类多、数量大，且其环境空气质量超过三级环境空气质量标准的浓度限值，并无成片居民集中生活的区域，但不包括 1988 年后新建的任何工业区	三级

① 中华人民共和国国家标准《环境空气质量标准》（GB 3095—1996）。

环境质量功能区由地级市以上（含地级市）环境保护行政主管部门划分，功能区的界限应充分利用现行行政区界或自然分界线。一类、二类功能区的面积不得小于 $4km^2$。

一类区与三类区之间、一类区与二类区之间、二类区与三类区之间设置一定宽度的缓冲带。缓冲带的宽度根据区划面积、污染源分布、大气扩散能力确定，一般情况下，一类区与三类区之间的缓冲带宽度不小于 500m，其他类别功能区之间的缓冲带宽度不小于 300m。缓冲带内的环境空气质量应向要求高的区域靠。

二、大气环境容量

1. 概念

大气环境容量的概念：对于一个特定的环境单元，根据其自然净化能力，在特定的污染源布局和结构及自然边界的条件下，为达到大气环境质量目标所允许的污染物最大排放量。

2. 影响大气环境容量的因素

（1）气象与湍流扩散条件　气象与湍流扩散条件是影响大气环境容量的最重要因素。大气系统内的物质运动以物理过程为主。在这个过程中，污染物由于稀释扩散作用的结果而使其浓度降低，但其总量并没有减少。其次，区域气温、空气湿度、降雨等也会对大气污染物的沉积、转化过程产生影响以致影响环境容量。

（2）地形与地貌条件　区域地形、地貌及地表的土地类型、土地利用状况、地表构筑、植被、水体等条件不同，会导致不同的边界层变化，对污染物的迁移扩散、沉积和转化等产生不同的影响，进而影响区域环境容量。

（3）环境质量现状条件　大气环境容量是基于环境质量现状和环境质量控制目标计算的，这两者的数值对环境容量计算结果会有很大影响。

3. 大气环境容量计算模型

（1）箱式模型　箱式模型是计算区域大气环境容量最为简单、直接的模型，也是概念较为明确的模型。箱式模型可以同时模拟点源和面源的影响。

设研究区域为一箱体，同时考虑污染物的沉积、转化因素，类似单箱模型推导过程可得箱体平均浓度为：

$$\bar{C} = \frac{\bar{u}C_0 + L(q/h)}{\bar{u} + (u_d + u_w + h/T_c)L/h} \tag{9-1}$$

式中，C_0 为上风向污染物浓度（背景浓度），mg/m^3；$\bar{u}$ 为混合层的平均风速，m/s；u_d 为污染物干沉积速度，m/s；u_w 为污染物湿沉积速度，m/s，$u_w = W_r R$；W_r 为清洗比特征数，无量纲量；R 为年降水量，mm/a；h 为混合高度，m；L 为箱体下垫面顺风向长度，m；q 为箱体内单位时间、面积的污染源强，$mg/(m^2 \cdot s)$；T_c 为污染物转化的时间常数，与半衰期关系为 $T_{1/2} = 0.693T_c$。

如果令 $\bar{C}$ 为功能区的大气环境质量目标值 C_s，假设上风向本底浓度 $C_0 \approx 0$，污染物的半衰期 T_c 足够大，上式可以写成：

$$C_s = \frac{L(q/h)}{\bar{u} + (u_d + W_r R)L/h} \tag{9-2}$$

$$q = \frac{\bar{u}hC_s}{L} + C_s(u_d + W_r R) \tag{9-3}$$

这里，q 实际上就是根据箱式模型反算的单位面积、单位时间的允许排放量。假定规划区的面积为 S（km^2），计算时间周期为 $T = 1$ 年，那么整个规划区的年允许排放量为：

$$Q_a = q \times S \times T \tag{9-4}$$

如果将规划区视为圆形，其等效直径为 $L = 2\sqrt{S/\pi}$，将其代入并经过单位换算，得到：

$$Q_a = 3.1536 \times 10^{-3} C_s \left[\frac{\sqrt{\pi S}V_E}{2} + S(u_d + W_r R) \times 10^3 \right] \tag{9-5}$$

式中，Q_a 为规划区污染物年允许排放量，万吨/年；V_E 为通风量，m^2/s，$V_E = \bar{u}h$；$W_r = 1.9 \times 10^{-5}$。

在进一步考虑一般城市范围的气态污染物排放的总量控制时，所有干湿沉降可以略去，式（9-5）可以写成：

$$Q_a = AC_s\sqrt{S} \tag{9-6}$$

$$A = 1.5768 \times 10^{-3}\sqrt{\pi}V_E \tag{9-7}$$

Q_a 可以认为就是按照箱式模型导出的区域大气环境容量，只要知道 A 值，就可以计算大气环境容量，这种计算环境容量（或允许排放量）的方法简称为 A 值法。

作为箱式模型的改进，多箱模型也可以用于估计大气环境容量，但其计算过程十分复杂。

（2）浓度反演模型　反推法的基本原理是：由 $C=f(Q)$ 反演求得 $Q=f'(C)$。此处 C 和 Q 分别是某区域大气污染物浓度和影响区域的大气污染物排放量。

设 C_i 为地面节点 i 处的污染物浓度；Q_j 是位于节点 j 处的污染源源强；ϕ_j^i 为表达节点 i 对源 j 的响应关系的转换因子。浓度与源强之间有如下线性关系：

$$C_i = \phi_j^i Q_j \tag{9-8}$$

以环境目标值 C_s 取代 C_i，并以矩阵形式表达则有

$$Q = \phi^{-1} C \tag{9-9}$$

在多源情况下，通过浓度反演环境容量将是一个极其复杂的过程。

三、总量控制与分配

在环境规划中，污染物总量分配是总量控制的重要步骤。总量分配有多种方法，每一种方法就是一个策略，选用何种策略，要视当时当地的具体条件而定。可以考虑的总量分配方法有：①基于排污现状的分配方法，如等比例削减、等浓度削减、根据万元产值排污系数加权削减；②基于行业排污差异的分配方法，如根据行业排污标准加权削减、根据行业平均处理效率加权削减、根据行业最高处理效率加权削减；③按区域治理费用最小削减；④按企业的贡献率削减。

从社会公平、管理的可行性与可操作性的角度，等比例削减可能是比较明智的选择，尽管这种选择从追求效率的角度似乎并不是最佳的。追求效率目标可以在规划以后的管理过程中实现，例如通过排污权交易，即通过市场经济手段使得区域环境目标的实现逐步达到最佳状态。

第二节　规划内容与方法

一、系统组成

大气环境规划过程，即协调区域经济、社会发展和环境质量要求之间的关系，寻求决策者满意的环境规划方案。大气环境规划系统是一个涉及经济、社会和环境的复合系统。这个系统包含污染源子系统、污染控制子系统、污染物排放子系统和接受环境子系统（图9-1）。

大气污染源 —— 污染源治理 —— 污染物排放 —— 大气环境

图 9-1　大气环境规划系统的组成

1. 污染源子系统

污染源子系统与经济、社会密切相关。按照污染源的空间形态可以分为点源、线源和面源。面源是以分散方式存在的污染源，例如存在于商业服务区、居民住宅区的污染源。面源的特点是分布面广、排气筒较低，一般通过燃料结构和燃烧设施的改进来治理面源。线源最一般的表现形式是道路上的交通污染源，线源的特点是排气筒的高度接近地面，可以直接对人体健康产生危害。与面源一样，点源的治理主要手段是燃料和燃烧设施的改进。点源是指那些污染物在空间上集中排放，且排气筒具有一定高度的污染源，点源的特点是排放强度大、排气筒高，对点源的控制除了调整燃料和改进燃烧设施，还可以通过调整排气筒高度和污染物的处理程度，满足环境质量的要求。对一个区域或城市来说，只有全面协调面源、线源和点源的贡献，才能解决大气环境质量问题。

由于交通线源产生的污染物以氮氧化合物、一氧化碳、臭氧为主，与面源、点源通常考虑的颗粒物、二氧化硫等不同，在环境规划中线源一般可以单独处理。

2. 污染控制子系统

大气环境污染物是由燃料的燃烧和化学反应产生的，尤以前者为主，因此污染控制的主要对象是燃料结构、燃烧过程和污染物的治理。燃料结构的改变涉及一个地区的能源结构规划，取决于需求与供给的平衡与协调。采用清洁能源对于改善和保持优良的环境质量是最根本的措施。但是，我国是一个煤炭资源相对丰富的国家，煤炭在整个能源结构中占到月70%以上的份额，煤炭燃烧过程中出现的颗粒物与二氧化硫污染将是长期的环境问题，污染控制的主要方向也在于控制颗粒物和二氧化硫。

3. 污染物排放子系统

污染物的排放分为有组织和无组织两种，一般的点源排放属于有组织排放，而面源则属于无组织排放。点源通过高架排气筒排放污染物，污染物的排放浓度和排放量易于控制；面源的控制较多需要通过管理措施实现，例如改变能源结构等。

4. 接受环境子系统

大气环境规划中接受环境子系统就是污染源周围的大气环境。由于大气环境是没有边界的，大气环境子系统的范围需要具体划定。但是，在大气环境规划中，规划区的边界不应小于环境功能区的规定边界。

二、规划的主要内容与过程

大气环境规划的主要目标是以适当的代价，对排放到大气中的污染物进行合理的控制，保证大气环境质量满足人类生活、生产以及生态与景观的需求。大气环境规划是一个多目标规划，涉及生态、环境、经济、社会生活的各个方面。

大气环境规划所要解决的问题主要涉及两个方面：一方面是通过对污染源的控制，使大气的环境质量满足预定的环境目标；另一方面是合理的污染源控制成本。

污染源控制是大气环境规划的核心。在宏观尺度上，我国已经制定了"双控区"（即二氧化硫控制区和酸雨控制区）规划，双控区的面积达109万平方千米，其中二氧化硫控制区29万平方千米，酸雨控制区80万平方千米。对二氧化硫和酸雨的控制提出了具体的目标和措施。对于一个区域环境规划问题：一是要落实宏观规划的结果，二是要根据区域条件制定具体的环境规划目标，提出具体的环境规划方案。

大气环境规划的内容主要有：①识别大气环境现状和大气污染源现状；②根据经济和城市发展规划进行污染源预测，包括污染源排放的主要污染物、介质的量及其空间分布；③建立大气环境质量模型；④制定大气污染控制情景；⑤对情景进行环境、经济和社会影响分析；⑥通过决策分析选择推荐情景。

大气环境规划一般可以分为下述几个步骤。

（1）准备阶段　准备阶段的主要工作是识别大气环境质量现状和污染源现状，并在此基础上建立两者之间的响应关系，建立起大气环境质量模型。

（2）情景生成阶段　本阶段的主要任务是针对可能出现的条件和选项的组合建立大气污染源治理的各种情景。各种情景可以根据下述条件生成：①可能的能源结构，包括可能利用的能源种类、各种能源利用的量以及相应的污染物含量；②可能的污染源治理方法，包括污染物的去除率、不同的污染源排气筒高度等。

（3）情景分析阶段　不同的能源结构、不同的污染源治理方法，对环境的影响也不同，所需的费用也不同，对社会的影响也不同。针对每一个情景进行经济、环境和社会的影响分析是本阶段的主要任务。

（4）情景决策阶段　在各种不同的情景中选择满意解，是决策阶段的主要任务。对于多目标的情景，需要进行多目标决策分析。

图 9-2 表示了大气环境规划的过程。

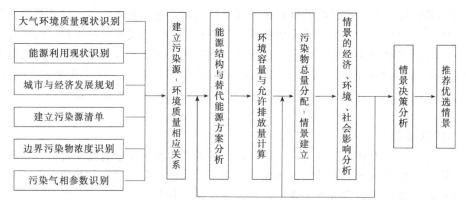

图 9-2　大气环境规划的过程

三、规划的主要问题与主要方法

根据任务，大气环境规划可以归纳为下述几类问题：①规划合理的能源结构和合理的污染源治理方案，以满足大气环境质量的要求；②定污染物允许排放总量，将其分配到各个污染源；③以环境功能区的环境质量目标为依据，在污染源高度给定的条件下，确定各污染源的允许排放量；④以环境功能区的环境质量目标为依据，同时确定污染源高度和污染物的允许排放量。

目前，用于大气环境规划的方法主要有以下几种。

（1）情景分析方法　为了达到预定的大气环境质量目标，可以设定一系列的污染物控制情景，这些情景是各种可能的方法与措施的组合，通过对每一个情景的分析，找出满意的推荐情景。

情景分析方法属于一种选优的正向算法，在设定情景时所采用的每一种方法与措施在过程上都是可行的，但是它们是否满足环境质量目标，或者在经济上是否理想，需要进一步分析。

情景分析没有固定的程式和模式，可以采用现有的各种方法，不必建立专门的模型。因此，情景分析方法比较灵活，可以将各种技术和方案集中在一起。正因为这种特征，丰富的工程知识和经验，对于遴选优秀的情景是完全必要的。

情景分析方法比较适用于解决复杂的环境问题，例如上述的第一类和第四类问题。

（2）比例下降模型方法　比例下降模型是一种简化的大气环境规划方法。比例下降模型实际上是一种将已知的污染物去除总量分配到各个污染源的最优化方法，"比例下降"只是反映了一种假定的污染源与空气环境质量的响应关系。

（3）地面浓度控制方法　地面浓度控制模型反映了大气环境规划的最为本质的内容，即根据大气环境质量的需求，寻找最佳的污染源控制策略和措施。地面浓度控制模型是通过一套最优化方法实现的，从实现环境质量目标和成本控制角度，地面浓度控制可能是一种比较理想的方法。但是由于它需要将一个实际问题公式化，因此很多因素可能被忽略，一些复杂的关系可能被简化，它的计算结果的适用性不能不受到影响。

（4）A-P 值法　A-P 值法是一种实用的污染物总量计算与分配的方法。它利用 A 值法计算功能区和规划区的允许排放量，利用 P 值法将允许排放量分配到污染源。尽管在理论上 A 值法和 P 值法尚没有完全融合，但是它们为复杂的大气污染物总量控制提供了有效的方法。

第三节　情景规划方法

一、概述

情景规划的基础是情景分析技术。情景分析是一种方法学的称谓，意思是将未来的发展可能设想成各种各样的"情景"，每一个情景代表着一种发展的可能；分析这些情景的发生和发展、探讨它们的可行性、研究它们的优缺点，找出一种或若干种人们希望达到并有可能达到的情景，作为情景分析的成果推荐给决策者和公众。

情景分析的特点是首先假定结果，然后分析过程。每一个情景在分析过程中是否能够满足每项要求事先不能确切地知道。如果在分析过程中发现某个情景不能满足某项要求，则该情景就被认为不可行而被弃用。对于所有的可行情景比较其各个指标之间的优劣，剔除"劣情景"，保留"非劣情景"；然后通过决策分析，从非劣情景中选出满意情景作为推荐情景。

情景分析是一个方法学概念，它为大气环境规划提供了一个解决问题的技术路线，在分析过程中可以利用各种现有的方法和技术。利用情景分析方法进行大气环境规划的过程示于图 9-3。

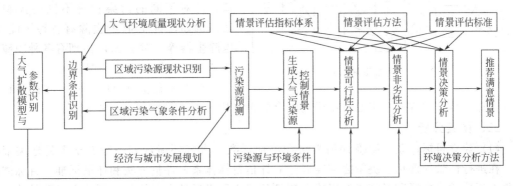

图 9-3　情景规划技术路线

二、情景生成

情景生成是对污染源的各种控制策略而言的，污染源控制的每一个过程所采用的不同方法和不同技术的组合都可以构成一个情景。理论上，情景的数量可能很多，但是受具体条件的限制，实际问题中不可能出现太多的情景。大气环境规划的情景可以根据下述变化的条件组合生成。

（1）能源结构　一个地区或城市可供选择的能源种类、各种能源使用的比例和数量、每种能源的污染物含量等都是可以选择的，目前可以使用的能源种类包括化石能源（含煤、石油、天然气等）、水能与核能。随着能源短缺的加剧，人们正在研究开发风能、太阳能、生物质能等可再生能源，但它们在最近投入大规模应用的可能性不大。

能源和替代能源的选择是能源规划所要解决的问题，能源规划的任何决策对于大气环境规划的影响都是根本性的。另一方面，能源应用对环境质量的影响往往又反过来影响能源规划的决策过程。

（2）能源燃烧方式　能源对大气环境的影响一般要通过燃烧过程实现。污染源源强计算的一般形式为：

$$Q = kW(1-\eta) \tag{9-10}$$

式中，Q 为源强，对瞬时排放源指一次排放的污染物总量，对连续排放源指单位时间排放的污染物量；W 为燃料消耗量，对瞬时排放源指一次性燃料消耗量，对连续排放源指单位时间的燃料消耗量；k 为燃料中某种污染物的排放因子，即单位燃料中污染物质的含量或燃烧后的污染物生成量；η 为污染物在处理构筑物中的去除率。

燃烧设备的效率是影响污染物排放量的重要因素，在环境规划中，要选用那些效率高的先进设备，逐步淘汰效率低的设备。

（3）能源利用布局　能源利用布局主要针对能源转换过程的分散或集中利用而言，例如将煤或石油等化石能源转变为电能或热能，以便集中供电或供暖。能源集中燃烧的优点是可以提高能源利用效率，便于污染源治理，降低污染物排放总量，降低供电成本；但是，燃料的集中燃烧会形成集中的污染物排放，对局部环境形成冲击性负荷。因此对于燃料的集中燃烧需要在规划中进行比较。

（4）烟囱高度　烟囱高度的变化虽然不能降低污染物的排放总量，但是可以改变污染物的分布。通过提高烟囱高度降低污染物的最大落地浓度是区域规划中常用的技术。

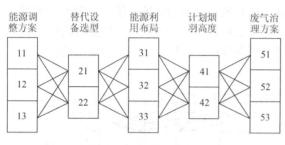

图 9-4　情景生成示意

（5）废气处理方法和措施　废气处理是防治污染物进入空气中的最后一道关口，针对不同的污染物有不同的控制方法。例如，对 TSP 的去除有各种沉淀器、电除尘器等，对于 SO_2 治理有各种脱硫方法和装置（例如干法、湿法）。

在上述五项内容中，每一项都存在不同的选择。将它们按照一定的规则进行组合就可以构成不同的情景（图 9-4）。

三、情景分析

（1）建立目标体系，明确评估方法和评估标准　大气环境规划一般属于多目标决策问题，在进行情景的评估、决策之前需要建立评估目标体系、评估方法和评估标准。目标体系主要由环境质量指标和经济指标组成。制订环境质量指标的主要根据是环境空气质量功能区划，例如 SO_2 和 TSP，也可以根据具体情况补充其他指标。经济指标包括工程经济方面的内容，例如实现规划情景所需的费用等，也可以包括环境经济方面的内容，例如规划情景的损失和收益。

情景评估标准是针对指标体系确定的，是衡量情景优劣的依据。对于环境质量指标，在功能区划中已经明确；至于经济指标，一般没有绝对标准，在实现环境质量目标的前提下，可以采用费用较低的情景。

（2）分析可行情景　情景规划方法的特点之一是所制定的情景在工程上一般都是可行的，但是它在实现环境目标上是否可行需要论证。情景分析的一个重要内容就是利用环境质量模型模拟大气环境质量对情景的响应，识别情景的可行性。凡是环境质量目标不能满足功能区划要求的情景，都属于不可行情景，否则就是可行情景。

如果规划中列出了其他的约束条件，那些不能满足约束要求的情景也属于不可行情景。

（3）选择非劣情景　非劣情景是指可行情景中那些难以从单个指标上分出优劣的情景。例如甲、乙两个情景，评价指标为 A、B。如果甲情景的两个指标都优于乙情景，那么甲情景就是非劣情景，乙情景就是劣情景；如果甲情景的指标 A 优于乙情景，而指标 B 劣于乙情景，情景甲、乙难以分出优劣，两个情景都属于非劣情景。

【例 9-1】　下表列出甲、乙、丙、丁四个情景的主要目标的分析结果，情景甲因为 SO_2 指标不达标，属于不可行情景；情景乙的两个环境质量指标虽然全部达标，属于可行情景，但是每一个指标的数值都劣于情景丙和丁，因此情景乙属于劣情景；而情景丙和丁的两个环境质量指标全都满足标准，但互有优劣，情景丙和丁属于非劣情景。

情景	环境功能区划执行标准(二级)/(mg/m³ 标准)(年日平均)		环境质量指标/(mg/m³ 标准)		费用/万元
	SO₂	TSP	SO₂	TSP	
甲	≤0.15	≤0.3	≤0.20	≤0.25	45000
乙	≤0.15	≤0.3	≤0.14	≤0.30	55000
丙	≤0.15	≤0.3	≤0.13	≤0.20	57500
丁	≤0.15	≤0.3	≤0.12	≤0.28	60500

四、情景决策

情景决策的任务是从非劣情景中选择满意情景。从上面的例子可以看出，情景的三个评估指标（SO_2、TSP 和费用）中，情景丙的 TSP 和费用指标优于情景丁，而 SO_2 指标劣于情景丁。这种两个目标以上的决策问题属于多目标决策，可以参照本书第十一章介绍的方法求解。

第四节　比例下降规划

一、模型假设

比例下降规划的假设是污染源的污染物排放量的下降，将导致空气中的污染物浓度的等比例下降。比例下降模型在理论上并没有严格的证明，但有一些证据证明这个结论是合理的。例如，从 1967 年至 1976 年的 10 年间，美国旧金山的 CO 排放量降低了 30%，同期空气中的 CO 浓度也大约下降了 30%。

在以年平均值为基础进行空气污染控制规划时，由于时间比尺较长，各种气象条件造成的差别得到平滑，利用比例下降模型可以得到较好的结果；同样，比例下降模型适用于空间尺度比较大的区域。

根据比例下降假设，在优化模型中不必直接纳入空气质量约束，而只需将现实的环境质量与环境质量标准相比较，确定必须削减的污染物总量，比例下降规划的任务在于将污染物的削减总量分配给各个污染源。由于不包含环境质量约束，可以大大简化计算过程。

二、优化模型

假定规划区域包含 m 个污染源，每个污染源存在 n 种可选择的污染控制方法，用以控制 q 种污染物。

如果以 x_{ij} 表示产品的产量，其中 i 为污染源的编号，j 是该产品的废气治理方法；以 c_{ij} 表示相应于生产单位产品所需支付的污染控制费用；η_{ijp} 为第 i 个污染源采用第 j 种控制方法时，去除第 p 种污染物的效率。

根据比例下降模型，可以写出优化模型的线性规划形式：

$$\min \quad Z = \sum_{i=1}^{m} \sum_{j=1}^{n} c_{ij} x_{ij}$$

$$\sum_{j=1}^{n} a_{ij} x_{ij} = S_i \quad i = 1, \cdots, m ; \quad j = 1, \cdots, n \tag{9-11}$$

$$\sum_{i=1}^{m} \sum_{j=1}^{n} b_{ijp} (1 - \eta_{ijp}) k_p x_{ij} \leqslant A_p \quad P = 1, \cdots, q$$

$$x_{ij} \geqslant 0, \ \forall \, i, j$$

式中，S_i 是对第 i 个源的产品产量约束；a_{ij} 是逻辑变量，若对第 i 个源实施第 j 种污染物控制可行，则 $a_{ij}=1$，否则 $a_{ij}=0$；A_p 是区域内对第 j 种污染物排放量的总约束；b_{ijp} 是逻辑变量，若第 j 种控制方法对第 i 个源的第 p 种污染物有效，则 $b_{ijp}=1$，否则 $b_{ijp}=0$；η_{ijp} 是相应污染物的去除效率；k_p 是第 p 种污染物的排放因子，即单位燃料燃烧时释放的污染物量。

上述模型是一个线性规划模型，可以用线性规划方法求解。

【例 9-2】 一个地区范围内的污染源是两个发电厂和一个水泥厂，根据环境质量的要求和比例下降模型的假设，必须削减 TSP 的排放总量的 80%，可供选择的 TSP 控制方法是：不加任何控制、隔板式沉淀器、多级旋风除尘器、长锥体旋风除尘器、喷雾除尘器和电除尘器。变量 x_{ij} 表示第 i 个污染源采用第 j 种控制方法是的产品产量，对发电厂用燃煤量表示，对水泥厂用水泥产量表示。

TSP 控制方法			TSP 污染源		
编　号		TSP 去除效率	发电厂 A	发电厂 B	水泥厂
0	不加控制	0	x_{10}	x_{20}	x_{30}
1	隔板式沉淀器	0.59	x_{11}	x_{21}	x_{31}
2	多级旋风除尘器	0.74	—	—	x_{32}
3	长锥体旋风除尘器	0.85	—	—	x_{33}
4	喷雾除尘器	0.94	x_{14}	x_{24}	x_{34}
5	静电除尘器	0.97	x_{15}	x_{25}	—

每个污染源采用不同控制方法去除单位 TSP 的费用如下：

变　量	c_{10}	c_{11}	c_{14}	c_{15}	c_{20}	c_{21}	c_{24}	c_{25}	c_{30}	c_{31}	c_{32}	c_{33}	c_{34}
单位费用	0	1.0	2.0	2.8	0	1.4	2.2	3.0	0	1.1	1.2	1.5	3.0

三个污染源各自的产品产量、TSP 排放因子和 TSP 排放量列于下表：

污染源	产量/(t/a)	TSP 源强/(kg/t)	TSP 排放量/(kg/a)
发电厂 A	400000	95	38000000
发电厂 B	300000	95	28500000
水泥厂	250000	85	21250000

三个污染源的 TSP 排放总量为 87750000kg/a。为了控制 TSP 污染，需要去除 TSP 总量的 80%，即 TSP 的允许排放量为：

$$A_p \leqslant 87750000(1-80\%)=17550000 \ (\text{kg/a})$$

根据所给条件，需要将 17550000kg/a 的 TSP 允许排放量，分配给三个污染源。如果采用优化分配策略，本例的最优化模型为：

目标函数：

$$\min \quad Z=1.0x_{11}+2.0x_{14}+2.8x_{15}+1.4x_{21}+2.2x_{24}+3.0x_{25}$$
$$+1.1x_{31}+1.2x_{32}+1.5x_{33}+3.0x_{34}$$

约束条件：

$$x_{10}+x_{11}+x_{14}+x_{15}=400000$$

$$x_{20}+x_{21}+x_{24}+x_{25}=300000$$
$$x_{30}+x_{31}+x_{32}+x_{33}+x_{34}=250000$$
$$95x_{10}+(1-0.59)95x_{11}+(1-0.94)95x_{14}+(1-0.97)95x_{15}+95x_{20}$$
$$+(1-0.95)95x_{21}+(1-0.94)95x_{24}+(1-0.97)95x_{25}+85x_{30}+(1-0.59)85x_{31}$$
$$+(1-0.74)85x_{32}+(1-0.85)85x_{33}+(1-0.94)85x_{34}\leqslant17550000$$
$$x_{ij}\geqslant0,\forall i,j$$

该模型的总费用以元/a表示。上式中前三个约束为生产量约束（等式约束）；第四个约束为 TSP 排放总量约束；最后一个为变量非负约束。

用单纯型法容易求得本例的解：

x_{11}^*	x_{14}^*	x_{24}^*	x_{32}^*	Z^*
242793	157207	300000	250000	1517207

本例的解的意义在于：为了削减 TSP，发电厂 A 采用隔板沉淀器和喷雾除尘器；发电厂 B 只采用喷雾除尘器；水泥厂则全部采用多级旋风除尘器。

三、对偶模型

比例下降模型中给定的产品产量是未来的计划，如果实际与计划产生偏差，对目标会产生什么影响？80%的削减比例是根据比例下降的假设作出的，环境管理部门可能会怀疑它的环境治理效果，主张加强控制；工业企业则主张放松约束，以便降低控制费用。而排放量的变化又会对目标产生什么影响呢？这些问题都可以通过对原问题进行灵敏度分析得到解答，而灵敏度分析可以通过对原模型的对偶模型研究得到部分解决。

为了构造一个对偶模型，对原线性规划问题进行标准化处理，即将目标函数表示为求最大值，同时将等式约束转换为两个等价的不等式约束。

目标函数：
$$\max\ (-Z)=-1.0x_{11}-2.0x_{14}-2.8x_{15}-1.4x_{21}-2.2x_{24}$$
$$-3.0x_{25}-1.1x_{31}-1.2x_{32}-1.5x_{33}-3.0x_{34}$$

约束条件：
$$x_{10}+x_{11}+x_{14}+x_{15}\leqslant400000$$
$$-x_{10}-x_{11}-x_{14}-x_{15}\leqslant-400000$$
$$x_{20}+x_{21}+x_{24}+x_{25}\leqslant300000$$
$$-x_{20}-x_{21}-x_{24}-x_{25}\leqslant-300000$$
$$x_{30}+x_{31}+x_{32}+x_{33}+x_{34}\leqslant250000$$
$$-x_{30}-x_{31}-x_{32}-x_{33}-x_{34}\leqslant-250000$$
$$95x_{10}+(1-0.59)95x_{11}+(1-0.94)95x_{14}+(1-0.97)95x_{15}+95x_{20}$$
$$+(1-0.95)95x_{21}+(1-0.94)95x_{24}+(1-0.97)95x_{25}+85x_{30}+(1-0.59)85x_{31}$$
$$+(1-0.74)85x_{32}+(1-0.85)85x_{33}+(1-0.94)85x_{34}\leqslant17550000$$
$$x_{ij}\geqslant0,\forall i,j$$

假设上式中 7 个约束条件的对偶变量为 y_1，y_2，y_3，y_4，y_5，y_6，y_7，则原模型的对偶模型如下。

目标函数：
$$\min\ Z=400000y_1-400000y_2+300000y_3-300000y_4+250000y_5-250000y_6+17600000y_7$$

约束条件（用表格形式表达）：

y_1	y_2	y_3	y_4	y_5	y_6	y_7	$\geqslant$	$\leqslant$
+1	−1					+95.0	0	
−1	+1					−39.0		1.0
−1	+1					−5.7		2.0
−1	+1					−2.9		2.8
		+1	−1			+95.0	0	
			−1	+1		39.0		1.4
			−1	+1		−5.7		2.2
			−1	+1		−2.9	0	
				+1	−1	85.0	0	
				−1	+1	−34.9		1.1
				−1	+1	−22.1		1.2
				−1	+1	−13.6		1.5
				−1	+1	−5.1		3.0
$y_1,y_2,y_3,y_4,y_5,y_6,y_7$				0				

上述对偶模型的解是：$y_1^{\cdot}=y_3^{\cdot}=y_5^{\cdot}=0$，$y_2^{\cdot}=2.17$ 元，$y_4^{\cdot}=2.37$ 元，$y_6^{\cdot}=1.86$ 元。$y_1^{\cdot}-y_2^{\cdot}=-2.17$ 元，$y_3^{\cdot}-y_4^{\cdot}=-2.37$ 元和 $y_5^{\cdot}-y_6^{\cdot}=-1.86$ 元分别表示发电厂 A、发电厂 B 和水泥厂用于污染控制的边际费用，即发电厂 A、发电厂 B 和水泥厂每增加 1t 燃煤或增产 1t 水泥，需要增加的 TSP 控制费用分别是 2.17 元、2.37 元和 1.86 元。对偶变量 $y_7^{\cdot}=0.03$ 元是污染物排放量约束的边际费用，即每减少 1kg 的 TSP 排放量限制，可以节省 0.03 元。如果将 TSP 约束由 17600000kg/a 放宽到 20000000kg/a，每年的污染控制费用可以节省（20000000−17600000）×0.03＝72000 元。

第五节 地面浓度控制规划

比例下降模型在计算上比较简单，在较大的空间尺度和较长的时间尺度上，计算结果有一定的可信度。但是比例下降模型没有考虑大气中污染物的迁移扩散规律，忽略了污染物在时间和空间上分布的不均匀性。地面浓度控制是以空气质量标准为基础，通过空气环境质量模型推导污染源的允许排放量，及其在各个污染源之间的优化分配。从逻辑上讲，按照地面浓度控制规划得到的结果较比例下降规划更为科学、合理。

一、空气质量约束

对于一个高架点源，假设风向与 x 轴平行，烟羽中心线高度为 H，平均风速为 u_x，高架点源下风向任意点（x，y，0）处的污染物浓度 $C(x,y,0)$ 可以用下式计算：

$$C(x,y,0)=\frac{Q}{\pi u_x \sigma_y \sigma_z}\exp\left(-\frac{y^2}{2\sigma_y^2}-\frac{H^2}{2\sigma_z^2}\right) \tag{9-12}$$

式中，Q 为污染源源强；σ_y、σ_z 分别为污染物在 y 方向和 z 方向分布的标准差。

污染物分布标准差 σ_y 和 σ_z 是大气稳定度和地面坐标的函数，可以根据经验公式计算。高架点源的源强 Q 可以用下式计算：

$$Q_{ijp}=b_{ijp}x_{ij} \tag{9-13}$$

式中，b 为排放因子；x 为产品产量；i、j、p 分别为污染源、污染控制方法和污染物的编号。令：

$$t_{ik}=\frac{1}{\pi u_x \sigma_y \sigma_z}\exp\left(-\frac{y_{ik}^2}{2\sigma_y^2}-\frac{H_i^2}{2\sigma_z^2}\right) \tag{9-14}$$

式中，y_{ik} 为接受点与污染源的横向距离；H 为烟羽的有效高度；k 为接受点的编号。

上式中的 t_{ik} 为被定义为位于 i 点的污染源对位于 k 点的受体的污染因子。那么接受点 k 由于污染源 i 第 p 种污染物的排放的浓度增量可以用下式计算：

$$C_{ipk} = t_{ik}b_{ijp}x_{ij} \tag{9-15}$$

如果一个地区存在 m 个污染源，n 种控制方法，则接受点 k 的污染物浓度为：

$$C_{pk} = \sum_{i=1}^{m}\sum_{j=1}^{n} t_{ik}b_{ijp}x_{ij} \tag{9-16}$$

若给定接受点处第 p 种污染物的空气质量标准是 C_{pk}^0，则空气质量的约束为：

$$\sum_{i=1}^{m}\sum_{j=1}^{n} t_{ik}b_{ijp}x_{ij} \leqslant C_{pk}^0 \tag{9-17}$$

二、规划模型

根据上述条件，如果选择优化分配策略，地面浓度控制的规划模型如下。

目标函数：

$$\min Z = \sum_{i=1}^{m}\sum_{j=1}^{n} c_{ij}x_{ij} \quad i=1,\cdots,m; \quad j=1,\cdots,n \tag{9-18}$$

约束条件为：

$$\sum_{j=1}^{n} a_{ij}x_{ij} = S_i \quad i=1,\cdots,m; \quad j=1,\cdots,n$$

$$\sum_{i=1}^{m}\sum_{j=1}^{n} t_{ik}b_{ijp}x_{ij} \leqslant C_{pk}^0 \quad p=1,\cdots,q; \quad k=1,\cdots,r \tag{9-19}$$

$$x_{ij} \geqslant 0, \ \forall i,j$$

在这个规划模型中，x_{ij} 是决策变量，规划的结果是输出污染源的控制策略，即污染源的治理程度，其他数据都是已知的。这是一个线性规划模型，可以用线性规划方法求解。

第六节 空气质量-经济-能源系统规划

一、一般规划问题

能源-经济-环境三者之间构成复杂的相互制约关系。在研究能源-经济-环境这个层次的问题时，系统的目标包括空气环境质量目标、废气治理的经济目标和区域总能耗目标三个方面。

上述三个目标中能源消耗目标是一个主动的关键目标。降低能源消耗不仅节省了能源自身的费用，也相应降低由于消耗能源带来的废气治理费用，同时对改善空气环境质量目标也有积极效果，但是能源的消耗还要受经济发展和人民生活需求的制约。

二、模型

1. 目标函数：

$$\text{Opt}(C, \text{INV}, E) \tag{9-20}$$

目标函数由 3 项组成，它们是环境质量指标 C、污染控制投资指标 INV 和能源消耗量指标 E。

环境质量指标 C 就是区域空气质量，可以用各种适用的空气质量模型进行预测，空气质量预测的前提是假设能源的消耗量。

能源投资函数是与能源消耗相应的矿山建设、燃料运输、销售的费用，也应该包括所需的污染控制费用，计算如下：

$$\text{INV}=\sum_{i=1}^{n}\sum_{j=1}^{m}c_i x_{ij} \tag{9-21}$$

式中，c_i 为单位能源消耗量的投资；x_{ij} 为各种能源的消耗量。

能源消耗总量 E 可以通过下式计算：

$$E=\sum_{i=1}^{n}\sum_{j=1}^{m}k_i x_{ij} \tag{9-22}$$

式中，k_i 为各种燃料折合成标准燃料的折合系数。

2. 约束条件

（1）能源需求总量约束：

$$\sum_{i}^{n}\eta_i x_{ij}\geqslant R_j \quad i=1,\cdots,m;\quad j=1,\cdots,n \tag{9-23}$$

（2）各种能源的可供应量约束：

$$\sum_{j=1}^{m}k_i x_{ij}\leqslant P_i, \quad i=1,\cdots,m;\quad j=1,\cdots,n \tag{9-24}$$

这是一个多目标规划问题，需要用多目标方法求解。

上面第一个约束是能源需求总量约束，取决于社会需求。如果以 x_{ij} 表示工业和民用的能源需求，可以通过下表计算：

能源构成		民用	供暖	工　业							可供应量
				机械	化工	电力	轻工	食品	...	...	
能源类型	原煤	x_{11}	x_{12}	x_{13}	x_{14}	x_{15}	x_{16}	x_{17}	...	x_{1m}	P_1
	配煤	x_{21}	x_{22}	x_{23}	x_{24}	x_{25}	x_{26}	x_{27}	...	x_{2m}	P_2
	型煤	x_{31}	x_{32}	x_{33}	x_{34}	x_{35}	x_{36}	x_{37}	...	x_{3m}	P_3
	重油	x_{41}	x_{42}	x_{43}	x_{44}	x_{45}	x_{46}	x_{47}	...	x_{4m}	P_4
	天然气	x_{51}	x_{52}	x_{53}	x_{54}	x_{55}	x_{56}	x_{57}	...	x_{5m}	P_5
	...	...	...	...	...	...	...	...	...	...	...
	...	x_{n1}	x_{n2}	x_{n3}	x_{n4}	x_{n5}	x_{n6}	x_{n7}	...	x_{nm}	P_n
需求总量		R_1	R_2	R_3	R_4	R_5	R_6	R_7		R_m	...

第二个约束是可供应量约束，由上表中最后一列组成。

三、系统优化模型

目标函数 $\qquad\qquad\qquad (C_{k+1},\text{INV},E) \tag{9-25}$

约束条件 $\qquad \sum_{i}^{n}\eta_i x_{ij}\geqslant R_j \quad i=1,\cdots,m;\quad j=1,\cdots,n \tag{9-26}$

$$\sum_{j=1}^{m}k_i x_{ij}\leqslant P_i, \quad i=1,\cdots,m;\quad j=1,\cdots,n \tag{9-27}$$

这是一个多目标规划问题，要用多目标决策方法求解。

第七节　实用污染物总量控制规划方法（$A\text{-}P$ 值法）

$A\text{-}P$ 值法是 A 值法与 P 值法的组合算法，通过 A 值法可以计算规划区和功能区的允许排放总量，通过 P 值法可以将允许排放总量分配给点源。A 值法的基础是箱式模型，不考虑污染物分布和参数的空间差异，P 值法的基础是点源扩散模型，这两者的结合在理论上并没有充分依据，但是可以解决实际的计算问题，是一种实用的方法。

假设规划对象为一个区域，包括 n 分区，每一个分区都是一个大气环境功能区，具有一定的面积和环境质量标准。

一、A 值法

1. A 值法的基本原理

根据式（9-6）和式（9-7）可以计算一个区域的大气环境容量（或污染物允许排放量）：

$$Q_a \doteq AC_s \sqrt{S}$$

$$A = 1.5768 \times 10^{-3} \sqrt{\pi} V_E$$

式中，A 称为总量控制系数，A 值法也因此得名；Q_a 是规划区的允许排放总量；C_s 是执行的环境质量标准；S 是规划区的总面积；A 是地区通风量 V_E 的函数，而 V_E 是地区混合高度和平均风速的函数。

2. 功能区的允许排放量计算

将规划区的面积 S 按照功能区分成 n 个分区，每个分区的面积为 S_i，则有：

$$S = \sum_{i=1}^{n} S_i \tag{9-28}$$

仿照式（9-6），可以写出每个分区的污染物允许排放总量：

$$Q_{ai} = \alpha_i AC_s \sqrt{S_i} \tag{9-29}$$

式中，$\alpha_i < 1$，称为分担系数，反映各功能区的允许排放量与规划区允许排放总量的关系。

若取 $\alpha_i = \sqrt{\dfrac{S_i}{S}}$，则有：

$$Q_{ai} = AC_s \frac{S_i}{\sqrt{S}} \tag{9-30}$$

如果规划区中各个功能区执行不同的环境标准，分担系数的推导将十分复杂，考虑在一定的误差范围内，可以将式（9-30）写成：

$$Q_{ai} = AC_{si} \frac{S_i}{\sqrt{S}} \tag{9-31}$$

全规划区的允许排放总量为：

$$Q_a = \sum_{i=1}^{n} Q_{ai} \tag{9-32}$$

3. 功能区低架源的允许排放量

夜间大气温度层结稳定时，低架源和地面源可能会导致严重污染，夜间低空的污染物允许排放量 Q_b 可以用下式计算：

$$Q_b = BC_s \sqrt{S} \tag{9-33}$$

对每一个功能区：

$$Q_{bi} = BC_{si} \frac{S_i}{\sqrt{S}} \tag{9-34}$$

B 称为低空源总量控制系数，是垂直扩散参数与平均风速的函数。A 和 B 都是取决于地区条件的系数。

令
$$\alpha = \frac{B}{A} \tag{9-35}$$

则有
$$Q_{bi} = \alpha Q_{ai} \tag{9-36}$$

全规划区的低架源允许排放量为：

$$Q_b = \sum_{i=1}^{n} Q_{bi} \tag{9-37}$$

根据我国各地的气象统计数据，表 9-2 给出了 A 值、α 值和 P 值。

表 9-2 我国各地区的 A 值、α 值和 P 值

地区序号	省(市、区)名	A 值	α 值	P 值	
				总量控制区	非总量控制区
1	新疆、西藏、青海	7.0～8.4	0.15	100～150	100～200
2	黑龙江、吉林、辽宁、内蒙古(阴山以北)	5.6～7.0	0.25	120～180	120～240
3	北京、天津、河北、河南、山东	4.2～5.6	0.15	120～180	120～240
4	内蒙古(阴山以南)、山西、陕西(秦岭以北)、宁夏、甘肃(渭河以北)	3.6～4.9	0.20	100～150	100～200
5	上海、广东、广西、湖南、湖北、江苏、浙江、安徽、海南、台湾、福建、江西	3.6～4.9	0.25	50～75	50～100
6	云南、贵州、四川、甘肃(渭河以南)、陕西(秦岭以南)	2.8～4.2	0.15	50～75	50～100
7	静风区(年平均风速小于1m/s)	1.4～2.8	0.25	40～80	40～80

4. 中架源的允许排放总量

一般情况下，假定有效高度在 $30\sim100\text{m}$ 的源称为中架源。有效高度在 100m 以上者称为高架源。对一个功能区，中架源和低架源主要对本区产生影响，而高架源的影响主要体现在区外，因此，低架源与中架源的排放总量之和不应超过功能区的允许排放总量，即：

$$Q_{ai} \geqslant Q_{mi} + Q_{bi} \tag{9-38}$$

式中，Q_{mi}、Q_{bi} 分别为功能区 i 的中架源与低架源的允许排放量。

由式 (9-38) 可以得到功能区 i 的中架源的允许排放量：

$$Q_{mi} \leqslant Q_{ai} - Q_{bi} = (1 - \alpha_i) Q_{ai} \tag{9-39}$$

规划区的中架源允许排放量为：

$$Q_m = \sum_{i=1}^{n} Q_{mi} \tag{9-40}$$

5. 高架源的允许排放总量

对于整个规划区，低架源、中架源与高架源排放量之和不应超过规划区的允许排放总量，即：

$$Q_a \geqslant Q_b + Q_m + Q_H \tag{9-41}$$

可以得到高架源允许排放量的计算方法：

$$Q_H \leqslant Q_a - Q_b - Q_m \tag{9-42}$$

二、P 值法

1. P 值法的基本原理

如果知道污染源的高度和最大污染物落地浓度约束，则该污染源的污染物允许排放量与地面环境质量标准、源的高度平方成正比，即：

$$Q \propto C_s H_e^2 \tag{9-43}$$

写成允许排放量计算公式为：

$$Q = P \times C_s \times H_e^2 \times 10^{-6} \tag{9-44}$$

式中，Q 为点源的污染物允许排放量，t/h；P 为取决于当地污染气象条件的点源排放控制系数，t/(h·m²)；H_e 为点源排放的有效高度，m。

由于 P 值法的计算基础是单个烟囱，在一个功能区或规划区存在多个烟囱时，需要对每一个烟囱的允许排放量进行修正：

$$P_i = \beta_i \times \beta \times P \times C_{si} \tag{9-45}$$

式中，β_i 为规划区内功能区 i 的点源调整系数；β 为规划区的点源调整系数；P_i 为多源条件下，每一个污染源的点源控制系数；C_{si} 为功能区 i 的环境质量标准。

β_i 和 β 可以按下式计算：

$$\beta_i = \frac{Q_{ai} - Q_{bi}}{Q_{mi}} \tag{9-46}$$

$$\beta = \frac{Q_a - Q_b}{Q_m + Q_H} \tag{9-47}$$

式中，Q_{ai}、Q_{bi} 分别为功能区 i 的允许排放总量、低架源的允许排放量；Q_{mi} 为按照单个污染源计算的功能区 i 的中架源排放量之和；Q_a、Q_b 分别为规划区的允许排放总量、低架源的允许排放量；Q_m、Q_H 为按照单个源计算的规划区中架源的排放总量和高架源的排放总量。计算中如果出现 $\beta_i > 1$，则取 $\beta_i = 1$；$\beta > 1$，则取 $\beta = 1$。

由于 P 是计算点源允许排放量的主要参数，这种方法就定义为 P 值法。

2. 允许排放量的分配

按照 A-P 值法，对一个规划区的污染物排放总量计算和分配步骤为：

① 确定规划区的所在地区、面积 S，识别 A 值、α 值、P 值等参数；

② 确定规划区内的功能区、相应的功能区面积 S_i，执行的环境质量标准 C_{si} 等；

③ 计算各功能区允许排放总量 Q_{ai} 及低空源允许排放量 Q_{bi}

$$Q_{ai} = A C_{si} \frac{S_i}{\sqrt{S}} \tag{9-48}$$

$$Q_{bi} = \alpha Q_{ai} \tag{9-49}$$

④ 根据 A 值法计算每个功能区中架源的排放量

$$Q_{mi} = T \sum_{j=1}^{m} P \times C_{si} \times H_{eij}^2 \times 10^{-6} \qquad \text{对所有 } H_{eij} < 100\text{m} \tag{9-50}$$

⑤ 根据 A 值法计算规划区的高架源的排放量

$$Q_H = \sum_{k=1}^{q} P \times C_s \times H_{ek}^2 \times 10^{-6} \qquad \text{对所有 } H_{ek} \geqslant 100\text{m} \tag{9-51}$$

⑥ 计算功能区内调整系数 β_i 和规划区的调整系数 β

$$\beta_i = \frac{Q_{ai} - Q_{bi}}{Q_{mi}} \tag{9-52}$$

$$\beta = \frac{Q_a - Q_b}{Q_m + Q_H} \tag{9-53}$$

⑦ 计算 P 值的调整值 P_i

对中架源：

$$P_i = \beta_i \times \beta \times P \tag{9-54}$$

对高架源：

$$P_g = \beta \times P \tag{9-55}$$

⑧ 计算每一个中架源和高架源的允许排放量分配量

对功能区 i 每一个中架源：$q_{ik} = P_i \times C_{si} \times H_{eik}^2 \times 10^{-6}$ （9-56）

对规划区每一个高架源：$q_g = P_g \times C_s \times H_{eg}^2 \times 10^{-6}$ （9-57）

习题与思考题

1. 究其分类方法而言，空气污染控制规划与水污染控制规划有何异同？

2. 简述空气污染、空气污染控制、经济发展、能源利用几者之间的关系。

3. 图中，A、B、C、D 为污染源，R1、R2、R3 为接受点，试讨论使用比例下降模型与地面浓度控制模型的计算结果。

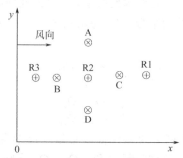

4. 公司有一笔资金的投资方向有两种可能的选择：发电厂和旅游业。已知建设发电厂的潜在收益为 1600 元/MW，而旅游业的可能收益为每游客 5000 元。同时建发电厂引起的污染为：TSP 240t/(MW·a)，SO_2 50t/(MW·a)，由游客导致的污染量为：TSP 12t/(a·游客)，SO_2 20t/(a·游客)。若环境保护部门要求控制 TSP 和 SO_2 的增量分别不超过 430000t/a 和 110000t/a。试建立求解此问题的数学模型，并求解。

5. 线性变换的对偶模型对决策者有什么实际意义？试写出第 4 题的对偶模型。

6. 某地区有 4 个主要污染源，数据如下表：

污 染 源 编 号		1	2	3	4
污染源位置	xy/km	1,2	2,2	2,1	4,4
	烟羽有效高度 H/m	75	60	65	80
燃煤量/(kt/a)		200	100	150	250
TSP 排放因子/(kg/t)		15	24	10	6
除尘方式	除尘效率/%	除 尘 费 用			
1	60	2	3	2.5	1.5
2	70	4	6	5	3
3	80	6.5	8.4	7.5	6
4	90	8	11	9	7
5	95	11	15	13	10

（1）建立比例下降规划模型，编写计算机程序。

（2）若要求现有的 TSP 浓度降低 70%，应如何分配各污染源的削减量？

7. 对一城市区域进行大气环境规划，已知该城市的大气污染源的 SO_2 排放数据如下表所列。试确定每个烟囱的 SO_2 允许排放量。

功能区面积/km²	功能区 I	功能区 II	功能区 III
	120	150	80
40m 高度烟囱数量	4	3	1
60m 高度烟囱数量	2	1	1
120m 高度烟囱数量	1	0	1
执行空气质量标准/(mg/m³ 标准)	0.15	0.15	0.20

第十章　城市垃圾处理系统规划

第一节　概　　述

一、我国城市垃圾及处理概况

城市生活垃圾，是指在人们日常生活或者为日常生活提供服务的活动中产生的固体废弃物；它伴随居民生活而产生，成分和产量也伴随居民的消费水平、消费方式的变化而改变。随着经济的发展及居民生活水平的提高，生活垃圾产生量也在增加；加之生活垃圾中有机物含量高、成分复杂，任意堆放或处理不当都会对周围的大气、水体、土壤环境及景观造成严重污染。因此探讨适宜的垃圾处理方法和管理对策就成了城市管理者和广大市民极为关注和亟待解决的重大环保问题之一。

近十几年来，我国城市生活垃圾的产生总量大幅度增加。1990 年我国城市生活垃圾清运量为 6766.8×10^4 t，2000 年为 11818.9×10^4 t，到 2002 年增至 13650×10^4 t，年均增长率为 8.20%，少数城市的垃圾年均增长率则超过 15%，大大高于工业发达国家的数值（2.5%~5%）。

改革开放之前，我国几乎没有一处正规的垃圾处理设施。1980 年，我国城市生活垃圾无害化处理能力仅为 2107t/d，20 世纪 90 年代，随着经济和城市的发展，垃圾处理开始得到重视。到 2009 全国设市城市生活垃圾无害化处理率达到 71%。全国 654 个设市城市生活垃圾清运量为 1.57×10^8 t/a，有各类生活垃圾处理设施 567 座，处理能力为 35.6×10^4 t/d，实际集中处理量约为 1.12×10^8 t/a，集中处理率约为 71.3%。在 567 座城市生活垃圾处理设施中，填埋场有 447 座，处理能力 26.2×10^4 t/d，实际处理量为 8896×10^4 t/a；焚烧厂有 93 座，处理能力 7.12×10^4 t/d，实际处理量 2022×10^4 t/a；城市生活垃圾堆肥厂有 16 座，处理能力 0.67×10^4 t/d，实际处理量为 135×10^4 t/a。生活垃圾焚烧处理量进一步增加，堆肥处理处于萎缩状态，卫生填埋场的数量和处理能力都在增长中。按生活垃圾清运量统计，填埋、堆肥和焚烧处理的比例分别占 56.6%、1.9%（其中包括综合处理厂数据）和 12.9%，其余为堆放和简易填埋处理。

经过近 20 年的努力，我国城市垃圾收运系统已经初步建立，生活垃圾基本做到了日产日清，生活垃圾收运和处理服务正由城市向县城和乡镇延伸。在城市化进程较快地区，农村垃圾和城市垃圾常常混杂在一起，在这些地区一般实行村收集、乡（镇）转运、县（市）处理的模式。

目前，我国城市生活垃圾还有约 30% 的量没有得到无害化处理，即使已经处理的部分也还存在各种问题；广大农村的生活垃圾大多数还是处在露天自然堆放状态，对环境的危害很大，污染事故频发，亟待处理。

二、城市垃圾处理系统规划的一般问题

1. 基本原则

（1）减量化、资源化和无害化（三化）　"三化"是城市垃圾处理系统规划的基本原则。通过减量化可以压缩垃圾的重量和体积，便于运输、节省运输费用和处理费用；资源化可以有效利用垃圾中的剩余资源，变废为宝，物尽其用；无害化可以消除污染，保护环境，保护人群健康。"三化"实际上体现了对城市垃圾从产生到最终处理的全过程管理。

（2）综合利用，变废为宝　坚持发展循环经济，推动生活垃圾分类工作，提高生活垃圾中废纸、废塑料、废金属等材料回收利用率，提高生活垃圾中有机成分和热能的利用水平，全面提升生活垃圾资源化利用工作。

（3）统筹规划，合理布局　城市生活垃圾处理要与经济社会发展水平相协调，注重城乡统筹、区域规划、设施共享，集中处理与分散处理相结合，提高设施利用效率，扩大服务覆盖面。要科学制定标准，注重技术创新，因地制宜地选择先进适用的生活垃圾处理技术。

（4）政府主导，社会参与　明确城市人民政府责任，在加大公共财政对城市生活垃圾处理投入的同时，采取有效的支持政策，引入市场机制，充分调动社会资金参与城市生活垃圾处理设施建设和运营的积极性。

（5）和相关规划协调　作为专项规划的城市垃圾管理规划研究，必须和城市总体规划、国土规划、交通规划、国民经济发展规划等规划相匹配。如果出现矛盾，需要协商解决。

2. 基本任务

城市垃圾处理系统规划是一项复杂的系统工程，从垃圾产生的源头到最终处理，存在一系列相互联系又相互制约的因素。全面协调各种因素之间的关系，可以保证系统功能达到较佳状态，达到经济效益、社会效益和环境效益的统一。

（1）垃圾产生量预测　垃圾产生量是垃圾处理系统规划和建设的基础，垃圾运输工程量、垃圾填埋场和垃圾焚烧炉的容量都与垃圾产生量密切相关。因此，做好垃圾产生量预测是城市垃圾处理系统规划的前提。

（2）城市垃圾处理系统的总体布局　一个布局合理的系统为以后的系统运行创造了良好的基础，不合理布局是系统的先天不足。根据城市发展的经济社会条件，通过对城市垃圾源发生地、消纳场所的备用位置的分析，提出较佳的转运站位置与容量、处理场的位置、容量与处理方法以及较佳的垃圾运输路线方案。主要解决：转运站设在哪里、规模多大？处理场选在哪里、规模多大、采用何种处理方法？如何设定城市垃圾运输的物流路线？

（3）垃圾处理场地与转运站选址　选择垃圾处理场与转运站的地址涉及垃圾处理的经济效益、环境效益和社会效益。妥善解决选址问题，不仅可以节省系统的建设和运行费用，有利于保护环境，也有利于社会的安定。

垃圾处理场选址属于多目标决策问题。

垃圾产生源遍布城市的每一个角落，垃圾运输车穿梭在大街小道，将垃圾从垃圾源运往处理场。一个百万人口的城市，每天的生活垃圾量可以达到数千吨。如此大量的垃圾从城市中心运往远郊，每天消耗的运力和费用相当可观；垃圾在城市内到处游行，也对城市的环境质量造成潜在威胁。优化垃圾运输路线，不仅可以节省运输费用，也有利于环境质量的改善。

（4）垃圾处理与环境保护　垃圾处理最常用的方法是垃圾填埋和焚烧，两种处理方法都会有二次污染物产生，为了保护水环境和大气环境，需要探讨二次污染物对环境的影响与防治。

第二节　城市垃圾产生量预测

预测生活垃圾产生量的目的是为生活垃圾收运和处理设施设备的规划提供依据。国内外采用的城市垃圾定量预测模型主要依据社会经济特征（产值、人口等）和数理统计方法（回归分析、时间序列分析和灰色预测方法）等进行预测。

一、时间序列分析法

时间序列分析模型的特点是废物产生参数仅与单变量时间相关联，按关联的基准函数形式差异可有线性方程、多项式方程、指数方程等多种形式。以采用幂指数平滑的时间序列分析法为例，其公式如下：

$$\hat{S}_t = aX_t + (1-a)\hat{S}_{t-1} = aX_t + a(1-a)X_{t-1} + a(1-a)^2 X_{t-2} + \cdots + a(1-a)^t X_0 \tag{10-1}$$

式中，$\hat{S}_t$ 为时间 t 的指数平滑值；X_t 为时间 t 的观察值；a 为平滑系数，取值 $0\sim1$。采用时间序列模型需要大量的历史数据。

二、多元回归分析方法

多元线性回归的一般形式如下：

$$\hat{y} = a_0 + a_1 x_1 + a_2 x_2 + \cdots + a_k x_k \tag{10-2}$$

式中，$\hat{y}$ 为被预测量，如城市生活垃圾的产生量、组成百分比等；$x_i(i=1,2,\cdots k)$ 为影响废物产生的各种社会、经济指标，如城市人口数经济总产值等；$a_i(i=0,1,2,\cdots,k)$ 为回归系数。

就准确性来说，多元回归模型考虑的影响因素比较多，预测结果较为科学，但这种方法需要大量的数据，而且筛选指标的过程烦琐，回归系数的确定也比较难。

三、灰色系统模型分析方法

灰色系统模型 (GM) 包含模型的变量维数 m 和阶数 n，记作 $GM(n,m)$，一般有一阶多维 $GM(1,m)$ 和一维高阶 $GM(n,1)$ 应用形式。高阶模型的计算复杂，精度也难以保障；同样多维模型在城市垃圾产生量分析中的应用也不多见，普遍使用的是 $GM(1,1)$ 模型，通常用于以时间变量参数对城市垃圾的产生变化趋势进行分析，因此实际上是一种时间序列分析法。

灰色系统模型的基本思路是把原来无明显规律的时间序列，经过一次累加生成有规律的时间序列，通过处理，可弱化原时间序列的随机性，然后采用一阶一维动态模型 $GM(1,1)$ 进行拟合，用模型推求出来的生成数回代计算值，做累减还原计算，获得还原数据，经误差检验后，可做趋势分析。

$GM(1,1)$ 数学表达式如下：

$$\frac{\mathrm{d}x^{(1)}}{\mathrm{d}t} + ax^{(1)} = u \tag{10-3}$$

$$\hat{x}^{(1)}(t+1) = \left[x^{(0)}(1) - \frac{u}{a}\right]e^{-at} + \frac{u}{a} \tag{10-4}$$

式中，a,u 为模型参数；$x^{(0)}(1)$ 为模型建模基准年的被预测量值；$\hat{x}^{(1)}(t+1)$ 为模型计算的生成量值。

具体建模方法如下：

给定观测数据列：$X^{(0)} = \{X^{(0)}(1), X^{(0)}(2), \cdots, X^{(0)}(N)\}$

经一次累加得：$X^{(1)} = \{X^{(1)}(1), X^{(1)}(2), \cdots, X^{(1)}(N)\}$

设 $X^{(1)}$ 满足一阶常微分方程［式（10-3）］：

$$\frac{\mathrm{d}X^{(1)}}{\mathrm{d}t}+aX^{(1)}=u$$

其中，a，u 为待定系数，此方程满足的初始条件：当 $t=t_0$ 时，$X'(t)=X^{(1)}(t_0)$。上式的解为：

$$X^{(1)}(t)=\left[X^{(1)}(t_0)-\frac{u}{a}\right]e^{-a(t-t_0)}+\frac{u}{a} \tag{10-5}$$

对等间隔取样的离散值（注意到 $t_0=1$）则为

$$X^{(1)}(k+1)=\left[X^{(1)}(1)-\frac{u}{a}\right]e^{-ak}+\frac{u}{a} \tag{10-6}$$

因 $X^{(1)}(1)$ 留作初值用，故将 $X^{(1)}(2)$，$X^{(1)}(3)$，$\cdots$，$X^{(1)}(N)$ 分别代入方程式（10-3），用差分代替微分，又因等间隔取样，$\Delta t=(t+1)-t=1$，故得

$$\frac{\Delta X^{(1)}(2)}{\Delta t}=\Delta X^{(1)}(2)=X^{(1)}(2)-X^{(1)}(1)=X^{(0)}(2) \tag{10-7}$$

类似地，有

$$\frac{\Delta X^{(1)}(3)}{\Delta t}=X^{(0)}(3),\cdots,\frac{\Delta X^{(1)}(N)}{\Delta t}=X^{(0)}(N) \tag{10-8}$$

于是，有：

$$\begin{cases} X^{(0)}(2)+aX^{(1)}(2)=u \\ X^{(0)}(3)+aX^{(1)}(3)=u \\ \cdots \\ X^{(0)}(N)+aX^{(1)}(N)=u \end{cases} \tag{10-9}$$

把 $aX^{(1)}(i)$ 项移到右边，并写成向量的数量积形式：

$$\begin{cases} X^{(0)}(2)=[-X^{(1)}(2),1]\begin{bmatrix} a \\ u \end{bmatrix} \\ X^{(0)}(3)=[-X^{(1)}(3),1]\begin{bmatrix} a \\ u \end{bmatrix} \\ \cdots \\ X^{(0)}(N)=[-X^{(1)}(N),1]\begin{bmatrix} a \\ u \end{bmatrix} \end{cases} \tag{10-10}$$

由于 $\dfrac{\Delta X^{(1)}}{\Delta t}$ 涉及累加到 $X^{(1)}$ 的两个时刻的值，因此 $X^{(1)}(i)$ 取前后两个时刻的平均值代替更为合理，即将 $X^{(1)}(i)$ 替换为 $\dfrac{1}{2}[X^{(1)}(i)+X^{(1)}(i-1)]$，$(i=2,3,\cdots,N)$，将上式写成矩阵表达式：

$$\begin{bmatrix} X^{(0)}(2) \\ X^{(0)}(3) \\ \cdots \\ X^{(0)}(N) \end{bmatrix}=\begin{bmatrix} -\dfrac{1}{2}[X^{(1)}(2)+X^{(1)}(1)] & 1 \\ -\dfrac{1}{2}[X^{(1)}(3)+X^{(1)}(2)] & 1 \\ \cdots \\ -\dfrac{1}{2}[X^{(1)}(N)+X^{(1)}(N-1)] & 1 \end{bmatrix}\begin{bmatrix} a \\ u \end{bmatrix} \tag{10-11}$$

令 $y=[X^{(0)}(2),X^{(0)}(3),\cdots,X^{(0)}(N)]^T$，这里的 T 表示转置，且令

$$B=\begin{bmatrix} -\dfrac{1}{2}[X^{(1)}(2)+X^{(1)}(1)] & 1 \\[2mm] -\dfrac{1}{2}[X^{(1)}(3)+X^{(1)}(2)] & 1 \\[2mm] \cdots & \\[2mm] -\dfrac{1}{2}[X^{(1)}(N)+X^{(1)}(N-1)] & 1 \end{bmatrix},\ U=\begin{bmatrix} a \\ u \end{bmatrix}$$

则矩阵形式为

$$y=BU \tag{10-12}$$

方程组式（10-12）的最小二乘为：

$$\hat{U}=\begin{bmatrix} \hat{a} \\ \hat{u} \end{bmatrix}=(B^TB)^{-1}B^Ty \tag{10-13}$$

把估计值 $\hat{a}$ 与 $\hat{u}$ 带入，得时间响应方程：

$$\hat{X}^{(1)}(k+1)=\left[X^{(1)}(1)-\frac{\hat{u}}{\hat{a}}\right]e^{-\hat{a}k}+\frac{\hat{u}}{\hat{a}} \tag{10-14}$$

当 $k=1,,2,\cdots,N-1$ 时，由式（10-14）算得 $X^{(1)}(k+1)$ 是拟合值；当 $k\geqslant N$ 时，$X^{(1)}(k+1)$ 为预报值，这是相对于依次累加序列 $X^{(1)}$ 的拟合值。然后减运算还原，当 $k=1,2,\cdots,N-1$ 时，就得到原始序列 $X^{(0)}$ 的拟合值 $\hat{X}^{(0)}(k+1)$；当 $k\geqslant N$ 时可得原始序列 $X^{(0)}$ 的预报值。

城市垃圾产生趋势定量分析方法的应用，有助于对废物产生的趋势做定量分析，可应用于城市垃圾产生量与组成的预测。

四、人均产率推算法

由于城市垃圾量与人口数量密切相关，通常以人均产率为基准。预测垃圾的产量。

其通用表示公式如下：

$$W=M\times P \tag{10-15}$$

式中，W 为垃圾产生量，kg/d；M 为人均垃圾产生量，$kg/(人\cdot d)$；P 为规划人口数，人。

【例 10-1】 已知某城市 1999～2010 年垃圾产量如下表所列：

年　份	1999	2000	2001	2002	2003	2004
产量/10^4t	74.45	80.02	92.88	98.88	107.68	116.08
年　份	2005	2006	2007	2008	2009	2010
产量/10^4t	113.60	118.60	123.80	129.00	134.40	139.90

用灰色系统模型法，预测未来几年的垃圾产生量。

【解】

应用上述模型对 $X^{(0)}$ 进行模拟，计算值如下表所列：

计算过程

年份	序号 k	实际数据 $X^{(0)}(k)$	模拟数据 $\hat{X}^{(0)}(k)$	残差 $\varepsilon = X^{(0)}(k) - \hat{X}^{(0)}(k)$	相对误差 $\dfrac{X^{(0)}(k) - \hat{X}^{(0)}(k)}{X^{(0)}(k)}$
2000	2	80.02	89.06	9.04	0.1015
2001	3	92.88	93.24	0.36	0.0039
2002	4	98.88	97.63	−1.25	−0.0129
2003	5	107.68	102.21	−5.47	−0.0535
2004	6	116.08	107.02	−9.06	−0.0847
2005	7	113.60	112.05	−1.55	−0.0139
2006	8	118.60	117.31	−1.29	−0.0110
2007	9	123.90	122.83	−0.97	−0.0079
2008	10	129.00	128.60	−0.40	−0.0031
2009	11	134.40	134.64	0.24	0.0018
2010	12	139.90	140.97	1.07	0.0076

经检验，均方差比值 $C = 0.01 < 0.35$，小误差概率 $P = 0.73 > 0.7$，模型的精度较好，可以用于垃圾产量的预测，结果如下表所列：

预测结果　　　　　　　　　　　　　　　　　　　　　　　单位：$10^4\,t$

年份	2011	2012	2013	2014	2015	2020
预测值	147.6	154.5	161.8	169.4	177.4	223.2

第三节　城市垃圾处理系统的总体布局

一、城市垃圾处理系统的组成

城市垃圾处理系统涵盖了城市垃圾从产生到最终处理的全过程，可划分为垃圾源子系统、垃圾收集子系统、垃圾转运子系统、垃圾处理子系统、环境接收子系统和管理子系统等多个子系统（图 10-1）。

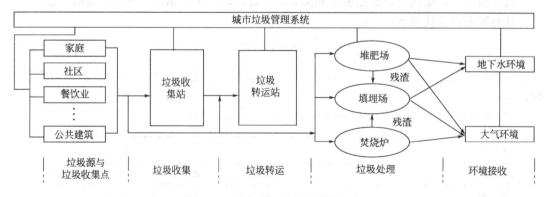

图 10-1　城市垃圾处理系统的组成

1. 垃圾源子系统

根据《垃圾产生源分类及垃圾排放》标准（CJ/T3033—1996），垃圾产生源可以分为 9 个门类：①居民垃圾产生场所；②清扫垃圾产生场所；③商业单位；④行政事业单位；⑤医疗卫生单位；⑥交通运输垃圾产生场所；⑦建筑装修场所；⑧工业企业单位；⑨其他垃圾产生场所。每一个门类又可以分为若干大类，每一个大类再细分为一个或若干个中类。

按照性质，9 个门类的城市垃圾源所排放的垃圾被分为一般城市垃圾和特种垃圾排放。一般城市垃圾系指人类在正常社会生活和消费活动中产生的垃圾，即各种产生源产生的生活或办公垃圾。特种垃圾系指城市中产生源特殊或垃圾成分特别的城市垃圾，包括建筑垃圾、医疗卫生垃圾、涉外单位垃圾和受化学和物理性有害物质污染的城市垃圾。本章所涉及的内容为一般城市垃圾。

城市生活垃圾的构成主要受城市的规模、性质、地理条件、居民生活习惯、生活水平和民用燃料结构的影响。对于城市垃圾成分，人们注重可用于回收的组分，如厨余、纸类、玻璃、金属、塑料等。表 10-1 是我国几个城市的垃圾成分统计。

表 10-1　我国几个城市的垃圾成分

城市	城市垃圾的主要成分/%						含水率/%	容重/(kg/m³)
	有机物	无机物		废品类				
	厨余、木屑等	煤灰	砖瓦	纸张	塑料	金属		
北京	46.7	1.92	19.54	15.1	14.6	1.96	53.9	402
上海	42.22	50.42	4.89	1.8	0.6	1.07	37	898
广州	36.35	42.85	14.58	1.32	1.26	3.64	30	543
深圳	56.41	19.53	13.53	12.9	11.16		43.63	
沈阳	34.96	51.6	6.54	2.11	1.74	3.05	44.12	640
重庆	41.61	43.31	9.37	1.59	0.74	3.48	45	600
济南	32.68	61.35	10.1	2.37	0.61	1.9	13	370
西安	38.34	50.71	4.95	3.8	1.2	1.1	29	556

资料来源：刘刚、刘健，等，城市垃圾资源化与循环经济，企业经济，2005 年 8 月。

由表 10-1 可知，北京和深圳垃圾中的厨余垃圾所占比例较大，可能与两地的饮食业发达有关，济南和沈阳垃圾中的煤灰在无机物中所占比例较北京高，可能与燃料结构有关。北方城市的垃圾无机物含量较多，垃圾热值较低；而南方城市垃圾的有机物含量相对较多，但垃圾含水量也较大。

2. 垃圾收集子系统

垃圾收集是垃圾处理的第一个环节。垃圾收集点的设置既要考虑便于垃圾投放，又要便于垃圾运输和资源回收。在新建居住小区，收集站一般设在居民楼附近；在旧式居住区，一般在一个或几个街区设立集中垃圾收集箱。

在源头对垃圾进行分类是垃圾减量化、资源化和无害化的基础和关键。不同的垃圾来源和不同的垃圾去向决定了不同的垃圾分类方法。2003 年 10 月，国家出台了《城市生活垃圾分类标志》。根据国家制定的统一标志，生活垃圾被划分为可回收垃圾、有害垃圾和其他垃圾三类。可回收垃圾表示适宜回收和资源利用的垃圾，包括纸类、塑料、玻璃、织物和瓶罐等，用蓝色垃圾容器收集；有害垃圾表示含有害物质、需要特殊安全处理的垃圾，包括电池、灯管和日用化学品等，用红色垃圾容器收集；其他垃圾表示分类以外的垃圾，用灰色垃圾容器收集。

垃圾属于多属性废弃物，可以有不同的分类方法。我国一些地方将生活垃圾分为四大类，即可回收垃圾、厨余垃圾、有害垃圾和其他垃圾。图 10-2 是按不同的行业来源的分类。

当前，我国的垃圾回收大体分为三次：第一次发生在居民家庭内，居民将一些价值较高

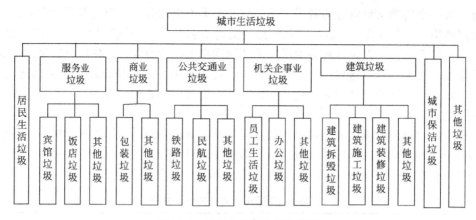

图 10-2　按行业分类的城市垃圾

的纸品或金属制品挑选出来出售给废品回收站；第二次是居民将垃圾投放进分类垃圾桶；第三次是在垃圾填埋或焚烧前。上述三次分类回收过程一般都是在经济利益的驱动下完成的，规范化程度较低。

我国城市垃圾中厨余垃圾所占比例较高，由于厨余垃圾的回收和再利用技术日益成熟，一些城市已经将厨余垃圾列为分类回收利用的内容。

垃圾资源化的主要手段大致可以分为机械或物理方法和生物、化学方法两大类（图10-3）。

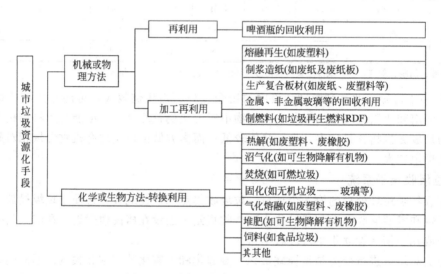

图 10-3　城市垃圾资源化的主要手段

3. 垃圾转运子系统

垃圾转运子系统包括垃圾转运站和垃圾运输两项内容；垃圾运输包括从垃圾收集点到垃圾转运站的运输和从垃圾转运站到处理场的运输。为了保证城市卫生和街道整洁，垃圾运输要求在密闭的情况下进行。

根据垃圾运输量和运输距离，从垃圾收集点到转运站一般使用小型垃圾车或人力车，从转运站到处理场一般使用大型垃圾车。影响垃圾转运站和转运方式选择的主要因素是经济上的合理性。在城市生活垃圾处理的全过程中，垃圾的收集和运输是耗费人力和物力最大的一个环节，采用垃圾中转的目的就是提高垃圾收集运输的效率和质量。

4. 垃圾处理子系统

为了实现城市生活垃圾无害化、减量化、资源化的目的，目前成熟且常用的方法为焚烧、堆肥和填埋三种。

（1）焚烧 焚烧是对城市生活垃圾高温分解和深度氧化的综合处理过程。将生活垃圾作为固体燃料送入炉膛内燃烧，在 800～1000℃ 的高温条件下，垃圾中的可燃组分与空气中的氧进行剧烈化学反应，释放出热能并转化为高温燃烧烟气和少量性质稳定的固体残渣。热能可回收利用，烟气必须净化，性质稳定的残渣可直接填埋处理。炉排炉、流化床焚烧炉和控制空气燃烧炉是几种主要的炉型，利用垃圾的热值发电是实现资源回收的途径。焚烧技术的特点是处理量大，减容性好，并且热能可回收利用。焚烧的主要障碍是在燃烧不正常的条件下会产生强致癌物质——二噁英。

（2）堆肥 堆肥是依靠自然界广泛分布的细菌、放线菌、真菌等微生物，人为促进可生物降解有机物向稳定的腐殖质转化的生化过程，它不仅可以杀死垃圾中的病原菌，有效处理垃圾中的有机物，而且可生产有机肥料，特别适用于农业为主的地区。由于堆肥技术具有良好的减量化和资源化效果，特别是对于厨余垃圾的处理具有技术和经济上的优势。但是，堆肥只能处理城市生活垃圾中易腐、可生物降解的有机物，所以不是全部垃圾的最终处理技术。

（3）填埋 填埋是城市生活垃圾处理中必不可少的最终处理手段，也是现阶段我国垃圾处理的主要方式。与其他处理方法比较，填埋是一种独立销毁垃圾的方法，填埋场是各种生活垃圾的最终处置场所。垃圾填埋的主要问题是：占用土地资源较多；垃圾渗滤液容易造成对地下水的二次污染。

根据中国城市生活垃圾的特点，垃圾处理技术对策已从 20 世纪 80 年代中期的着重发展填埋和高温堆肥向填埋、焚烧、堆肥与循环利用、综合利用并举的方向发展。

5. 环境接收子系统

无论填埋还是焚烧都会产生二次污染物。填埋场会产生引起恶臭的气体和渗滤液，它们会对周围的大气和水体造成污染；焚烧过程也会产生各种有害气体，特别是由于塑料或塑料制品的燃烧会产生强致癌物质，引起人们的普遍关注。因此在垃圾处理过程中要做好二次污染的防治。

6. 城市垃圾管理子系统

城市垃圾管理，是城市政府的环境卫生行政主管部门，依靠企业、事业单位的专业化作业和城市各单位、市民的积极支持，对生产和生活垃圾进行收集、运输和处理的管理活动。我国城市垃圾管理的行政主管部门是国家住建部和各级政府的市政管理部门，运用法律、行政、经济、教育等手段实施城市垃圾的减量化、资源化和无害化。

二、城市垃圾的迁移路径

城市垃圾的运输路径基本上是一个单向流动过程：从垃圾源经过垃圾收集站和转运站到垃圾处理场。

与污染物在水和空气中的迁移不同，城市垃圾在环境中的迁移是在人力作用下完成的。

在城市垃圾系统规划阶段，由于存在多个备选转运站和处理场，从收集站到转运站的运输路线存在"多对多"的选择，从转运站到处理场同样存在"多对多"的选择。在规划阶段，转运站、处理场和垃圾运输路径是一个整体。因此确定转运站的位置、处理场的位置以及垃圾的运输路线是一个相互关联的过程（图 10-4）。

在转运站和处理场的位置确定之后，垃圾运输路径不再是"多对多"，每一个收集

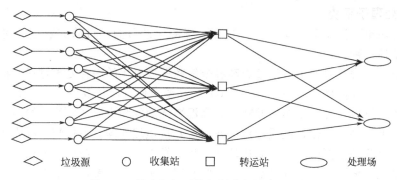

图 10-4　城市垃圾系统规划阶段的路径选择

站和转运站的垃圾都有明确的运送方向。因此，在运行阶段也就不存在路径优化问题（图 10-5）。

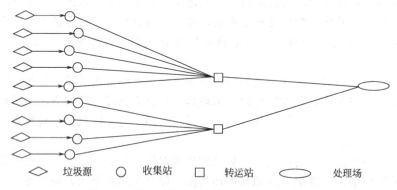

图 10-5　城市垃圾系统运行阶段的运输路径

三、城市垃圾处理系统布局优化

在垃圾处理系统的 6 个子系统中，管理子系统是整个系统的中枢，是系统规划和管理的主导。其他 5 个子系统基本上属于上下游关系，上游每一个环节的状态对下游每一个环节都有影响，下游每一个环节的状态也会反馈影响到上游的状态。因此，上下游各个子系统之间存在相互促进、相互制约的关系。当子系统的选择和系统组合存在多个可以选择的方案时，必定存在一个或多个较佳的选择。城市垃圾处理系统布局优化所要解决的主要问题可以归纳如下：①确定较佳的垃圾转运站的数量与位置；②确定较佳的垃圾运输路线；③确定较佳垃圾处理场的位置；④确定较佳的垃圾处理方法组合。

有 2 种思路解决上述问题：①最优化方法，通过建立并求解垃圾处理系统布局的最优化模型，得到最佳布局方案；②情景分析方法，通过构造一系列的布局方案，并分析每一个方案可能出现的各种影响情景，通过对影响因子的优劣分析比较，用多目标分析方法推选较佳方案。

1. 最优化方法

（1）目标函数　假设城市的垃圾收集点数目为 I，每一个收集点的垃圾量为 q_i（$i=1, 2, \cdots, I$）；备选的转运站数目为 J，每个转运站的垃圾运输量为 q_j（$j=1, 2, \cdots, J$）；备选垃圾填埋场数目为 M，每个备选填埋场的限制容量为 q_m（$m=1, 2, \cdots, M$）；备选垃圾焚烧厂数目为 N，每个焚烧厂的限制容量为 q_n（$n=1, 2, \cdots, N$）。假设任意一个收集点的垃圾可以运送到任意一个转运站；同样，任意一个转运站的垃圾可以输送到任意一个填埋场或焚烧厂（图 10-6）那么，上述系统的费用由建设费用、运输费用和运行维护费用构成。

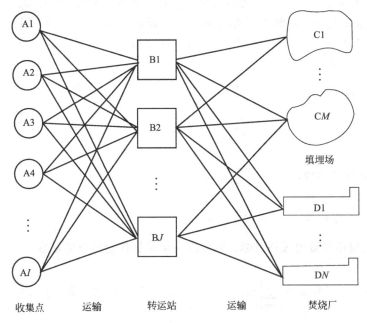

图 10-6　城市垃圾网络布局

① 建设费用：$C_1 = C_{11} + C_{12} + C_{13} + C_{14}$（$\times 10^4$元），其中包括以下几项。　　(10-16)

- 垃圾收集站建设费用 $C_{11} = \sum_{i=1}^{I} \alpha_{11} q_i$（购置垃圾桶和运输车）　　(10-17)

- 垃圾转运站建设费用 $C_{12} = \sum_{j=1}^{J} \alpha_{12} q_j$（构筑物建设和垃圾车采购）　　(10-18)

- 填埋场建设费用

$$C_{13} = \sum_{m=1}^{M} \alpha_{13} q_m \text{（填埋场及其附属构筑物建设）} \tag{10-19}$$

- 焚烧厂建设费用：

$$C_{14} = \sum_{n=1}^{N} \alpha_{14} q_n \text{（焚烧厂及其附属构筑物的建设）} \tag{10-20}$$

式中，α_{11}、α_{12}、α_{13}、α_{14} 分别为收集点、转运站、填埋场和焚烧厂的单位垃圾量的建设费用，$\times 10^4$元/（t·d）；q_i、q_j、q_m、q_n 分别为规划的收集点、转运站、填埋场和焚烧厂的设计规模，t/d。

② 运输费用

$C_2 = C_{21} + C_{22} + C_{23}$（$\times 10^4$元/a），其中包括以下几项。　　(10-21)

- 收集点至转运站运输费用：$C_{21} = \sum_{i=1}^{I} \sum_{j=1}^{J} 365 \times k_1 q_{ij} L_{ij} \delta_{ij}$　　(10-22)

- 转运站至填埋场运输费用：$C_{22} = \sum_{j=1}^{J} \sum_{m=1}^{M} 365 \times k_2 q_{jm} L_{jm} \delta_{jm}$　　(10-23)

- 转运站至焚烧厂运输费用：$C_{23} = \sum_{j=1}^{J} \sum_{n=1}^{N} 365 \times k_2 q_{jn} L_{jn} \delta_{jn}$　　(10-24)

式中，k_1、k_2 为单位距离运输费用，$\times 10^4$元/（t·km）；q_{ij}、q_{jm}、q_{jn} 分别为收集点至

转运站、转运站至填埋场、转运站至焚烧厂的垃圾运输量，t/d；L_{ij}、L_{jm}、L_{jn} 分别为收集点至转运站、转运站至填埋场、转运站至焚烧厂的垃圾运输距离，km；δ_{ij}、δ_{jm}、δ_{jn} 是逻辑变量，若 q_{ij}、q_{jm}、$q_{jn}=0$，则 δ_{ij}、δ_{jm}、$\delta_{jn}=0$；若 q_{ij}、q_{jm}、$q_{jn}\neq0$，则 δ_{ij}、δ_{jm}、$\delta_{jn}=1$。

③ 运行维护费 $C_3=C_{31}+C_{32}+C_{33}+C_{34}$ （$\times10^4$/a）   (10-25)

其中包括以下几项。

- 收集站运行维护费：$C_{31}=\sum\limits_{i=1}^{I}k_{31}q_i$ (10-26)

- 转运站运行维护费：$C_{32}=\sum\limits_{J=1}^{J}k_{32}q_j$ (10-27)

- 填埋场运行维护费：$C_{33}=\sum\limits_{m=1}^{M}k_{33}q_m$ (10-28)

- 焚烧厂运行维护费：$C_{34}=\sum\limits_{n-1}^{N}k_{34}q_n$ (10-29)

如果以年总费用最低为规划目标，则可以写出最优规划的目标函数：

$$\mathrm{Min}Z=\sum_{i=1}^{I}(C_{1i}/t_{1i})+(C_2+C_3)\ (\times10^4\ 元\ /a) \tag{10-30}$$

式中，t_{1i} 分别为收集站、转运站、填埋场和焚烧厂的固定资产折旧年限，a；年总费用的含义是年总费用＝年运行费用＋年维护费＋建设费用/固定资产折旧年限。

（2）约束条件：

① 转运站垃圾量平衡约束：

$$\sum_{i=1}^{I}q_{ij}=\sum_{m=1}^{M}q_{jm}+\sum_{n=1}^{N}q_{jn},\quad j=1,2,\cdots,J \tag{10-31}$$

② 转运站容纳能力约束：

$$\sum_{i=1}^{I}q_{ij}\leqslant Q_j,\quad j=1,2,\cdots,J \tag{10-32}$$

式中，Q_j 为转运站 j 的最大容纳能力。

③ 填埋场容量约束：

$$\sum_{j=1}^{J}q_{jm}\leqslant Q_m,\quad m=1,2,\cdots,M \tag{10-33}$$

式中，Q_m 为填埋场 m 的最大容纳能力。

④ 焚烧厂容量约束：

$$\sum_{j=1}^{J}q_{jn}\leqslant Q_n,\quad n=1,2,\cdots,N \tag{10-34}$$

式中，Q_n 为焚烧厂 n 的最大容纳能力。

⑤ 变量非负约束：

$$q_{ij}、q_{jm}、q_{jn}\geqslant0,\quad \forall i,j,m,n \tag{10-35}$$

⑥ 逻辑变量约束：

$$\delta_{ij}, \quad \delta_{jm}, \quad \delta_{jm}=1 \text{ 或 } 0, \qquad \forall i, j, m, n \tag{10-36}$$

上述目标函数和约束条件组成了一个混合整数规划，如果将所有变量近似定义为整数，则可以用分枝定界法求解；也可以借助计算机的强大容量和速度，用枚举法求解。

通过求解上述模型可以得到一个城市的垃圾转运站、填埋场和焚烧厂的最佳选址、最佳容量和最佳处理方法组合。

2. 情景分析方法

对一个城市来说，可供选择的垃圾转运站和垃圾处理场地都是有限的，垃圾处理方法组合也是有限的，垃圾运输一般都根据就近的原则从垃圾源送往转运站或从转运站送往处理场，因此运输路线选择也是有限的。在这种情况下，可供选择的城市垃圾处理系统的布局方案也是有限的。

在讨论方案布局时，可变动的因素是：①从 I 个备选垃圾收集站中挑选出 i 个较佳的收集站站址（$i \leqslant I$）；②从 J 个备选的转运站中挑选出 j 个较佳转运站站址（$j \leqslant J$）；③从 M 个备选填埋场场址中挑选出 m 个较佳的场址（$m \leqslant M$）；④从 N 个备选焚烧厂厂址中挑选出 n 个较佳的厂址（$n \leqslant N$）；⑤确定与上述收集站、转运站、填埋场和焚烧厂位置相匹配的运输路线组合。

对于一个实际问题，上述变量的数量都是有限的，由它们组合形成的垃圾处理系统方案也是有限的。对于数量有限的方案，可以采用情景分析方法寻优。运用情景分析方法解决城市垃圾处理系统布局的步骤如下。

第一步　根据经验生成若干个方案，包括垃圾收集点、转运站、填埋场和焚烧厂的选址及其相应的运输路线组合方案。

第二步　根据城市自然环境和经济社会条件，建立方案评估的目标体系，包括经济目标、环境目标和社会目标及子目标（图 10-7）。图 10-7 只给出了上层目标，下层目标要根据当地当时的具体情况逐步扩展，直至每一个指标都可以独自评估。

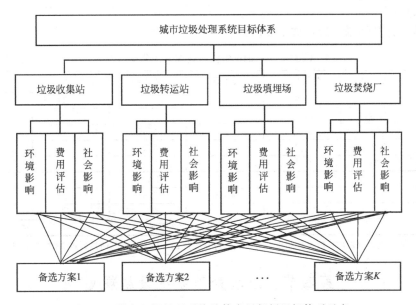

图 10-7　城市垃圾处理系统总体布局规划目标体系示意

第三步　确定评估标准，作为不同方案评比的依据，对每一个低层目标进行评估，例如用水质标准评价目标体系中的环境影响，依照满足标准的程度评定优劣。对于那些没有标准作为评比准则的指标，可以进行相对优劣的比较，例如对于某些经济指标可以用费用高低来衡量。

第四步　在对各方案的每一个指标做出优劣评比之后，对所有目标进行组合评估。有多种方法可以用于方案的综合评估，如多目标规划、层次分析、多准则决策等。

第五步　根据综合评估的结果对备选方案进行排序，一般来说，排序在前的方案可以作为较佳方案。

【例 10-2】　某市有 8 个行政区，备选垃圾填埋场 3 处，其中 2 处现有，1 处拟建；在建和拟建垃圾焚烧发电厂 2 座；资源回收中心 2 处；堆肥场 1 处；垃圾转运站 2 座。试确定焚烧、堆肥、回收和填埋 4 种处理方法的比例。

【解】　以规划期间总费用最小为目标，建立目标函数：

$$\text{Min } Z = 焚烧费用 + 堆肥费用 + 转运费用 + 填埋费用$$

式中，Z 为系统总费用，包括运输费用和处理费用的总费用。

约束条件包括垃圾质量平衡约束，处理设施能力（容量）约束，垃圾处理量不大于垃圾产生量约束，垃圾焚烧量不大于可燃烧垃圾量约束以及变量的非负约束。

求解上述问题的步骤：

第一步：根据历史数据预测全市 8 个区 2010 年的垃圾产生量，核算垃圾成分（厨余、纸布塑、可燃成分、金属、玻璃和灰砂石）及所占比例，其中纸布塑、金属和玻璃为可回收物；

第二步：分析垃圾运输距离，包括全市各区至转运站、堆肥场、焚烧厂、填埋场、回收中心的距离和转运站至堆肥场、焚烧厂、填埋场、回收中心的距离；

第三步：核定转运站、焚烧厂、填埋场、堆肥场和回收中心的处理能力；

第四步：设定运输费用，取 $UTC = 0.7$ 元/$(\text{t} \cdot \text{km})$。

第五步：设定垃圾处理费用，由于工艺和规模不同，费用取值范围变化较大，焚烧厂 $6 \sim 49$（元/t）；填埋 $54.31 \sim 82$（元/t）；堆肥 11（元/t）；回收 $22 \sim 176$（元/t）；转运站 58.8（元/t）。

第六步：计算结果（选）如下表所列：

计算结果——2010 年各种处理方法分配（部分）　　　　　单位：10^4 t/d

区域编号	焚烧厂1	焚烧厂2	堆肥场	回收中心1	回收中心2	填埋场
1		19.98	4.86		11.29	2.49
2		38.14			6.18	3.14
3	5.18	8.88		6.65		1.47
4	17.21			8.15		1.80
5	7.31			3.46		0.70
6			23.76	10.91		2.46
7		4.38	3.83		11.89	32.30
8				3.64		8.50
总费用	4053.92 万元					

资料来源：王志刚，陈新庚，等，广州市城市垃圾管理系统规划，环境污染与防治，第 23 卷第 1 期，2001 年。

第四节　垃圾处理系统设施规划

一、垃圾收集点与收集站

1. 垃圾收集点的设置

垃圾收集点是居民或其他垃圾源用以投放垃圾的场所，是垃圾收集、运输和处理的第一步。收集点的设置应便于投放、便于运输、密闭保洁和分类收集。

垃圾收集的分类方式要与垃圾处理方法相匹配。例如，在设有厨余垃圾处理厂的地区，要设立厨余垃圾收集桶（箱）；终端处理选用焚烧厂时，要设立可燃物垃圾收集桶（箱）。图10-8为垃圾桶（箱）设置示意。

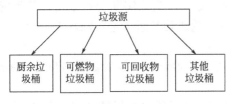

图 10-8　垃圾桶（箱）的分类布置示意

根据《城镇环境卫生设施设置标准》（CJJ27—2005），垃圾收集点的服务半径不宜超过 70m；在公共场合应设置废物箱，废物箱的设置间隔应符合下列规定：商业、金融业街道 50～100m；主干道、次干道、有辅道的快速路 100～200m；支路、有人行道的快速路 200～400m。

垃圾容器收集范围内的垃圾日排出量 Q 按下式计算：

$$Q = A_1 A_2 RC \tag{10-37}$$

式中，A_1 为垃圾日排除重量不均匀系数，$A_1 = 1.1 \sim 1.15$；A_2 为居住人口变动系数，$A_2 = 1.02 \sim 1.05$；R 为收集范围内规划人口数量，人；C 为预测的人均垃圾日排除重量，t/（人·d）。

垃圾容器收集范围内的垃圾日排出体积按下式计算：

$$V_{ave} = \frac{Q}{D_{ave} A_3} \tag{10-38}$$

$$V_{max} = K V_{ave} \tag{10-39}$$

式中，V_{ave} 为垃圾平均日排出体积，m³/d；A_3 为垃圾密度变动系数，$A_3 = 0.7 \sim 0.9$；D_{ave} 为垃圾平均密度，t/m³；K 为垃圾高峰时日排出体积的变动系数，$K = 1.5 \sim 1.8$；V_{max} 为垃圾高峰时日排出最大体积，m³/d。

收集点所需设置的垃圾容器数量按下式计算：

$$N_{ave} = \frac{V_{ave}}{EB} A_4 \tag{10-40}$$

$$N_{max} = \frac{V_{max}}{EB} A_4 \tag{10-41}$$

式中，N_{ave} 为平均所需设置的垃圾容器数量；E 为单只垃圾容器的容积，m³/只；B 为垃圾容器填充系数，$B = 0.75 \sim 0.9$；A_4 为垃圾清除周期，d/次，当每日清除 2 次时，$A_4 = 0.5$d/次；每日清除 1 次时 $A_4 = 1$d/次，每 2 日清除 1 次时 $A_4 = 2$d/次，依此类推。

2. 垃圾收集站的设置

在新建、扩建的居民区或旧城改建的居民区应设置垃圾收集站，并应与居住区同步规划、同步建设和同时投入使用。

收集站的服务半径不宜超过 0.8km。收集站的规模应根据服务区域内规划人口数量产生的垃圾最大月平均日产生量确定，宜达到 4t/d 以上。在用地紧张地区，可以不设收集站，收集点的垃圾可以通过密闭垃圾车直接送往转运站或处理厂。

二、垃圾转运站选址规划

1. 设置转运站的一般规定

垃圾转运站宜设置在交通运输方便、市政条件较好并对居民影响较小的地区。垃圾转运量小于 150t/d 为小型转运站；150～450t/d 为中型转运站；大于 450t/d 为大型转运站。垃圾转运量可按下述公式计算：

$$Q = \frac{\delta \times n \times q}{1000} \tag{10-42}$$

式中，Q 为转运站规模，t/d；δ 为垃圾产量变化系数，按当地实际资料采用，若无资料一般可取 $1.13 \sim 1.40$；n 为服务区域内人口数，人；q 为人均垃圾产量，kg/(人·d)，可按当地资料采用，若无资料可采用 $0.8 \sim 1.8$kg/ (人·d)。

小型转运站每 $2 \sim 3$km^2 设置一座，用地面积不宜小于 800m^2，垃圾运输距离超过 20km 时应设置大、中型转运站。

转运站一般建在垃圾"集散地"，在理想的条件下，可以按照垃圾的产量和垃圾源到处理厂的距离，对区域进行分类，从而确定从垃圾源到处理厂的运输方式。表 10-2 可供参考。

表 10-2 垃圾收运模式

区域类型	收集密度/(t/km^2)	至处理厂距离/km	收运模式		
			收集方式	转运模式	转运车
中心城区	>30	>20	$2 \sim 6$t 压缩车	转运站	15t 集装车
市 区	$10 \sim 30$	>10	$2 \sim 6$t 压缩车,压缩收集站	直运+转运站	15t 集装车
近 郊 区	$2 \sim 10$	>10	人力收集车,$3 \sim 6$t 收集车,压缩收集站	直运+转运站+分流中心	$8 \sim 15$t 集装车
郊 区	<2	>10	人力收集车,$3 \sim 6$t 收集车	直运+分流中心	$8 \sim 10$t 集装车

资料来源：陶渊，黄兴华、邱江，生活垃圾收运模式研究，环境卫生工程，第 11 卷第 4 期，2003 年

2. 转运站的优化选址

与前节中所讨论的城市垃圾系统总体布局不同，这里只需确定转运站的位置和容量，其上游垃圾收集点及其下游垃圾处理厂的位置和容量都为已知。因此，这里的费用主要考虑：a. 转运站的建设费用；b. 由收集点运输垃圾到转运站的费用；c. 由转运站运输垃圾到处理厂的费用；d. 转运站的运行维护费用。

在确定垃圾转运站的备选方案后，通过最优化方法确定最终选定的转运站的位置和容量。在既有固定资产投资费用又有运行维护费用的情况下，采用现值评价方法较为适宜。也可以采用第三节中介绍的年总费用评价法。

① 现值分析。现值分析法的基本原理是将不同时期内发生的费用都折算为投资起点的现值，在同一时间尺度上对费用进行比较，依据现值的大小确定方案的优劣：现值费用最小的方案为最佳方案。

假定一个工程方案的初始投资为 C_0，初始年的运行费用为 C_1，工程的寿命期为 T。在工程寿命期内预计的运行维护总费用可以计算如下：

$$Z = C_1 + C_2 + \cdots + C_T = C_1 \frac{(1+r)^T - 1}{r} \tag{10-43}$$

式中，r 为预期的平均贴现率，可以采用预期的银行贷款利率。

现值（PV）就是将将所有费用（包括建设费用和运行维护费用）折算成初始年的费用，方法如下：

$$PV = \frac{Z}{(1+r)^T} + C_0 = \frac{C_1[(1+r)^T - 1]}{r(1+r)^T} + C_0 \tag{10-44}$$

PV 值的大小可以表征一个工程方案在费用上的优劣，PV 值较小的方案被视为较佳方案。

② 转运站优化选址费用现值最小模型。

目标函数 在建立垃圾转运站优化选址模型时主要考虑 4 项费用：转运站的建设费用；从收集站到转运站的运输费用；从转运站到填埋场的运输费用；垃圾转运站的运行维护费用。其中，转运站的建设费用属于一次性初期投入，其数值即为现值；其他 3 项费用发生在整个规划周期（T）内，需要换算成现值，即初始年的值。

现值最小的目标函数如下：

$$\mathrm{Min}Z = \sum_{i=1}^{I} C_1 q_i \delta_i + \frac{[(1+r)^T - 1]}{r(1+r)^T} \left\{ \sum_{i=1}^{I} \sum_{j=1}^{J} C_2 L_{ij}(365 q_{ij})\delta_{ij} + \sum_{j=1}^{J} \sum_{k=1}^{K} C_3 S_{jk}(365 p_{jk})\delta_{jm} + \right.$$
$$\left. \sum_{i=1}^{I} C_4 (365 q_i)\delta_i \right\} \tag{10-45}$$

式中，C_1 为转运站的单位建设费用，万元/（t/d）；C_2、C_3 分别为从垃圾收集站到转运站、从转运站到处理厂单位运输费用（初始年），万元/（t·km）；C_4 为转运站的运行维护费用（初始年），万元/（t·d）；q_i 为备选转运站的容量，t/d；q_{ij}、p_{jk} 分别为垃圾收集站到转运站、转运站到处理厂日垃圾运输量，t/d；L_{ij}、S_{jk} 分别为垃圾收集站到转运站、转运站到处理厂的运输距离，km；I 为规划的垃圾收集点的总数；J 为备选的垃圾转运站总数；K 为规划的垃圾处理厂总数；T 为垃圾处理系统规划周期，a；r 为预期平均贴现率（或预期平均贷款利率）。

约束条件 包括城市垃圾总量约束、垃圾转运站的能力约束、逻辑变量约束和变量非负约束。

城市垃圾总量约束：

$$\sum_{i=1}^{I} q_i = \sum_{i=1}^{I} \sum_{j=1}^{J} q_{ij} = \sum_{j=1}^{J} \sum_{k=1}^{K} p_{jk} = Q \tag{10-46}$$

式中，Q 为预测的城市垃圾产生量，t/d。

垃圾转运站的能力约束：

$$q_i \leqslant Q_i \tag{10-47}$$

式中，Q_i 为第 i 座垃圾转运站的设计能力，t/d。

逻辑变量约束：

δ_i、δ_{ij}、$\delta_{jk} = 0$，若对应的 q_i、q_{ij}、$q_{jk} = 0$；否则，δ_i、δ_{ij}、$\delta_{jk} = 1$。$\forall i, j, k$ (10-48)

变量非负约束：

$$q_i \text{、} q_{ij} \text{、} q_{jk} \geqslant 0 ; \forall i, j, k \tag{10-49}$$

上述模型可以采用混合整数规划方法求解，也可以用退火算法、遗传算法或枚举法等求解。

在最优规划的解中，若某个变量的数值为 0，则表示该变量所代表的内容不被采用。例如，$q_2 = 0$ 则表示第 2 座备选的转运站将不被采用；再如，$q_{12} = 0$，则表示第 1 座收集站的垃圾将不被送往第 2 座转运站。

【例 10-3】 某新城区拟建城镇生活垃圾收运系统。该城区南北长约 20.3km，东西宽约 13.2km，其中居住区面积约为 81km²，垃圾收集密度约为 2～20 t/km²，平均垃圾收集密度为 8.64 t/km²，现有垃圾处理场 1 座，距城区中心约 32km。服务人口约 70×10⁴ 人，日垃圾产生量为 700t。试确定垃圾转运站的优化布局。（贾传兴，彭绪亚等，城市垃圾中转站选址优化模型的建立及其应用，环境科学学报，第 26 卷第 11 期，2006 年 11 月）。

依据当地人口密度、垃圾收集密度以及相关规范中有关垃圾站、转运站的服务半径、规模等相关规定，计算出该城区垃圾收集最优半径为 450m。同时，结合实际踏勘情况以及城市总体规划共设置垃圾收集站 128 座，采用启发式算法对上述待选点确定的相关模型求解，优化出 12 座垃圾转运站候选位置，其分布如附图所示。

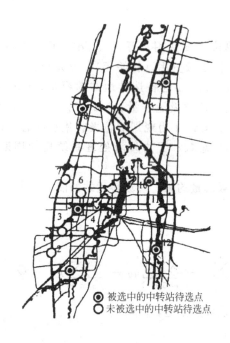

附图　转运站优化选址

针对该城区社会、经济、交通等的实际状况，费用现值最小模型各参数的具体取值见附表 1，对于待建垃圾转运站的固定投资 F_k，根据其实际接纳的垃圾量及实际工程经验，假定其为分段常数函数，见附表 2。垃圾收集站、转运站和处理场之间的距离 L_{ik} 和 S_{kj} 按下述方法计算：

$$L_{ik} = |x_m - x_p| + |y_m - y_p|$$

$$S_{kj} = |x_p - x_n| + |y_p - y_n|$$

式中，x_m，y_m，x_p，y_p，x_n，y_n 表示平面图中垃圾站、转运站、垃圾处理场的横、纵坐标值。

附表1　某新城拟建城镇生活垃圾收运系统参数取值表

垃圾收集站数 m	备选转运站数 p	垃圾处理场数 n	规划使用年限 T	建设期 t_0	贴现率 r	收集到转运站运费 P_{ik}	转运站运行成本 E	运送至处理厂运费 Q_{kj}	转运站建设最小规模 U_{min}	转运站建设最大规模 U_{max}
128	12	1	18	1	4%	20.27	1.2	0.84	0	500

附表2　转运站固定投资与其接纳垃圾量关系表

实际接纳中转量/(t/d)	50	100	200	300	400	500
固定投资/10^4元	280	480	890	1320	1690	2090

最后，将上述取值代入费用现值最小模型，运用软件编程进行求解优化。优化结果表明，规划使用年限（18a）内系统总成本为2.301亿元，转运站共6座，其具体位置和规模见附表3。

附表3　优化结果一览表

转运站位置	1	5	8	9	10	12
转运站规模/(t/d)	70	360	60	80	70	80

三、处理场选址

1. 选址过程

场址选择一般经过淘汰和比较两个阶段。淘汰阶段的任务是通过对各种限制性条件的考查，"一票否决"那些不满足限制性条件的候选场址；在比较阶段，通过对满足限制性条件的候选场址进行多因素适宜性条件比较，对参与比较的方案进行排序，推荐满意方案（图10-9）。

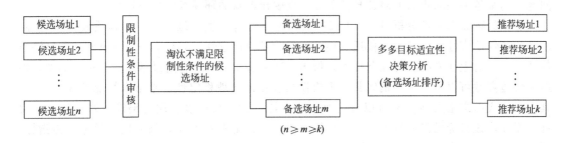

图10-9　垃圾处理场场址选择过程

2. 选址的限制性条件

所谓限制性条件是指那些在选址过程中必须满足的条件，这些条件在相关的法律文件中有明确的条文规定。这些条件主要有以下几方面。

（1）城市生活垃圾卫生填埋技术标准（CJJ17—1988）规定　填埋场场址设置应符合当地城乡建设总体规划要求；填埋场容量使用期至少6年；在当地夏季主导风向下方；距人畜居栖点800m以外、地下水水流向的下游地区。

填埋场不应设在下列区域：专用水源蓄水层与地下水补给区；洪泛区；淤泥区；居民密集居住区；距公共场所或人畜供水点800m以内的地区、直接与航道相通的地区；地下水水面与坑底距离2m以内者；活动的坍塌地带、地震区、断层区、地下蕴矿区、灰岩坑及溶岩洞区；珍贵动植物栖息养殖区和国家大自然保护区；公园、风景、游览区、文物古迹区，考古学、历史学和生物学研究考察区；军事要地、基地、军工基地和国家保密地区。

（2）生活垃圾焚烧处理工程技术规范（CJJ90—2002）规定　生活垃圾焚烧厂场址应符合城乡总体规划和环境卫生专业规划要求，并应通过环境影响评价认定；场址不应选在地震断层、滑坡、泥石流、沼泽、流沙及采矿陷落区。

（3）城市垃圾填埋场污染控制标准（GB 6889—1997）规定　生活垃圾填埋场场址不应选在下述地区：城市工农业发展规划区；农业保护区；自然保护区；风景名胜区；文物（考古）保护区；生活饮用水水源保护区；供水远景规划区；矿产资源储备区；军事要地；国家保密地区和其他需要特别保护的区域。

生活垃圾填埋场应避开下述区域：破坏性地震及活动构造区；活动中的坍塌、滑坡和隆起地带；活动中的断裂带；石灰岩融通发育带；废弃矿井的活动塌陷区；活动沙丘区；海啸及涌浪影响区；湿地；尚未稳定的冲积扇及冲沟地区；泥炭以及其他可能危及填埋场安全的区域。

（4）生活垃圾焚烧污染控制标准（GB 18485—2001）规定　生活垃圾焚烧厂选址应符合当地城乡建设总体规划和环境保护规划的规定，并符合当地大气污染防治、水污染防治、自然保护的要求。

上述这些条文属于强制性规定，在场址选择中具有"一票否决"的作用。还有一些并不属于强制性的条文，在厂址选择中可以进行优劣比较，由于厂址选择中可以比较的条件很多，而且目标不一，评价标准各异，导致场址选择成为一个多目标的决策问题，可以用各种多目标分析法协助决策。

3. 场址适宜性分析的目标体系

确定垃圾处理场场址是一个城市的大事，厂址选择不仅是一个技术问题，也是一个社会问题，越来越多的城市人群对此日益关心，反映出群众的环保意识日益加强。

垃圾处理场适宜性分析目标（1级）大体可以分为 6 类 2 级目标：①地质条件适宜性；②地理条件适宜性；③环境条件适宜性；④保障条件适宜性；⑤社会条件适宜性；⑥经济条件适宜性。对上述 6 类适宜性条件可以做出一次或多次分解，直至最基层的指标。例如，地质条件适宜性可以分解为场地底部黏土层性质、场地边坡稳定性、地下水情况等 3 级目标；其中场地底部黏土层性质又可以分为黏土层埋深、黏土层厚度、黏土层渗透系数等 4 级目标，至此，该目标已经分解完毕，此处第 4 级目标已处在最底层，最底层的目标亦称指标。图 10-10 是垃圾处理场适宜性分析目标体系的一般结构。

目标体系中的每一个指标对于场地适宜性评价都会有自己的贡献（正的或负的），当然它们的贡献大小不一，在解决具体问题时，要根据当地的情况取舍和增加指标，因地制宜是建立目标体系的基本原则，在建立指标体系时，需要进行一系列的调查、评估和分析，例如工程地质和水文地质调查、环境影响分析。

在垃圾处理场选址问题上，公众参与是一个重要环节，这一内容体现在垃圾处理和运输过程的环境影响评价中，在环评中被否决的场地不再参与比较。

4. 适宜性分析方法

场地的适宜性分析过程就是通过对影响场地选址的各种因素进行全面分析、比较，挑选出适宜性重最好或较好的场地。几乎所有的多目标决策分析方法都适用于垃圾处理场的场地选择。如第一章介绍的层次分析法、多准则决策方法等。

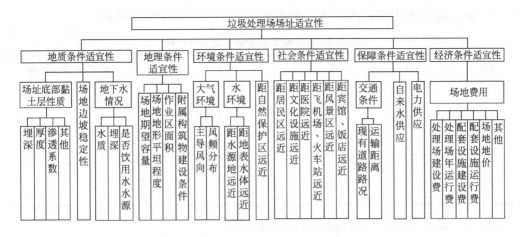

图 10-10　垃圾处理场场地适宜性分析目标体系

5. 适宜性评价标准

在场地适宜性分析中，各种指标具有不同的度量方法和量纲，因此对它们的优劣无法进行直接比较，必须对其进行无量纲化和归一化处理，形成 0～100（或 0～1）的适宜性指数。根据指数的大小对场地进行分级（表 10-3）。

表 10-3　垃圾处理场场地适宜性分级

场地等级		最佳	适宜	较适宜	勉强适宜	不适宜
适宜性	按 0～100	＞90	80～90	70～80	60～70	＜60
指数	按 0～1	＞0.9	0.8～0.9	0.7～0.8	0.6～0.7	＜0.6

【例 10-4】　某市确定 5 处场地作为垃圾填埋场备选场址（具体数据略），试用层次分析法确定优选场址。

【解】　第一步　根据当地自然社会条件，建立适宜性评价目标体系如附图所示。

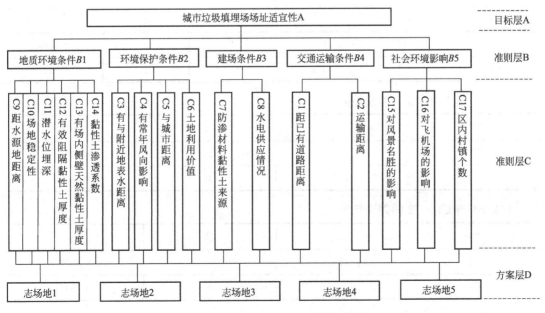

附图　某市垃圾填埋场场址适宜性目标体系

第二步　建立准则层对目标层的判断矩阵（A-B 矩阵）如附表 1 所列。

附表 1　某市垃圾填埋场选址 A-B 矩阵

项目	B1	B2	B3	B4	B5	w_i
B1	1	1/4	1/2	1/5	1/3	0.1136
B2	4	1	3	1、2	5	0.5636
B3	3	1、3	1	1、3	4	0.3059
B4	6	2	3	1	7	0.7471
B5	1、2	1、5	1、4	1、7	1	0.1696

第三步　建立准则层 C 对准则层 B 的判断矩阵

（1）B1 与 C9～C14 的判断矩阵

B1	C9	C10	C11	C12	C13	C14	w_i
C9	1	1/3	1	1	1	1/2	0.2381
C10	3	1	3	3	3	2	0.7522
C11	1	1/3	1	1	1	1/2	0.2381
C12	1	1/3	1	1	1	1/2	0.2381
C13	1	1/3	1	1	1	1/2	0.2381
C14	2	1/2	2	2	2	1	0.4554

（2）B2 与 C3～C6 的判断矩阵

B2	C3	C4	C5	C6	w_i
C3	1	2	2	3	0.7766
C4	1/2	1	1	2	0.4163
C5	1/2	1	1	2	0.4163
C6	1/2	1/2	1/2	1	0.2243

（3）B3 与 C7～C8 的判断矩阵

B3	C7	C8	w_i
C7	1	2	0.8944
C8	1/2	1	0.4472

（4）B4 与 C1～C2 的判断矩阵

B4	C1	C2	w_i
C1	1	1/2	0.4472
C2	2	1	0.8944

（5）B5 与 C15～C17 的判断矩阵

B5	C15	C16	C17	w_i
C15	1	2	1	0.6667
C16	1/2	1	1/2	0.3333
C17	1	2	1	0.6667

从第一步到第三步的计算结果，可以导出准则层 C 的每一个指标对目标 A 的权重，例如 C1 对 A 的权重为：

C1 对目标层 A 的权重＝C1 对 B4 的权重×B4 对 A 的权重＝0.4472×0.7471＝0.3341

同样方法可以计算 C2～C17 对 A 的权重。

第四步　计算 5 个备选场地对 C1～C17 的相对权重（见附表 2）（关于场地对准则层的权重计算方法见本书第一章第四节多目标决策分析的内容）。

第五步　根据上述第三步和第四步可以计算每一个场地对目标层 A 的权重：

$$场地\ j\ 对目标层\ A\ 的权重＝\sum_{i=1}^{17}(C_i\ 对\ A\ 的权重×场地_j\ 对\ C_i\ 的权重)。$$

据此可以计算 5 个备选场地对目标 A 的权重（适宜性指数），如附表 3 所列。

表中 Z1～Z5 是 5 个备选场地对目标体系中 5 个分目标的权重，5 个分目标权重相加得到场地的组合权重，即适宜性指数。从附表 3 可以看出场地 5 的适宜性指数最高（80.85），根据表 10-4 的分级标准，属于适宜场地；5 个场地的适宜性排序为：场地 5＞场地 1＞场地 2＞场地 3＞场地 4。

附表 2　被选场地对评价指标的权重

填埋场评价指标		场地 1	场地 2	场地 3	场地 4	场地 5
地质环节条件	距水源地距离	3.75	1	1	1	3.5
	场地稳定性	1	1	1	1	1
	潜水位埋深	0.040	0.207	0.310	0.380	1
	有效阻隔黏土层厚度	0	0	0	0	0.40
	场内天然黏土层厚度	1	1	1	1	0.72
	黏土层渗透系数	0.0003	0.0003	0.0003	0.0003	0.0003
交通运输条件	距已有道路距离	0.15	0.85	0.80	0.4	0.1
	运输距离	1	1	0.77	0.7	1
环境保护条件	与附近地表水距离	0.625	1	1	1	0.875
	常年风向影响	0.5	0.5	0.5	0.5	1
	与城市距离	0.067	0.1	0.107	0.087	0.073
	土地利用价值	0.067	0.1	0.107	0.087	0.073
建场条件	防渗黏土来源	0.5	0.5	0.5	0.5	1
	水电供应	0.5	0.5	0.5	0.5	0.5
社会环境影响	对风景名胜影响	0.5	0.4	0.2	0.3	0.5
	对飞机场影响	1	1	1	1	1
	城镇、村庄数量	0.522	0.6	0.6	0.522	0.6

附表3　5个备选场地的适宜性指数

场地	Z1	Z2	Z3	Z4	Z5	适宜性指数 Z
1	4.30	12.06	8.05	35.10	5048	64.99
2	5.70	17.17	8.05	23.71	5.40	60.03
3	4.67	17.25	8.05	24.17	4.68	56.82
4	3.60	17.04	8.05	24.48	4.76	57.93
5	4.22	18.70	13.44	38.73	5.76	80.85

第五节　城市垃圾处理系统的环境影响分析

一、城市垃圾污染环境的途径

城市垃圾处理系统有效清除垃圾对水体和空气的污染或潜在污染，但是在垃圾的搬运和处理过程中常常会产生二次污染问题，其表现为污水和有害气体的排放、恶臭和噪声污染。这些污染问题可能在下述环节发生：①垃圾收集过程；②垃圾运输过程；③垃圾转运站；④垃圾处理过程，如垃圾堆肥场、填埋场和焚烧厂。

垃圾收集和运输属于分散和动态运作过程，其污染控制主要通过管理措施实现。例如垃圾收集点要设置密闭的垃圾桶或垃圾箱，而且要及时清运；垃圾运输要采用密闭可压缩的垃圾运输车，垃圾车要按照规定的路线行使。

转运站的位置一般处在市区，要防治噪声和臭味对周围环境的污染，垃圾渗滤液或车辆清洗废水可以排入城市下水道，送往城市污水处理厂处理。

二、填埋场的污染控制

1. 渗滤液污染与控制

（1）渗滤液产生量预测　渗滤液是由于降水渗透通过垃圾填埋层产生的，产生渗滤液的主要动力是降水。渗滤液产生量的计算宜采用经验公式（浸出系数法）（10-50）计算。

$$Q = \frac{I \times (C_1 A_1 + C_2 A_2 + C_3 A_3)}{1000} \tag{10-50}$$

式中，Q 为渗滤液产生量，m^3/d；I 为多年平均日降雨量，mm/d（I 的计算，数据量足时，宜按 20 年的数据计取，数据不足 20 年时按现有全部年数计算。）；A_1 为作业单元汇水面积，m^2；C_1 为作业单元渗出系数，一般采用 $0.5 \sim 0.8$；A_2 为中间覆盖单元的汇水面积，m^2；C_2 为中间覆盖单元的渗出系数，宜取 $(0.4 \sim 0.6) C_1$；A_3 为终场覆盖单元汇水面积，m^2；C_3 为终场覆盖单元渗出系数，一般取 $0.1 \sim 0.2$。

（2）渗滤液的污染物含量　表 10-4 所列为国内生活垃圾填埋场（调节池）渗滤液典型水质。

从表 10-4 可以看出，填埋场渗滤液中污染物的浓度极高，距《生活垃圾填埋场污染控制标准》对处理后出水的水质要求甚远，例如《标准》规定 BOD_5 的排放浓度限值为 $20 \sim 30mg/L$，渗滤液中的 BOD_5 浓度在 $300 \sim 20000mg/L$ 以上，可见，需要的污水处理效率非常高。

（3）渗滤液的处理　与工业和生活污染源相比，渗滤液的水量不大，污染物浓度极高，处理不当会对局部环境造成严重影响。常用的污水处理方法都可以用于渗滤液的净化，主要有以下几种类型。

表 10-4 国内生活垃圾填埋场（调节池）渗滤液典型水质

项目 \ 类别	初期渗滤液	中后期渗滤液	封场后渗滤液	相应的排放浓度限值
五日生化需氧量/(mg/L)	4000～20000	2000～4000	300～2000	60～100
化学需氧量/(mg/L)	10000～30000	5000～10000	1000～5000	20～30
氨氮/(mg/L)	200～300	500～3000	1000～3000	8～25
悬浮固体/(mg/L)	500～2000	200～1500	200～1000	30
pH 值	5～8	6～8	6～9	—

摘自：《生活垃圾填埋场污染控制标准》（GB16889—2008）

① 渗滤液回灌：将收集以后的渗滤液回灌到垃圾填埋场是一种简单易行的处理方法，由于渗滤液的绝对量很低，通过回灌消除污染是有效措施，特别是对于年蒸发量大的地区。

② 物化处理：大多数物化方法可以去除大约 50％～80％ 的污染物，对于原污水浓度很高的渗滤液，其出水浓度还远远不能满足排放限值，物化处理的出水可以送到城市污水处理厂做进一步处理。

③ 生化处理：尽管厌氧或好氧处理可以达到 90％ 以上的处理率，出水仍然不能达到排放限值，生化处理后的出水可以送到城市污水处理厂联合处理。

④ 膜处理：反渗透、超滤可以获得好的处理效果。在远离城市污水管网的地方，在物化处理或生化处理的基础上进一步采用膜过滤技术，可以满足排放限值，例如 COD_{Cr} 可以达到 15mg/L，NH_3-N 可以达到 0.66mg/L（王丽凤、邓柳，等，垃圾填埋场渗滤液处理技术评述，广州环境科学，第 20 卷第 2 期，2005 年）。

在确定污水处理方法时，需要进行技术经济评价，结合当地条件做出选择。

2. 填埋场的恶臭防治

（1）恶臭污染物的排放 垃圾中含有大量的含氮和含硫有机物，在分解过程中会产生一定数量的恶臭物质，其中，氨和硫化氢是最有代表性的恶臭污染物。恶臭物质的排放量可以按《制定地方大气污染物排放标准的技术方法》（GB/T13201—91）估计（表 10-5）。

表 10-5 垃圾填埋场恶臭污染物排放量一览表

填埋场规模/(t/d)	产气量/(m³/d)	氨/(kg/d)	硫化氢/(kg/d)
小型 300	1200	105.5	1.55
中型 800	3200	281.2	4.13
大型 2000	8000	703.1	10.32

（2）恶臭污染物的环境标准 恶臭是人对有臭味的气体的主观感受，为了客观评价有味气体对环境的影响，将恶臭分为 0～5 共 6 个等级，并规定了恶臭污染源的厂界标准（表 10-6）。对垃圾填埋场，"厂界"可以理解为填埋场防护区的边界。

（3）恶臭污染物的环境浓度分布 填埋场产生的臭味对周围环境的影响，可以用大气质量模型计算。垃圾填埋场可以视作为一个面积有限的面源，在计算周围的恶臭物质浓度时，可以将其简化为后置点源（图 10-11）。

表 10-6　臭气强度与恶臭物质浓度之间的关系

级别		0	1	2	3	4	5	厂界标准
嗅觉		无臭	嗅阈	轻微	明显	强烈	极强烈	/(mg/m³)
氨	mg/m³	<0.07081	0.07081	0.4249	1.4162	7.081	28.324	1.0~5.0
硫化氢	mg/m³	<0.0077	0.0077	0.00923	0.0923	1.0773	12.312	0.03~0.6

摘自：《制定地方大气污染物排放标准的技术方法》（GB/T13201—91）。

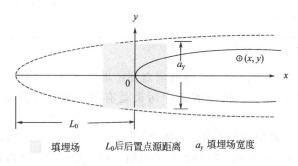

填埋场　　L_0 后后置点源距离　　a_y 填埋场宽度

图 10-11　后置点源近似计算示意

后置点源的浓度增量分布计算公式为：

$$C=\frac{Q}{\pi u \sigma_y (x+L_0) \sigma_Z (x+L_0)} \exp\left\{-\frac{1}{2}\left[\frac{y^2}{(\sigma_y (x+L_0))^2}+\frac{H_e^2}{(\sigma_Z (x+L_0))^2}\right]\right\} \quad (10\text{-}51)$$

式中，C 为污染物的地面浓度，mg/m³；Q 为填埋场污染物源强，mg/s；u 为平均风速，m/s；$\sigma_y (x+L_0)$ 为坐标点 $(x，y)$ 处水平方向扩散参数，m；$\sigma_Z (x+L_0)$ 为坐标点 $(x，y)$ 处垂直方向扩散参数，m；L_0 为后置点源的后退距离，m；y 为横向距离，m；H_e 为有效源高度，m。

后置距离 L_0 的计算：假定横向扩散系数的计算公式为 $\sigma_y = \alpha x^\beta$，令 $\sigma_y = a_y，L_0 = x$，则：$L_0 = x = \sqrt[\beta]{a_y / \alpha}$。在计算坐标点 $(x，y)$ 的扩散系数 σ_y 和 σ_Z 时，只需令 $x = x + L_0$ 即可。

（4）填埋场最小防护距离的计算　　根据当地环境条件，计算填埋场恶臭气体分布等值线，满足场界标准处至填埋场边界的距离即为最小防护距离。

三、垃圾焚烧厂的污染控制

1. 垃圾焚烧厂的污染物排放

垃圾焚烧会产生的大气污染物分为尘、酸性气体、重金属和有机物等四类，其中二噁英类污染物因其强致癌性备受关注。

二噁英是一种无色无味、毒性严重的脂溶性物质，是为多氯二苯并-对-二噁英（polychlorinated dibenzo-p-dioxins，简称 PCDDs）和多氯二苯并呋喃（polychlorinated dibenzofurans，简称 PCDFs）的总称。

二噁英类当量因子(TEF)是二噁英类毒性同类物与 2,3,7,8-四氯代二苯并-对-二噁英对 Ah（芳香烃）受体的亲和性能之比。二噁英类毒性当量可通过下式计算：

$$TEQ = \sum(\text{二噁英毒性同类物浓度} \times TEF)$$

式中，TEF 的数值可以按表 10-7 采用。

由于垃圾成分复杂和燃烧条件的变化，二噁英的排放强度难以准确预测。有学者建议根据不同的燃烧状况确定二噁英的排放因子 r（表 10-8）。

表 10-7 二噁英同类物毒性当量因子表

PCDDs	TEF	PCDFs	TEF
2,3,7,8-TCDD	1.0	2,3,7,8-TCDF	0.1
1,2,3,7,8-PsCDD	0.5	1,2,3,7,8-PsCDF	0.05
		2,3,4,7,8-PsCDF	0.5
2,3,7,8-取代 H_6CDD	0.1	2,3,7,8-取代 H_6CDF	0.1
1,2,3,4,6,7,8-H_7CDD	0.01	2,3,7,8-取代 H_7CDF	0.01
OCDD	0.001	OCDF	0.001

注：PCDDs 为多氯代二苯并-对-二噁英（Polychlorinated dibenzo-ρ-dioxins）；PCDFs 为多氯代二苯并呋喃（Polychlorinated dibenzofurans）。

表 10-8 焚烧生活垃圾的二噁英类的排放因子

燃烧状态	排放因子 r/（μgTEQ/t）	
	空气	残渣
简陋的燃烧设备，无 APCS	500	0.5
高水平焚烧，成熟的尾气处理工艺	0.5	16.5
可控的燃烧设备，最基本的 APCS	44	64.9
可控的燃烧设备，较好的 APCS	6.9	47.6
先进的焚烧设备，完善的 APCS	0.61	19.8

注：APCS—辅助延期污染控制系统。

《生活垃圾焚烧污染控制标准》（GB18485－2001）规定二噁英类的排放限值是 1.0ngTEQ/m³。根据我国一些垃圾焚烧厂的监测数据，在正常燃烧的情况下一般都能满足上述要求，如北京南宫垃圾焚烧厂的排放浓度为 0.19ngTEQ/m³，山东菏泽垃圾焚烧厂为 0.41ngTEQ/m³，深圳环卫综合处理厂多次监测值均小于 0.35ngTEQ/m³。

2. 二噁英的环境影响

目前，我国还没有建立二噁英的大气环境质量标准，在评估二噁英的环境影响时可以借鉴国际上的数值。日本在 2002 年颁布的环境质量标准中，将二噁英的平均浓度标准定为 0.6pgTEQ/m³。世界卫生组织规定：通过呼吸对人体产生影响的限值为 0.4pgTEQ/（kg·d）（为人体每日最大允许摄入量的 10%）。

（1）二噁英的环境浓度分布 二噁英的浓度增量分布可按照高架点源连续排放模型计算：

$$C(x,y,z,H_e)=\frac{Q}{2\pi u_x \sigma_y \sigma_z}\left\{\exp\left[-\frac{1}{2}\left(\frac{y^2}{\sigma_y^2}+\frac{(Z-H_e)^2}{\sigma_z^2}\right)\right]+\exp\left[-\frac{1}{2}\left(\frac{y^2}{\sigma_y^2}+\frac{(Z+H_e)^2}{\sigma_z^2}\right)\right]\right\}$$

$$(10\text{-}52)$$

式中，$C(x,y,z,H_e)$ 为坐标点为 x，y，z 处的二噁英类浓度，ngTEQ/m³；H_e 为二噁英排放的烟囱有效高度，m；Q 为二噁英排放源强，ngTEQ/d；u_x 为轴向计算风速，m/d；σ_y，σ_z 为坐标点 (x,y,z) 处的大气扩散标准差，m。

二噁英类的源强可以按下式计算：

$$Q = r \times G \times 10^3 \tag{10-53}$$

式中，G 为日垃圾焚烧量，t/d。

（2）二噁英类的最大落地浓度计算　发生最大落地浓度的距离：

$$x^* = \frac{u_x H_e^2}{4E_z}$$

式中，E_z 为竖向扩散系数，m^2/s。

将 x^* 代入浓度计算式，可以求得二噁英的最大落地浓度：

$$C(x^*, 0, 0, H_e)_{max} = \frac{2Q}{\pi e u_x H_e^2} \frac{\sqrt{E_z}}{\sqrt{E_y}} = \frac{2Q\sigma_z}{\pi e u_x H_e^2 \sigma_y} \tag{10-54}$$

【例 10-5】　一座垃圾焚烧厂，垃圾焚烧量为 300t/d，烟囱高度 50m，横向扩散系数与竖向扩散系数之比为 2∶1，计算风速 3m/s，估算二噁英类的最大落地浓度。

【解】

计算二噁英排放源强：

$$Q = r \times G \times 10^3 = 6.9 \times 300 \times 10^3 = 2070 \times 10^3 \, ngTEQ/d,$$

计算二噁英最大落地浓度增量：

$$C(x^*, 0, 0, H_e)_{max} = \frac{2Q}{\pi e u_x H_e^2} \frac{\sqrt{E_z}}{\sqrt{E_y}} = \frac{2 \times 2070 \times 10^3}{\pi e (3 \times 86400)(50)^2} \sqrt{\frac{1}{2}} = 5.27 \times 10^{-4} \, ngTEQ/m^3$$
$$= 0.527 \, pgTEQ/m^3$$

计算结果表明，垃圾焚烧厂二噁英类的最大落地浓度增量小于日本现行环境标准（0.6pgTEQ/m³），实际浓度值还需要通过叠加环境背景浓度确定。

（3）二噁英的环境风险分析　根据《环境影响评价技术导则》，个人终身日平均污染物暴露剂量 D [pgTEQ/(kg·d)] 按下式计算：

$$D = C \times M/70 \times 10^3$$

式中，C 为人群暴露的二噁英空气环境浓度，$ngTEQ/m^3$；M 为成年人日均摄入的环境介质（空气）量，m^3/d，一般可取 10~15m³/d；70 为成人的平均体重，kg。

根据二噁英浓度计算模型的计算结果和人群的暴露条件计算环境风险。

【例 10-6】　根据例 10-5 结果，评价在最大落地浓度点附近长期生活的人群风险。

【解】

计算二噁英的暴露量：

$D = C \times M/70 \times 10^3 = 0.527 \times 10^{-4} \times 15/70 \times 10^3 = 0.71 \times 10^{-4} \, ngTEQ/(kg·d) = 0.071 pgTEQ/(kg·d)$。

从风险计算结果看，最大落地浓度点附近二噁英对人体健康的风险小于世界卫生组织界定的数值 [0.6pgTEQ/(kg·d)]。

此例题计算结果是垃圾焚烧厂二噁英排放对环境浓度的贡献，由于二噁英在环境中的普遍存在，此数值是否满足安全要求，还需要结合二噁英的本底浓度综合分析。

习题与思考题

1. 城市垃圾规划与水污染控制规划、大气污染控制规划有何不同？

2. 已知某省 1999～2008 年的工业城市垃圾产生量如下表所列，试构建灰色模型 $GM(1，1)$ 估算出 2005 年工业城市垃圾产量。

年份	1999	2000	2001	2002	2003	2004	2005	2006	2007	2008
垃圾产生量/t	2860.4	2848.3	3324.9	3599.8	3880.0	3837.0	3941.0	4021.0	4263.0	4350.3

3. 计算条件如【例 10-4】中所示，假设再增加 2 个转运站，试利用线性规划方法构建出目标函数及约束方程。

第十一章　能源-经济-环境系统分析

第一节　3E 系统概述

一、3E 系统的组成、结构与功能

能源（Energy）-经济（Economy）-环境（Environment）系统（简称 3E 系统）的研究，主要是指为实现社会发展系统中能源、经济、环境三个子系统之间综合平衡与协调发展，对各子系统之间交互作用程度测算方法和模型的研究。

能源是人类生存和社会经济发展的基础。如何有效地生产和使用能源，保证经济的可持续发展和人类生存环境的不断改善，是目前世界各国决策者和研究者共同关心的热门话题。最初，人们利用经济学理论方法分别研究能源、环境问题，逐渐形成了以能源-经济、经济-环境二元系统为对象的研究体系，并形成了两门交叉学科——能源经济学、环境经济学。能源经济学认为能源和经济是不可分的，能源和经济二元系统中的任何一个的变化都会影响另一个；环境经济学同样认为环境和经济是不可分的，环境和经济二元系统中的任何一个的变化都会影响另一个。

随着能源-经济和经济-环境二元系统研究的不断深入，人们发现，进一步深入地探讨相关问题时，如果不把环境作为一个重要因素引入能源和经济二元体系研究，或者不把能源作为一个重要因素引入经济和环境二元体系研究，都很难开展更加全面、深入、系统的研究工作。尤其是当大气污染逐渐成为非常重要的环境问题时，这种要求就更加迫切。于是，20世纪 80 年代后，国际上许多能源机构和环保机构开始展开合作构建能源-经济-环境（3E）三元系统的研究框架，并开始对其综合平衡和协调发展的问题进行研究。

1. 3E 系统的组成

3E 系统由能源、经济和环境三个子系统组成，三个子系统之间存在错综复杂的关系，既相互促进又相互制约。

（1）能源与经济　能源是经济发展必需的投入因子和生产要素，经济的发展是以能源为基础的。从经济学的角度分析，能源与经济增长的关系表现在两个方面：一方面是经济增长对能源有依赖性；另一方面，能源的发展要以经济增长为前提。经济发展和能源发展有相互促进的一面，但同时由于能源逐渐耗竭及能源利用带来的生态、环境问题，有可能阻碍经济的发展。

（2）能源与环境　能源的开发和利用会产生环境污染和破坏，如水能开发利用在造福人类的同时，有可能造成生态系统退化、栖息地被破坏或消失、物种减少、地面沉降、诱发地震及土壤盐碱化等；能源燃烧过程中排放的粉尘、二氧化硫以及温室气体对区域环境和全球环境形成威胁。

（3）经济与环境　作为经济和社会发展的物质条件，环境是经济发展的基础和前提。经济的发展造福于人类和社会，也可能因为环境污染给经济带来重大损失，从而制约经济和社会的发展。根据我国和世界的银行专家估算，仅大气和水污染造成的直接经济损失就占国内生产总值（GDP）的 4%～8%。

在经济与环境这一对矛盾中，经济是矛盾的主要方面，良好的经济布局和经济结构有利于环境保护和协调发展，促进资源的永续利用；相反，片面追求经济增长，滥用资源，不仅

污染和破坏环境，还会制约经济的持续发展。因此，在经济-环境这一对矛盾中，最高诉求是追求两者的协调发展。

2. 3E 系统的结构

经济、能源与环境三个子系统形成一个相互影响，相互作用的整体结构，各子系统之间存在复杂的正、负反馈关系，如图 11-1 所示。

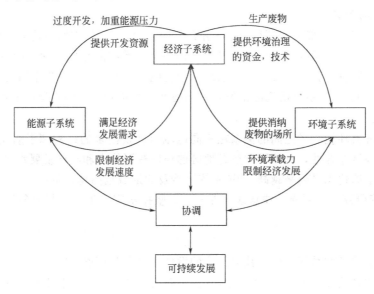

图 11-1　3E 系统协调发展框架

3. 3E 系统的功能

可持续发展是公平性、持续性、协调性共同作用下的一种良性发展模式，当子系统之间相互矛盾、相互制约时，系统称为制约级和对抗级；当子系统集成后所获得的总的成效能够维持各子系统原来成效的总和时，称系统是协调的；当子系统集成后所获得的总的成效能够超过原来各个成效的总和时，称系统是协同的。3E 系统提高各子系统间的合作、互补、同步等多种关联关系，达到各子系统间协调状态；而且这种协调状态是动态的，以实现能源、经济与环境三位一体、协调有序的和谐发展。

建立相应的仿真预测模型和优化管理模型，支持国家和地方实时可持续发展的战略决策。这些模型的功能包括：进行宏观系统分析，预测未来能源系统发展变化；允许应用各种手段，保证能源的供给安全和经济的持续稳定发展，

3E 系统还可以用于工艺过程和产品生命周期的效用分析、对能源生产和消费做出全周期环境评价，选择最佳生产过程，以及分析温室气体的排放和减排对社会发展的影响，合理选择各种减排技术，为各个层次的技术决策提供支持。

4. 3E 系统的矛盾冲突

在 3E 系统中，每个子系统都有自身的发展规律，各子系统之间的矛盾冲突是必然的，它们表现在如下 4 个方面：①片面追求经济增长，导致环境污染，加重了生态系统的压力；②为了消除污染、保护生态，政府和企业必须加大资金投入，势必减少生产性投资，减缓经济增长速度；③经济子系统对能源的过度需求加重了能源的压力，以至造成能源匮乏，限制经济增长；④为开发劣质能源和新能源，必须加大能源投资，因此减少生产性投资，影响经济的增长。

为了解决或缓和上述 4 个矛盾，在处理 3E 系统中各个子系统之间的关系时要注重处理

好下述 4 个问题：①保持适度良好的生态环境，既是对自然资源的保护，也是对劳动力资源的保护，有利于经济的持续增长；②为保护环境制定的污染控制标准，企业，特别是耗能大的企业必须不断提高技术水准，既提高生产效率，又减少污染物排放；③努力开发新能源，保障经济持续增长；④不断提高能源利用率，降低单位产品能耗，坚持清洁生产。

二、3E 系统的特点

1. 层次性与整体性

3E 系统中，经济、能源和环境三个子系统"三足鼎立"，但它们不是简单的组合，而是一个有机整体，一个子系统的变化都会导致其他两个子系统的相应变化；同时，离开 3E 系统，任何一个子系统，就不再具有它在系统中的功能。3 个子系统综合作用的结果可以是正的，也可以是负的。3E 系统研究的出发点和归宿都是力争避免负的效果和取得正的效果。

2. 区域性

能源、经济与环境三者之间的关系在不同地域所表现出来的结构和矛盾是不尽相同的，有明显的空间地域差异性，其原因主要是地区的环境资源特点和经济发展水平差异。但是随着经济发展的全球化水平越来越高，3E 系统所涉及的地域范围越来越广。

在 3E 系统研究时，要充分注意地区性差异，坚持从实际出发，制定各种政策、措施和标准。

3. 动态性

与人类社会的各种系统一样，社会经济的发展促进资源环境、能源结构、经济发展水平不断变化，描述这些变化的 3E 系统必然处在不断变化之中。3E 研究不仅关注现实更加关注未来。

4. 可调控性

通过控制复杂系统内能量流、物质流和信息流的流向、流速和流量，使系统朝健康有序的方向发展。在 3E 系统中，环境子系统处在被动接受状态，通常不存在可调控因素，但是环境子系统可通过反馈向经济子系统和能源子系统发出信息，促进能源消费和能源结构的调整，或经济结构、经济布局和经济发展速度的调整，以适应三个子系统的协同发展，而能源消费、能源结构、经济结构、经济布局和经济发展速度都是可控因素。

第二节　3E 系统的协调性分析

协调的本意是指"和谐一致，配合得当"，它描述了系统内部各要素的良性相互关系。对于 3E 系统，可以这样描述系统的协调性：通过调整经济、能源和环境三个子系统中各种可以调控的因素，达到系统整体效益的预期水平的过程，称为系统协调；系统效益水平称为系统的协调度；实现系统目标最大化的过程称为最优协调。

一、3E 系统协调度指标体系建立

1. 能源子系统

能源指标的选择与地区资源关系密切，要结合具体条件确定。下面以一次能源调入型区域为例，从均量指标、结构指标、增长指标与效益指标四个方面分析。

（1）能源消费指标　可以选用均量指标作为能源消费指标，如人均原煤消费量、人均电力消费量。

（2）能源结构指标　结构指标反映区域能源结构状况，可以选取煤炭开采业和洗选业投资额、石油和天然气开采业投资额以及电力、热力的生产和供应业投资额占全社会固定资产投资额的份额表达。

（3）能源消费增长指标　可以选用煤炭、电力与原油消费年增长率表征。

（4）能源效益指标　效益指标可以选取万元 GDP 能耗与工业万元产值能耗，通过不同年份的比较可以更好地反映某个区域的耗能及节能状况。

2. 经济子系统

从经济总量、经济实力、经济结构、经济增长和经济效益五个方面考虑如下。

（1）经济总量指标　可以用国内生产总值、固定资产投资和社会消费品零售总额表示，主要是从生产、投资、消费三个方面反映经济发展的总体水平。

（2）经济实力指标　可以用人均国内生产总值、人均居民消费水平、人均进出口额来表示。

（3）经济结构指标　可以用第二、三产业在地区生产总值中的比重表征。

（4）经济增长指标　可以用 GDP 增长速度、固定资产投资增长速度和社会消费品零售额增长速度这三个指标表示。

（5）经济效益指标　可以视具体情况选择工业经济效益综合指数和（或）全员社会劳动生产率表示。

3. 环境子系统

从环境污染、环境质量和生态环境三个方面考虑。

（1）环境污染指标　可以选用工业废气排放量、工业固体废物排放量、粉尘和烟尘排放量、废水排放量来反映。

（2）环境质量指标　考虑工业 SO_2 处理率、工业固体废物处置利用率、工业废水排放达标率三个指标，这些指标从侧面反映了地区环境质量状况。

（3）生态环境指标　可以选用森林覆盖率、三废综合利用产值、环境保护投入占 GDP 的比重。

图 11-2 是 3E 系统指标体系的框架。

二、3E 系统协调度的评价

3E 系统协调度的评价分为两个步骤：第一步确定各指标的权重，大致分为主观赋权法和客观赋权法两类；第二步是确定相应的协调度模型和协调度等级分类。

1. 协调度模型的建立及协调度等级的分类

（1）协调度模型建立　以综合评价方法为基础，建立协调度评价模型如下。

第一步　设能源、经济与环境系统分别用 Y 、X 、Z 表示，建立各个子系统的综合指数分别为：

$$S(x) = \sum_{i=1}^{n} \left(w_i / \sum_{i=1}^{n} w_i \right) \cdot x_i ; S(y) = \sum_{i=1}^{n} \left(w_i / \sum_{i=1}^{n} w_i \right) \cdot y_i ; S(z) = \sum_{i=1}^{n} \left(w_i / \sum_{i=1}^{n} w_i \right) \cdot z_i$$

$$(11-1)$$

式中，x_i、y_i、z_i 分别是能源、经济与环境的特征指标；n 为各个系统的指标个数；w_i 为每个指标的权重。

第二步　设定协调度指数。协调度的度量系统或要素之间协调状况好坏程度的定量指标，设定系统总的协调度指数为 I，且

$$I = \frac{\alpha S(x) + \beta S(y) + \gamma S(z)}{3}$$

$$(11-2)$$

式中，α、β、γ 分别为能源、经济与环境系统的权重。

第三步　建立协调度模型

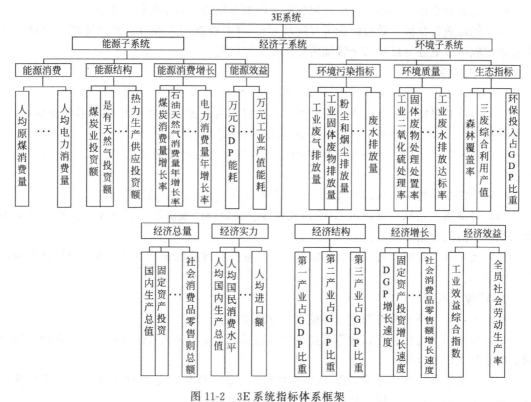

图 11-2　3E 系统指标体系框架

$$C=\frac{\sqrt{[\alpha S(x)-I]^2+[\beta S(y)-I]^2+[\gamma S(z)-I]^2}}{I} \qquad (11-3)$$

该公式反映出在能源、经济与环境水平一定的条件下，为使复合能源、经济与环境系统发展水平最大，效益持续提高，能源、经济与环境系统组合协调的数量程度。显然协调度可以反映在 0～1 之间，当 $C=1$ 时为最佳协调状态，C 越小越不协调。

（2）协调度等级分类　将能源、经济与环境系统协调度与各子系统协调度划分为七个等级（表 11-1），即 $V=\{v_1, v_2, v_3, v_4, v_5, v_6, v_7\}=$ ｛优级协调，良好协调，中级协调，初级协调，勉强协调，濒临协调，失调｝。

表 11-1　3E 系统协调度等级

协调度等级	协调度区间	特征描述
V_1 优	1～0.9	能源供需均衡,经济发展快速稳定,环境得到良好的保护,能源、经济、环境整个系统发展的协调性很好
V_2 良	0.9～0.8	能源、经济与环境各个子系统至少有一个发展得不到优级状态,但是各个系统发展还处于较好状态
V_3 中	0.8～0.7	能源、经济与环境系统能够较和谐发展,个别子系统能够达到良好协调状态
V_4 初	0.7～0.6	能源、经济与环境系统的发展水平处于初级阶段,三者之间存在较大的冲突
V_5 勉强	0.6～0.5	能源、经济与环境系统协调程度较低,环境污染,能源浪费较严重,能源、经济与环境在发展过程中存在着很大冲突,且一定时间内得不到相应的协调发展
V_6 濒临	0.5～0.4	能源、经济与环境中已经有子系统处于失调状态,环境污染、能源浪费在长时间内得不到治理,经济发展效率低
V_7 失调	0.4～0.3	能源浪费、环境污染十分严重,经济发展缓慢、效率低下,能源、经济与环境系统发展失调,对一个地区或国家造成严重影响

2. 指标权重的确定

主观赋权法有德尔菲法、层次分析法等，以层次分析法应用较多。在层次分析法中，判断矩阵可以采用德尔斐法。层次分析法的具体内容见本书第一章和第十二章。

常用的客观赋权法有变异系数法、均方差法、主成分分析法、因子分析法等。具体各种方法原理与步骤如下。

（1）主成分分析法　也称矩阵数据解析法，是 Hotelling 于 1933 年首先提出的。它是一种从研究的多个指标中求出很少的几个综合指标，使新指标能尽可能多地保留原始指标的信息，且综合指标彼此之间相互独立的现代统计方法。已经被广泛应用于寻求数据的基本结构和数据化简的实践中。它具有既可在指标权重选择上克服了主观因素的影响，又有助于保证客观地反映样本间的现实关系，即在将原始变量转变为主成分的过程中，同时形成反映主成分和指标包含信息量的权数，便于计算综合评价值的优点。而且，主成分分析法的整个评价过程比较模式化，便于进行程序化处理。该方法首先对原始数据进行标准化处理，然后计算指标相关系数并对重复指标加以合并（一般定义其相关系数大于 0.95 的指标为重复指标），构造相关系数矩阵，通过计算方差贡献率和累积方差贡献率确定主成分个数及主成分指标。具体步骤如下：

第一，根据指标，构建指标体系数据矩阵。设 n 为样本，m 为指标数，则有

$$X = \begin{bmatrix} x_{11} & x_{12} & \cdots & x_{1m} \\ x_{21} & x_{22} & \cdots & x_{2m} \\ \cdots & \cdots & \cdots & \cdots \\ x_{n1} & x_{n2} & \cdots & x_{nm} \end{bmatrix} \tag{11-4}$$

式中，X_{ij} 为第 j 变量在第 i 个样本的观察值（$i=1, 2, \cdots, n; j=1, 2, \cdots, m$）。

第二，原始指标数据的标准化处理。由于各项指标数据的量纲不一致，在进行综合评价前，通常为了消除变量之间在数量级上及量纲上的不同而产生的影响，需要对原始数据进行标准化处理。本文采用的标准化公式为：

$$x_{ik}^* = (x_{ik} - \overline{x})/s_k \tag{11-5}$$

式中，x_{ik}^* 为 x_k 中第 i 个观察值 x_{ik} 的标准值；$\overline{x}$ 为变量 x_k 中观察值的平均值；s_k 为变量 x_k 的标准差；i 为第 i 时期；k 为第 k 个变量（$k=1, 2, \cdots, m$）。经过标准化处理的筛选数据消除了计量单位差异造成的对分析结果的影响，以下分析则在标准化处理后的数据基础上进行。

第三，计算各变量观察值之间的相关矩阵 R。

$$R(r_{jk})_{m \times m} \tag{11-6}$$

$$R_{jk} = \frac{1}{n-1} \sum_{i=1}^{n} \frac{(x_{ij} - \overline{x}_j)(x_k^* - \overline{x}_k)}{s_j s_k} \tag{11-7}$$

式中，x_{ij} 与 x_{ik} 分别为变量 x_j、x_k 的观察值；r_{jk} 为变量 x_j、x_k 之间的相关系数，相关系数矩阵反映了各变量之间的相关程度。

第四，计算相关系数矩阵 R 的特征根 $|R-\lambda I|$、特征向量矩阵 $U=(u_{ij})_{m \times m}$ 计算出特征值及方差贡献率、累积贡献率。

设特征值为 $\lambda_1 > \lambda_2 > \cdots > \lambda_p$ 特征向量矩阵为：

$$U = \begin{bmatrix} u_{11} & u_{12} & \cdots & u_{1m} \\ u_{21} & u_{22} & \cdots & u_{2m} \\ \cdots & \cdots & \cdots & \cdots \\ u_{m1} & u_{m2} & \cdots & u_{mm} \end{bmatrix} \tag{11-8}$$

方差贡献率为 $W_i = \lambda_i \Big/ \sum\limits_{j=1}^{m} \lambda_j$，这样就完成了原指标到各成分的转换。从多指标综合评价看，也就是到了把原指标合成为各成分，把各成分再合成为总评价的权数。该权数是伴随着数学变换过程生成的信息量权数，比人为确定权数工作量少些，有助于保证客观性。该方法只能对系统进行赋权综合评价，无法对各指标赋权。

（2）变异系数法　综合评价是通过多项指标来进行的。如果某项指标的实际数值能够明确区分开各个参评样本，说明该指标在这项评价上的分辨信息丰富，为提高综合评价的区分效度，应给该指标以较大的权数；反之，若各个参评对象在某项指标上的实际数值差异较小，就表明这项指标区分开各参评样本的能力较弱，因此应给该项指标以较小的权数。极端情况，即如果某项指标在各参评样本之间根本没有差异，那么在这项评价中就无法排列出各参评样本的优劣来，因而理应给这项评价指标赋以零权。基于上述认识，可根据各指标的变异信息量的大小来确定权数。具体步骤如下。

设有 n 个参评样本，每个样本用 p 个指标 X_1，X_2，$\cdots X_p$ 来描述，指标均值为 $\overline{X}_i$ 和方差 S_i^2

$$\overline{X}_i = \frac{1}{n} \sum_{j=1}^{p} X_{ji} \tag{11-9}$$

$$S_i^2 = \frac{1}{n-1} \sum_{j=1}^{p} (X_{ji} - \overline{X}_i)^2 \tag{11-10}$$

则各指标的变异系数为：

$$V_i = \frac{S_i}{\overline{X}_i} \qquad i = 1, 2, \cdots, p \tag{11-11}$$

对 V_i 做归一化处理，便可得各指标权数：

$$W_i = \frac{V_i}{\sum\limits_{j=1}^{p} V_i} \tag{11-12}$$

（3）均方差法　均方差确定指标权重的方法是基于"差异驱动"的基本原理，与变异系数法相通。若 X_i 指标对所有决策方案而言均无差别，则 X_i 指标对方案决策与排序不起作用，这样的评价指标可令其权系数为 0；反之，若 X_i 指标能使所有决策方案的属性值有较大差异，这样的指标对方案的决策与排序将起重要作用，应给予较大的权数。也就是说，在多指标决策与排序的情况下，各指标相对权重系数的大小取决于在该指标下各方案属性值的相对离散程度，若各方案在某指标下属性值的离散程度越大，该指标的权系数就越大，反之该指标权系数应越小；若某指标下各方案的属性值离散程度为 0（即属性值全相等），则该指标的权系数为 0。为此，假定每个指标 $X_i (i = 1, 2, \cdots, m)$ 为一随机变量，各方案 $C_i (i = 1, 2, \cdots, n)$ 在指标 X_i 下经过无量纲化处理后的属性值为该随机变量的取值；反映该随机变量离散程度的指标可用均方差表示，故此可用均方差方法求得多指标决策权系数，基于均方差的求解多指标决策权系数的方法——均方差决策法，该方法是反映随机变量离散程序的最重要的也是常用的指标。这种方法的基本思路是以各评价指标为随机变量，各方案 C_i 在指标 X_i 下的无量纲化的属性值为该随机变量的取值，首先求出这些随机变量（各指标）的均方差，将这些均方差归一化，其结果即为各指标的权重系数。该方法的计算步骤如下。

第一步，求随机变量的均值

$$\overline{X}_i = \frac{1}{n} \sum_{j=1}^{p} X_{ji} \qquad i = 1, 2, \cdots, p \tag{11-13}$$

第二步，求随机变量的均方差 S_i

$$S_i^2 = \frac{1}{n-1}\sum_{j=1}^{p}(X_{ji} - \overline{X}_i)^2 \qquad i = 1,2,\cdots,p \qquad (11-14)$$

第三步，求指标的权系数，对 S_i 做归一化处理，便可得各指标的权数

$$W_i = \frac{S_i}{\sum_{j=1}^{p}S_i} \qquad i = 1,2,\cdots,p \qquad (11-15)$$

（4）因子分析法 它是基于同时对多个对象进行考察，综合分析众多数据的分析方法。它的主要作用是对反映事物不同侧面的多指标进行综合。每一个所收集到的数据都参与了运算，并最终合成为少数几个"因子"，每个因子依据其对总信息的解释程度大小确定权重。因子分析法与主成分分析相似，不能对每个指标进行赋权。

第三节　3E 系统模拟预测模型

在 3E 系统中，根据给定的决策变量的数值，如目标年的 GDP 值、人口数值等，用以计算和预测目标年状态变量的数值，如能源需求量、大气环境质量等的数学工具称为 3E 系统模拟模型或 3E 系统预测模型。20 世纪 90 年代以来，各主要经济体都对此进行了很多研究，提出了应用于不同条件下的模型。

一、CGE 模型

CGE 模型建立于 20 世纪 80 年代末期，它的理论基础是挪威经济学家 Johansen 于 1960 年创立的一般均衡理论。

（1）模型的结构与方法 模型的结构包括宏观经济模型、能源优化模型和环境评价模型 3 部分，如图 11-3 所示。宏观经济模型主要考虑地域 GDP 和人口、贸易和货币汇率、地域消费和投资 3 个影响因素；这些因素通过工业结构和生产状况直接或间接地影响能源的供需平衡。在能源优化模型中，能源供给主要有本地域能源开采和生产、其他国家和地区能源进出口及地域间能源输入/出；此外，模型还分地域、分部门详细考虑了与能源有关的各种技术、工艺流程等，并在能源可持续发展战略的基础上构建能源优化模型。环境评价模型是在能源优化模型的基础上通过不同能源技术的排放因子，以及相关环境政策的约束条件下，计算出设定情景下 CO_2、CH_4、NO_x、SO_2 以及微尘的排放。

（2）模型的建立 首先建立相关的数据库，分基础数据库和特性数据库。基础数据库主要包括研究国家或地区的对象地域表、优化时间跨度表、能源载体表、转化储存技术表、能源输送方式表、能源输送途径表、需求部门表、电力负荷带表和环境负荷表。特性数据库由基础数据库引申而得到，包括技术特性数据表、技术储备数据表、资源开采活动数据表、土地利用情况数据表、城市废弃物处理率数据表、电力系统相关数据表、能源输送数据表、需求利用数据表以及与环境排放有关的数据表。

考虑到不同地区能源资源和能源需求的多样性，每个地区自成一个相对独立的地域能源系统，包括能源的生产、输送、消费及与其他地域能源系统之间的输入输出，一个完整的地域能源系统流程如图 11-4 所示。

（3）模型涉及因素 模型将终端需求部门划分为农业、工业、运输业、居民生活、商业和公共设施共 5 个部门。每个部门对固体燃料、液体燃料、气体燃料和电力等不同能源载体的需求均作为独立的方案来考虑。

根据不同的用电高峰期可将电力需求负荷分为以下高峰期、中等期和基本期 3 个等级；电力系统的供需平衡是基于这样的用电负荷级别下，用电高峰期要求额外的电力储备容量来

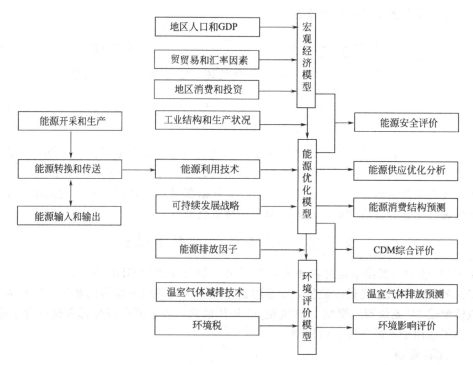

图 11-3　模型结构

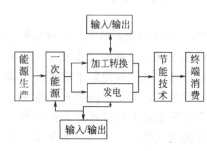

图 11-4　能源系统流程

进行补充。最后，为避免容量变化范围较大的可再生能源电力引起电力系统的不稳定，接入电网的风电和太阳能电力限制在 15% 以下。

能源资源的输送方式主要有道路、铁路、水路、空运、管道、电力输送 6 种方式，其中煤炭地域间运输有铁路、水路等，石油运输方式有油轮、管道等，天然气则主要通过管道运输，此外还有铀和液氢的运输也考虑在内。地域间的能源运输取决于当前的能源现状，如能源的开采、将来能源的生产、可能的能源输出和可能的运输途径等。

（4）模型计算　根据模型的目的，进行时间段划分，以能源储量作为整个模型优化过程的边界约束，设置不同的情景进行预测分析。

二、LEAP 模型

LEAP 模型是瑞典斯德哥尔摩环境研究所 SEI（STOCKHOLM Environment Institute）开发的静态能源经济环境模型。模型按照"资源"、"转换"、"需求"的顺序考虑某地区的能源需求及供应平衡情况。根据当前各部门的能源需求，及未来规划年内的社会、经济的发展预测，可利用模型根据不同政策选择及技术选择方式，设计不同发展情景下的能源消费模式。该模型实现了对能源消费系统的仿真，通常称为"终端能源消费模型"。

该模型采用的是自下而上法，即把能源需求和供应分解为较分散的水平，对一些重要的影响因素分析，如技术革新、能源转换、市场饱和及其他结构变化，主要依靠调查研究、工程研究和专家判断。LEAP 属于中长期能源替代规划系统模型，着重考虑强化节能和环境保护影响力方面的问题。

如图 11-5 所示，利用 LEAP 模型的能源的规划步骤可总结如下。

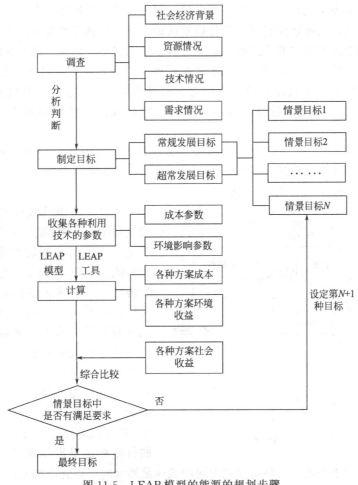

图 11-5　LEAP 模型的能源的规划步骤

　　首先需要了解各地的社会发展现状、经济水平、环境改善目标等国民经济宏观指标，详细评估各地能源的开发现状及潜力，技术研发、制造、安装等服务能力，并据此制定几种发展方案设置情景，包括常规发展情况，以及超常发展情况。在收集了各种技术的详细经济指标后，利用计算工具 LEAP 对设定的各种方案目标做详细的成本效益分析，再综合比较各种方案的经济性、环境效益和其他社会效益，并不断调整各种发展目标，反复计算，最终形成优选方案。

　　LEAP 模型的结构是自下而上式的，通过"资源、转换、需求"三个过程，实现现实中能源从开发到满足需求的完整过程。供应"资源"包括各种一次、二次能源的开发，能源技术"转换"包括对一次、二次能源的加工、利用、运输、储存等中间环节。能源"需求"为社会各部门对总能源的需求量。完成一次计算循环后，就可以了解在一个封闭的范围内能源需求、供应及平衡状况，同时了解与能源加工转换过程相关的投入和环境排放情况。

　　LEAP 计算工具没有资源普查或优化的功能，对部门需求、市场发展潜力，进而对未来发展目标的量化工作，都依赖专家的主观判断，这是 LEAP 的特点。其优势在能源规划的计算上，避开了优化模型因缺乏严格的数据输入要求或无法满足复杂的限定条件而无法运算的情况，这比较符合能源规划的实际。

三、系统动力学模型

1. 模型结构

系统动力学方法把所研究的对象看作是具有复杂反馈结构，随时间变化的动态系统，通过系统分析绘制出表示系统结构和动态的系统流程图，然后把各变量之间关系定量化，建立系统的结构方程式，以便运用计算机进行仿真试验，从而预测系统未来。该方法应用效果的好坏与预测者的专业知识、实践经验、系统分析建模能力密切相关。通过分析，建立系统模型，再经过计算机动态模拟，可以找出系统隐藏规律。该方法不仅能预测出远期预测对象，还能找出系统的影响因素及作用关系，有利于系统优化。不过系统分析过程复杂，工作量大，且对分析人员能力要求较高，所以不适用于短期预测。对长期预测，其优势十分明显的。

能源-经济-环境系统结构分为 9 个部分，分别是人口子系统、能源子系统、政策子系统、福利子系统、经济子系统、CO_2 排放子系统、气候影响和损害子系统、气候子系统、碳循环子系统。如图 11-6、图 11-7 所示。

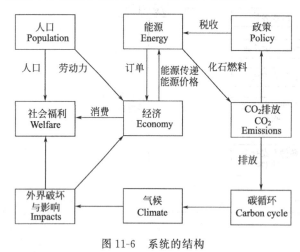

图 11-6　系统的结构

人口子系统主要是外生变量，经济的变化不会影响到人口总数以及结构的变化，这也是分析的前提和假设。福利子系统没有反馈变量，它的作用是检验经济的运行、政策的制定是否能够满足人们的福利要求，是否以追求全民最大福利为目标。政策子系统通过制定一系列的能源相关税收来满足经济发展和控制能源产业可持续发展，税收是调节能源结构的有力杠杆。CO_2 排放子系统和碳循环子系统以及气候子系统组成了整个 3E 系统的环境部分，追求可持续发展的目标在这里得到体现。气候影响及破坏子系统直接作用于产出，当环境变化引起的破坏足够大时可以完全抑制产出，使整个经济瘫痪，这也是一种惩罚措施。

2. 模型分解

（1）福利子系统　福利子系统提供了一个简单的指标用来描述社会福利，以此来评价政策的优劣并优化系统结构，对模型的其他子系统没有直接的反馈作用。

$$CDU = \int e^{\rho t} L(t)U(t)\,\mathrm{d}t \tag{11-16}$$

$$U = \frac{ECI^{(l-\theta)}-1}{1-\theta}, ECI = \left(\frac{c}{c_0}\right)^{\Omega}\left(\frac{s}{s_0}\right)^{1-\Omega} \tag{11-17}$$

式中，CDU 为积累贴现效用；ρ 为时间偏好率；L 为人口；U 为基准个人的效用值；ECI 为当量消费系数；θ 为避免情况变坏率；c 为人均消费量；c_0 为基准人均消费量；s 为环境服务质量；s_0 为基准环境服务质量；Ω 为消费所占效用比重；$s=s_0 D_n$；D_n 为气候影响因子（非市场性的）c/c_0。

（2）人口子系统　人口在模型中是外生的，根据全国人口普查的结果确定未来人口的增长率。

（3）经济子系统　经济子系统中包含很多部分，下面分别分析介绍。

① 利率。现行利率决定了资本市场的投资与消费的比例，决定了能源和其他商品的投资额，是模型中的关键变量，它起到了自动调节生产、投资与消费的作用。这里参考了

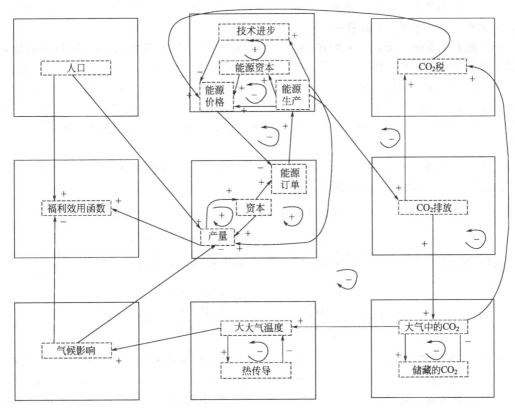

图 11-7　主要的反馈过程

Connecticut/YOHE 模型，引入一个简化的 Ramsey 模型：

$$r = \frac{\left[\frac{\partial}{\partial t}c(t)\right]\theta_c}{c(t)} + \rho_c \qquad (11-18)$$

式中，c 为人均消费量；ρ_c 为时间偏好系数变动率和；r 为利率；θ_c 为避免情况变坏率。

② 生产和分配。本模型中产出的分配主要分为能源生产、其他投资、消费三个部分。

能源生产及其结构是能源社会再生产过程的重要组成部分，是能源社会再生产过程的基本环节之一。在这里，能源被分为四类，分别是煤、石油/天然气、水电/核电、新可再生能源，为了反映现实情况，它们之间是可以替换的。产出是由 Cobb-Douglas 生产函数得来，影响生产函数的主要因素有能源资本的投入、劳动力和技术，劳动力只受人口影响，而且不存在失业问题，因此气候变化和能源价格变化的影响会直接在工人的工资中体现出来，而不会影响到就业人口。

$$Y = Y_0 TD_m \left(\frac{L}{L_0}\right)^{\alpha}\left(\frac{KO}{KO_0}\right)^{1-\alpha} \qquad (11-19)$$

式中，Y 为总产出；L_0 为初始劳动力；Y_0 为基本产出；KO 为可用资本；T 为（要素）生产率；KO_0 为正常可用资本；L 为劳动力。

③ 资本。投资带来的产出增加是的资本增长，同时资本也随着时间在贬值、折旧（呈现出指数形式），如下：

$$K(t) = \int I(t) - \delta K(t)\mathrm{d}t, I = MAX\left(0, \delta K + \frac{DK - K}{\tau_k} + KG\right), DK = \frac{KM_k}{r} \qquad (11-20)$$

式中，K 为资本；I 为投资率；δ 为资本贬值率；DK 为期望资本；M_k 为资本边际生产；τ_k 为资本修正参数；r 为利率。

（4）能源子系统　能源子系统的动力学建模综合了 EPPA 模型和 FREE 模型的优点，考虑了两者的优点同时对模型又进行了简化以便于进行动力学分析。对模型中的两种能源类型：不可再生的化石能源和可再生能源，模型中采取两种处理方法。对不可再生能源，当能源储量接近耗竭时能源的生产成本会增加，而可再生能源的成本会随着时间的增加而降低；另外，不可再生能源通过限制总储量来限制年开采量，而可再生能源则采用直接限制年开采量的方法。

① 能源的需求。能源需求是能源子系统的重要部分，这里的能源需求主要是指资本市场上的能源需求，影响它的主要因素如下公式：

$$ER_i(t) = \int N_i(t)\left[I(t) + \varepsilon K(t) - (\delta + \varepsilon)\right]ER_i(t)\,dt \tag{11-21}$$

其中，$N_i(t) = \int \dfrac{ND_i(t) - N_i(t)}{\tau_n}\,dt, \; ND_i = N_T AEDS_i, \; N_T = \dfrac{\sum\limits_i ER_i}{K}, \; AE = \left(\dfrac{M_T}{P_T}\right)^{(\omega\delta_{ke,lr})},$

$$DS_i = \frac{AI_i}{\sum\limits_j AI_j}, \; AI_i = \frac{ER_i\left(\dfrac{M_{i,lr}}{P_i}\right)^{(\omega\delta_{ke,lr})}}{K}$$

式中，ER_i 为能源需求；I 为投资率；N_i 为新资本的能源密度；ε 为更新率；δ 为折旧率；τ 为能源强度计划滞后；ND_i 为新资本的期望能源密度；N_T 为总资本能源强度；K 为资本；$M_{i,lr}$ 为能源边际产出（长期预测）；P_i 为期望能源价格；ω 为能源强度调节系数；$\delta_{ke,lr}$ 为能源内部替代系数（长期预测）

② 能源的生产。能源的产量主要是由能源资本的投入量决定的，另外投入量在各能源中的比重、能源资本的折旧以及更新换代和技术因素也都有影响，见下式：

$$EP_i = EP_{i,o}\left[\alpha_{i,o}\left(\frac{R_i}{R_{i,o}}\right)^{\rho_{i,r}} + (1 - \alpha_{i,r})E\Pi_i^{\rho_{i,r}}\right]^{\left(\frac{1}{\rho_{i,r}}\right)} \tag{11-22}$$

其中，$\alpha_{i,o} = \left(\dfrac{R_{i,o}}{\tau_r EP_{i,o}}\right)^{\rho_r}, \; \alpha_{i,r} = \left(\dfrac{R_{i,o}}{EP_{i,o}}\right)^{\rho_r}, \; E\Pi_i = TE_i\left(\dfrac{KE_i}{KE_{i,o}}\right)^{\beta_{i,kv}}\left(\dfrac{V_i}{V_{i,o}}\right)^{(1-\beta_{i,kv})}$

式中，EP_i 为能源产出；$EP_{i,o}$ 为初始能源产出；$\alpha_{i,r}$ 为资源比率；$\rho_{i,r}$ 为资源弹性系数；τ_r 为不可再生资源耗尽时间；TE_i 为能源技术；KE_i 为资本；V_i 为可变投入品；$\beta_{i,kv}$ 为资本比重。

③ 能源资本。能源资本和前面资本的分析相似，最大的不同是能源资本中有明显的资本建设延期。

$$KE_i(t) = \int \frac{KC_i(t)}{\tau_c} - \delta_i KE_i(t)\,dt, \; KC_i(t) = \int EKO_i(t) - \frac{KC_i(t)}{\tau_c}\,dt$$

$$EKO(t) = MAX\left(0, \delta_i KE_i(t) + \frac{DKC_i(t) - KC_i(t)}{\tau_{kc}} + \frac{DKE_i(t) - KE_i(t)}{\tau_k}KE_i(t)GE_i(t)\right),$$

$$DKE_i(t) = \frac{KE_i M_{i,k} EO_i}{r NEP_i}, \; DKC_i(t) = KE_i(\delta_i + GE_i)\tau_{kc} \tag{11-23}$$

式中，KE_i 为能源资本；DKE_i 为期望能源资本；KC_i 为在建能源资本；DKC_i 为期望在建能源资本；τ_c 为资本延时时间；τ_{kc} 为能源资本延时时间；δ_i 为能源资本生命周期；EKO_i 为能源资本订货率；GE_i 为能源订单估计增长量；$M_{i,k}$ 为能源资本边际产出；EO_i 为能源订单率；r 为利率；NEP_i 为正常条件能源生产率。

④ 技术。不可再生能源的逐渐耗尽和可再生能源的逐渐饱和都会增加能源生产的成本，技术的作用正好相反，在模型中结合了两种技术进步的处理方法：基于"学习曲线"的内生技术增长和"自主性"的外生技术进步。

学习曲线也叫经验曲线，在很多行业中，技术的变化源于某种产品的生产量不断增加中出现的学习过程和工人们的实际生产经验。若厂商在单位时间内的生产量保持不变，其平均成本会随累积产量（也就是过去已经生产的产品总量）的增加而下降。说明了随着产出的增加，厂商不断改进它的生产，结果生产的成本不断下降，但并非所有的投入要素及相关成本都存在学习过程。例如，单位运输成本一般不会随产量的持续增加而下降，因此又引入了"自主性"的外生技术进步的技术研究方法。

尽管学界认为技术的自主性是一个极其复杂的概念，但却有一个大体上的共识："技术并不按照人们所追求的目标发展，而是按已有的发展可能性发展。"

（5）政策子系统　政策子系统中制定了三种能源税收政策，资源耗损税用于所有的不可再生化石能源，受资源剩余储藏量影响；能源税面向所有的能源按量收取，还有碳税是根据资源中的含碳量收取。

① 二氧化碳和能源税。碳税的主要作用是控制 CO_2 排放量以控制大气中的 CO_2 浓度，税收公式见公式：

$$T_i = \varepsilon_i T_c + T_e, T_e(t) = \int \frac{DT_e(t) - T_e(t)}{\tau_t} dt$$

$$T_c(t) = \int \frac{DT_c(t) - T_c(t)}{\tau_t} dt, DT_c = T_0 + \frac{T_1 E}{E_0} + \frac{T_2 C_\alpha}{C_{a,0}} \tag{11-24}$$

式中，T_i 为总税收；T_c 为碳税；T_e 为能源税；ε_i 为碳含量；$DT_e(t)$ 为期望能源税；$DT_c(t)$ 为期望碳税；τ_t 为税收调节时间。

② 资源耗损税。资源耗竭税采用简化的方式处理资源耗竭问题，资源耗竭税的优化目标是使得资源消费产生的净利润流具有最大的贴现值，即使下式具有最大值：

从 $\int\limits_0^T e^{(-rt)}[U(Q,t) - C(R,Q,t)]dt$ 可以推导出：

$$\frac{\partial}{\partial t} \mu(t) = \mu r + \left[\frac{\partial}{\partial R} C(R,Q,t) \right] \tag{11-25}$$

式中，U 为效用；R 为剩余资源；C 为资源采集成本 r；Q 为资源消费速率；μ 为资源耗散税。

（6）CO_2 排放及碳循环子系统　能源和经济的发展必须保持可持续发展性，作为可持续发展的重要目标，我们把环境中的 CO_2 浓度作为系统的约束条件和检验标准。

碳循环参考了 DICE 的模型，并综合了海洋-气候的 IMAGE 1.0 模型，以及 Oeschger 和 Siegenthaler 的成果：

$$C_b(t) = \int NPP(t) - \frac{C_b(t)}{\tau_b} dt, C_h(t) = \int \frac{\varphi C_b(t)}{\tau_b} - \frac{C_h(t)}{\tau_h} dt, C_m = C_{m,0} \left(\frac{C_a}{C_{a,0}} \right)^{\frac{1}{\zeta}} \tag{11-26}$$

式中，$\zeta = \zeta_0 + \delta_b \ln\left(\frac{C_a}{C_{a,0}} \right)$；$NPP$ 为净初级生产量；C_a 为大气中的 CO_2；C_m 为表面混合层中的 CO_2；C_b 为生物质能中的 CO_2。

（7）气候及其影响子系统　20 世纪末期人们已经提出对全球变化（包括气候变化）影响的适应问题，有人更进一步把对全球变化影响的适应与可持续发展联系起来。对全球变化影响的适应，无论是趋利或避害都必须遵从可持续发展的原则；反之为了可持续发展，必须考虑未来全球变化的影响。针对未来全球变化中某些有比较明确结论的重大环境问题，促进社会科学同自然科学的逐步结合，发展新一代环境工程学，达到生态效益、社会效益和经济效益的高度统一，实现人类社会可持续发展的长远目标，并由此建立人类社会对全球变化的适应和可持续发展的理论。

气候模型主要参考的是 DICE 的研究成果，这是一个拥有三个负反馈的线性系统，两个反馈环把热量从海洋表面和大气中带走，另一个反馈环保证海洋深处持续产生热量弥补损失。CO_2 和大气温度的关系见如下公式。

$$T_{equil} = \frac{K\ln\left(\dfrac{C_a}{C_{a,0}}\right)}{\lambda\ln(2)} \tag{11-27}$$

式中，T_{equil} 为平衡温度；K 为辐射强迫系数；C_a 和 $C_{a,0}$ 分别为大气中的 CO_2 浓度与初始浓度；λ 为气候反馈参数。

人类活动要受到气候变化的影响，如下公式：

$$D(\Delta) = 1 - \frac{1}{1 + \theta_1\left(\dfrac{\Delta}{\Delta_r}\right)}, T_a(t) = \int \frac{T(t) - T_a(t)}{\tau_a} dt, \Delta = |T - T_a| \tag{11-28}$$

式中，D 为气候影响因素；Δ 为对适应温度的偏差；θ_1 为气候破坏规模；T 为海水表面和大气中的温度；T_a 为适合温度；τ_a 为适应时间。

四、NEMS 模型

1. 模型结构

NEMS 模型是美国 EIA/DOE 于 1993 年开发的能源经济区域模型，目的是通过模拟美国能源市场来规划能源、经济、环境、安全因素对美国的影响。模型通过线性规划理论研究，反映了能源生产、进口、转化、消费和能源价格之间的内在联系，同时考虑了对宏观经济和金融因素的假设、世界能源市场、资源的有效性和成本、技术选择的标准和成本、能源技术的特征以及人口等因素的影响。

EIA 把 NEMS 用来模拟在美国能源政策和能源市场上不同假设下的能源、经济、环境以及安全之间的影响。NEMS 提供了一套细致地描述美国能源系统内部复杂的相互作用的框架，并且它对各种可替代的假设和政策以及政策积极性进行了回应。NEMS 能用于检验新的能源项目和政策的影响，对未来能源情况的预测给出相应的假设。

NEMS 可分析与能源生产、使用有关的法律法规（现行的、已提议的），预测能源生产、转换、消费技术的改进所带来的潜在影响，计算温室气体控制的影响和成本，使用可再生能源的影响，提高能源使用效率的潜力的途径。NEMS 通过制定能源产品的生产、转换、消费的经济决策，清晰地描述了美国国内能源市场，同时 NEMS 还描述了能源技术。

NEMS 从国际能源市场、宏观经济、能源转换、供给、需求等方面建立了 13 个模块，如图 11-8 所示，每个模块之间紧密联系。NEMS 的模块使用许多假设和数据来描述未来美国能源的生产、转换、消费。影响能源市场的主要因素有：经济增长、原油价格两个。在 Annual Energy Outlook 2009 中，使用了 5 种不同的情景进行分析：即基准情景，高经济增长，低经济增长，高原油价格，低原油价格。除了这 5 种主要情景，还有其他 30 多种假设（用于探测 NEMS 个别模块的主要假设改变带来的影响），这些情景中大多是由于新技术或者技术改进造成的。

2. 系统分解

（1）宏观经济活动模块（Macroeconomic Activity Module，MAM） MAM 模块通过

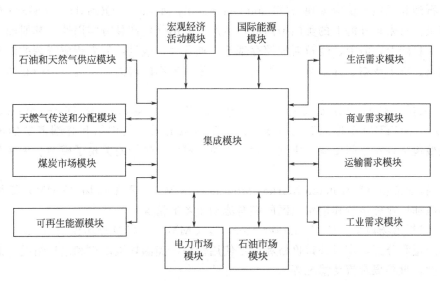

图 11-8　模型结构

提高经济驱动力的各种变量（供给，需求）和 NEMS 模型的转化将 NEMS 模型与其他经济体相联系。宏观经济基准线的推导为能源的需求和供给的预测提供了基础。MAM 模块同样也能得出变动的能源市场情况对于宏观经济的影响，包括变动的世界石油价格，还可以估算世界能源事件及政策变动对于世界经济的潜在影响。

　　在估算时，MAM 模块中超过 240 个宏观经济和统计变量会输入到总的 NEMS 模型，解决项目期需求供给和能源价格。这些能源价格和数量会重新输回 MAM 模块中，得出宏观经济、工业、就业、地区相关结论。

　　(2) 国际能源模块（International Energy Module，IEM）　IEM 通常是提供给其他 NEMS 模块数据。IEM 主要提供美国和世界的液体燃料生产和消费及石油进口数据，提供关于世界液体燃料市场的相关信息，包括全球石油产品供应曲线和进口美国石油的来源。

　　(3) 生活需求模块（Residential，Demand Module，RDM）　RDM 是一个结构性的需求预测模型，它的需求预测模块是建立在住宅数量和能源消耗设备数量预测的基础之上。

　　(4) 工业需求模块（Industrial Demand Module，IDM）　工业需求模块（IDM）设计了 15 个制造工业和 6 个非制造工业的燃料和原料的能耗预测模型，约束条件是价格和宏观经济变量。工业需求模块包括热电联产发电系统，该系统用于工业部门或电网。

　　(5) 运输需求模块（Transportation Demand Module，TDM）　通过运输系统模式设计交通运输部门燃料消费，包括可再生能源和可替代能源的使用。约束条件是能源价格和宏观变量（包括个人收入和 GDP、进出口水平、工业产出新型轿车和轻型货车销售量和人口）。

　　(6) 商业需求模块（Commercial Demand Module，CDM）　商业需求模块（CDM）主要根据不同的服务和能源类型计算能源需求，还包括楼面面积与库存面积的变化。

　　(7) 电力市场模块（Electricity Market Module，EMM）　电力市场模块（EMM）描述的是电力的生产，输送和价格。

　　(8) 可再生燃料模块（Renewable Fuels Module，RFM）　可再生燃料模块（RFM）体现可再生能源及其在美国供电系统中的大规模应用。由于大多数可再生能源（生物质能、常规水电、地热、垃圾填埋气、天然气、太阳能光伏发电、太阳能热、风能等）都用于发电，所以 RFM 的主要连接模块是电力市场模块（EMM）。RFM 又包括地热、风能、太阳能光伏、城市固体垃圾（垃圾填埋气）、生物质能和水电等六个子模块。

（9）石油和天然气供应模块（Oil and Gas Supply Module，OGSM）　OGSM 包含一系列的子模块，对来自陆海上的美国国内原油生产、天然气生产具有实用性。其原油和天然气生产主要来自陆上、海上、阿拉斯加储存基地、加拿大。假设：如果相应资源的贴现值至少能覆盖税收、资本成本、开采成本、发展成本、生产成本的现值时，进行国内石油和天然气的开采和发展。

（10）天然气传送和分配模块（Natural Gas Transmission And Distribution Module，NGTDM）　NGTDM 描述天然气市场，并决定区域的天然气供给和终端消费的市场出清价。子模型包括各州之间传输子模型、管道关税子模型、经销商关税子模型、天然气进出口模型。

（11）石油市场（Petroleum Market Module，PMM）　石油市场（PMM）模块描述的是本国的炼油厂业务运行和消费地区的燃料流动市场的情况。

（12）煤炭市场模块（Coal Market Module，CMM）　煤炭市场模块（CMM）主要煤炭资源的产量和分配，煤炭井口价格和最终使用价格，美国煤炭出口和进口情况，煤炭质量和运输速度，世界煤炭流动情况等。

（13）集成模块（Integrating Module，IM）　整合模块控制整个 NEMS 过程，通过迭代得到通过所有模块的一般市场均衡。管理 NEMS 整体数据结构，在所有模块或者用户选择的任意模块中进行迭代收敛算法，检查是否收敛，报告发散的变量，实现所选变量之间的迭代收敛松弛，加速收敛，更新 NEMS 主要变量的期望值。

第四节　3E 系统优化决策模型

本节主要介绍系统优化决策模型，包括 MARKAL 模型、3Es（Macroeconomic，Energy and Environment Sub-model）模型和 MARKAL-MACRO 模型。

一、MARKAL 模型

1. MARKAL 模型

MARKAL（the Market Allocation of Technologies Model）模型是一个具有应用广泛的、自底向上的动态线性规划模型。MARKAL 模型同时描述了能源系统的供应和需求端。MARKAL 给公共和私有部门的决策者和计划者提供能源产生和消耗技术的细节，方便对宏观经济和能源使用相互作用的理解。因此，模型有助于国家和局部地区的能源规划，以及发展碳的减排策略。

MARKAL 模型是在满足给定的终端能源需求量（由其他预测模型给出）和污染物排放量限制条件下，确定出使能源系统成本最小化的一次能源供应结构和用能技术结构。应用 MARKAL 模型研究中远期能源发展的过程首先是对能源系统中的能源流以及伴生的资金流、物质流和污染物排放进行模拟，而后根据终端能源需求预测数据、不同能载体的转化关系以及与能源系统密切相关的环境、经济和政策要求，构造多周期大型线性规划矩阵。

将系统中的能源流动原理简化处理如图 11-9 所示，并根据此图确定目标函数和约束方程如下：

规划目标：　　$\min \sum C_i, X_i, i=1,2,\cdots,6$（使能源系统成本最小化）　　　　　　（11-29）

约束方程主要包括以下几种。

① 一次能源供应总量约束（一次能源供应量不应大于资源开采量）：

$$X_7 \leqslant SUP \qquad\qquad (11\text{-}30)$$

② 各环节的能载体平衡（各环节的能源转换至少要等于下一环节的消费）：

$$E_i X_i - X_{i-1} \geqslant 0, i=2,3,\cdots,6 \qquad (11\text{-}31)$$

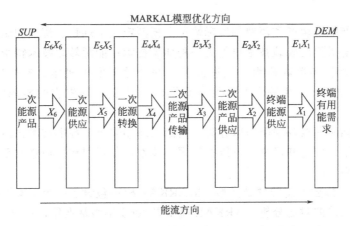

图 11-9　MARKAL 模型的能流简图

③ 终端能源需求平衡（终端能源供应至少要等于需求）：

$$E_2 X_2 \geqslant DEM \tag{11-32}$$

④ 工艺的容量限制和生产运行限制（能源的生产量不应超过工艺容量或生产运行限制）：

$$E_i X_i \leqslant CAP_i, i=1,2,\cdots,6 \tag{11-33}$$

⑤ 污染物排放总量约束（各环节的污染物排放量之和不应超过某个总量限制）：

$$\sum EMI_i \cdot X_i \leqslant EMI, i=1,2,\cdots,6 \tag{11-34}$$

式中，X_i 为待求的从一次能源产品到终端能源需求之间各环节的能流向量，即规划问题的解；C_i 为已知的各环节的成本系数矩阵；E_i 为能源转换效率矩阵；SUP 为能源资源向量；DEM 为终端能源需求向量；CAP_i 为工艺容量向量；EMI_i 为各环节的污染物排放；EMI 为整个规划期内的污染物排放总量限制。

优化求解过程是逆着能源系统的能流方向进行的，即以能源需求预测数据为出发点，动态地选择规划期内的一次能源供应结构和用能技术结构。

MARKAL 类能源经济预测模型目前应用较广，其缺点是结构化程度较高，能源技术划分非常细，数据要求高，需要投入大量的人力、物力来完成。

2. MARKAL 模型的应用实例（上海能源系统 MARKAL 模型）

（1）上海能源系统 MARKAL 模型设计　上海能源系统 MARKAL 模型的参考能源系统是以 2000 年为基准年，2005 年为模型年，2020 年为模型终止年时间段，将整个时间跨度分为 5 个时间段，每个时间段为 5 年。

模型定义了原煤、洗净煤、原油、天然气、煤气、焦炭、电力、风能、汽油、柴油、煤油、燃料油、其他油制品、液化石油气、热力和城市垃圾共 16 种能载体。由于上海没有一次能源的采掘和生产，故定义的能源资源如煤、油、油品、天然气均来自系统外部，并定义了外来电和固体废物（城市垃圾）作为可选能源资源。能源资源供应作为系统的输入量，为模型的外生变量，采用不同能源品种在不同时间段的进口或调入价格。根据 MARKAL 模型共定义了 26 项加工和转化技术，以及满足经济部门能源需求的 46 个终端能源技术；分别按农业、商业、工业、居民和交通 5 个主要经济部门的需求定义了 33 项终端能源需求。

未来终端能源需求增长的驱动力主要是社会经济增长和人口增长。上海能源系统 MARKAL 模型根据人口增长率、GDP 增长率和人均 GDP 增长率预测了 5 个主要经济部门 33 项终端能源需求。此外，对于不同的经济部门，还选择了不同的弹性系数来修正预测数值。

根据上海目前能源生产和消费的实际情况，模型定义了炼焦、炼油和制气 3 种工艺的加工技术，燃煤发电机组的脱硫技术也作为一种加工技术；能源转化技术特指发电技术和热电联产技术，加上超临界燃煤机组、先进天然气联合循环发电机组、整体煤气化联合循环（IGCC）、海上风电机组、生物质气化发电和燃料电池发电等先进的能源转化技术供模型选择。

模型按照不同时间段各项能源服务需求量给出终端需求。终端技术描述参数包括了不同时间段的投资成本，固定和可变运行维护费用，技术设备折旧和各项排放系数，以及技术使用初始年份和使用年限。

（2）基于 SO_2 排放限制的情景模型 MARKAL 模型包含了一个基准情景和各种未来情景，以及对计算结果的对比分析。ARKAL 模型以 2005 年为基准年，用 R0 表示基准年的情景；模型的 2 个未来情景分别以 A0 和 B0 表示。

A0 为适度控制 SO_2 排放的情景，按此情景设计的 SO_2 排放控制为：2010 年、2015 年和 2020 年比基准年分别减少 20％、30％和 40％。在此情景下，2010 年以后 SO_2 排放总量与 2005 年相比基本保持平稳或略有增加。

B0 为严格控制 SO_2 排放的情景，按此情景设计的 SO_2 排放控制为：2010 年、2015 年和 2020 年比基准年分别减少 40％、50％和 60％。在此情景下，2010 年以后的 SO_2 排放总量低于 2005 年的水平。

（3）MARKAL 模型计算结果分析与讨论 在适度的 SO_2 排放控制（A0）和严格的 SO_2 排放控制（B0）两种情景模型下，上海一次能源结构中必须进口更多的天然气替代煤。在 A0 模型中，发电技术选择燃煤超临界发电技术替代部分常规燃煤发电机组，风力发电增速最大，但所占份额依然很小。在 B0 模型中，发电技术在 2020 年选择 IGCC 发电技术，以及先进的天然气发电技术。由此可见，燃煤超临界发电技术是技术可行且比较经济的发电新技术，其经济优势可以超过天然气发电技术，IGCC 技术在 2020 年将成为可以选择的新发电技术，可再生能源发电技术中只有风力发电技术最成熟、经济性最佳且发展最快，而其他先进的发电技术，如生物质气化发电、燃料电池等在 2020 年前由于技术和经济上的原因均不会大规模使用。工业部门在 SO_2 排放控制条件下，必须用清洁的燃料天然气替代煤。

在未来上海一次能源供应和消费结构中，化石燃料仍然占主导地位，煤依然是主要燃料，但在 2 种情景下，2010、2015 和 2020 年能够实现其比重分别为 30％和 40％（情景 A）以及 49％、44％和 36％（情景 B），因此，无论从能源供应安全和经济的角度，还是从控制污染物排放的角度，2010 年后煤占一次能源消费总比重可以小于 50％，2020 年可下降到 40％左右。天然气的使用应首先满足商业和居民消费，以及工业部门的原料和燃料替代，在发电技术中，洁净煤发电技术可以与天然气发电技术相竞争，模型计算结果更倾向于选择清洁煤发电技术。因此，上海应该大力发展超临界燃煤发电机组，适度发展天然气联合循环发电机组，并且紧跟 IGCC 技术的国际发展潮流和趋势。今后工业部门通过技术改进和燃料替代减少 SO_2 排放是控制上海 SO_2 排放总量的关键。

二、3Es 模型

3Es 模型（Macroeconomic，Energy and Environment Sub-model）由日本长冈理工大学于 21 世纪初期研究开发的经济-能源-环境模型。3Es 模型由宏观经济子模型、能源子模型和环境子模型组成，结构如图 11-10 所示。它包含 631 个方程的模型，其中宏观经济子模型包含 81 个方程，能源子模型和环境子模型包含 550 个方程。主要是通过模拟宏观经济、能源、环境三者之间的关系。来预测未来节能、碳税、促进能源效率等减排方案下经济、能源、环境的发展趋势，模型结果为决策者制定能源长期战略规划和政策提供信息支持。

在宏观经济子模型中，人口指标、财政政策指标和国外经济指标（世界贸易，原油价格，汇率等）都被当作外源变量。内源变量则包括宏观指标（商品和服务的需求、投资情况、进出口情况等）、产业活动指标（钢铁的出口、水泥和其他能源密集型产品的产出、车辆的成交数量、乘客与货物的运送量等）和价格指标（GDP缩减指数及其组成成分、消费者物价指数、能源价格指数等）。

能源子模型是3Es模型的核心，主要是用来确定从最终能源消费到一次能源供给和和能源贸易的能流量。首先，基于宏观经济子模型的各种经济活动指标和价格指标最终导出能源需求量，由各部门和能源产量决定。然后，由常规能源转换模块根据转换能源（电力、石油等）的输出量计算能源的输入量。最后，一次能源需求量可以通过整合终端能源使用部分和能源转换部分的结果而得出。能源贸易量可以通过比较一次能源需求量和国内产量来获得。

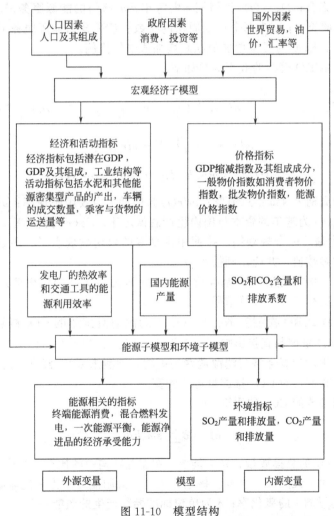

图 11-10　模型结构

环境子模型主要用来依据能源平衡表，进行与能源相关的产物计算和污染物 SO_2 与 CO_2 的排放计算。例如，SO_2 的排放值主要通过宏观经济子模型得出的能源消费量和含硫系数来确定。

三、MARKAL-MACRO 模型

1. 模型简介

MARKAL-MACRO 模型是一个非线性动态规划模型，耦合了 MACRO 模型与 MARKAL 模型。MACRO 模型是宏观经济模型，该模型中集成了新古典主义宏观经济学的增长理论，其生产函数是以"柯布-道格拉斯函数"为基础建立的。

$$Y(t) = \left[aK(t)^{kpvs}L(t)^{\rho(1-kpvs)} + \sum_{dm \in DM} b_{dm}D_{dm}(t)^\rho \right]^{1/\rho} \tag{11-35}$$

$$L_0 = 1, L(t) = [1 + grow(t-1)]^n L(t-1) \tag{11-36}$$

$$\rho = 1 - \frac{1}{ESUB} \tag{11-37}$$

式中，$Y(t)$ 为周期 t 内每年总产出；a、b_{dm} 为生产函数的系数；$K(t)$ 周期 t 内每年的资本要素投入；$L(t)$ 为周期 t 内每年劳动要素投入；dm 为能源服务需求部门分类；DM 为能源服务需求部门的集合；$D_{dm}(t)$ 为周期 t 内每年 dm 部门的能源服务需求；$grow(t)$ 为周期 t 内每年的经济增长率；n 为每个规划周期的年数；$ESUB$ 为能源服务需求对资本和劳动力投入的替代弹性；$kpvs$ 为资本增加值在总增加值中的比例。

MARKAL-MACRO 模型的效用函数如下：

$$UTILITY = \sum_{t=1}^{T_e-1} udf(t)\lg C(t) + udf_{T_e} / [1-(1-udf_{T_e})^n] \tag{11-38}$$

$$udf(t) = \prod_{\tau=0}^{t-1} [1-udr(\tau)]^n \tag{11-39}$$

$$udr(t) = kpvs/kgdp - depr - grow(t) \tag{11-40}$$

式中，$C(t)$ 为周期 t 内每年总消费；$udr(t)$ 为周期 t 内效用贴现率；$udf(t)$ 为周期 t 的效用贴现因子；$kgdp$ 为基年的资本与国内生产总值之比；$depr$ 为折旧率；T 为规划期所有周期的集合；T_e 为最后一个规划期。按照中国现有的效用贴现水平、固定资产投资率、折旧率设定分阶段的参数值，并应用到模型中。

设定不同情景，例如情景 A 为基准情景，情景 B 为能源结构优化情景，情景 C 为气候变化约束情景等。运行模型，计算结果。

2. MARKAL-MACRO 模型实例分析（中国能源消费排放的 CO_2 测算）

中国的 CO_2 排放量控制直接影响到全球温室效应。以 MARKAL-MACRO 模型为基础，考虑城市化与工业化对宏观经济与能源消费的影响，预测未来社会的能源消费；进一步考虑能源效率与结构的改变，对 CO_2 排放量进行测算。

化石能源燃烧排放的 CO_2 的测算：

$$M = \delta \sum_{i=1}^{7} e_i h_i E\theta_i \tag{11-41}$$

式中，M 为 CO_2 的总排放量；θ_i 为能源 i 在能源结构中的比重，其中 $i=1, 2, \cdots, 7$，分别表示煤炭、石油、天然气、水电、核电、风电、太阳能；e_i 为单位能源 i 消耗时产生的 CO_2 排放量；h_i 为燃料 i 的氧化率；δ 为单位标准燃料产生的热能。

按照不同行业能源消费及碳排放特征进行划分，以电力、水泥、钢铁、化工、交通运输为碳排放的主要部门，此外为农业、生活以及其他。值得注意的是，水泥行业的碳排放除来自于能源消耗外，原料的分解（主要指碳酸盐）也会释放出较多的 CO_2。因此在计算时要同时考虑分解效应，计算方法如下：

$$F = \sum_{i=1}^{2} \frac{D}{D_i} \lambda_i \eta \qquad (11\text{-}42)$$

式中，F 为生产 1t 水泥原料分解释放的 CO_2 的质量；D、D_1、D_2 分别是 CO_2、CaO、MgO 的相对分子质量；λ_i（$i=1$，2）分别为普通硅酸盐熟料中 CaO、MgO 的含量；η 是水泥中熟料的配比。

结合 MARKAL-MACRO 模型的效用函数进行分析，主要影响因素一般有人口规模、城市化水平、经济增长速度、产业结构、一次能源构成、单位产值能耗等。其中，人口的变化规律（如出生、死亡）相对稳定，城市化水平可以利用数理人口学方法测算，其余变量需要在不同情境下设定不同的参考数值。设定不同情景如下。

(1) 情景 A 为基准情景 依据中国的经济发展在 21 世纪中叶达到中等发达国家水平的目标设定宏观经济变量，产业结构的重型化在 2020 年达到最高，此后第三产业比重成为主导产业。由于第三产业不以能源的大量消耗为前提条件，将逐渐降低经济发展对能源的依赖。单位产值的能耗水平依据《节能减排综合性工作方案》的目标（万元国内生产总值能耗将由 2005 年的 1.22t 标准煤下降到 2010 年的 1t 标准煤以下，降低 20% 左右）进行设定，并认为单位产值能耗在 2010 年以后仍然继续下降，但下降速度有所放缓。

(2) 情景 B 为能源结构优化情景 煤炭在一次能源结构中的比重由目前的接近 70% 下降到 2050 年的 50%，石油的进口依存度控制在 60% 以内，非化石能源的比重从目前的 10% 上升到 2020 年的 15%。在此基础上，设定 2030 年的非化石能源比重 20%，2050 年为 30%。水电的开发利用由于受到自然条件、生态环境的约束，在 2035～2040 年将达到最高值，具有经济可行性的水电开发完毕。

(3) 情景 C 为气候变化约束情景 按照政府间气候变化专门委员会（IPCC）的报告，要使得大气中温室气体排放量稳定在较低水平，全球排放量必须在 2020～2025 年内达到峰值，并在 2050 年降低到 2000 年排放水平的 1/2。中国的经济发展阶段使得中国不可能在 2025 年之前达到排放峰值，但有效的节能减排有可能使峰值时间有所提前。在情景 B 的基础上进一步降低单位产值能耗，并提高核能和可再生能源的比重，使煤炭在一次能源结构中的比重降低到 2050 年的 40% 左右。

运行模型，计算结果（不同情景下的 CO_2 排放）如下。

在基准情景下，中国的 CO_2 排放在 2042 年达到峰值，为 118.47×10^8t。由表 11-2 可见，电力行业的碳排放始终占据最大份额，这是由于电力行业在未来相当长的时期内仍将高度依赖煤炭；水泥、钢铁、化工行业的碳排放先上升后下降，即在工业化后期，重工业比重下降；交通运输、农业、生活领域的碳排放持续增加，原因在于随着生活水平的提高，家电、机动车等消费品拥有率上升，农业领域能源投入取代劳动力投入等。

表 11-2 情景 A 的 CO_2 排放　　　　单位：$\times 10^8$t

行业	2010	2020	2030	2040	2050
电力	25.50	35.07	41.03	40.18	35.58
水泥	10.12	11.25	10.57	9.94	7.58
钢铁	7.47	8.93	7.95	6.59	4.39
化工	4.63	7.41	6.44	6.17	3.92
交通运输	5.36	8.24	11.59	14.68	15.37
生活	7.12	11.37	12.38	14.78	14.92
农业	2.14	2.81	4.27	5.30	5.67
其他	5.51	10.20	15.44	18/79	19.22
总计	67.86	95.29	109.67	116.42	106.65

在能源结构优化情景下，CO_2 排放在 2036 年达到峰值，为 $107.53 \times 10^8 t$。相对于基准情景，排放峰值降低了 $10.94 \times 10^8 t$，且峰值时间提前了 6 年。由表 11-3 可见，各个领域的碳排放均有所下降。2050 年电力行业的碳排放占排放总量的比重从基准方案的 34.3% 降低到 30.8%，而交通、农业、生活领域的排放比重均比基准情景有所上升。

表 11-3　情景 B 的 CO_2 排放　　　　　　　　　单位：$\times 10^8 t$

行业	2010	2020	2030	2040	2050
电力	25.50	34.04	37.82	33.61	27.73
水泥	10.12	10.93	9.81	9.04	6.68
钢铁	7.47	8.63	7.47	5.96	3.87
化工	4.63	6.79	6.06	4.68	3.46
交通运输	5.36	8.00	10.73	12.83	13.16
生活	7.12	11.06	13.55	14.28	13.27
农业	2.14	2.73	3.76	4.79	4.99
其他	5.51	9.91	15.45	14.76	16.93
总计	67.86	92.10	104.65	102.65	90.08

在气候变化约束情景下（表 11-4），CO_2 排放在 2031 年达到峰值，为 $94.72 \times 10^4 t$。相对于基准情景，排放峰值降低了 $23.75 \times 10^4 t$。且峰值时间提前了 11 年。设定这一目标是应对全球气候变化的需要，实现这一目标要求未来单位产值能耗在情景 B 的基础上进一步降低，2050 年万元 GDP 能耗降低到 0.4t 标准煤以下，而且需要持续扩大核能、风能、太阳能及其他清洁能源的比重，2050 年清洁能源比重要达到 40% 左右。

表 11-4　情景 C 的 CO_2 排放　　　　　　　　　单位：$\times 10^8 t$

行业	2010	2020	2030	2040	2050
电力	25.20	31.30	34.93	28.71	26.38
水泥	10.03	10.05	9.00	7.11	5.47
钢铁	7.36	7.97	6.79	4.71	3.17
化工	4.56	6.62	5.49	3.69	2.83
交通运输	5.30	7.36	9.87	10.13	10.36
生活	7.04	10.15	9.69	11.27	10.76
农业	2.11	2.51	3.64	3.78	4.09
其他	5.44	9.11	13.99	13.78	13.86
总计	67.05	85.07	93.36	83.19	96.92

习题与思考题

1. 3E 系统的协调发展是如何体现的？

2. 3E 系统的组成、结构与特点是什么？

3. 3E 系统协调度指标体系的构建原则是什么？

4. 3E 系统协调度评价的基本步骤是什么？其方法有哪些？

5. 列举 2 种 3E 系统模拟预测模型，并简述其结构组成及应用。

6. MARKAL 模型的特点和应用是什么？

第十二章　环境决策分析

第一节　概　　述

一、决策的基本概念

决策就是针对某一问题，确定反映决策者偏好的目标，并根据实际情况，通过科学方法从众多的备选方案中选出一个最优（或满意）的可付诸实施方案的过程。

1. 决策的基本特征

（1）目的性　决策总是为解决某一问题进行的，不存在没有目的的决策。

（2）实施性　不准备付诸实施的环境决策将是多余的。

（3）最优性　决策总是在一定条件下寻找优化目标和达到目标的最优手段，否则决策就没有意义。

（4）选择性　决策总是在若干个有价值、可行的备选方案中进行，如果只有一个方案，就谈不上决策。

2. 决策要素

（1）决策者　决策者是决策的主体，是决策行为的发起者。决策可以是个体，也可以是群体。对于决策者的认识，目前有两种不同的假设，即"理性人"假设与"管理人"假设。

"理性人"假设对应于经济学中的"经济人"假设，具有三个基本特征：知识是完备的，价值观或偏好是一致的；以及择优的，可以对知识系统进行遍历搜索，并在所有方案中进行全面比较。

"管理人"假设对应于"有限理性"假设，认为现实中"理性人"假设是不成立的。因为现实人的知识不可能是完备的；现实人的预期体验与真实体验不可能总是一致的；现实人只能应用有限的知识进行非遍历搜索，并在有限方案集合中进行比较，最终只能得到满意的选择。

（2）决策目标　决策目标是决策者的期望，是决策的起点，通常用方案的损益函数表示，即

$$V=(v_{ij}) \quad i=1,2,\cdots,n;j=1,2,\cdots,m \tag{12-1}$$

式中，$v_{ij}=g(C_{ij})$；C_{ij} 表示方案 i 在状态 j 下的损益值。

决策目标的合理性直接影响环境决策的结果。确定决策目标时要坚持三个基本原则，即利益兼顾原则、目标量化原则与结果满意原则。

（3）决策方案　决策方案也称替代方案，是达到决策目的的手段，是选择对象。设计决策方案是整个决策过程中非常重要的环节。决策方案是由若干个可替代的可行方案组成的集合，可表示为 A，其中 a_i 表示第 i 个决策方案，对于确定的有限方案集合，有

$$A=\{a_1,a_2,\cdots,a_i\} \tag{12-2}$$

（4）决策环境　决策环境是指各种决策方案可能面临的自然状态与背景，诸如水文气象条件等，通常可用 Q 表示自然状态的集合，q_j 表示第 j 个可能的自然状态，则

$$Q=\{q_1,q_2,\cdots,q_j\} \quad j=1,2,\cdots,m \tag{12-3}$$

二、决策的一般过程

任何决策都以决策陈述、一批替代方案与一套准则作为其基本特征。这些基本特征在决策过程中的相互联系可通过图 12-1 表示。决策的一般过程如下所述。

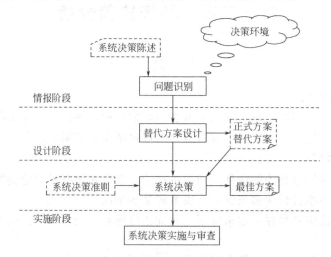

图 12-1　决策的一般过程

1. 情报阶段

情报阶段主要目的在于识别并确切描述所要做出的决策问题，即对决策进行陈述。在本阶段，需要广泛收集与决策有关的信息；在此基础上，确定决策问题与决策目标，分析自然状态。其中决策问题识别与决策目标的确定是决策的起点；而自然状态是指决策所依据的状态，即决策的环境。

2. 设计阶段

设计阶段的主要任务是寻求和生成达到决策目标的多种可能的决策方案，应以科学技术手段为基础，所选的方案应该是切实可行的。

3. 筛选阶段

在筛选阶段，需要对众多替代方案进行评价，从中筛选出满意的方案。方案筛选首先必须确定决策准则，它是对替代方案进行评价决策的依据。

4. 实施阶段

在实施阶段，通过信息反馈，对决策进行跟踪评价，究其是否实现了预定的决策目标。一旦没有达到预期目标，就需要进行修正，或重新进行决策。

现代管理科学、计算机技术、自动化技术的发展，给决策分析过程赋予了新的内容和涵义；管理信息系统已成为当代决策的重要技术基础。而在筛选和实施阶段的主要技术手段是规划或综合评价模型，主要是指管理科学、运筹学、系统工程中模型方法（MS/OR/SE）。将上述两部分技术集成在一起，利用先进的计算机软硬件技术，实现上述决策过程，开发成界面友好的人机系统，也即决策支持系统（DSS）。

三、环境决策及其分类

环境决策是一种特殊类型的决策，它具有一般决策的基本特征，遵循决策的一般过程；同时，环境决策又具有其自身的特点。环境决策对象是为了解决环境问题，诸如环境污染、生态破坏与全球气候变暖等。环境决策的目标在于改善环境质量，恢复生态环境的本来面目；实现这些目标，同样具有多种途径（备选方案或替代方案），环境决策的目标就在于通过系统科学的方法从众多的解决环境问题的备选方案中选出一个最优（或满意）的可付诸实施方案的过程。

由于环境系统的复杂性，从不同的角度环境决策可以有不同的分类方式。

① 根据决策对象，环境决策可分为大气环境污染控制决策、水环境污染控制决策、生态环境修复决策等。

② 按决策尺度，环境决策可分为全球环境决策、区域环境决策与局域环境决策。

③ 按决策系统边界，环境决策可分为流域环境决策、城市环境决策与乡村环境决策。

④ 环境决策是为管理服务的，按环境管理功能，环境决策可分为环境规划决策、环境影响评价决策与排污收费决策等。

⑤ 按环境决策的重要性，环境决策可分为战略决策、策略决策和执行决策。环境系统战略决策是涉及环境系统发展有关全局性、长远方向性环境问题的决策。环境系统策略决策，也称环境系统战术决策，是为完成环境系统战略决策所制定目标而进行的决策。环境系统执行决策是根据环境系统策略决策的要求，制定执行具体环境决策方案的选择。

⑥ 按环境决策的性质，环境决策可分为程序化决策和非程序化决策。程序化（结构化）决策是一种有章可循的决策，具体体现为可以重复出现，制定固定程序。而非程序化（非结构化）决策问题新颖、无结构，处理这类问题没有确定答案，需要灵活处理。

⑦ 按对系统的认知程度，环境决策可分为确定型决策、风险型决策和非确定型决策。

⑧ 按环境决策的目标数量，环境决策可分为单目标决策与多目标决策。

⑨ 按环境决策的连续性，环境决策可分为单项决策和序贯决策。

第二节　常用的环境决策分析技术

常用的环境决策分析技术包括环境费用效益分析、确定型环境决策分析、不确定型环境决策分析与风险型环境决策分析。

一、环境费用效益分析

环境费用效益分析是环境决策的依据，它通过评价各种项目方案或政策所产生环境方面效益和成本，权衡利弊，指导环境决策。

1. 环境费用效益分析的基本步骤

环境费用效益分析包括以下 4 个主要步骤。

（1）明确问题类型与确定分析范围　明确分析问题是建设项目或污染控制方案还是环境政策手段的设计等；同时，确定分析范围，分析范围要足够大，以便能够包括最主要的可以识别的结果与环境影响，且尽量消除外部影响。

（2）分析和确定重要环境影响的物理效果　在识别了主要的环境影响后，就要确定这些影响的物理效果的范围和程度，即对环境功能或环境质量的损害，以及由于环境质量变化而导致的经济损失。这需要确定环境污染及由此造成的环境功能损害间的剂量反应关系。

（3）环境损害与效果的货币估值　环境损害与效果的货币估值难度较大，是环境费用效益分析的重点，需要专门的费用效益分析技术。

（4）综合环境费用效益分析　在环境损害与效果货币估值基础上，综合计算总的环境效益、费用与净效益。其中环境费用包括间接损失费用与直接控制成本，减去可能的费用节省；环境效益包括直接效益与间接效益。最后，根据评价准则确定最佳方案。

2. 环境费用效益分析评价准则

环境费用效益的比较评价，通常采用效费比与净效益两种评价指标（或准则）。

（1）环境效费比　环境效费比即环境总效益与环境总费用的比，公式如下：

$$环境效费比 = \frac{环境总效益}{环境总费用} \qquad (12\text{-}4)$$

如果环境效费比大于1,说明环境效益大于该项目或方案的费用,项目或方案是可以接受的;反之,应该放弃。效费比的实际含义是单位环境费用所能获取的环境效益,在实际应用中也有用环境费效比作为评价指标,它是环境效费比的倒数。

(2) 环境净效益　环境净效益是总的环境效益减去总的环境费用的差额,即

$$环境净效益 = 环境总效益 - 环境总费用$$

若环境净效益大于0,表明所得大于所失,项目或方案可以接受;否则,应该放弃。

3. 环境费用效益分析的技术方法

环境费用效益分析技术包括以下三类:第一类是直接根据市场价值或劳动生产率;第二类利用替代物或相辅货物的市场价值;第三类是应用调查技术的方法。表 12-1 为三类方法所采用的主要技术与应用领域。

表 12-1　三类方法所采用的主要技术与应用领域

类　　型	技　　术	应 用 实 例
市场价值或生产率法	市场价格或生产率法 剂量-反应关系法 人力资本法或收入损失法 机会成本法或预定收入法	大气污染控制引起农作物价值的增加; 污染引起疾病与死亡上升而损失的收入; 固体废物占用农田的经济损失
替代市场法	财产价值法 工资差异法 旅行成本法	酸雨引起住宅财产价值的下降; 工人为改善环境而愿意损失的工资; 为开辟或保存公园的娱乐效益评价
调查评价法	投标博弈法 权衡博弈法 无费用选择法	为改善公园水环境质量的支付愿望; 对河流的舒适性评价; 对水质改善的支付愿望评价

(1) 直接市场价格法　有时称常规市场法,是根据生产率的变动情况来评估环境质量变动所带来的影响的方法。它把环境质量看作是一个生产要素,环境质量的变化会导致生产率和生产成本的变化,从而导致产品价格和产出水平的变化,而价格和产出的变化是可以观察到并且是可测量的。直接市场价格法利用市场价格(如果市场价格不能准确反映产品或服务的稀缺特征,则要通过影子价格进行调整),赋予环境损害以价值(环境成本)或评价环境改善所带来的效益。

(2) 剂量-反应关系法　是通过一定的手段评估环境变化给受者造成影响的物理效果。剂量-反应关系法的目的在于建立环境损害(反应)和造成损害的原因之间的关系,评价在一定的污染水平下产品或服务产出的变化,并进而通过市场价格(或影子价格)对这种产出的变化进行价值评估。

(3) 人力资本法　就是用于估算环境变化造成的健康损失成本的主要方法,或者说是通过评价反映在人体健康上的环境价值的方法。

(4) 机会成本法　即用环境资源的机会成本来衡量环境质量变化带来的环境效益与费用。所谓环境资源的机会成本是指把该环境资源投入某一特定用途后,所放弃的在其他用途中所能够获得的最大利益。在评估无价格的环境资源方面,运用机会成本法估算保护无价格的环境资源的机会成本,可以用该资源作为其他用途时可能获得的收益来表征。

(5) 资产价值法　又称内涵价格法,它认为人们赋予环境的价值可以从他们购买的具有环境属性的商品的价格中推断出来。资产价值法将环境质量作为影响资产价值的一个因素,

当影响资产价值的其他因素不变的情况下，以环境质量变化引起资产价值的变化量来估算环境污染或改善带来的环境损失或效益。

（6）工资差额法　与资产价值法类似，工资差额法利用不同环境质量条件下工人工资的差异来估计环境污染或改善带来的环境费用或环境效益。在众多影响工资的因素中，环境状况是其中之一，往往需要高工资吸引工人到污染严重的工作环境去工作。由此导致的工资差异可用来估计环境污染或环境改善带来的环境费用或效益。

（7）旅行费用法　是一种评价无价产品的方法，常常被用来评价那些没有市场价格的户外旅游资源或环境资源的价值。它要评估的是旅游者通过消费这些环境商品或服务所获得的效益，或者说对这些旅游场所的支付意愿（旅游者对这些环境商品或服务的价值认同）。

（8）投标博弈法　属于一种调查评价法，它要求对假设的情况，说出被调查者对不同数量与质量的环境物品或服务的支付意愿或接受赔偿意愿（补偿变差）。

投标博弈法又可分为单次投标博弈和收敛投标博弈。在单次投标博弈中，调查者首先要向被调查者解释要估价的环境物品或服务的特征及其变动的影响，以及保护这些环境物品或服务（或者说解决环境问题）的具体办法，然后询问被调查者，为了改善保护该热带森林或水体不受污染他最多愿意支付多少钱（即最大的支付意愿），或者反过来询问被调查者，他最少需要多少钱才愿意接受该森林被砍伐或水体污染的事实（即最小接受赔偿意愿）。在收敛投标中，被调查者不必自行说出一个确定的支付意愿或接受赔偿意愿的数额，而是被问及是否愿意对某一物品或服务支付给定的金额，根据被调查者的回答，不断改变这一数额，直至得到最大支付意愿或最小的接受赔偿意愿。通过上述调查得来的信息被用于建立总的支付意愿函数或接受赔偿意愿函数。

（9）权衡博弈法　权衡博弈法要求被调查者在不同的环境物品与相应数量的货币，即多种支出间进行偏好选择。其中最简单的就是一定数量的货币和一定数量的环境物品，后者被称为基本支出，即只有一定数量的环境物品而没有货币支出；前者为可选择的支出，即由个人的一些钱数和多余基本支出提供的环境物品数量组成。进一步，调查每个人愿意选择哪种支出方式，并计划改变可选择支出中捐赠的钱数，直到对两种支出的选择一样为止。由此得到的可选择支出的钱数就是个人为增加环境物品数量而做出的货币权衡，即个人对这种增加的支付愿望。最后，通过访问足够多的、有代表性的人群和统计显著性试验，就可以估算出对环境物品增加量的总支付愿望。

（10）无费用选择法　通过询问个人在不同的物品或服务之间的选择来估算环境物品或服务的价值。选择是在多个方案中进行，而且全部方案都不用真正花钱，即选择是无费用的。其中一个方案是无价格的环境物品，其他方案可以是一笔钱或者是只有足够的收入就能买到的具体商品。如果有两个方案，那么某个人选择了环境物品，就意味着他放弃了那笔钱。如果改变上述钱数，而保持环境物品的数量不变，这种方法就变成投标博弈法；由此，可以估价环境物品的最小价值，同时使投标博弈法中的某些偏移减至最小。

二、确定型环境决策

确定型环境决策问题的主要特征包括：①只有一个环境状态；②有环境决策者希望达到的一个明确的目标；③存在着可供环境决策者选择的两个或两个以上的方案；④不同决策方案在该状态下的收益值是清楚的。

确定型环境决策面对的是每个决策行动都只产生一个确定的后果，可以根据完全确定的情况选择最佳决策方案。确定型环境决策分析的一般准则是：选择环境收益最大或环境损失最小的替代方案为最佳方案。本书前面章节介绍的污水处理系统的厂群规划、污水输送网络设计、污水处理优化设计与废气治理优化设计等都属于确定型环境决策问题。确定型环境决策分析方法主要是优化方法，包括线性规划法与微分法等。

三、不确定型环境决策

不确定型环境决策也称无概率资料型环境决策或无知型环境决策。这种风险决策问题只知道各种方案在各种自然状态下的损益值，而不知道各种自然状态发生的概率。

对于无概率资料的风险型环境决策，根据决策者对风险的态度，通常采用5种不同的准则选择方案：大中取大准则、小中取大准则、α系数准则、大中取小准则与合理性准则。现以α系数准则为例说明确定型决策分析方法。

α系数准则在取大中取大与小中取大准则之间取一折中系数，即所谓α系数准则。α系数准则中的α系数是一个依据决策者认定情况时乐观还是悲观而且定的系数，称为乐观系数。若认定完全乐观，则$\alpha=1$；若认定完全悲观，则$\alpha=0$；一般情况下，$0<\alpha<1$。

【例 12-1】 某一工厂在选择污染控制方案过程中，由于资料缺乏，对未来市场缺乏了解，无法根据未来市场需求决定产品产量，也就无法预测未来的大气污染物发生量；于是只能根据市场需求，设计高、中、低三种自然状态，其中市场需求高情景表示在市场需求较高情况下，大气污染物发生量随着产品产量的增加，迅速增加；市场需求中与低情景以此类推；而这三种自然状态的出现概率无法预测。为了确定污染控制策略，根据上述三种自然状态设计三种方案：一是新建一套污染控制设备；二是扩建现有的污染控制设备；三是原有污染控制设备不动，从别的地方购买排污权。附表为这三个方案α系数准则决策表。

若决策者认为$\alpha=0.6$，则各方案的α系数准则收益为：

α系数准则收益$=0.6\times$该方案最大收益$+(1-0.6)\times$该方案最小收益

取各方案α系数准则收益最大的为决策方案（见附表），即新建污染控制设施。

α系数准则比大中取大准则或是小中取大准则都更为接近实际情况，但决策者必须认定乐观系数。

附表 某工厂污染控制方案按 α 系数准则决策表

自然状态	污染控制方案			自然状态	污染控制方案		
	新建	扩建	购买排污权		新建	扩建	购买排污权
高情景	600	250	100	各方案最大收益	600	250	100
中情景	50	200	100	各方案最小收益	-200	-100	100
低情景	-200	-100	100	α系数准则收益	280	110	100

四、风险型环境决策

如果未来可能环境状态不止一种，究竟出现哪种状态不能事先肯定，只知道各种状态出现的可能性大小（如概率、频率、比例或权重等），则称为风险型环境决策问题。

1. 风险型环境决策模型

风险型环境决策模型的具体内容如下。

① 一个有限数量备选方案的集合A，每个备选方案可表示成$a_j\in A, j=1,2,\cdots,n$。

② 一个自然状态集合S，每个自然状态$\theta\in S$所代表的市场需求、水文、气象等自然状态。如果S集合中的自然状态θ_i为离散的，则该集合上的概率分布$p(\theta)$可用概率函数$p_i=p(\theta_i)=p(\theta=\theta_i)$来表示。如果$S$集合中的自然状态$\theta_i$为连续的，则假设$S$是个区间，在$S$集合上的概率分布$p(\theta)$需用概率密度函数$f(\theta)$，$\theta\in S$来表示。

③ 一个后果集合C，每个后果$c\in C$是替代方案a与自然状态θ的函数，可表示为

$c(a,\theta)$。后果集合 C 及其发生概率集合 P 组成展望集合 Q，每个展望可表示成 $q_j=(c_j,p_j)\in Q,j=1,2,\cdots,n$。

④ 一个定义在展望集合 Q 上的效用函数 $u(q)$，效用函数是人们价值观建在决策活动中的综合表现，表示决策者对所持有风险的态度。只有当决策者的价值观具有一定合理性，才存在与其计值观相一致的效用函数。

所谓效用是指展望集合某一元素的效用，其本意是一种主观感受，是一种主观意愿的满意程度。效用是从偏好的关系派生，是偏好关系的一种度量。例如，对于那些偏好山清水秀的人们来说，相比之下，一个没有遭受污染的城市环境要比受到污染的城市好得多。显然，自然环境、没被污染的城市环境与被污染的城市环境的效用是有差异的。

效用函数 $u(c)$ 是展望集合 Q 上的实值函数，当且仅当 $u(q_1)>u(q_2)$ 情况下，它对所有的 q_1，$q_2\in Q$，有 $q_1>q_2(q_1$ 好于 $q_2)$；且在 Q 上是线性的，即如果 $q_i\in Q,\lambda_i\geqslant0,i=1,2,\cdots,m$；$\sum_{i=1}^{m}\lambda_i=1$；则有 $u\left(\sum_{i=1}^{m}\lambda_iq_i\right)=\sum_{i=1}^{m}\lambda_iu(q_i)$。

最常用的效用函数的测定方法是冯·诺依曼与摩根斯共同提出的标准测定方法。假定替代方案的收益在 0 与 M 之间，如何测定其间的货币效应。首先，设定 $u(0)=0,u(M)=1$；那么，对于收益 $c(0\leqslant c\leqslant M)$，有 $u(c)\leqslant1$。为了测定 $u(c)$，可向决策者问如下问题："方案 a_1 以概率 p 获得收益 M，以概率 $(1-p)$ 获得收益 0；方案 a_2 以概率 1 获得效益；请问 p 为何值时，方案 a_1 与 a_2 等效?"在决策者回答概率 p 的值后，则 $u(c)=p\times u(M)+(1-p)\times u(0)=p$。

足够多的货币效用值可构成效用函数。利用效用函数值可代替代方案环境损益值；通过计算替代方案期望效用函数值来进行决策。

2. 期望损益决策方法

期望损益决策方法是一种通过比较各方案的期望损益值或效用函数值进行决策的方法。当在自然状态 θ_j 采取替代方案 a_i，其相应的环境损益值或效用函数值为 u_{ij}。如果每个替代方案看成是离散型随机变量，随机变量的取值是每个替代方案在不同自然状态下的环境损益值或效用函数值，其概率等于自然状态的概率，则每个替代方案的环境期望值都可以计算出来。

$$E(a_i)=\sum_{j=1}^{m}u_{ij}\times p_j \tag{12-5}$$

式中，$E(a_i)$ 表示第 i 个替代方案的环境损益期望值或效用函数值；u_{ij} 表示第 i 个替代方案在自然状态 θ_i 下的环境损益值或效用函数值；p_j 表示自然状态 θ_i 出现的概率。

期望环境损益决策方法是指计算出每个方案的环境收益和损失的期望值，并且以该期望值为标准，选择期望环境收益最大或期望损失最小的替代方案为最优方案。

【例 12-2】 在例 12-1 中，如果三种自然状态的出现概率分别为 0.2、0.5、0.3，则可利用期望损益决策方法进行决策。附表为某工厂污染控制方案期望损益决策表，选择期望收益最大的扩建方案为决策方案。

附表 某工厂污染控制方案期望损益决策表

自然状态	出现概率	污染控制方案			自然状态	出现概率	污染控制方案		
		新建	扩建	购买排污权			新建	扩建	购买排污权
高情景	0.2	600	250	100	低情景	0.3	−200	−100	100
中情景	0.5	50	200	100	期望损益值		85	120	100

3. 决策树法

决策树方法是进行风险型环境决策最常用的方法之一，它能使环境决策问题形象直观，思路清晰，尤其是在多级环境决策过程中（序贯决策），能使其层次分明。

如图 12-2 所示，图上的方块叫作决策点，由决策点画出若干线条，每条线代表一个方

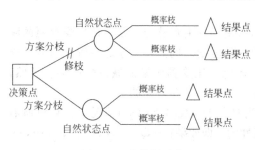

图 12-2 决策树示意

案，叫作方案分枝。方案枝的末端画个圆圈，叫作自然状态点。从它引出的线条代表不同的自然状态，叫作概率枝。在概率枝的末端画个三角，叫作结果点。在结果点旁，一般列出不同自然状态下的环境收益或损失值。

应用决策树进行环境系统决策的过程是：逆决策树的顺序，从右向左逐步后退进行分析。根据右端的收益值和概率枝的概率，计算出期望值的大小，确定方案的期望结果；然后，根据不同方案的期望结果进行选择，将代表落选的方案枝在图上修去。方案的舍弃叫作修枝，被舍弃的方案在方案枝上做"≠"的记号表示（即修剪的意思）。最后在决策点留下一条树枝，即为决策方案。

【例 12-3】 随着城市规模不断扩大，某市提出了扩大城市污水处理厂的两个方案。一个方案是建设一个大型污水处理厂，另一个方案是先建设一个小型污水处理厂，如果城市规模发展迅速，3 年后，再扩建；否则，维持现状。两个方案的污水处理厂的使用期都是 10 年。建设大型污水处理厂需要投资 600 万元；建设小型污水处理厂需要投资 280 万元，如需扩建则需追加投资 400 万元。两个方案的每年损益值及自然状态的概率见附表，应用决策树评价方法选出该城市未来合理的污水处理决策方案。

解：各问题可分前 3 年和后 7 年两期来考虑，画出决策树的图形，见附图。各点的期望损益值计算如下：

点②：$0.7 \times 200 \times 10 + 0.3 \times (-40) \times 10 - 600$(投资)$= 680$（万元）

点⑤：$1.0 \times 190 \times 7 - 400 = 930$（万元）

点⑥：$1.0 \times 80 \times 7 = 560$（万元）

附表 每年损益值（万元）及自然状态的概率

概　率	自然状态	建大型污水处理厂年收益	建小型污水处理厂年收益	
			新　建	扩　建
0.7	城市规模发展迅速	200	80	190
0.3	城市规模发展缓慢	−40	60	

比较决策点 ④ 的情况可以看到，由于点⑤（930 万元）与点⑥（560 万元）相比，点⑤的期望损益值较大；因此，应采用扩建的方案，而舍弃不扩建的方案。把点⑤的 930 万元移到点 ④ 来，可计算出点③的期望损益值：

点③：$0.7 \times 80 \times 3 + 0.7 \times 930 + 0.3 \times 60 \times (3+7) - 280$(投资)$= 719$ 万元

最后比较决策点 ① 的情况。由于点③（719 万元）与点②（680 万元）相比，点③的期望损益值较大；因此。取点③，而舍点②。这样，相比之下，建设大型污水处理厂的方案不是最优方案，合理的策略应采用前 3 年建小型污水处理厂，如果城市发展迅速，后 7 年再对

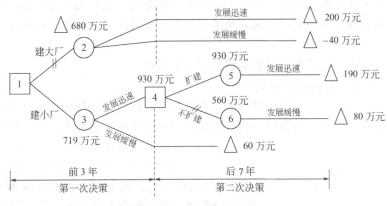

附图　环境风险决策树示意

其进行扩建的方案；否则，仍使用小型污水处理厂。

第三节　多目标环境决策分析技术

环境系统是个开放系统，其中孕育着很多矛盾冲突，这就决定了环境决策的多目标特征。首先，经济发展与环境保护是一对很难调和的冲突，经济飞速发展与人类生活水平不断提高，是以环境质量恶化与资源过度开采为代价的；同时，任何旨在改善环境质量的工程措施，在改善环境质量的同时还需要大量物力、财力与能量的投入。如何协调经济发展与环境保护是各级环境决策者无法回避的最根本环境决策问题，毫无疑问这个问题是个多目标决策问题。

其次，在资源环境开发过程中，各地区或各部门间往往存在跨区域、跨部门的利益冲突；流域或区域资源环境开发决策必将涉及各区域与部门不同目标间的冲突问题。这同样是多目标决策问题。诸如流域水环境规划决策，上游经济发展导致河流水质恶化，进而威胁下游用水；这就需要在上游保护环境目标与下游经济发展目标间进行协调。

最后，除了经济发展与环境保护以外，在环境决策过程中还可能考虑诸如社会就业率、水资源合理分配与能源节约等其他目标。

由此可见，环境决策往往涉及多决策者（部门或地区），及其相互矛盾冲突的多个目标。不同决策者代表不同利益集团的利益，其间意见与要求往往是对立的，这种对立反映在各自的目标上的对立。对此，只有在更高层次才能对这些目标进行协调；由此，获取各方都能接受，同时对全局又最为有利的决策方案。这种在各决策者间进行对立目标间协调的技术就是多目标环境决策技术。

一、多目标环境决策的理论基础

1. 多目标环境决策的特点

多目标环境决策具有三大共同特点。

（1）目标间的难于比较性，即各目标的性质乃至计量单位各不相同，很难进行相互比较。例如环境质量目标往往以污染物浓度或环境质量指数表示，而环境费用或效益却以货币为度量单位，如何比较不同量纲的目标是多目标环境决策所必须解决的问题。

（2）目标间的矛盾冲突性，即多目标环境决策问题之间往往是相互矛盾冲突的，要提高一个目标的值，往往要以牺牲另外一些目标的值为代价。例如环境污染控制规划，如果将一个地区的环境功能区目标定得过高，势必限制该地区企业的发展。由此，影响该地区的经济目标。相反，如果某一地区制定过高的经济发展目标，必将是以牺牲环境保护目标为代价。关键在于寻求经济保护目标与环境保护目标协调发展。

（3）决策者的偏好的差异性，即决策者对风险的态度，或对某一目标的偏好不同，最终做出的决策必不相同。如在贫困地区，决策更偏重于发展经济，通常忽视环保，而在经济发达地区则相反。

这三大特点给多目标环境决策的求解带来很多困难。

2. 多目标环境决策的基本原则

对于单目标环境决策，其相应目标值具有可比性，通过比较目标值就可获得最佳决策方案。相比单目标环境决策，多目标环境决策问题要复杂得多，它需要在多目标间进行协调。

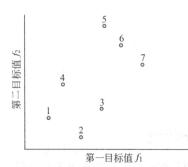

图 12-3　劣解与非劣解

图 12-3 所示为一双目标环境决策问题，它共有 7 个替代方案。对于方案①与②，①的第二个目标比②的高，但第一目标比②低；因此，无法简单地判定其间优劣。但是由图 12-3 可以确定方案③比②好，④比①好，⑤比④好，⑦比③好；但在⑤、⑥、⑦间无法确定优劣。像⑤、⑥、⑦这样无法确定优劣，而又没有其他方案比其更好的解，在多目标环境决策中称作非劣解（或有效解），其余方案为劣解。多目标环境决策的目的就在于在一系列非劣解中选择一个满意解。

由此可见，多目标环境决策过程可分为两个阶段：首先，在可行替代方案中淘汰劣解；其次是从非劣解中选择一个满意解，即决策者根据自己的偏好、意愿与某种意义的最优原则，从多个非劣解中选择出来或综合出来满意解。

为从多个非劣解选择一个满意解，多目标环境决策需遵循如下基本原则。

（1）化多为少原则　在实际的多目标环境决策中，决策目标越多，决策问题就越复杂，获得满意解就越困难；因此，应尽可能将决策目标简化，即解决决策问题前提下，尽量减少目标的个数。具体措施包括剔出不必要目标、合并类似目标、将次要目标转化为约束条件以及通过多目标构成综合目标。

（2）目标排序原则　所谓目标排序原则就是决策者按照目标的重要程度排成一定次序。在决策过程中，必须先达到重要目标后，再考虑下一个次要目标；最后再进行选择，并做出决策。

3. 多目标环境决策的分类

根据替代方案的多少，可将多目标环境决策分为有限方案多目标决策与无限方案多目标决策。

（1）有限方案多目标环境决策　有限方案多目标环境决策可分为两类：一是多个目标、多种方案间的优化决策；二是单个目标、多种标准与多种方案间的优化决策。后一种又称多属性决策。例如选择环境行为好的企业，环境行为好是唯一的决策目标，但环境行为不能用一个简单的指标描述，它包括多方面属性，诸如大气、水污染物排放达标率，环保投资等，需用多指标进行描述。

（2）无限方案多目标环境决策　无限方案多目标环境决策也称多目标环境系统规划，它在给定约束范围内的方案数目是无限的，因此，事先无法枚举替代方案。各方案的属性值也是连续变化的。这就决定了多目标环境系统规划是一个逐步寻优、确定最佳决策方案的过程。

二、有限方案的多目标环境系统决策

1. 决策矩阵及其规范化

用 $A = (A_1, A_2, \cdots, A_m)$ 表示替代方案集合，用 $F_j = (F_1, F_2, \cdots, F_n)$ 表示方案的属性集

合，某方案的属性值 a_{ij} 排列成决策矩阵，如表 12-2 所列。其中，$W_i = (W_1, W_2, \cdots, W_n)$ 为权重集合，表示各属性的相对重要性。

表 12-2 决策矩阵

属性 F_j		F_1	F_2	$\cdots$	F_n	综合属性值 ϕ_i
权重 W_i		W_1	W_2	$\cdots$	W_n	
方案 A_j	A_1	a_{11}	a_{12}	$\cdots$	a_{1n}	
	A_2	a_{21}	a_{22}	$\cdots$	a_{2n}	
	$\vdots$	$\vdots$	$\vdots$	$\vdots$	$\vdots$	
	A_m	a_{m1}	a_{m2}	$\cdots$	a_{mn}	

在决策过程中，由于各属性所采用量纲不同，且在数值上差异很大；如果采用原来的属性值，往往无法进行比较分析；因此，往往需要将属性值规范化，也称归一化，就是将各属性值转化到 [0,1] 范围内。

（1）向量规范化　通过向量规范化，可将所有属性值转化为无量纲量，且均处于 [0,1] 范围内，具体转换公式为：

$$f_{ij} = a_{ij} \Big/ \sqrt{\sum_{i=1}^{m} a_{ij}^2} \tag{12-6}$$

向量规范化方法是非线性的，有时不便于在属性间比较。

（2）线性变换　如果目标是效益最大（属性值越大越好），则

$$f_{ij} = a_{ij} / \max_i(a_{ij}) \tag{12-7}$$

如果目标是成本最小（属性值越小越好），则

$$f_{ij} = 1 - a_{ij} / \max_i(a_{ij}) \tag{12-8}$$

（3）其他变化方法　对于目标是效益最大（属性值越大越好）的情况，有

$$f_{ij} = \frac{a_{ij} - \min_i(a_{ij})}{\max_i(a_{ij}) - \min_i(a_{ij})} \tag{12-9}$$

如果目标是成本最小（属性值越小越好），则

$$f_{ij} = \frac{\max_i(a_{ij}) - a_{ij}}{\max_i(a_{ij}) - \min_i(a_{ij})} \tag{12-10}$$

这个变换可将属性的最大值与最小值统一为 1 与 0，这种变换的缺点是变换不成比例。

2. 决策矩阵中权重的确定方法

决策矩阵中的权重是多目标环境系统决策目标重要性的数量化表示，它涉及行为科学，很难直接用数学方法获得。决策者可以按目标的重要程度给各个目标赋予不同的权重，但在目标较多的情况下，很难直接赋值。另外，权重的确定采用个别人的观点，会存在较大的片面性，且缺乏说服力。不同人由于所从事的专业、所处环境、所积累经验各不相同，会有不同观点，给出权重也不尽相同。因此，权重的确定须将德尔菲法与层次分析法相结合，即聘请一批专家把目标进行两两比较，构造判断矩阵；然后，利用层次分析法，将目标间两两重要性比较结果综合起来确定一组权重系数，作为确定权重的依据。

（1）构造判断矩阵　某个专家针对方案属性 $F_j = (F_1, F_2, \cdots, F_n)$ 进行排序，构造判断矩阵（见表 12-3）。

表 12-3　确定权重的判断矩阵

属性	F_1	F_2	$\cdots$	F_n
F_1	f_{11}	f_{12}	$\cdots$	f_{1n}
F_2	f_{21}	f_{22}	$\cdots$	f_{2n}
$\vdots$	$\vdots$	$\vdots$	$\vdots$	$\vdots$
F_n	f_{n1}	f_{n2}	$\cdots$	f_{m}

其中，f_{ij} 为决策方案第 i 属性与第 j 属性相比的比率标度，其含义如下：标度为 1 时，表示二者同等重要；标度为 3 时，表示前者比后者稍微重要；标度为 5 时，表示前者比后者明显重要；标度为 7 时，表示前者比后者强烈重要；标度为 9 时，表示前者比后者极端重要；标度为 2、4、6、8 时，表示上述两个相邻判断的中间情况；倒数，后者比前者重要的情况，其互为倒数。

（2）计算权重　假定属性 F_i 与 F_j 的权重分别为 w_i 与 w_j，则决策方案第 i 属性与第 j 属性相比的比率标度 f_{ij} 近似等于 w_i/w_j，于是有

$$\boldsymbol{F}=\begin{bmatrix} f_{11} & f_{12} & \cdots & f_{1n} \\ f_{21} & f_{22} & \cdots & f_{2n} \\ \vdots & \vdots & \vdots & \vdots \\ f_{n1} & f_{n2} & \cdots & f_{m} \end{bmatrix}\approx\begin{bmatrix} w_1/w_1 & w_1/w_2 & \cdots & w_1/w_n \\ w_2/w_1 & w_2/w_2 & \cdots & w_2/w_n \\ \vdots & \vdots & \vdots & \vdots \\ w_n/w_1 & w_n/w_2 & \cdots & w_n/w_n \end{bmatrix} \tag{12-11}$$

其中，$f_{ij}>0,f_{ij}=1/f_{ji},f_{ii}=1\quad(i,j=1,2,\cdots,n)$；

$$\sum_{i=1}^{n}f_{ij}=\left(\sum_{i=1}^{n}w_i\right)/w_j,\text{当}\sum_{i=1}^{n}w_i=1\text{时},\sum_{i=1}^{n}f_{ij}=1/w_j,(j=1,2,\cdots,n) \tag{12-12}$$

一般来说，决策者对 f_{ij} 的估计很难前后一致，做到十分准确；致使上式中的"等于"只是"近似等于"；而权重的取值应使总体误差最小，即使得

$$\min z=\sum_{i=1}^{n}\sum_{j=1}^{n}(f_{ij}\times w_i-w_i)^2$$

$$\begin{cases} \displaystyle\sum_{i=1}^{n}w_i=1 \\ w_i\geqslant 0,i=1,2,\cdots,n \end{cases} \tag{12-13}$$

上述优化问题可利用拉格朗日乘子法求解，上述优化问题的拉格朗日函数为：

$$L=\sum_{i=1}^{n}\sum_{j=1}^{n}(f_{ij}\times w_i-w_i)^2+2\lambda\left(\sum_{i=1}^{n}w_i-1\right) \tag{12-14}$$

L 函数分别对 $w_i(l=1,2,\cdots,m)$ 求导，且令其一阶导数为零，则可得 n 个线性方程 $\sum_{i=1}^{n}(f_{il}\times w_l-w_i)\times f_{il}-\sum_{j=1}^{n}(f_{lj}\times w_j-w_l)+\lambda=0(l=1,2,\cdots,m)$，由上式及 $\sum_{i=1}^{n}w_i=1$ 可求得 $w=(w_1,w_2,\cdots,w_n)$。

（3）一致性检验　如果决策者对各个目标的重要性的比较是正确的，且没有前后不一致现象，则

$$\boldsymbol{Fw}=\begin{bmatrix} w_1/w_1 & w_1/w_2 & \cdots & w_1/w_n \\ w_2/w_1 & w_2/w_2 & \cdots & w_2/w_n \\ \vdots & \vdots & \vdots & \vdots \\ w_n/w_1 & w_n/w_2 & \cdots & w_n/w_n \end{bmatrix}\begin{bmatrix} w_1 \\ w_2 \\ \vdots \\ w_n \end{bmatrix}=\lambda_{\max}\begin{bmatrix} w_1 \\ w_2 \\ \vdots \\ w_n \end{bmatrix} \tag{12-15}$$

权重向量是判断矩阵 F 的最大特征根 $\lambda_{\max}$ 的特征向量；因此，可先计算判断矩阵 F 的最大特征根 $\lambda_{\max}$，再求解线性方程组

$$Fw = \lambda_{\max} w \tag{12-16}$$

同样可以确定权重向量 $w = (w_1, w_2, \cdots, w_n)$。

首先，计算判断矩阵 F 的最大特征根：$\lambda_{\max} = \sum_{j=1}^{m_i} \dfrac{(F \times w)_j}{m_i \times w_j}$；然后，计算判断矩阵偏离一致性指标：$CI = \dfrac{\lambda_{\max} - n}{n - 1}$。

由已知的判断矩阵阶数 n，确定平均随机一致性指标 RI。对于 $1 \sim 9$ 阶矩阵，其阶数与 RI 的关系如表 12-4 所列。

表 12-4　平均随机一致性指标 RI 值

n	1	2	3	4	5	6	7	8	9
RI	0.00	0.00	0.58	0.90	1.12	1.24	1.32	1.41	1.45

最后，计算随机一致性比率：$CR = CI/RI$。若随机一致性比率 $CR < 0.10$，则认为符合满意的一致性要求；否则，就需要调整判断矩阵 F，直到满意为止。

3. 多属性环境系统决策

多属性环境系统决策的最终目标是计算各方案综合属性值 ϕ，进一步根据各方案 ϕ 的比较，确定最佳决策方案。方案 i 的综合属性值 ϕ_i 可按加法规则，利用如下公式计算：

$$\phi_i = \sum_{j=1}^{n} w_j a_{ij}, i = 1, 2, \cdots, m \tag{12-17}$$

还可按乘法规则，利用下列公式计算：

$$\phi_i = \prod_{j=1}^{n} f_{ij}^{w_j}, i = 1, 2, \cdots, m \tag{12-18}$$

式中，f_{ij} 为方案 i 的第 j 项指标的得分；w_j 为第 j 项指标的权重。对上式的两边取对数，得

$$\lg \phi_i = \sum_{j=1}^{n} w_j \lg f_{ij}, i = 1, 2, \cdots, m \tag{12-19}$$

乘法规则使用的场合要求方案各属性值尽可能取得较好的水平，才能使综合属性值相同。它不允许任何一项属性处于最低水平上。只要有一项属性值为零，不论其余属性值多高，综合属性值都将是零，因而该方案将被淘汰。

相反，使用加法规则时，各属性值可以线性地互相补偿。某个属性值比较低，其他属性值都比较高，综合属性值仍然比较高，任何属性的改善，都可以使得综合属性值提高。

三、无限方案的多目标环境决策

1. 无限方案的多目标环境决策模型

无限方案的多目标环境决策也称多目标环境系统规划，可用下述模型描述：

$$\max \quad F(x) \quad x = (x_1, x_2, \cdots, x_n)$$
$$G(x) = Bx \leqslant g \quad g = (g_1, g_2, \cdots, g_k) \tag{12-20}$$

式中，F 为目标函数集合，对于线性目标函数，可写成：

$$\max \quad F(x) = Ax \quad x = (x_1, x_2, \cdots, x_n)$$
$$G(x) = Bx \leqslant g \quad g = (g_1, g_2, \cdots, g_k) \tag{12-21}$$

式中，A 为 $m \times n$ 矩阵；B 为 $k \times n$ 矩阵。

2. 常用的多目标决策方法

（1）效用最优模型　效用最优模型是建立在如下假设基础上的：将各个目标函数与显示的效用函数建立相关关系，各目标之间的协调可以通过效用函数进行。效用最优模型的形式为：

$$\max \quad \varphi(\boldsymbol{x})$$
$$G_k(\boldsymbol{x}) \leqslant g_k \qquad \forall k \tag{12-22}$$

式中，φ 为与各目标函数相关的效用函数的加和函数。

在效用模型中，首先要确定权重向量 $\boldsymbol{w}$，它反映各目标函数在总目标中的权重。通常可假设权重之间呈线性关系，于是

$$\max \quad \varphi(\boldsymbol{x}) = \sum_{i=1}^{m} w_i f_i(\boldsymbol{x})$$
$$G_k(\boldsymbol{x}) \leqslant g_k \qquad \forall k \tag{12-23}$$
$$\sum_{i=1}^{n} w_i = 1$$

效用最优模型可以用于推导和论证某些环境决策问题，但由于推导与多目标函数相关的效用函数的难度很大，而且效用函数的主观因素较强，在环境决策中应用很少。

（2）罚款模型　如果对于每一个目标函数，决策中都可以提出一个期望值（或称满意值）f_i^*；那么就可以通过比较实际值 f_i 与期望值 f_i^* 之间的偏差来选择问题的解。罚款模型的数学表达式为：

$$\min \quad Z = \sum_{i=1}^{m} \alpha_i (f_i^- - f_i^*)^2$$
$$g_k(\boldsymbol{x}) \leqslant g_k \qquad \forall k \tag{12-24}$$
$$f_i + f_i^- - f_i^+ = f_i^* \qquad \forall i$$

式中，α_i 为与第 i 个目标函数相关的权重。

罚款模型也是将多目标环境问题转化为单目标环境问题的一种方法。在处理环境决策系统问题时，关键是要给出各个目标函数的期望值（诸如期望环境质量目标、污染控制费用目标与资源消耗目标等）与权重向量 $\boldsymbol{w}$。罚款模型的缺点在于难以给定权重向量。

（3）目标规划模型　目标规划模型的形式为：

$$\min \quad Z = \sum_{i=1}^{m} (f_i^+ + f_i^-)$$
$$g_k(\boldsymbol{x}) \leqslant g_k \qquad \forall k \tag{12-25}$$
$$f_i + f_i^- - f_i^+ = f_i^* \qquad \forall i$$

式中，f_i^+、f_i^- 分别为相应于目标 f_i 与期望值 f_i^* 相比的超过值与不足值。与罚款模型一样，应用目标规划模型时也要求决策者预先给出目标的期望值。

（4）约束模型　当目标可以给出一个范围时，该目标就可以作为约束条件而被排除出目标组，原问题可以简化为单目标问题。约束模型的形式为：

$$\max \quad f_1(\boldsymbol{x})$$
$$g_k(\boldsymbol{x}) \leqslant g_k \qquad \forall k \tag{12-26}$$
$$f_i^{\min} \leqslant f_i \leqslant f_i^{\max} \qquad \forall i, i \neq 1$$

式中，$f_i^{\min}$、$f_i^{\max}$ 分别为原目标函数所给定的下限与上限。若 f_i 值在预先给定范围内 $[f_i^{\min}, f_i^{\max}]$ 变化引起目标函数 $f_1(x)$ 剧烈变化，则有必要检验目标函数 f_1 对约束条件 f_i 的灵敏度和稳定性。

（5）帕累托模型 在多目标决策过程中，所有非劣解都具有下述特征：若不以降低其他目标函数为代价，任何一个目标函数的值都不可能得到改善。非劣解的这种特性称作帕累托性质。

通常，一个多目标环境决策问题得到的不是一个解，而是一系列非劣解。这些解组成一个有效边界。帕累托模型认为：多目标环境决策的最满意解一定是在有效边界上的某一点，由这一点至各目标的"理想解"的距离最小。

帕累托模型可以用图12-4说明。图中表示由两个目标构成的环境决策问题。图中 $ABCDEF$ 围成的空间表示多目标环境决策问题的可行域，Z 点表示目标 $1(f_1)$ 与目标 $2(f_2)$ 的共同"理想解"，由 Z 至有效边界的最短距离为 ZM，M 点就被定义为帕累托最优解。

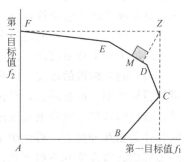

图 12-4 帕累托模型示意

四、交互式多目标环境决策过程

综上所述，各种参数与权重向量是多目标环境决策的重要依据。由于某些参数与权重的不确定性，致使最终的决策分析结果也有不确定性。这种不确定性在环境决策过程中尤为突出。为了消除这种不确定性，取得满意的决策结果，可以采用递归求解的方法。

寻求多目标环境决策满意解的递归过程包括：①由系统分析人员提出一组非劣解，作为决策者的第一暂定解；②由决策者提出修订意见，再由分析人员提出新的决策方案，这一过程在分析者与决策者之间交替进行，直到取得满意解为止，这种决策方法称作交互式多目标环境决策方法。

在交互式多目标环境决策过程中，分析者可以采用前文所介绍的各种多目标决策模型寻求决策方案，而决策者的任务就是修正模型中的各种参数与权重，或指明它们的修订方向。下面以递阶模型为例，说明交互式多目标环境决策的过程。

在递阶模型中，关键是要确定对每个目标的权重向量 $\boldsymbol{\beta}$ 的值。交互式多目标环境决策的基础是决策者可以根据前一步的输出提出对目标的修正值或允许域。也就是说，权重向量 $\boldsymbol{w}$ 在整个决策过程中不是常数，而是决策者根据前面步骤产生的输出结果来确定的。

递阶模型的第 n 步可以写作：

$$\begin{cases} \max \quad f_n(x) \\ f_1(x) \leqslant g \\ \quad\vdots \\ f_{n-1}(x) \geqslant \beta_{n-1} f_{n-1}^0(x) \end{cases} \tag{12-27}$$

为了求得 $f_n(x)$ 的最优值，必须给定权重向量 $\boldsymbol{\beta}$。假定对每个目标函数 f 可以由决策者给出一个允许的最低值 $f_{\max}$，同时可以取得独立的最优值 $f_i^0(x)$；那么，与 $f_i^0(x)$ 有关的 $\boldsymbol{\beta}$ 允许域可以定义为：

$$\beta_i^0 = \frac{f_i^{\min}}{f_i^0} \tag{12-28}$$

在连续迭代过程中，$\boldsymbol{\beta}$ 受到如下约束：$\beta_i^0 \leqslant \beta_i \leqslant 1$。在分析人员确定每一步目标修正可行域后，由决策者选择其间的某一个值给分析人员，由分析人员继续进行决策分析，直到获得满意解。

第四节 环境决策支持系统

一、概述

1. 环境决策支持系统（EDSS）的定义

环境决策支持系统（environmental decision supporting system，EDSS）是以环境管理学、运筹学、控制论和行为学为基础，以计算机技术、仿真技术和信息技术为手段，针对半结构化的环境决策问题，支持环境决策活动的具有智能作用的人机系统。该系统能够为决策者提供环境决策所需的数据、信息和背景材料，帮助明确环境决策目标和进行环境问题的识别，建立或修改环境决策模型，提供各种环境决策的替代方案，并且对各种替代进行评价和优选，通过人机交互功能进行分析、比较和判断，为正确环境决策提供必要的支持。

环境决策支持系统的定义包含如下 3 方面的内容。

（1）问题结构的维度 即环境决策者制定的环境决策所表现出的结构化的程度。如果决策的目标简单，没有冲突，可选替代方案数量较少或者界定明确，决策所带来的影响是确定的，我们称这类环境决策是高度结构化的。与之相反，高度非结构化的决策，其决策目标之间往往是相互冲突的，可供决策者选择的替代方案很难加以区分，某个替代方案可能带来的环境影响具有高度的不确定性。环境决策支持系统的作用就是在环境决策的"结构化"部分为决策者提供支持，从而减轻决策者的负荷，使之能够将精力放在问题非结构化的部分。处理决策的非结构化部分的过程可以看成是人的处理过程，因为我们还不能通过自动化技术来有效地模拟这种过程。

（2）环境决策的效果 即环境决策达到其目标的程度，是环境决策过程中一个最基本的元素。

（3）管理控制 即环境决策是不同层面的环境管理部门在任何时间上分配和组织资源的手段，它是在环境管理活动中实现环境战略目标的一个主要方法。为了达到目的，环境决策支持系统应该能够对整个环境管理过程提供支持，而决策结果的最终职责、义务取决于环境管理人员。

2. 环境决策支持系统的金字塔结构

图 12-5 所示为环境决策支持系统的金字塔结构。首先，环境事务处理系统是环境信息系统的基础，它面向的是基层环境管理人员。环境管理信息系统则更加强调科学的管理方法和定量化管理模型的运用；强调对环境信息的深层次开发；强调高效低成本的系统结构与数据处理模式；强调科学的、系统化的开发方法。

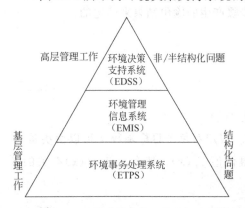

图 12-5 环境决策支持系统的金字塔结构

其次，环境管理信息系统是环境决策支持系统的基础。尽管环境决策支持系统主要针对的是半结构化问题，但是离开处理结构化问题的环境管理信息系统，环境决策支持系统无法发挥其功能。EDSS 与 EMIS 虽然功能目标不同，但它们都是以不同的方式，为解决性质不同的环境管理问题提供信息服务。MIS 收集、存储及提供的大量基础环境信息是 EDSS 工作的基础，而 EDSS 使 EMIS 提供的环境信息在深层次上发挥更大的作用。EMIS 需要担负起收集、反馈环境信息的作用，支持 EDSS 执行结果的验证和分析；EDSS 经过反复使用，逐步明确起来的新的数据模式与问题模式，将逐步实现结构化，并纳入 EMIS 的工作范围。EDSS 是 EMIS 的发展，是环境管理信息系统向纵深发展的一个新阶段。

环境决策支持系统面向高层环境管理工作者，即环境决策者，它以解决半结构化的管理决策问题为主，强调决策过程中人的主导地位，环境信息系统只是对人（环境决策者）在决策过程中的工作起支持作用。环境决策支持系统的应用可以使得环境决策过程更加有效，在决策者的智能范围内辅助制定环境决策，决策者最终控制着环境决策的过程。

二、环境决策支持系统的基本功能

环境决策支持系统的宗旨在于辅助环境决策者进行环境决策，其基本功能如下。

1. 环境信息管理功能

① 管理并随时提供与环境决策问题有关的组织内部信息，诸如排污申报信息、环境统计信息、排污收费信息等。

② 收集、管理并提供与环境决策问题有关的组织外部信息，诸如环境政策法规、环境功能区划及其标准、环境背景信息等。

③ 收集、管理并提供各项环境决策方案执行情况的反馈信息，诸如污染源监测信息、环保项目跟踪监督信息、"三同时"执行状况等。

2. 环境模型管理功能

① 能以一定的方式存储和管理与环境决策问题有关的各种数学模型，诸如环境质量模拟仿真模型、污染控制规划优化模型、环境决策模型等。

② 能够存储并提供常用的数学方法及算法，诸如回归分析方法、线性规划、最短路径算法等。

③ 上述数据、模型与方法能容易地修改和添加，诸如数据模式的变更、模型的连接或修改等。

④ 能灵活地运用模型与方法对数据进行加工、汇总、分析、预测，得出所需的综合信息与预测信息。

3. 人机交互功能

环境决策支持系统还应具有方便的人机对话和图像输出功能，能满足随机的数据查询要求，回答"如果……则……"之类的问题；并提供良好的数据通信功能，以保证及时收集所需数据并将加工结果传送给使用者。

三、环境决策支持系统的组成结构

随着计算机技术的发展，人们对环境决策支持系统的组成结构认识也在不断变化，从三部件结构逐渐发展到五部件结构，如图 12-6 所示。

1. 环境决策支持系统的三部件结构

环境决策支持系统的三部件组成结构是 3 个子系统的有机结合，即人机交互系统、环境数据库与其管理系统以及环境模型库与其管理系统的有机结合，也称环境决策支持系统的两库结构。

传统的环境管理信息系统可以看作由人机交互系统与环境数据库及其管理信息系统组合而成；而环境决策支持系统是在环境管理信息系统基础上，增加了环境模型库与其管理系统。这使得环境决策支持系统不仅具有环境管理信息系统的功能，同时还具有为环境管理者提供决策支持的功能。

人机交互系统是环境决策支持系统与用户的交互界面，用户通过"人机交互系统"控制

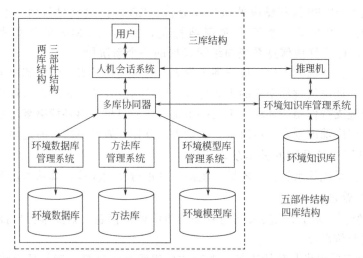

图 12-6 环境决策支持系统的基本框架

实际的环境决策支持系统的运行。它包括如下内容。

① 提供丰富的显示与对话方式，其中最基本的是菜单与窗口，命令语言与自然语言。随着多媒体技术的发展，多媒体与可视化技术在人机交互系统中得到广泛应用，极大地丰富了人机交互的内容，大大增加了计算机内部数据及其处理的透明度。

② 输入输出转换。这是一个相互的过程，用户输入的信息经过人机交互系统转化为系统可以理解的内部表示形式；经过处理的信息经过人机交互系统按一定格式显示或打印给用户。

③ 控制环境决策支持系统有效运行。人机交互系统更主要的功能是将环境决策支持系统的各个部件有机地结合在一起，集成为一个系统，并由此达到控制环境决策支持系统有效运行的目的。

环境决策支持系统是辅助决策进行决策的计算工具。其辅助过程中，无论是替代方案模拟仿真还是优选都需要运行模型，而模型的运行需要数据。环境数据库及其管理系统是环境决策支持系统的基础，一方面具有提取、浓缩和过滤环境决策支持系统外部数据的能力；另一方面，还能够从管理信息系统已有的基础数据库和专业数据库中提取自己需要的环境数据，并对这些环境数据进行浓缩与过滤，诸如将环境质量日报原始数据浓缩为环境质量月报数据等，过滤掉与环境决策模型无关的环境数据。

环境数据库是与应用彼此独立，以一定组织方式将相关的环境数据存储在一起，彼此相互关联，具有较少数据冗余，能被多个用户共享的环境数据集合。其特点是结构化数据存储，减少了数据冗余，真正实现了数据共享；数据库系统具有更高的数据独立性。另外，环境数据库不是具体应用，而是面向系统，并为用户提供方便的接口，以及查询语言与交互命令，用以操纵数据库。

数据模型是环境数据库的核心，能够帮助人们理解和表达环境数据处理的静态特征与动态特征，它包括概念模型（信息模型），即不涉及信息在计算机中的表示与实现，是按用户的观点进行数据建模，强调语义表达能力；以及数据模型，即面向数据库中数据的逻辑结构，诸如关系模型、层次模型与网状模型、面向对象的数据模型等。

环境数据库管理系统的主要功能包括：①数据库定义功能；②数据库操纵功能，诸如插入、修改、删除、查询与统计等；③数据库控制功能，诸如开发、数据完备性与权限等；④数据库维护功能，诸如备份、导入导出、故障后恢复等；⑤数据库字典功能，即存放用户建立的表和索引，系统建立的表和索引，以及用于恢复数据库的信息等；⑥数据安全性；⑦

数据通讯等。

模型驱动是环境决策支持系统有别于其他环境管理信息系统的特点之一，模型库系统设计成功与否是成败的关键。环境决策支持系统的模型库及其管理系统的关键又在于环境模型管理部分的设计。

环境模型库是指存储于计算机内，用来描述或模拟环境决策过程的各类结构化、半结构化问题的定量分析模型的集合。环境模型总是以某种计算机程序形式表示，诸如数据、语句、子程序甚至对象等。这些物理形式在环境模型库中具体为环境模型的名称及相关计算机程序、功能分类、输入输出数据库与控制参数等。一般利用环境模型字典存放这些环境模型的信息，环境模型字典的主要内容包括：①环境模型的名称和编码；②环境模型的功能和用途；③环境模型的变量数和维数；④环境模型所需的数据库名、数据名、单位等信息；⑤环境模型相应的计算方法；⑥环境模型的适用范围和条件；⑦环境模型在模型库内存放的位置；⑧环境建模的原始文档（建模作者和时间、修改模型作者和时间等）等；⑨环境模型管理部分是管理环境模型库的程序，应具有模型的生成、调用、修改、删改、查询和存储，以及环境模型与环境数据库和会话系统接口的管理等功能。

2. 环境决策支持系统的三库结构

环境决策支持系统的三库结构是两库结构的一种进化，是一种将方法库独立出环境模型库的结构形式（见图 12-6），属于早期环境决策支持系统的形式。

对于模型与方法有不同的理解。首先，是用数学表达式表示模型，用求解算法表示方法。在方法库中用算法程序表示方法（诸如求解线性规划的单纯型法），而在模型库中存储环境问题的方程形式。在这种三库结构中，模型库的作用被削弱了，而更强调方法库的作用。它只适合于从模型方程等自动生成方法库中程序的环境决策问题。

其次，是将环境模型理解为算法加上数据。同样，在方法库中存放算法程序；但在模型库中存储的不是环境问题的方程表达式，而是包括算法程序文件的地址和它所需要数据的地址的索引。其特点是可以将不同数据应用于同一算法，而产生不同环境模型。例如，线性规划算法运行水污染控制规划数据，则生成水污染控制规划模型；而应用于大气污染控制规划，则生成大气污染控制规划模型。

最后，是将环境模型库与方法库合二为一。环境模型与方法只是在表现形式上有所不同，实际上都可以看成模型。特别是在计算机中，模型的数学表达式只是模型的文本说明，最主要的还是环境模型的算法；因此，可以用环境模型的计算程序代表环境模型。对于那些一个环境模型有多个方法的情况，用一种方法表示该模型即可。例如某个多目标规划模型可有多个算法，诸如递阶法与罚款法等；在开发环境决策支持系统过程中，用常用的递阶法的程序代表多目标规划模型即可。对于那些多个方法组成的模型，则称组合模型。组合模型是由构成模型的基础模型组合而成的。由于省略了方法库，这种理解可大大简化环境决策支持系统的开发成本。

目前，在环境决策支持系统开发过程中，大多将环境模型库与方法库合并，这样三库结构就又回到两库结构，即三部件结构形式。

3. 环境决策支持系统的五部件结构

从环境决策支持系统的基本概念来看，它是用来帮助解决半结构化或非结构化的环境决策问题，而这类问题只有凭借决策者或专家的经验做出应变的决策；因此，环境知识系统在环境决策支持系统中占有重要的地位。由此，就在三库结构基础上进化出四库结构，也称五部件结构（见图 12-6）。

所谓环境知识库，是一个能提供各种环境领域知识的表示方法，能把环境知识存储于系统内，并能够实现对环境知识方便灵活的调用和管理的程序系统。它由知识库和知识管理系统构成。环境知识库是指存储于计算机内的环境知识集（包括描述客观事物属性的事实型知识、表达因果关系的规则型环境知识，以及已经完全确认的可以用抽象的或逻辑推理等充分表达的理论型环境知识等）。

环境知识库中的知识是从环境领域专家的设计实例中收集来的，包括环境领域专家在解决相关环境问题的过程中所使用的典型环境知识，诸如对象描述和关联、解决问题的操作、约束问题、启发性知识和不确定性问题等。环境知识与环境数据有着本质的区别：那些靠收集获取的资料就是环境数据；而只有通过环境领域专家才能获取的资料就是环境知识。换句话说，描述事实的环境数据的集合就是环境数据库；环境领域专家的论据和启发性知识的收集就是环境知识库。相对于环境数据库，环境知识库包含了更加抽象的信息。环境知识库容纳了规则、框架、语义网、剧本、案例和模式匹配等信息。

环境知识库管理系统对环境知识库内存储的各种环境知识进行系统化管理，其主要功能有知识的获取、表达、存储、查询、增减、修改、更新、恢复和调用等，以便为用户接口、环境问题处理系统、动态构模及综合分析等提供必要的知识支持。

如果把环境知识库作为环境决策支持系统的大脑，那么推理机（inference engine，IE）就是肌肉。环境决策支持系统通过推理机，输入环境知识，并经过推理得到结论。推理机是基于规则和事实来执行演绎和推理的。另外，推理机也具有执行基于概率推理或模式匹配的模糊推理的能力。推理机的基本过程叫作一个控制循环，一个推理控制循环可以分成三步：①用给定的事实匹配规则；②选择下一个要执行的规则，然后执行第三步；③执行规则，将推出的事实加入到工作存储器中。

推理机的基本工作原理是基于演绎推理的规则，即如果 A 是真的，A 蕴含 B（A、B）也是真的，那么 B 也是真的。与演绎推理法相对的一种规则是：如果 A 蕴含 B（A、B）是真的，而且 B 是假的；那么，可得出 A 也是假的。一个推理机用两种基本的方法来实施演绎推理的两种规则，并得出正确的结论。这两种基本方法就是推理链和分解法。

基于知识库与推理机的智能环境决策支持系统是当今环境决策支持系统的发展方向之一，它是管理决策科学、运筹学、计算机科学与人工智能相结合的产物。智能环境决策支持系统利用专家系统（ES）技术，预先把专家（决策者）的建模经验整理成计算机表示的知识，组织在知识库中，并用推理机来模拟决策专家的思维推理，形成一个智能的部件；在经典环境决策支持系统中需要决策者干预时，就先访问此智能部件，只有当它也无能为力时才请求人工干预，这样就可以大大提高决策效率并减轻管理决策人员的负担。

智能环境决策支持系统分为数据驱动、模型驱动、知识驱动、通讯驱动等种类。其中应用最多的是数据驱动的智能环境决策支持系统，它强调按时间序列访问和操作环境系统的内部数据（或外部数据）。数据仓库是数据驱动的智能环境决策支持系统的有力工具，它允许应用于特定任务或设置的特定计算工具或者较为通用的工具和算子来对数据进行操纵，为结合联机分析处理的智能环境决策支持系统提供最高级的功能和决策支持。

习题与思考题

1. 环境决策有哪些基本特征与要素？
2. 环境决策的一般过程有哪些？环境决策如何分类？
3. 何为环境费用效益分析？其基本步骤有哪些？
4. 环境费用效益分析的基本方法有哪些？
5. 常用的环境决策分析技术有哪些？

6. 决策树有哪些组成成分？其进行决策的前提是什么？

7. 多目标环境决策的特点与所遵循的原则是什么？

8. 多目标环境决策分为哪几类？有哪些常用的多目标环境决策技术？

9. 环境决策支持系统的基本概念是什么？它包括哪些方面的内容？

10. 环境决策支持系统应具有哪些基本功能？

11. 试从环境决策支持系统的组成结构变迁分析决策支持系统的发展历程。

12. 某流域要修建成本为 500 万元的水坝，为了保护水坝要修建溢洪道，为此，流域管理委员会要决定建设成本为 300 万元的大溢洪道或是 200 万元的小溢洪道。根据历史资料估计，水坝使用期间有一次或一次以上洪水发生的概率为 0.25，有一次或一次以上特大洪水发生的概率为 0.1，两种溢洪道在洪水与大洪水时的损坏概率见下表。若溢洪道损坏，则水坝被破坏，其修复费用与水坝原造价相同，还要蒙受洪水带来的损失。发洪水时，其他财产损失为 100 万元与 300 万元的概率分别为 0.7 与 0.3；发大洪水时，其他财产损失为 300 万元与 500 万元的概率分别为 0.7 与 0.3。试建立这个问题的决策树模型，并确定最优决策。根据最优决策，如何提醒流域管理委员会？

洪水及概率\溢洪道	洪　水		大　洪　水	
	损　坏	安　全	损　坏	安　全
大溢洪道	0.05	0.95	0.10	0.90
小溢洪道	0.10	0.90	0.25	0.75

参 考 文 献

1　程声通，陈毓龄．环境系统分析．北京：高等教育出版社，1990

2　程声通，孟繁坚，徐明德．环境系统分析题解．北京：高等教育出版社，1994

3　韦鹤平．环境系统工程．上海：同济大学出版社，1993

4　余常昭．环境流体力学导论．北京：清华大学出版社，1992

5　姚重华．环境工程仿真与控制．北京：高等教育出版社，2001

6　郑彤，陈春云．环境系统数学模型．北京：化学工业出版社，2003

7　张永良，刘培哲．水环境容量综合手册．北京：清华大学出版社，1991

8　金腊华，徐峰俊．水环境数值模拟与可视化技术．北京：化学工业出版社，2004

9　童志权．大气环境影响评价．北京：中国环境科学出版社，1988

10　谷清，李云生．大气环境模式计算方法．北京：气象出版社，2002

11　黄河宁．污水排海工程导论．大连：大连理工大学出版社，1990

12　国家环境保护总局监督管理司．中国环境影响评价培训教材．北京：化学工业出版社，2000

13　常瑞芳．海岸工程环境．青岛：中国海洋大学出版社，1997

14　韦鹤平，李行伟．环境工程水力模拟．北京：海洋出版社，2001

15　郭怀成，尚金城，张天柱．环境规划学．北京：高等教育出版社，2001

16　赵今声．海岸河口动力学．北京：海洋出版社，1993

17　张兰生．实用环境经济学．北京：清华大学出版社，1992

18　王金南．环境经济学．北京：清华大学出版社，1994

19　林齐宁．决策分析．北京：北京邮电大学出版社，2003

20　杨善林．智能决策方法与智能决策支持系统．北京：科学出版社，2005

21　陈晓红．决策支持系统理论和应用．北京：清华大学出版社，2005

22　金士博．水环境数学模型．北京：中国建筑科学出版社，1987

23　汪应洛主编．系统工程导论．北京：机械工业出版社，1982

24　中国人民大学管理系统工程教研室．管理系统工程—现代化管理的方法和应用．北京：国防工业出版社，1987

25　何小荣．化学工程优化．北京：清华大学出版社，2003

26　夏青．流域水污染物总量控制．北京：中国环境科学出版社，1996

27　国家环境保护局，中国环境科学研究院．城市大气污染总量控制方法手册．北京：中国环境科学出版社，1991

28　赵刚．非点源污染控制措施筛选研究．清华大学硕士研究生毕业论文，2001

29　胡雪涛．滇池流域非点源污染负荷模型研究．清华大学硕士研究生毕业论文，2001

30　杨爱玲，朱颜明．地表水环境非点源污染研究．环境科学进展，1998，7（5）

31　何萍，王家骥．非点源（NPS）污染控制与管理研究的现状、困境与挑战．农业环境保护，1999，18（5）

32　焦荔．USLE模型及营养物流失方程在西湖非点源污染调查中的应用．环境污染与防治，1991，13（6）

33　吴慧芳，陈卫．城市降雨径流水质污染探讨．中国给水排水，2002，12

34　尹炜，李培军，可欣等．我国城市地表径流污染治理技术探讨．生态学杂志，2005，5

35　吴小寅，陈竑，余戈，范宇航，陈莉．城市环境智能决策支持系统的开发和应用．广西科学院学报，2004，20（4）

36　宦茂盛，袁艺，潘耀忠．地区级城市环境管理信息系统的设计．北京师范大学学报（自然科学版），2000，36（1）

37　颉昌宙，卓俊玲，姜霞．多目标决策分析模型在湖泊生态工程规划中的应用．环境科学研究，2003，16（4）

38　朱宝宏，姚杰．决策分析理论在水利工程的应用初探．农机化研究，2004，5

39　翟丽丽．基于Internet的多属性评价群决策支持系统总体设计．哈尔滨理工大学学报，2004，9（1）

40 范绍佳，黄志义，刘嘉玲．大气污染物排放总量控制 A—P 值法及其应用．中国环境科学，1994，14（6）

41 龚光鲁，钱敏平．应用随机过程教程及其在算法与智能计算中的应用．北京：清华大学出版社，2003

42 程声通．水污染控制系统规划．自动控制学报（中国科学院），1983，1

43 程声通．水污染控制的费用—效益分析．城市环境与城市生态，1987，10

44 程声通等．鸭绿下游水质模型研究．环境污染与防治，1987，19（2）

45 曾维华，程声通．刍议集成水环境规划．环境科学，1997，10

46 程声通．河流的环境容量与允许排放量．水资源保护，2003，19（2）

47 程声通．污水处理程度计算及灵敏度分析．环境科学与过程论文集．北京：中国建筑工业出版社，2005

48 Su Baolin. Hydrological study of non-point source pollution considering catchment characteristics，Ph. D dissertation of Tohoku University，Japan，2003

49 Neitsch S L，Arnold J G，Kiniry J R，Williams J R. Soil and Water Assessment Tool Theoretical Documentation（Version 2000），Texas Water Resources Institute，College Station，Texas TWRI Report TR-192，2001

50 Neitsch S L，Arnold J G，Kiniry J R，Srinivasan R，Williams J R. Soil and Water Assessment Tool User's Manual（Version 2000），Agricultural Research Service（Draft-April，2001）

51 Jorgensen S E. Application of Ecological Modelling in Environmental Management，Part A，Elsevier Publishing Company，1983

52 Fischer H B，Imberger J，List E J，Koh R C Y，Brooks N H. Mixing in Inland and Coastal Waters，Academic Press，1979

53 A. James. Mathmatic Models in Water Pollution Control. John Wiley & Sons，1978

54 Ambrose R B，Wool T A，Martin J L，et al. WASP5. x，A Hydrodynamic and Water Quality Model Model Theory，User's Manual，and Progcammer's Guide. Draft：Environmental Research Laboratory，US Environmental Protection Agency，1993

55 Thomann R V，Fitzpatrick J J. Calibration and Verification of a Mathematical Model of the Eutrophication of the Potomac Estuary. Prepared for Department of Environmental Services，Government of the District of Columbia，Washington，D. c. ，1982

56 Bierman V J，DePinto J V，Young T C，et al. Development and Validation of an Integrated Exposure Model for Toxic Chemicals in Green Bay，Lake Michigan. U. S. Environmental Protection Agency，Grosse Ile，Michigan，1992

57 Beck M B. Water Quality Modeling：A Review of the Analysis of Uncertainty. Water Resources Research，1987，23（8）：1393～1442

58 Hornberger G M，Spear P C. Eutrophication in Peel Inlet-Ⅰ. The problem-defining behaviour and mathematical model for the phosphorus scenario. Wat. Res. ，1980，14：29～42

59 Spear R C，Hornberger G M. Eutrophication in Peel Inlet-Ⅱ. Identification of critical uncertainties via generalized sensitivity analysis. Wat. Res. ，1980，14：43～49

60 Beven K，Binley A. The future of distributed models：model calibration and uncertainty prediction. Hydrological Processes，1992，6：279～298

61 Gilks W R，Richardson S，Spiegelhalter D J. Markov chain Monte Carlo in practice. London：Chapman & Hall，1996

62 胡二邦，姚仁太，等．环境风险评价浅论．辐射防护通讯，2004. ，24（1）.

63 国家环境保护总局．建设项目环境影响评价技术导则总则．HJT2. 1—93.

64 国家环境保护总局．建设项目环境风险评价技术导则．HJT169—2004.

65 鱼红霞．余杰．城市生活垃圾填埋场恶臭污染与周边限建区划分探讨．2010，29（2）.

66 吴立，龚佰勋．城市生活垃圾焚烧发电设施二噁英实测分析，新疆环境保护，2002，24（4）.

67 李坚，彭淑婧，等．城市垃圾填埋场项目环境影响评价．能源环境保护．2010，24（2）.

68 贾传兴，彭绪亚，等．城市垃圾中转站选址优化模型的建立及其应用．环境科学学报，2006，26（1）．

69 陈炳禄，王志刚，陈新庚．广州市生活垃圾处理方式及物流管理方案优化．上海环境科学，2000，19（11）．

70 杨国栋，蒋建国，等．生活垃圾收运系统规划研究．环境卫生工程，2009，17（1）．

71 曹建军，刘永娟，郭广礼．城市生活垃圾填埋场选址研究．工业安全与环保，2004，30（4）．

72 魏一鸣，吴则，刘兰翠等．能源-经济-环境复杂系统建模与应用进展．管理学报．2005，2（2）：159-170.

73 佟庆，白泉，刘滨等．MARKAL 模型在北京中远期能源发展研究中的应用．中国能源．2004，26（6）：36-40

74 高虎，梁志鹏，庄幸．LEAP 模型在可再生能源规划中的应用．中国能源．2004，26（10）：34-37.

75 符毅．能源与环境约束下的经济增长——基于 3E 理论模型的实证研究．湖南：湖南大学，2008.

76 余岳峰，胡建一，章树荣等．上海能源系统 MARKAL 模型与情景分析．上海交通大学学报．2008，42（8）：360-369.

77 赵涛，李晅煜．能源-经济-环境（3E）系统协调度评价模型研究．北京理工大学学报（社会科学版）．2008，10，（2）：11-16.

78 张阿玲，郑淮，何建坤．适合中国国情的经济、能源、环境（3E）模型．清华大学学报（自然科学版）．2002，42（12）：1616-1620.

79 张颖，王灿，王克等．基于 LEAP 的中国电力行业 CO_2 排放情景分析．清华大学学报（自然科学版）．2007，47（3）：365-368.

80 程声通．水污染防治规划原理与方法．北京：化学工业出版社，2010.